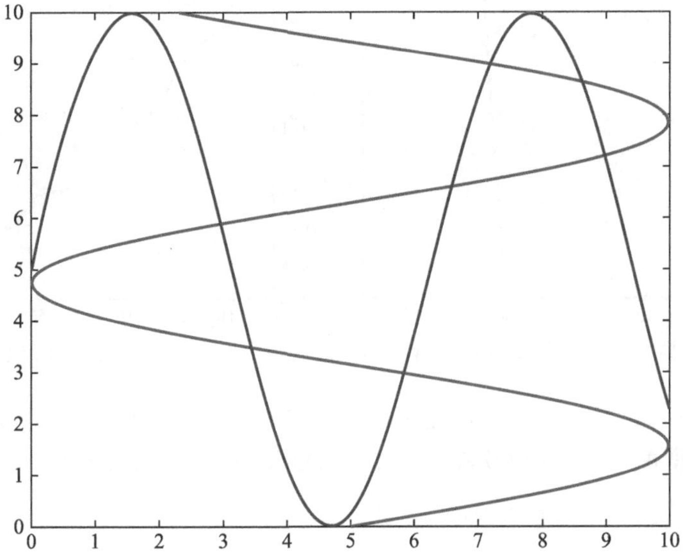

图 3.2 误解“正弦与余弦是正交的”这句话，人们想像的图像混淆了正交和垂直

图 4.1 同一场景的亮度图像（左上角）和范围图像（右上角）。在该图像中，亮度图像实际上是通过返回激光束的强度来测量的。在第二行，呈现了两个图像的伪彩色渲染。这种观看图像的方式有助于学生注意到图像的特性，例如噪声，这对于人眼来说可能是不明显的

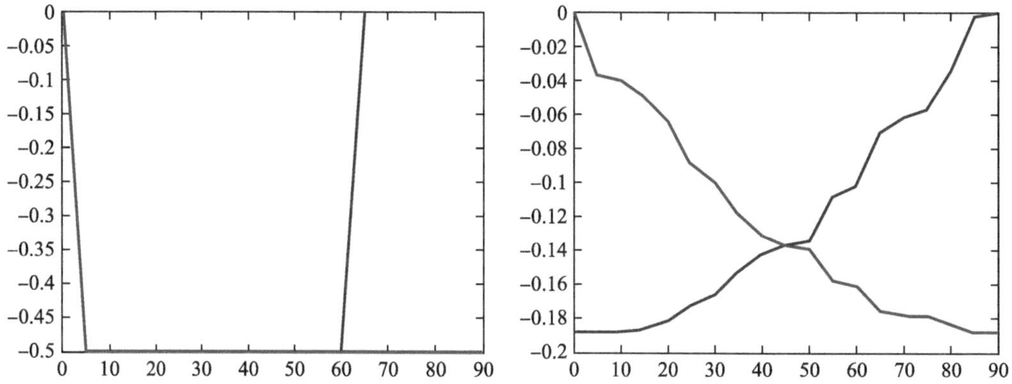

a）两个算子应用于理想的阶跃型边缘　　b）两个算子应用于模糊后的边缘

图 5.19　使用简单的 1×3 算子估计$\frac{\partial f}{\partial x}$（红色）和$\frac{\partial f}{\partial y}$（蓝色）的结果。水平方向轴是边缘的方向。垂直方向轴的尺度并不重要，因为实验的目的是说明边缘检测器的量化有多差

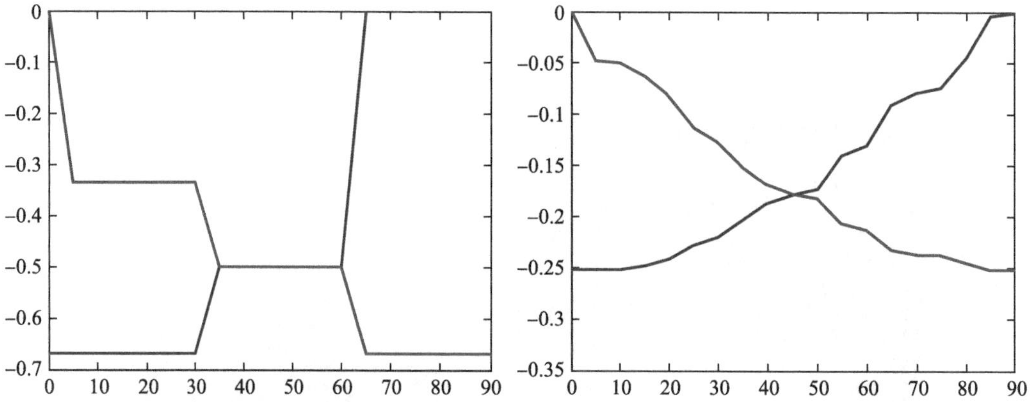

a）两个算子应用于理想的阶跃型边缘　　b）两个算子应用于模糊后的边缘

图 5.20　应用 Sobel 3×3 算子估计$\frac{\partial f}{\partial x}$（红色）和$\frac{\partial f}{\partial y}$（蓝色）的结果，水平方向轴是边缘的方向

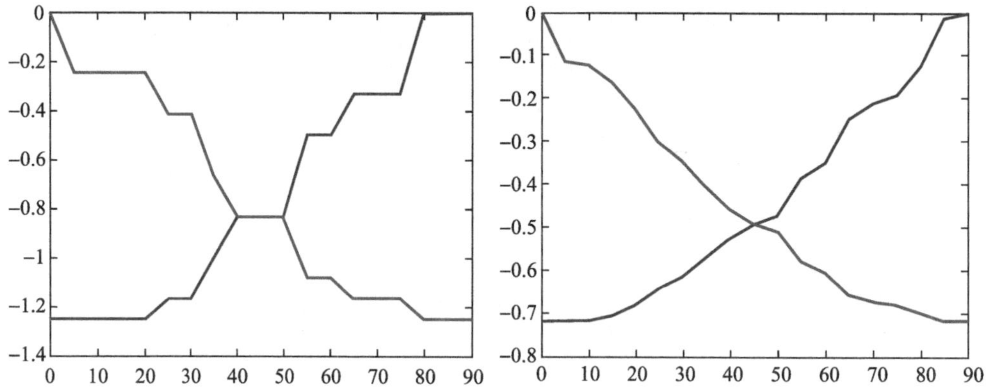

a）两个算子应用于理想的阶跃型边缘　　b）两个算子应用于模糊后的边缘

图 5.21　应用式（5.42）中非中心加权算子估计$\frac{\partial f}{\partial x}$（红色）和$\frac{\partial f}{\partial y}$（蓝色）的结果。水平方向轴是边缘的方向。垂直方向轴的尺度不重要，因为这个实验的目的是说明边缘检测器的量化程度有多差

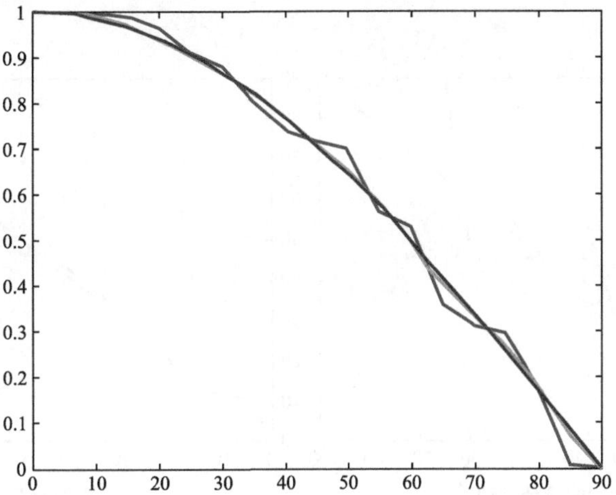

图 5.22　应用高斯算子的导数来估计 $\frac{\partial f}{\partial x}$ 的结果，尺度为 2（红色），尺度为 4（绿色），尺度为 6（蓝色），水平方向轴是边缘的方向

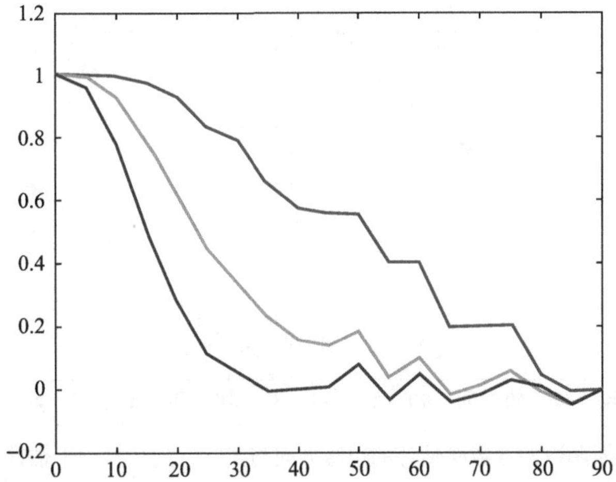

图 5.23　应用 Gabor 过滤器来估计 $\frac{\partial f}{\partial x}$ 的结果，尺度为 2（红色），尺度为 4（绿色），尺度为 6（蓝色），水平方向轴是边缘的方向

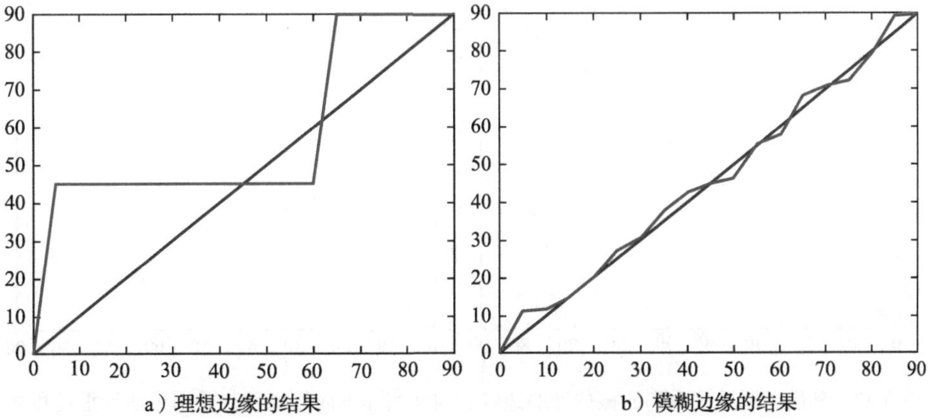

图 5.24　用 3 × 1 卷积核来估计垂直和水平偏导数的边缘估计方向与实际方向。真实的边缘方向是蓝色的，而估计值是红色的

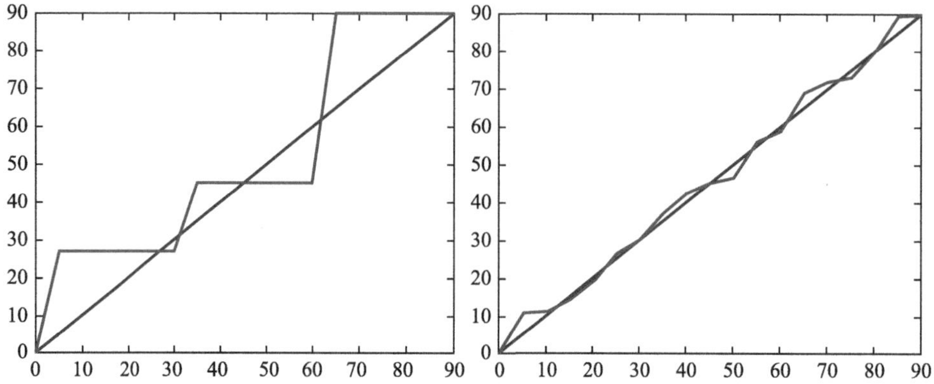

a）理想的阶跃型边缘　　　　b）模糊的阶跃型边缘

图 5.25　使用两个 3 × 3 Sobel 核对角度进行估计，得到了更好的结果，但仍然不是很好

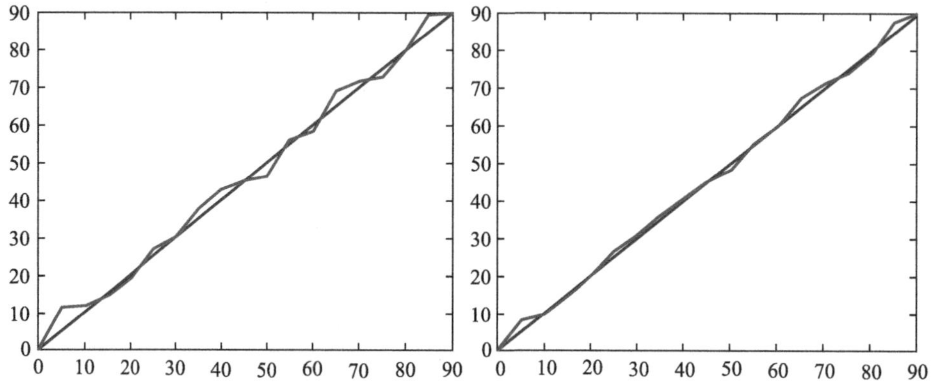

图 5.26　利用高斯函数的导数核估计的边缘方向与实际方向，并用于估计垂直和水平的偏导数，使用的尺度是 $\sigma = 2$

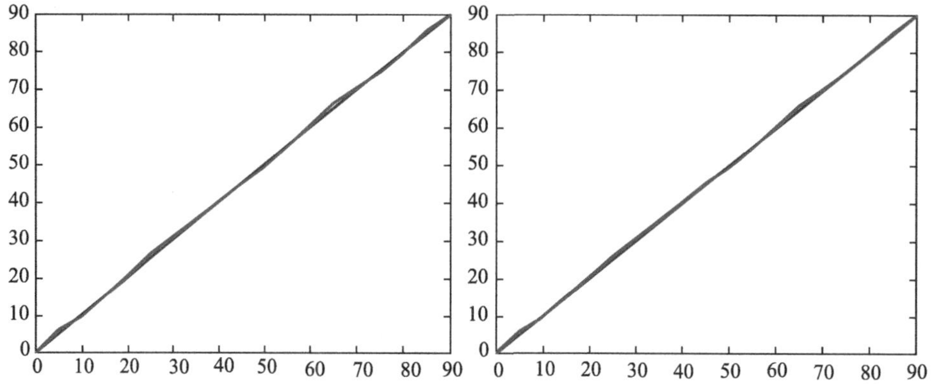

图 5.27　利用高斯导数得到的核估计的边缘方向和实际方向的比较，并用于估计垂直和水平的偏导数，使用的尺度是 $\sigma = 4$

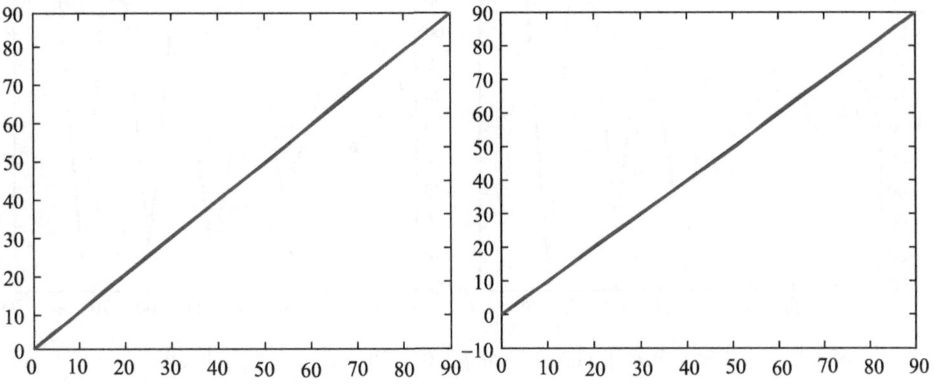

图 5.28　利用高斯导数得到的核估计的边缘方向与实际方向的比较并用于估计垂直和水平偏导数，使用的尺度是 $\sigma = 6$

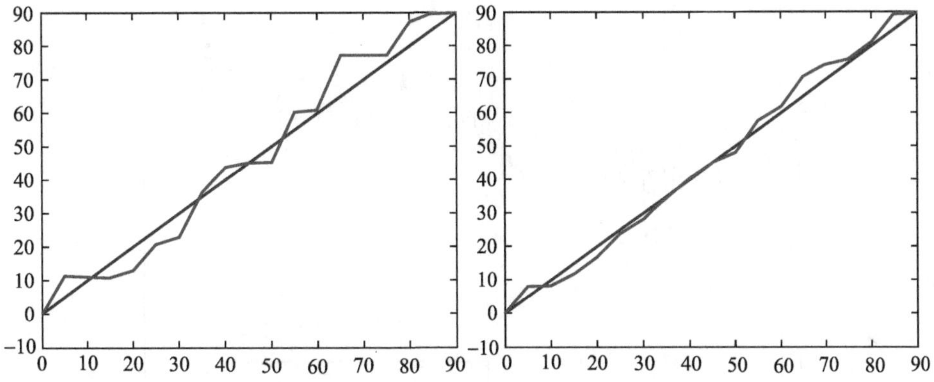

图 5.29　应用垂直和水平 Gabor 过滤器来估计边缘方向，使用的尺度是 $\sigma = 2$

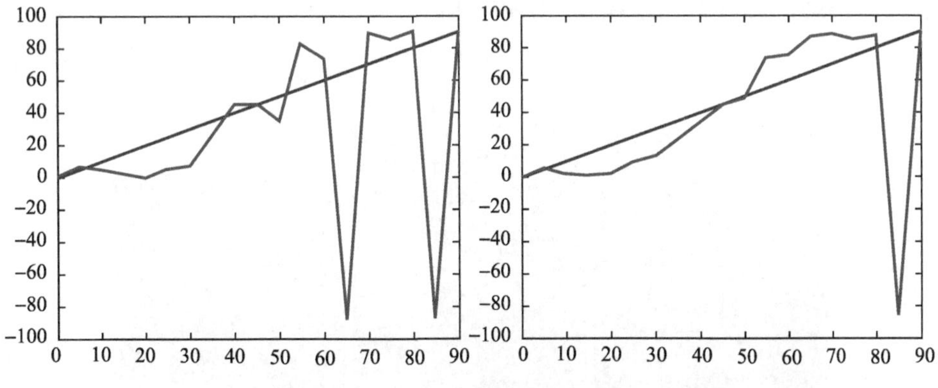

图 5.30　应用垂直和水平 Gabor 过滤器来估计边缘方向，使用的尺度是 $\sigma = 4$

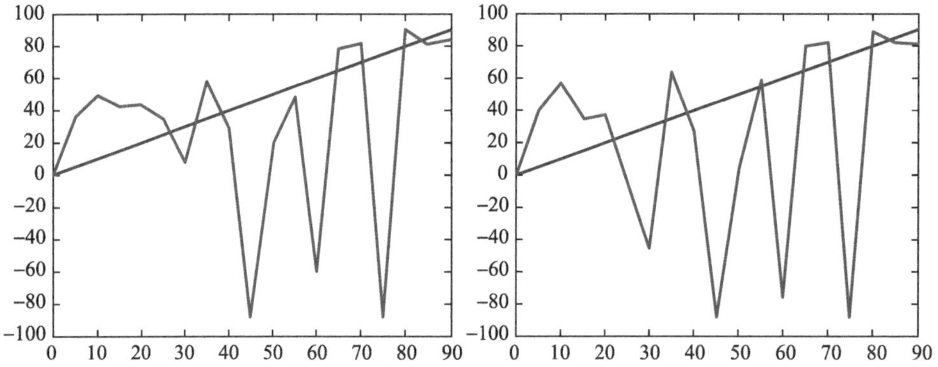

图 5.31　应用垂直和水平 Gabor 过滤器来估计边缘方向，使用的尺度是 $\sigma = 6$

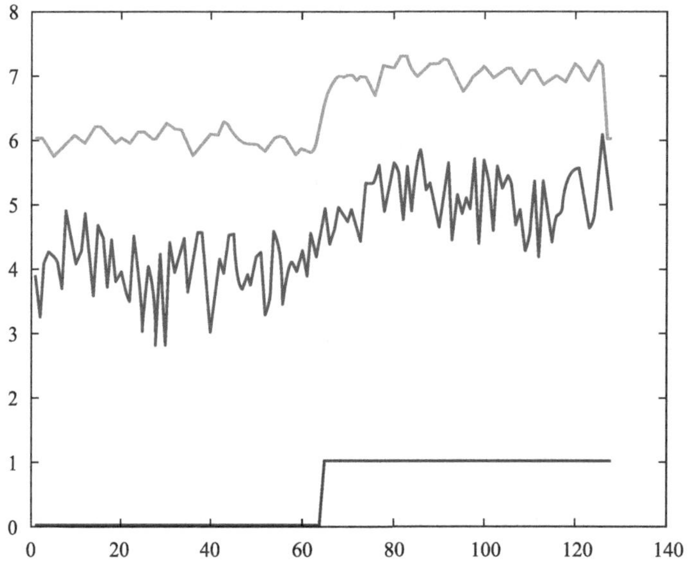

图 6.1　（蓝色）具有理想阶跃型边缘的信号图，（红色）加入高斯随机噪声的相同信号图，（绿色）式（6.1）中核模糊产生的信号图

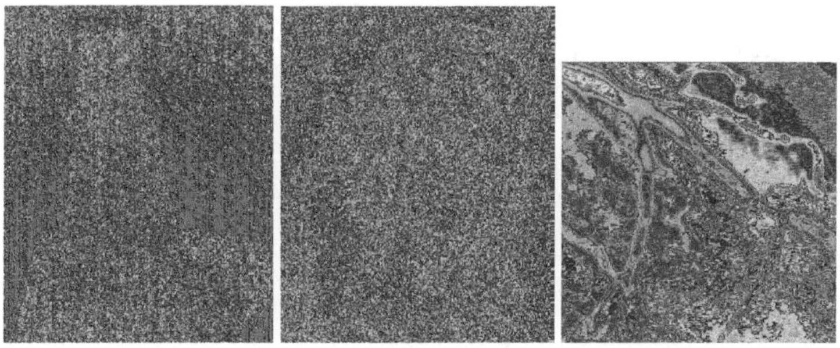

a）　b）　c）

图 6.6　使用随机颜色映射显示噪声：a）由灰度摄像机扫描的漫画；b）嘈杂的灰度图像；c）血管造影图像

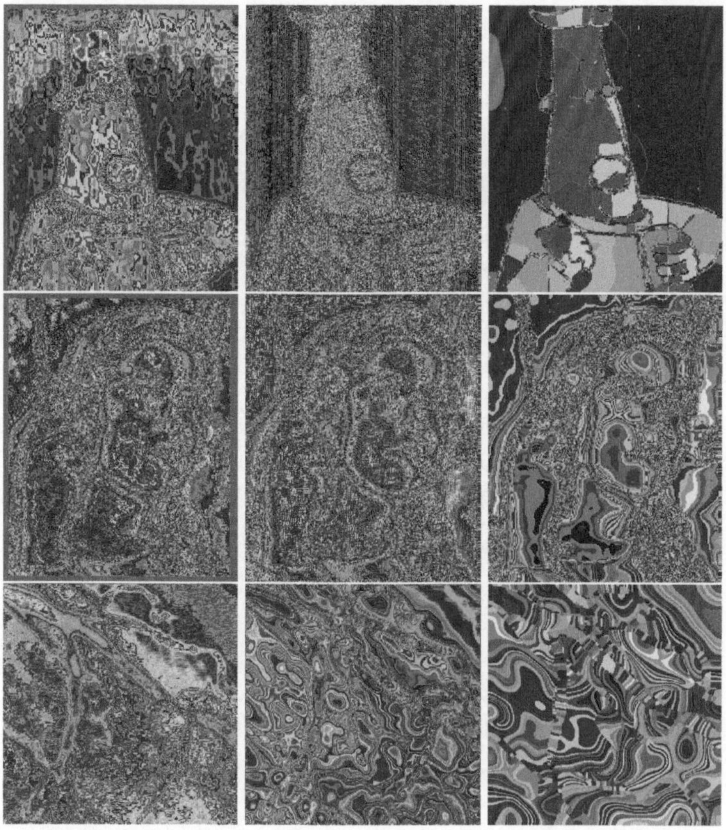

图 6.8 对图 6.7 中的图像使用随机颜色映射进行说明。第一列表示由双边滤波器处理的示例图像，第二列表示由 VCD 处理的示例图像，第三列表示使用分段常量先验的 MAP 方法处理的示例图像

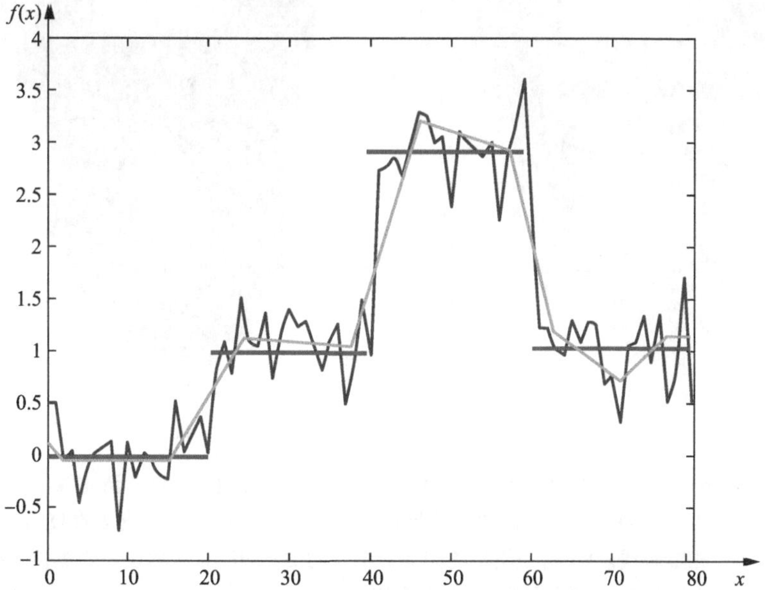

图 6.11 噪声图像单线亮度拟合的分段常数解和分段线性解。分段常数解（红色）的导数几乎在每一点处都等于零。非零导数只存在于阶跃点处。分段线性解（橙色）的二阶导数几乎在每一点处都等于零

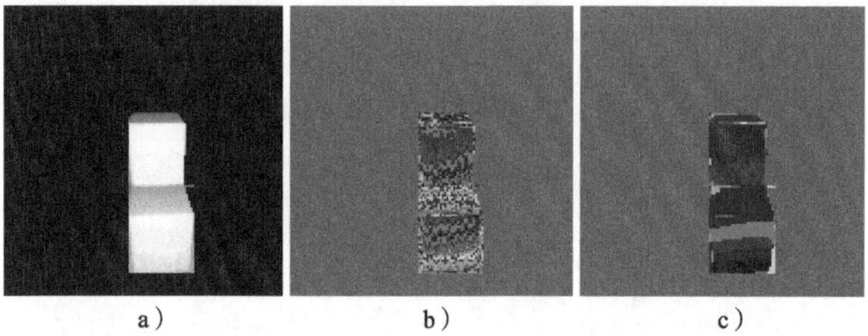

图 6.14　a）用激光扫描仪扫描的裁剪后的两个盒子的图像，这幅图像显示了激光返回信号的强度；b）用随机颜色映射表示的图像中的噪声，几乎每个像素与它的邻居至少有一个亮度级别的差异；c）使用分段常数先验算法的 MFA 算法去除噪声，消除噪声引起的亮度变化

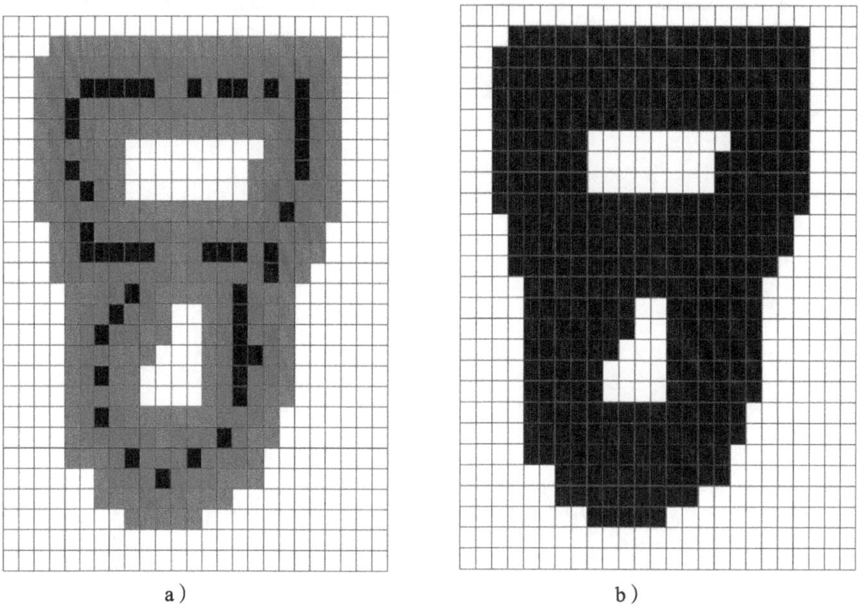

图 7.23　a）图 7.22 的 DT 膨胀，使用距离为 2 或比 2 更小的 DT。请注意，它会产生一个闭合的边界。原始边界像素是黑色的。距离为 1 或 2 的 DT 的颜色相继较浅。b）将使用距离为 2 或更小的 DT 的所有像素设置为黑色。根据文献［7.4］重新绘制，经许可使用

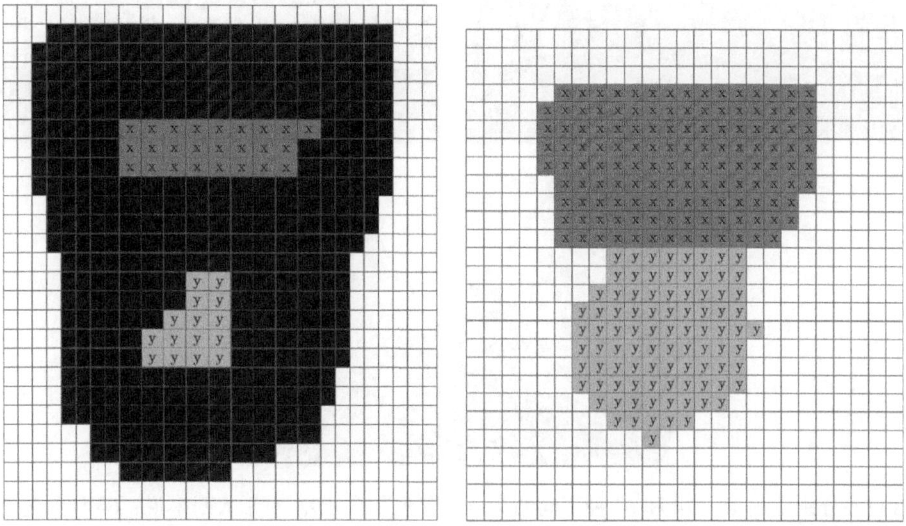

a）　　　　　　　　　　　　b）

图 7.24　a）在背景上运行连通分量，并允许区分未连接的背景区域。b）在 DT 腐蚀之后，将所有边界像素分配给最近的区域。根据文献［7.4］重新绘制，经许可可使用

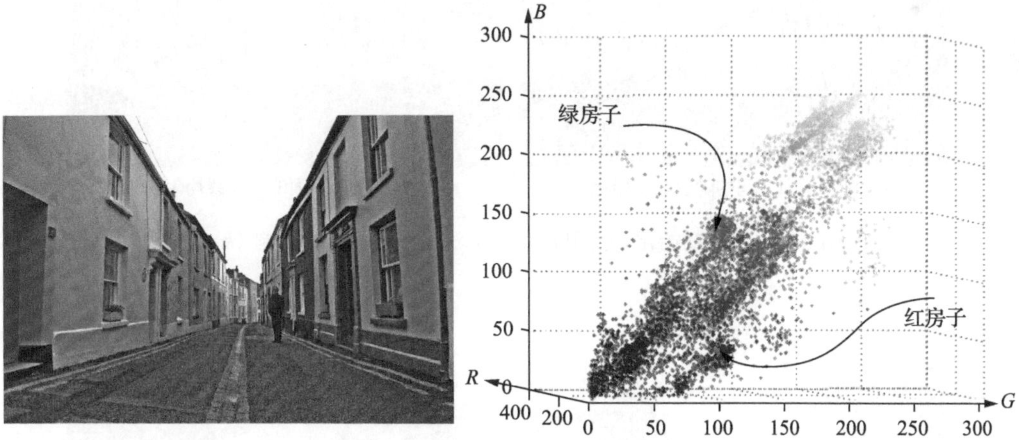

a）　　　　　　　　　　　　b）

图 8.9　a）英国北德文郡的阿普尔多尔村。作者非常感谢 Matthew Rowe、Irene Rowe 和 David Rowe。库名：ColoredHouses-sm.jpg。b）左边图像的三维 RGB 颜色空间。颜色空间中的每个点对应于图像中的一个像素，并且以坐标 <*r*，*g*，*b*> 表示颜色

图 8.11　分别使用 10、24 和 64 种不同的颜色“着色”图 8.9。对于人眼来说，64 种颜色渲染与原始颜色无法区分，而 24 种颜色几乎无法区分。由于该算法对局部极小值很敏感，所以精确结果取决于初始颜色中心的选择

a）使用0至1之间的随机数初始化

b）沿3D颜色平面的对角线均匀初始化

图 8.12　不同初始化对使用 k- 均值算法的颜色聚类的影响（$k=6$）

a）14簇，窗口大小h=30

b）35簇，窗口大小h=20

图 8.15　使用均值移位的聚类结果，其中自动确定簇的数量

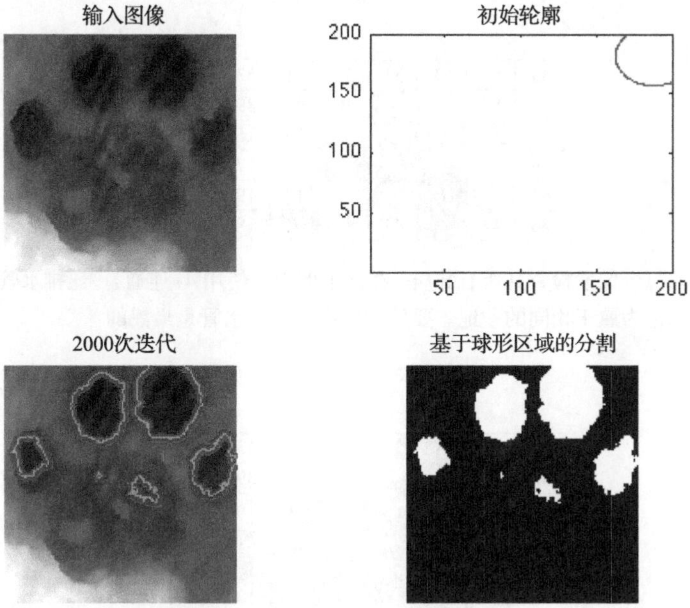

图 8.24　原始狮子足迹图像，初始轮廓，Chan-Vese 算法找到的边缘，以及由此产生的分割。使用了来自 https://www.mathworks.com/matlabcentral/fileexchange/23445-chan-vese-active-contours-without-edges 的 MATLAB 的代码

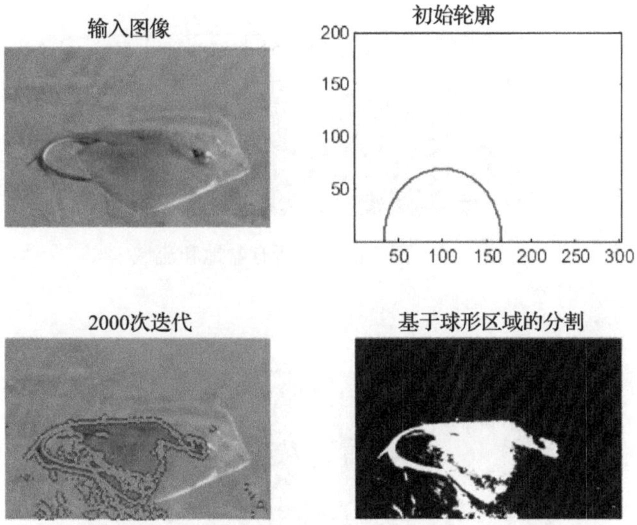

图 8.25　沙子中黄貂鱼的原始彩色图像，初始轮廓，Chan-Vase 算法找到的最终轮廓，以及由此产生的分割。使用了来自 https://www.mathworks.com/matlabcentral/fileexchange/23445-chan-vese-active-contours-without-edgesd 的代码

53	52	51	53	52	51	53	50	51
49	50	**49**	**51**	40	41	39	41	40
48	**47**	12	12	**18**	19	16	15	20
46	**41**	12	12	**19**	20	17	15	16
45	**42**	12	**15**	18	17	19	17	18
46	44	43	44	41	16	18	20	19

图 8.26　带有三个标记有阴影的排水管的图像，包括亮度为 12 的 5 像素排水管、亮度为 15 的 2 像素排水管和亮度为 16 的 1 像素排水管

53	52	51	53	52	51	53	50	51
49	50	49	51	40	41	39	41	40
48	47	12	12	18	19	16	15	20
46	41	12	12	19	20	17	15	16
45	42	12	15	18	17	19	17	18
46	44	43	44	41	16	18	20	19

图 8.27　排水管中的每个像素检查其所有邻居（在该示例中，使用 4- 连通）。比排水管像素更亮的任何相邻像素被标记为属于相同的盆地。要处理的第一个排水管是最黑的

53	52	51	53	52	51	53	50	51
49	50	49	51	40	41	39	41	40
48	47	12	12	18	19	16	15	20
46	41	12	12	19	20	17	15	16
45	42	12	15	18	17	19	17	18
46	44	43	44	41	16	18	20	19

图 8.28　按照亮度的顺序选择像素，并且重复检查邻居的过程。在该过程中，几个像素被识别为属于两个盆地，因此被（橘色）标记为分水岭像素

53	52	51	53	52	51	53	50	51
49	50	49	51	40	41	39	41	40
48	47	12	12	18	19	16	15	20
46	41	12	12	19	20	17	15	16
45	42	12	15	18	17	19	17	18
46	44	43	44	41	16	18	20	19

图 8.29　再一次确认所有盆地和流域

图 8.31　通过将分水岭算法应用于相邻图像而识别的区域的伪色

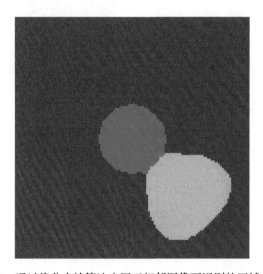

a）原始图像，库名：ft512B.png　　b）此图有206个最小值，最小值在此图中随机着色，绿色表示背景　　c）使用这206个最小值产生的分水岭分割

图 8.33　具有 206 个最小值的噪声强烈的图像，产生无意义的分水岭分割

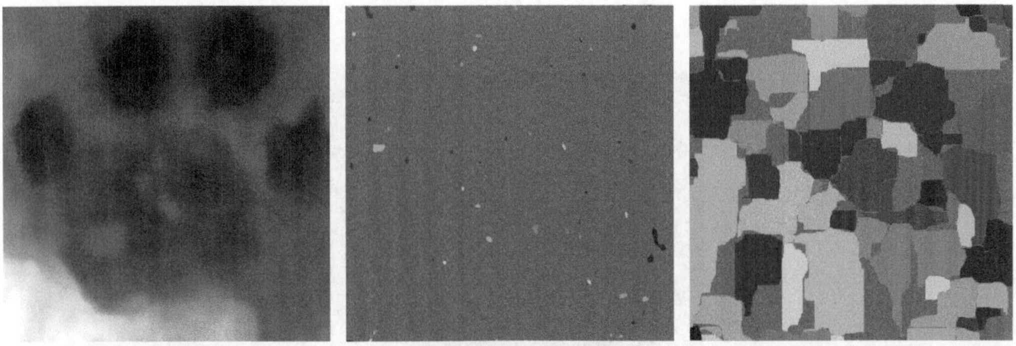

a）使用$\sigma = 3$高斯模糊的图像　　b）此图有73 个最小值　　c）使用这73个最小值产生的分水岭分割

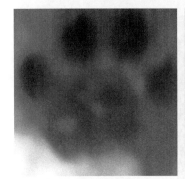

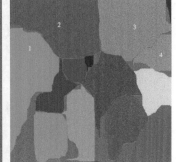

d）使用$\sigma = 9$高斯模糊的图像　　e）此图有17个最小值　　f）使用这17个最小值产生的分水岭分割

图 8.34　在更模糊之后，最小值的数量减少到 17，并且可以提取有意义的分水岭分割。对应于四个脚趾的四个区域用数字标记。脚趾上侧的边界没有区别，因为这些边缘不符合分水岭哲学的假设：两个盆地之间的山脊

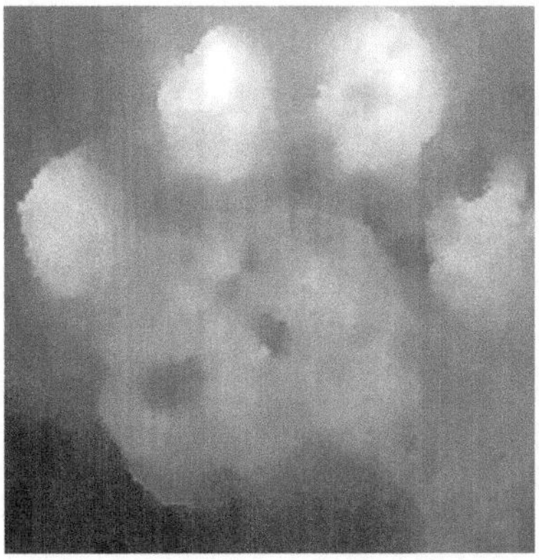

a）原始图像，狮子足迹的范围图像，更明亮意味着更深。库名：fourtoesoriginal.png

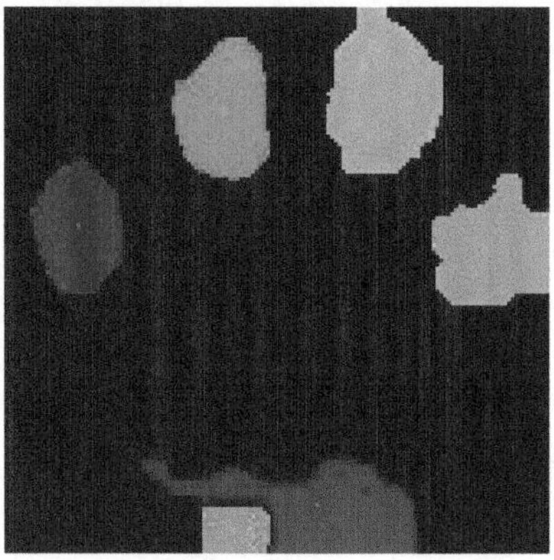

b）图像使用分段常数MFA先验分割

图 8.37　使用 MFA 分割狮子足迹的范围图像

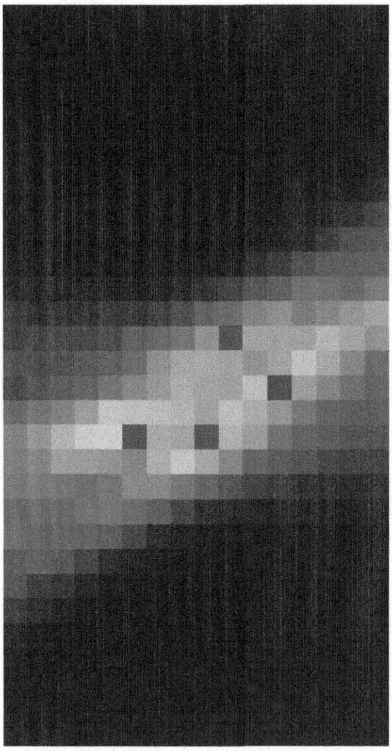

图 9.10　该区域被认为是霍夫累加器中的“峰值”。该明亮区域在累加器的水平轴上覆盖 56° ～ 78°，在垂直轴上覆盖 200 ～ 208 个单位的距离。通过红点识别四个单独的局部最大值

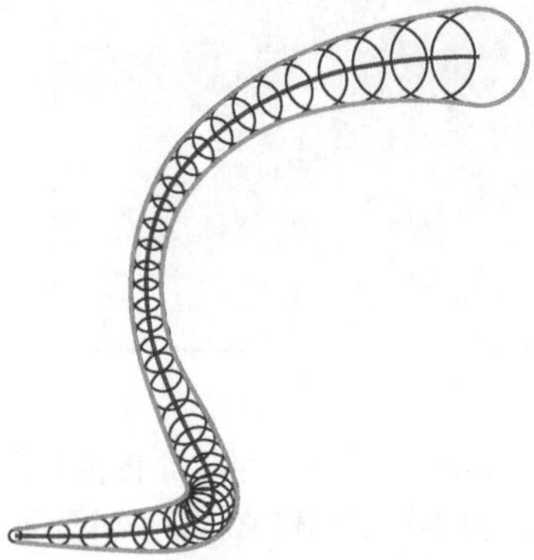

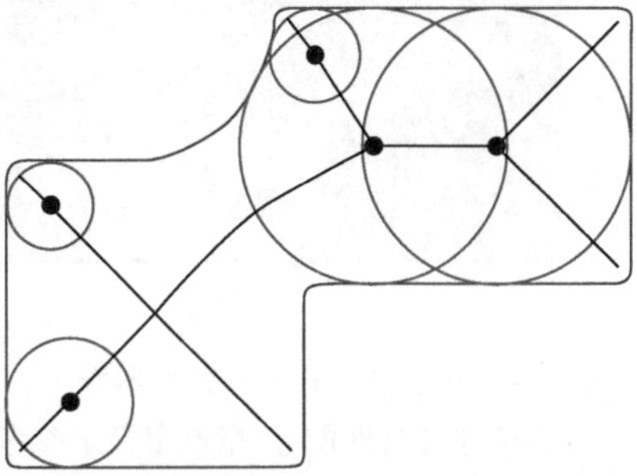

a）弯曲的平面管状物体的中轴（红色）。来自 F.E.Wolter（http://welfenlab.de/archive/mirror/brown00/figs.html），经许可使用

b）中轴用于为建筑物的屋顶生成脊线。来自http://spacesymmetrystructure.wordpress.com/2009/10/05/media-laxes-voronoi-skeletons，经许可使用

图 10.13　示例形状及其中轴

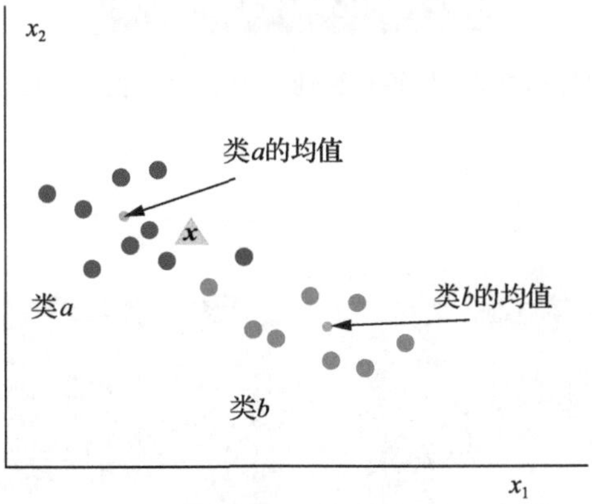

图 10.14　有两个类和它们的均值，一个类用红色表示，另一个类用蓝色表示。未知向量 $\boldsymbol{x}$ 被分配到类 a，因为与类 b 的均值相比，它更接近类 a 的均值

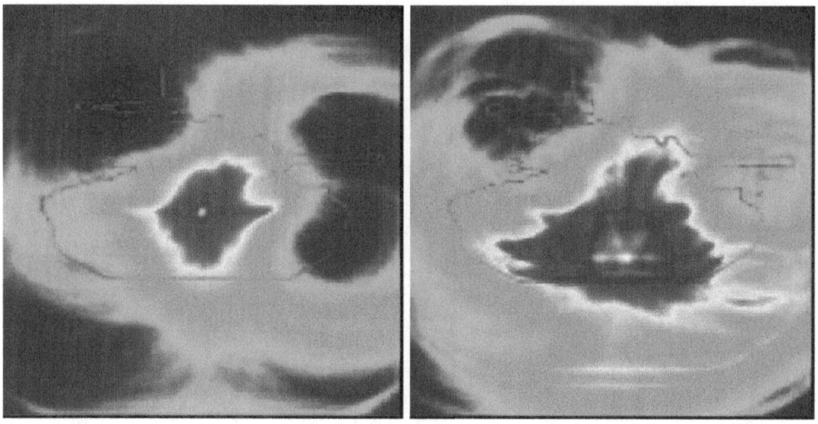

a）　　　　　　　　　　　　　　　　b）

图 10.19　a）伪彩色图像，显示了累加器数组，以便进行良好的匹配（实际上，将一个图像与旋转和缩放后的图像进行匹配），亮点定义了参考点的估计位置，并急剧达到峰值。b）两个不同但相似的坦克的匹配结果，亮点 / 区域呈弥漫性

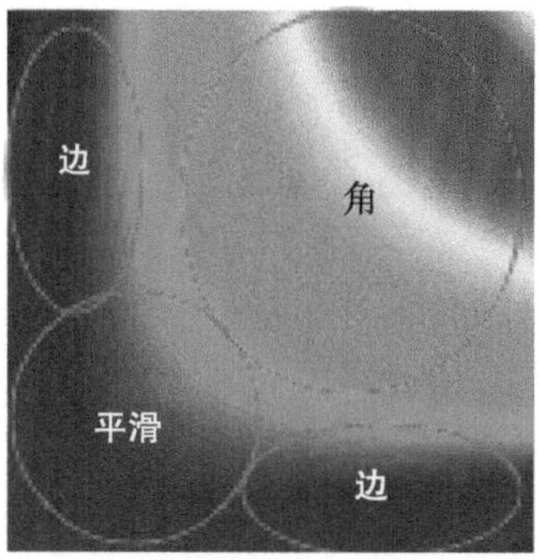

图 11.2　Harris 兴趣运算 R，横轴和纵轴是 $\boldsymbol{M}$ 的特征值，原点在左下方的边角处

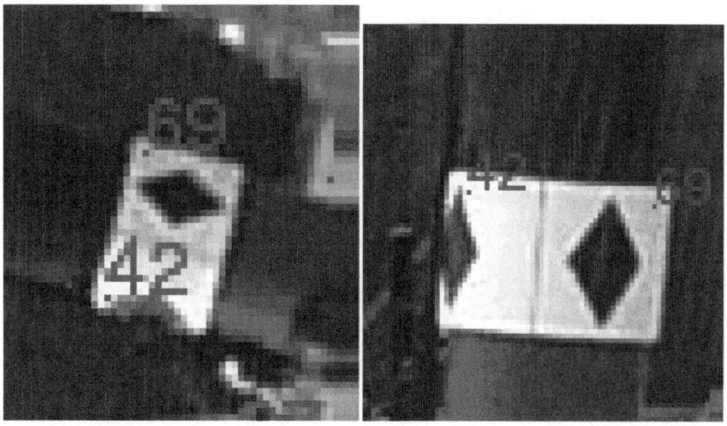

图 11.12　放大图 11.11 中的两幅图上的相同区域，展示两个对应点，即点 42 和 69

智能科学与技术丛书

Fundamentals of Computer Vision

计算机视觉基础

[美] 韦斯利·E. 斯奈德（Wesley E. Snyder）
戚海蓉（Hairong Qi）◎著

张岩 袁汉青 朱佩浪 潘云逸 ◎ 译

机械工业出版社
CHINA MACHINE PRESS

图书在版编目（CIP）数据

计算机视觉基础 /（美）韦斯利 · E. 斯奈德（Wesley E. Snyder），（美）戚海蓉（Hairong Qi）著；张岩等译．—北京：机械工业出版社，2020.8（2024.11 重印）
（智能科学与技术丛书）
书名原文：Fundamentals of Computer Vision

ISBN 978-7-111-66379-9

I. 计…　II. ①韦…　②戚…　③张…　III. 计算机视觉　IV. TP302.7

中国版本图书馆 CIP 数据核字（2020）第 156900 号

北京市版权局著作权合同登记　图字：01-2019-0739 号。

本书是关于计算机视觉的入门教材，通过广泛的例子，包括面部图片、卡通图片、动物脚印和血管造影图片等，为读者提供了重要的数学和算法工具，使他们能够深入了解完整的计算机视觉系统的基本组成部分，并设计出同样的系统。书中内容涉及识别局部特征，如在存在噪声的情况下角或边的识别、保边平滑、连通分量的标记、立体视觉、阈值处理、聚类、分割，以及描述、匹配形状和场景等。

本书可以作为高年级本科生和低年级研究生的教材，也可以作为从事计算机视觉技术研究的从业者和科研人员的参考用书。

出版发行：机械工业出版社（北京市西城区百万庄大街 22 号　邮政编码：100037）

责任编辑：唐晓琳　　责任校对：殷　虹

印　　刷：涿州市般润文化传播有限公司　　版　　次：2024 年 11 月第 1 版第 4 次印刷

开　　本：185mm × 260mm　1/16　　印　　张：20.25　　插　　页：8

书　　号：ISBN 978-7-111-66379-9　　定　　价：119.00 元

客服电话：（010）88361066　68326294

译者序

计算机视觉是一门综合性很强的学科，无论是在工程领域，还是在科学领域，都是极富挑战性的，已经引起了各个领域研究者的关注。但在多年对“计算机视觉”课程的教学过程中，我发现很难找到一本系统而全面的教材来引导学生理解计算机视觉相关的基础内容。

本书是一本难得的好教材，作者通过实例对计算机视觉系统的基本组成部分进行了深入浅出的介绍，课后还配有相关的作业和小项目帮助学生理解各章内容。因此，本书特别适合作为高年级本科生和低年级研究生计算机视觉课程的入门参考书。

本书的翻译由南京大学计算机科学与技术系的张岩领导项目组部分研究人员共同完成。袁汉青负责第 1～5 章的初译，朱佩浪负责第 6～10 章的初译，潘云逸负责第 11～13 章的初译。张岩、袁汉青和朱佩浪对全书进行了校正，张岩对全书进行了统稿和审核。

由于译者水平有限，书中难免存在纰漏，欢迎广大读者批评指正。读者在阅读过程中如果发现问题，请发送电子邮件告知，以便今后重印时加以订正。

张岩
南京大学计算机科学与技术系
电子邮件：zhangyannju@nju.edu.cn

前 言

Fundamentals of Computer Vision

本书主要面向数学、计算机科学或工程专业的高年级本科生或一年级研究生，介绍计算机视觉的基本原理。

本书是故意采用非正式方式进行讲解的。作者试图让学生保持学习兴趣并有动力继续阅读下去。本书以直面学生的方式写作，阅读起来就好像学生和作者一起坐在教室里。作者多用第一人称，很少使用被动语态，偶尔也会讲些笑话，风格比较随意。

书名中的“基础”有两种含义：数学原理和算法概念。书中通过描述计算机视觉问题(例如分割问题)，描述一个可以解决这个问题的算法，并解释算法背后的数学原理，将原理和概念结合在一起讲授。

本书中涉及的数学原理包括：

1) **线性算子**：通过一系列应用进行讲授，包括
   - **基本函数**：通过边缘检测器进行讲授。
   - **高斯卷积**：通过高斯边缘核的开发进行讲授。
   - **约束优化**：通过寻找最优边缘检测核和主成分分析进行讲授。
   - **伪逆**：通过解释光度立体视觉法进行讲授。
   - **尺度**：通过高斯边缘核的开发进行讲授。
2) **非线性算子**：通过数学形态学进行讲授。
3) **采样的影响**：通过演示使用小内核来确定方向进行讲授。
4) **优化的使用**：通过噪声消除算法、自适应轮廓分割和图割的开发进行讲授。
5) **一致性的使用**：通过类似霍夫变换的算法、形状匹配、投影到流形上进行讲授。
6) **投影几何**：通过从运动中恢复形状、从 x 中恢复形状等算法进行讲授。

这些概念层层组织，从像素级的操作(例如噪声消除)开始，接着是边缘检测、分割和形状描述，最终是识别。在每一个层次，学生都会了解到特定术语的含义，相应概念在图像中的应用是怎样的，以及解决应用问题的一种或多种方法。

书中的示例图像都可以下载，使用某一个图像时，会给出图像名称。

本书未包含的内容

统计模式识别和人工神经网络[0.1]学科在本书中只是被提及了一下。这是因为这两个学科都足够重要和广泛，自身就足以构成完整的课程。

当前一些活跃的研究主题未在本书中介绍，例如深度学习[0.3]，它对于计算机视觉

系统的最终成功非常重要，但是该主题更适合于高级课程，适合学生使用本书学完计算机视觉基础之后学习。

在阅读本书之前，建议学生对图像处理[0.2]有足够的了解，这样他们就可以了解像素是什么，增强和恢复之间的区别是什么，如何处理颜色或多光谱图像，如何在空间域和频域中择优地进行图像处理和选择不同的滤波方法。

本书对计算机视觉领域进行了广泛的介绍，且强调了许多必要的数学原理。

本书分为四部分：

第一部分涉及生物视觉、数学和软件算法的实现。

第二部分讨论在开始计算机视觉算法之前，需要“清理”图像，以消除噪声和模糊造成的损坏。本部分还涉及卷积等局部区域的操作。

第三部分涉及将图像分割成有意义的区域以及如何表示这些区域。该部分包括区域和场景的匹配。

第四部分描述物体的图像如何与观察世界中的那些物体关联起来。

参考文献

[0.1] R. O. Duda, P. E. Hart, and D. G. Stork. *Pattern Classification*. Wiley Interscience, 2nd edition, 2000.

[0.2] R. Gonzalez, R. Woods, and L. Eddins. *Digital Image Processing Using MATLAB*. McGraw-Hill, 2nd edition, 2016.

[0.3] Y. LeCun, Y. Bengio, and G. Hinton. Deep learning. *Nature*, 521(7553), 2015.

致老师

Fundamentals of Computer Vision

这是计算机视觉的第一门课程，适用于电气工程、计算机工程、数学、物理或计算机科学等专业有很好数学基础的高年级本科生或一年级研究生。

虽然本书提供了计算机视觉的“基础”，但学生需要具备大学数学的基础。我们建议所有学生都上过三学期的正常微积分课程，至少一门微分方程课程，以及一到两门关于矩阵和线性代数概念的课程。

作者强烈建议，学习计算机视觉的学生应该很好地掌握了计算机的实际工作原理——这意味着编程。虽然 MATLAB 是一个非常棒的研究工具，并且提供了很好的绘制工具，但使用 MATLAB 可能会阻碍学生深入了解基本操作(当然，除非学生实际编写 MATLAB 代码并且不使用工具箱)，我们更建议学生学习和使用 C 或 C++。

我们已经取得了相当大的成功——我们有一个软件包，如附录 C 所述。可以免费下载针对 MacOSX64、Linux64 和大多数 Windows 版本的软件包，以及大量图像，下载地址为 www. cambridge. org/9781107184886。但是，这个包对于使用本书而言并不是必需的。教师可以选择任何软件平台，包括 MATLAB。

本课程遵循的教学方式是，在教学过程中，采用一系列的小项目而不是一个单一的期末项目加强学生的理解，每个项目持续一到两周。

在本课程的教学中，我们遇到的主要问题是学生不了解编译器和鱼竿的区别，因此了解线性代数是非常重要的。

我们还建议学生在学习本课程之前，先学习图像处理课程，了解像素是什么，恢复是什么，增强和滤波之间的区别是什么，等等。

本书故意采用非正式的教学风格。我们试图给学生一种正在与书进行私人对话的感觉。出于这个原因，书中经常使用“我们”这个词而不是被动语态，偶尔也会讲些笑话。

在 2004 年，本书的作者还撰写了一本由剑桥大学出版社出版的早期计算机视觉书籍，本书的一小部分内容直接取自那本书。

译者序
前言
致老师

第一部分 导论

第 1 章 计算机视觉的定义及其历史 …… 2
1.1 简介 …… 2
1.2 定义 …… 2
1.3 局部-全局问题 …… 3
1.4 生物视觉 …… 4
1.4.1 生物动因 …… 4
1.4.2 视觉感知 …… 6
参考文献 …… 7

第 2 章 编写图像处理程序 …… 8
2.1 简介 …… 8
2.2 图像处理的基本程序结构 …… 8
2.3 良好的编程风格 …… 9
2.4 计算机视觉的重点 …… 9
2.5 图像分析软件工具包 …… 10
2.6 makefile …… 10
2.7 作业 …… 11
参考文献 …… 11

第 3 章 数学原理回顾 …… 12
3.1 简介 …… 12
3.2 线性代数简要回顾 …… 12
3.2.1 向量 …… 12
3.2.2 向量空间 …… 14
3.2.3 零空间 …… 15
3.2.4 函数空间 …… 16
3.2.5 线性变换 …… 17
3.2.6 导数和导数算子 …… 19
3.2.7 特征值和特征向量 …… 20
3.2.8 特征分解 …… 21
3.2.9 奇异值分解 …… 21
3.3 函数最小化简要回顾 …… 23
3.3.1 梯度下降 …… 23
3.3.2 局部最小值和全局最小值 …… 26
3.3.3 模拟退火 …… 27
3.4 概率论简要回顾 …… 28
3.5 作业 …… 30
参考文献 …… 31

第 4 章 图像：表示和创建 …… 32
4.1 简介 …… 32
4.2 图像表示 …… 32
4.2.1 标志性表示(图像) …… 32
4.2.2 函数表示(方程) …… 34
4.2.3 线性表示(向量) …… 34
4.2.4 概率表示(随机场) …… 35
4.2.5 图形表示(图) …… 35
4.2.6 邻接悖论和六边形像素 … 36
4.3 作为曲面的图像 …… 38

4.3.1 梯度 …… 38
4.3.2 等值线 …… 38
4.3.3 脊 …… 39
4.4 作业 …… 39
参考文献 …… 40

第二部分 预处理

第5章 卷积核算子 …… 42

5.1 简介 …… 42
5.2 线性算子 …… 42
5.3 图像的向量表示 …… 44
5.4 导数估计 …… 45
5.4.1 使用核估计导数 …… 46
5.4.2 通过函数拟合来估计导数 …… 46
5.4.3 图像基向量 …… 49
5.4.4 核作为采样可微分函数 …… 50
5.4.5 其他高阶导数 …… 53
5.4.6 尺度简介 …… 54
5.5 边缘检测 …… 55
5.6 尺度空间 …… 58
5.6.1 金字塔 …… 58
5.6.2 没有重采样的尺度空间 …… 59
5.7 示例 …… 61
5.8 数字梯度检测器的性能 …… 63
5.8.1 方向导数 …… 63
5.8.2 方向估计 …… 67
5.8.3 讨论 …… 70
5.9 总结 …… 71
5.10 作业 …… 71
参考文献 …… 76

第6章 去噪 …… 78

6.1 简介 …… 78
6.2 图像平滑 …… 78
6.2.1 一维情况 …… 79
6.2.2 二维情况 …… 79
6.3 使用双边滤波器实现保边平滑 …… 82
6.4 使用扩散方程实现保边平滑 …… 84
6.4.1 一维空间的扩散方程 …… 84
6.4.2 PDE模拟 …… 85
6.4.3 二维空间的扩散方程 …… 85
6.4.4 可变电导扩散 …… 86
6.5 使用优化实现保边平滑 …… 87
6.5.1 噪声消除的目标函数 …… 87
6.5.2 寻找一个先验项 …… 90
6.5.3 MAP算法实现和均场退火 …… 92
6.5.4 病态问题和正则化 …… 94
6.6 等效算法 …… 95
6.7 总结 …… 97
6.8 作业 …… 97
参考文献 …… 99

第7章 数学形态学 …… 101

7.1 简介 …… 101
7.2 二值形态学 …… 101
7.2.1 膨胀 …… 101
7.2.2 腐蚀 …… 106
7.2.3 膨胀和腐蚀的性质 …… 107
7.2.4 开运算和闭运算 …… 108
7.2.5 开运算和闭运算的性质 …… 109
7.3 灰度形态学 …… 109
7.3.1 使用平面结构元素的灰度图像 …… 110
7.3.2 使用灰度结构元素的灰度图像 …… 113

7.3.3 使用集合运算的灰度形态学 …… 114
7.4 距离变换 …… 114
7.4.1 使用迭代最近邻计算 DT …… 115
7.4.2 使用二值形态运算计算 DT …… 115
7.4.3 使用掩码计算 DT …… 115
7.4.4 使用维诺图计算 DT … 117
7.5 边缘链接的应用 …… 117
7.6 总结 …… 120
7.7 作业 …… 121
参考文献 …… 122

第三部分 图像理解

第 8 章 分割 …… 124
8.1 简介 …… 124
8.2 阈值：仅基于亮度的分割 … 125
8.2.1 阈值的局部性质 …… 125
8.2.2 通过直方图分析选择阈值 …… 126
8.2.3 用高斯和拟合直方图 … 129
8.2.4 高斯混合模型与期望最大化 …… 130
8.3 聚类：基于颜色相似度的分割 …… 132
8.3.1 k-均值聚类 …… 133
8.3.2 均值移位聚类 …… 135
8.4 连接组件：使用区域增长的空间分割 …… 136
8.4.1 递归方法 …… 136
8.4.2 迭代方法 …… 138
8.4.3 示例应用 …… 139
8.5 使用主动轮廓进行分割 …… 140
8.5.1 snake：离散和连续 …… 140
8.5.2 水平集：包含边或者不包含边 …… 144
8.6 分水岭：基于亮度曲面的分割 …… 151
8.7 图割：基于图论的分割 …… 156
8.7.1 目标函数 …… 157
8.7.2 求解目标函数 …… 158
8.8 使用 MFA 进行分割 …… 159
8.9 评估分割的质量 …… 160
8.10 总结 …… 161
8.11 作业 …… 162
参考文献 …… 163

第 9 章 参数变换 …… 167
9.1 简介 …… 167
9.2 霍夫变换 …… 168
9.2.1 垂线问题 …… 169
9.2.2 如何找到交点——累加器数组 …… 169
9.2.3 使用梯度降低计算复杂度 …… 170
9.3 寻找圆 …… 171
9.3.1 由任意三个非共线像素表示的圆的位置推导 … 171
9.3.2 当原点未知但半径已知时找圆 …… 172
9.3.3 利用梯度信息减少找圆的计算 …… 172
9.4 寻找椭圆 …… 172
9.5 广义霍夫变换 …… 174
9.6 寻找峰值 …… 175

9.7 寻找三维形状——高斯图 … 176
9.8 寻找对应体——立体视觉中的参数一致性 ……………… 177
9.9 总结 ………………………… 179
9.10 作业 ……………………… 179
参考文献 ………………………… 180

第10章 表示法和形状匹配 … 181

10.1 简介 ……………………… 181
10.2 线性变换 ………………… 182
10.2.1 刚体变换 …………… 182
10.2.2 仿射变换 …………… 183
10.2.3 规范和指标 ………… 184
10.3 协方差矩阵 ……………… 185
10.3.1 K-L 扩展的推导 …… 186
10.3.2 K-L 扩展的特性 …… 188
10.3.3 群 ………………… 190
10.4 区域特征 ………………… 191
10.4.1 简单特征 …………… 191
10.4.2 矩 ………………… 193
10.4.3 链码 ……………… 195
10.4.4 傅里叶描述符 ……… 195
10.4.5 中轴 ……………… 196
10.5 匹配特征向量 …………… 197
10.5.1 匹配简单特征 ……… 197
10.5.2 匹配向量 …………… 197
10.5.3 将向量与类匹配 …… 198
10.6 使用边界描述形状 ……… 199
10.6.1 形状矩阵 …………… 200
10.6.2 形状上下文 ………… 201
10.6.3 曲率尺度空间 ……… 202
10.6.4 SKS 模型 …………… 204
10.7 形状空间中的测地线 …… 208
10.7.1 二维形状 …………… 208
10.7.2 一个封闭的边界作为向量 …………… 210
10.7.3 向量空间 …………… 210
10.7.4 流形 ……………… 211
10.7.5 投影到闭合曲线上的流形 ……………… 212
10.7.6 找到一条测地线 …… 215
10.8 总结 ……………………… 217
10.9 作业 ……………………… 217
参考文献 ………………………… 219

第11章 场景表示和匹配 …… 221

11.1 简介 ……………………… 221
11.2 匹配的标志性表示 ……… 221
11.2.1 将模板匹配到场景 … 221
11.2.2 点匹配 ……………… 222
11.2.3 特征图像 …………… 223
11.3 兴趣运算 ………………… 225
11.3.1 Harris-Laplace 运算 … 226
11.3.2 SIFT 兴趣运算 ……… 228
11.4 SIFT …………………… 231
11.4.1 SIFT 描述符 ………… 231
11.4.2 使用 SIFT 描述符匹配邻域 ……………… 231
11.5 SKS …………………… 231
11.5.1 SKS 描述符 ………… 232
11.5.2 使用 SKS 描述符匹配邻域 ……………… 233
11.6 方向梯度直方图 ………… 234
11.6.1 方向梯度直方图描述符 ……………… 235
11.6.2 匹配方向梯度直方图描述符 ……………… 235
11.7 图匹配 …………………… 236

11.7.1 关联图 …… 237
11.7.2 松弛标记 …… 239
11.7.3 弹簧与模板 …… 240
11.8 再论弹簧和模板 …… 241
11.9 可变形模板 …… 241
11.10 总结 …… 242
11.11 作业 …… 243
参考文献 …… 246

第四部分 在三维世界中的二维图像

第 12 章 三维相关 …… 250

12.1 简介 …… 250
12.2 几何相机——两个已知相机的范围(立体视觉) …… 251
12.2.1 投影 …… 251
12.2.2 投影相机 …… 252
12.2.3 坐标系 …… 254
12.3 从运动中恢复形状——两个未知相机的范围 …… 258
12.3.1 立体视觉与对应问题 …… 258
12.3.2 8 点算法 …… 261
12.3.3 寻找相机矩阵 …… 262
12.3.4 相机矩阵的立体视觉 …… 263
12.3.5 基本歧义 …… 264
12.4 图像拼接和单应性 …… 264
12.4.1 视差 …… 267
12.4.2 匹配几何不变量 …… 269
12.5 控制照明——一个摄像头和一个光源的范围 …… 271
12.6 从 x 中恢复形状——单个相机的范围 …… 273
12.6.1 从阴影中恢复形状 …… 273
12.6.2 使用两个光源的着色形状 …… 274
12.6.3 表面法线的形状 …… 276
12.6.4 光度立体视觉法 …… 276
12.6.5 超过三个光源的光度立体视觉法 …… 277
12.6.6 从纹理中恢复形状 …… 278
12.6.7 从焦点中恢复形状 …… 278
12.7 三维空间的曲面 …… 279
12.7.1 二阶曲面 …… 279
12.7.2 将二阶曲面拟合到数据 …… 280
12.7.3 拟合椭圆和椭球体 …… 282
12.8 总结 …… 283
12.9 作业 …… 284
参考文献 …… 286

第 13 章 开发计算机视觉算法 …… 290

参考文献 …… 292

附录 A 支持向量机 …… 293

附录 B 如何区分包含核运算符的函数 …… 298

附录 C 图像文件系统软件 …… 300

索引 …… 305

|第一部分|

Fundamentals of Computer Vision

导　论

在这一部分中，我们着手准备我们的计算机视觉(Computer Vision, CV)之旅。第1章简要介绍生物视觉和计算机视觉的生物学动因。第2章介绍如何编写计算机程序来处理图像。第3章回顾数学知识，该章的重点是线性代数，因为这是CV中使用最多的数学学科。第3章还简要介绍概率论和函数最小化。

在通过预习和复习数学知识并做好准备之后，我们需要知道图像是什么。事实证明，"图像"这个词在不同的语境中有许多不同的含义，第4章对它们进行了讨论。

第 1 章

Fundamentals of Computer Vision

计算机视觉的定义及其历史

没有什么东西是神秘的。神秘的只是你的眼睛。

——伊丽莎白·鲍恩

1.1 简介

关于理解大脑，有两种完全不同的哲学观点。

1）首先了解大脑。如果能够理解大脑是如何工作的，我们就可以构建智能机器。

2）使用我们能想到的技术，制作智能机器。如果我们能够做到这一点，这也将给我们一些关于大脑是如何工作的提示。

本书尽管借鉴了目前对生物计算的一些理解，但是是从第二个观点出发的。在本章中，我们定义一些术语，介绍更大的局部-全局问题，然后简要介绍哺乳动物大脑的功能。

- （1.2 节）从信号和系统角度，我们描述计算机视觉和其他一些密切相关的研究领域的区别，包括图像处理和模式识别。
- （1.3 节）由于计算机视觉中几乎所有的问题都涉及局部性与全局性的问题，因此我们简要解释“局部-全局”问题以及用于解决该问题的“一致性”原则。
- （1.4 节）计算机视觉起源于生物视觉。因此，在该节中，我们将讨论计算机视觉的生物学动因以及人类视觉系统研究中的一些惊人发现。

1.2 定义

计算机视觉是指机器（通常是数字计算机）自动处理图像，并报告“图像中内容”的过程，也就是说，它能识别图像内容。例如，内容可能是加工过的零件，目标可能不仅是要定位零件，还要检查零件。

1~3 学生通常还会将计算机视觉与文献中经常出现的一些术语混淆，例如图像处理、机器视觉、图像理解和模式识别。

我们可以将图像处理的整个过程分为低级图像处理和高级图像处理。如果我们从信号与系统的角度来解释这些过程，那么从系统输入/输出格式来描述它们的差异和相似性就会变得更加清晰。在低级图像处理系统中，输入为图像，输出也仍然是图像，但图像却有所不同。例如，输出可能是去除了噪声的图像，也可能是比输入图像占用更少的存储空间的图像，还可能是比输入图像更加清晰的图像，等等。虽然低级图像处理不提供被成像对象的详细信息，但这些处理还是必要的，因为它是更高级别算法能够正常工作的保障。

机器视觉、图像理解和高级图像处理这几个术语通常用于表示计算机视觉。它们是对输入图像进行操作的过程，但输出不再是图像，而是对图像的解释。

模式识别是计算机视觉系统的一个重要组成部分，输入是以结构化格式(例如，向量)对图像的描述(例如，描述图像中对象的特征)，输出是基于这些输入描述的识别结果。因此，在模式识别过程中，输入和输出都不是图像。

图 1.1 是对计算机视觉系统的一种解释。对象及其类别的定义是由模式识别(PR)系统决定的。模式识别系统的决策基于对输入的测量，这些测量被称为特征。例如，PR 系统必须决定一个对象是短斧还是长斧时，它将手柄的长度和斧头的质量作为输入。如果要从图像中确定手柄的长度，那么做出这个决策的系统就是计算机视觉系统。

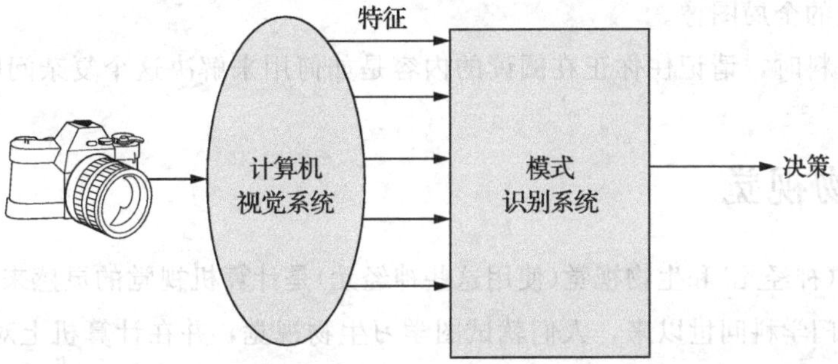

图 1.1　计算机视觉系统接受一张图像作为输入，并产生从图像中提取的许多测量值，这些测量值被称为特征，提供给模式识别系统，该模式识别系统对一个或多个被成像的对象做出决策

因此，计算机视觉系统对图像进行测量，并将这些测量结果报告给模式识别系统。如果计算机视觉系统很复杂并且返回“房间中的大象数＝1”，则 PR 系统就可能无事可做了。

我们刚才介绍的定义也有例外，或许最好的例子是目前深度学习的研究。这些系统使用神经驱动的计算结构来识别图像中的特定对象。有人可能会说这些系统是模式分类器，但它们解决的问题显然是计算机视觉问题，因此将它们归类为计算机视觉系统也是合适的[1.4]。 4

1.3 局部-全局问题

几乎所有的计算机视觉问题都可以描述为“局部-全局”或“格式塔”问题的不同版本。我们通过两个例子来描述。

第一个是盲人和大象的古老寓言：“盲人被要求通过触摸大象身体的不同部位来判

断大象长什么样。触摸到大象腿的盲人说大象就像一根柱子；触摸到大象尾巴的盲人说大象就像一根绳子；触摸到大象鼻子的盲人说大象就像树枝；触摸到大象耳朵的人说大象就像扇子；触摸到大象腹部的人说大象就像一堵墙；触摸到象牙的人说大象就像一根坚固的管子[一]。”

有一个相同的视觉例子：找一本封面有趣的杂志，然后剪一张白纸，大约是杂志高度和宽度的两倍。在纸的中心切一个小孔(直径1或2厘米)，然后将它盖在杂志上。现在，找一个以前没看过这本杂志的朋友。允许他(她)以任何方式移动纸张，但只能通过小孔来观察杂志封面，最后请他(她)描述一下所看到的封面。很可能，你会得到一个完全不正确的描述。

这就是我们要求计算机做的事情，在整个图像上进行局部测量(例如，梯度)，并且计算机以某种方式从所有那些局部测量中推断出图像是大象的照片[二]。

这个问题的部分解决方案多种多样，本书介绍了其中一些。大多数利用了一致性。也就是说，如果计算机能够发现一些测量值在某种程度上是一致的，它就可能推断出导致这种一致性的全局图像。

在阅读材料时，请记住你正在阅读的内容是如何用来解决这个复杂问题的。

1.4 生物视觉

生物计算(神经元)和生物视觉(使用这些神经元)是计算机视觉的灵感来源。自从计算机视觉作为一门学科问世以来，人们就试图学习生物视觉，并在计算机上对其进行建模。在计算机视觉中，研究者为利用生物学驱动的模型，已经开发了许多技术。近年来，深度
5 学习等一些新技术逐渐流行起来，这些方法的形成也归功于早期对生物视觉的研究。

1.4.1 生物动因

首先，我们考虑如图1.2所示的生物神经元。树突是向神经元细胞体传递信号的微小纤维。细胞体负责(通过树突的输入和时间)整合来自这些树突的输入。这种整合过程实际上是正离子形式的电荷累积。当有足够的电荷积累时，细胞膜就会破裂，形成大量的离子流，从而影响细胞的单个输出——轴突。轴突可能很长，甚至超过10厘米。这种离子流的传播称为*动作电位*。信息是由动作电位的发生率编码的，典型的动作电位的振幅为几十毫伏，持续时间为几毫秒。

输出/输入信号转换发生在轴突与树突或细胞体的紧密接触处，这样的连接被称为*突触连接*。当电荷沿轴突向下移动时，它们会导致*神经递质*化学物质在突触连接处释放。多达1000多个突触可以为单个神经元提供输入。

[一] 来自维基百科。

[二] 我们要求计算机解决格式塔问题，从大量局部分布的测量值中发现图像内容的一致性。

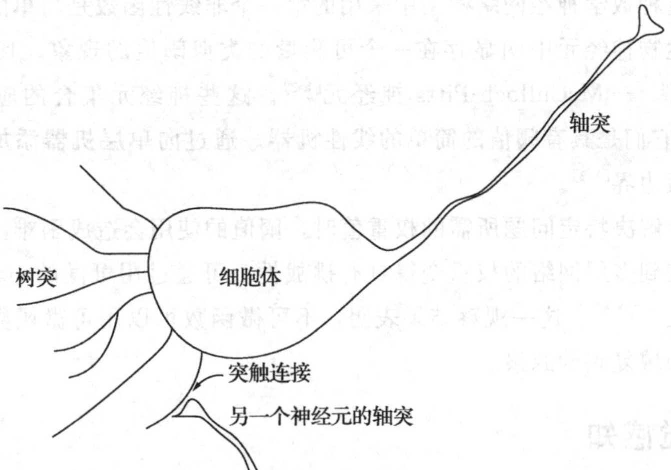

图 1.2　生物神经元有多个输入(即树突)，每个输入加权，有一个输出(即轴突)，可能会被分发到多个地方

如图 1.3 所示，两个轴突通过两个不同大小的突触与单个细胞体连接。神经递质是从轴突释放到突触连接处的化学物质，它们可以刺激细胞激活(兴奋性突触)或抑制细胞 6 激活(抑制性突触中的神经递质抑制剂)。图中，较大的突触 A 能够释放更多的神经递质，从而对突触后神经元产生更大的影响。突触传递信号能力的变化似乎是我们所说的记忆的一种形式。突触前神经元对突触后神经元的影响用加法器权重的正负号来表示。据估计，成人的神经系统拥有 10^{10} 个神经元。每个神经元有 1000 个突触，每个突触有 8 位存储空间(实际上，不是那么精确，更有可能是 5 位)，看，我们在你的大脑中找到了 10TB 的存储空间，所以使用吧!

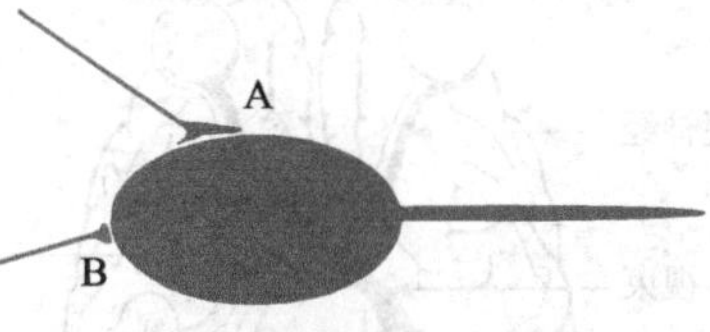

图 1.3　两个轴突通过明显不同的突触终止于同一细胞体，通过突触 A 的脉冲比通过突触 B 的脉冲更可能导致突触后神经元被激活

神经元可以用如图 1.4 所示的乘积之和后跟一个非线性项来进行数学建模，因此，神经元的方程可以写成：

$$y_q = S_q\left(\sum_i x_i w_{iq}\right)$$

其中 i 和 q 分别为输入和神经元的下标，S_q 是非线性函数。非线性函数 S_q 具有 sigmoid 形式(形如字母 “S”)。常见的 sigmoid 是逻辑函数 $S(x)=\frac{1}{1+e^{-ax}}$，其中 a 控制 sigmoid 的中心斜率。

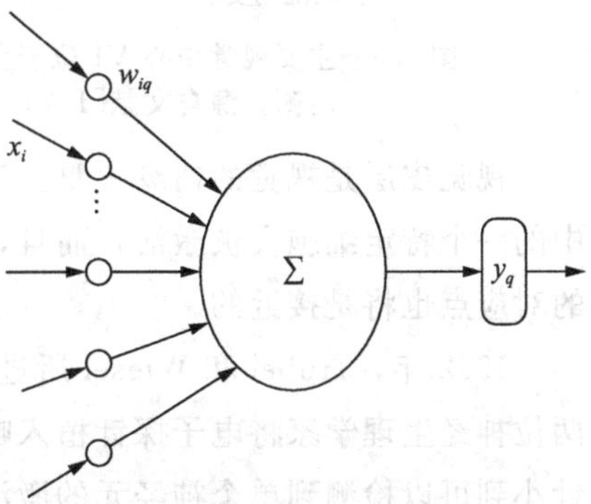

图 1.4　单个神经元的体系结构。在求和之前，输入被乘以权重。求和后通过类似阈值的非线性函数输出

7 历史上，这种数学神经网络模型中采用的第一个非线性函数是简单的阈值方式。这样做是因为在生物神经元中明显存在一个可测量的类似阈值的现象。1943 年开发了第一个这样的模型——McCulloch-Pitts 神经元[1.2]。这些神经元集合的应用促使了感知器[1.5]的发展，它们是具有阈值的简单的线性机器。通过向单层机器添加层，可以指定任意复杂的决策边界[1.3]。

在尝试确定解决特定问题所需的权重值时，阈值的使用会造成困难。由于阈值函数是不可微的，找到多层网络的权重变得具有挑战性。可通过用可微的 sigmoid 替换阈值来解决这个问题[1.6,1.8]。这一观察结果表明，不可微函数可以用可微函数来近似，这是神经网络研究领域复兴的源泉。

1.4.2　视觉感知

我们知道物体通过光的反射，在视网膜上可以形成图像。如图 1.5 所示，由光传感器产生的电信号通过视神经——外侧膝状体核(LGN)，终止于大脑后侧的视觉皮层上。视觉皮层实际上可以分为几个部分：V1(或称为初级视觉皮层)、V2、V3、V4 和 V5。图像在不同的区域接受不同的处理。初级视觉皮层也被称为*纹状皮层*，因为它看起来有很长、很直的条纹(如图 1.6 所示)。

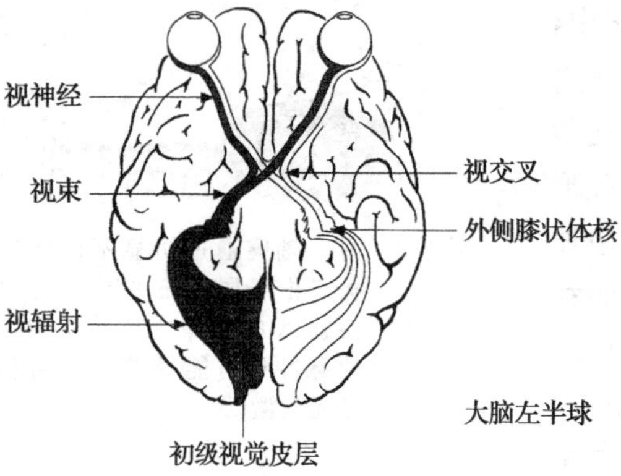

图 1.5　主要视觉中心 V1 位于大脑后侧。源自文献[1.7]

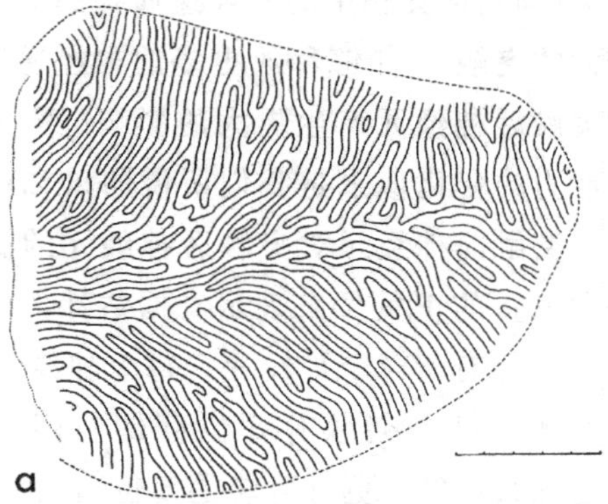

图 1.6　染色适当时，视觉皮层看起来像被分成长条带。源自文献[1.7]

视觉皮层是视觉的高级中枢。当视网膜中的一个特定光传感器被刺激时，视觉皮层中的一个特定细胞会被激活，而且，如果视网膜中的两个点是接近的，那么视觉皮层中的对应点也将是接近的。

8 1962 年，Hubel 和 Wiesel 所进行的神经元的数学建模工作触及了视觉区域[1.1]。这两位神经生理学家将电子探针植入哺乳动物(最初是猫，后来还有猴子)的身体，这种探针小到可以检测到单个神经元的激活。凭借这种能力，他们取得了一些惊人的发现[⊖]。

第一个发现是，大脑皮层的某些细胞与视网膜的边缘(不仅是光)存在对应关系。更

⊖ 他们在 1981 年获得了诺贝尔奖。

有趣的是，当某个方向的边缘在视网膜中的特定位置出现时，就会有大脑皮层中的细胞做出响应。

每一个以这种方式激活的皮质细胞都有一个感受野，它由所有的光受体组成，当光受体受到刺激时，会对这些皮质细胞有直接影响。最简单的感受野实际上存在于视网膜神经节细胞中，被称为“中心”细胞，如图 1.7所示。当感受野的中心受到刺激而周围却不受刺激时，这些细胞就会被激活。当中心受到具有特定方向的边缘刺激时，皮层中更多有趣的细胞将被激活。有这种行为的细胞激发了第 5 章中所讲述的核算子的使用。同时，还发现有些细胞能够对边缘运动做出响应。

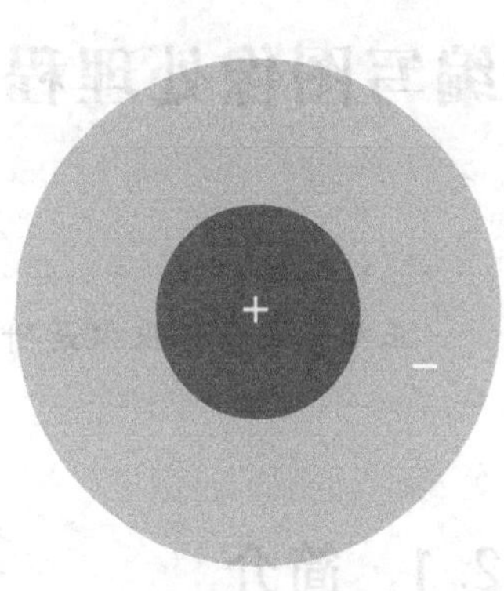

图 1.7　初级视觉皮层中的一些细胞仅在内部细胞总和减去外部细胞总和超过某个阈值时才会被激活

Hubel 和 Wiesel 的另一个观察结果是，大脑皮层具有接收来自左眼的输入的神经元带，每条神经元带都与接收来自右眼输入的神经元带相邻。这表明大脑皮层的连接完成了人类感知深度所需的一些计算。

最后，对大脑生理学的后续探索表明，当人们从初级视觉皮层移动到 V2、V3 及后续层时，感受野似乎也在增长，这表明这是一种具有多层计算和互连的层次结构。

目前，在视觉感知方面存在着大量的争论和研究，这一领域在未来的许多年里都将会是一个非常活跃的领域。 9

参考文献

[1.1] D. Hubel and T. Wiesel. Receptive fields, binocular interaction, and functional architecture in the cat's visual cortex. *Journal of Physiology (London)*, 160, 1962.

[1.2] W. McCulloch and W. Pitts. A logical calculus of the ideas immanent in nervous activity. *Bulletin of Mathematical Biophysics*, 5, 1943.

[1.3] M. Minsky and S. Papert. *Perceptrons: An Introduction to Computational Geometry*. MIT Press, 1969.

[1.4] R. Ranjan, V. Patel, and R. Chellappa. Hyperface: A deep multi-task learning framework for face detection, landmark localization, pose estimation, and gender recognition. IEEE Transactions on Pattern Analysis and Machine Intelligence, 2016.

[1.5] F. Rosenblatt. The Perceptron – a perceiving and recognizing automaton. Technical Report 85-460-1, Cornell Aeronautical Laboratory, 1957.

[1.6] D. Rumelhart. *Parallel Distributed Processing: Explorations in the Microstructure of Cognition*. MIT Press, 1982.

[1.7] M. Tovée. *An Introduction to the Visual System*. Cambridge University Press, 2008.

[1.8] P. Werbos. *Beyond Regression: New Tools for Prediction and Analysis in the Behavioral Sciences*. PhD thesis.

10

第 2 章
Fundamentals of Computer Vision

编写图像处理程序

正如天文学不仅仅是研究望远镜的科学，计算机科学也不止于研究计算机。

——E. W. 迪科斯彻

2.1 简介

根据所需优化内容的要求，通常可以采用两种不同的方式来编写图像分析软件。我们可以采用优化/最小化编程时间的方式，也可以采用最小化计算时间的方式。在本书中，我们不会过多关注运算时间(至少通常情况是这样的)，但你的时间却是很宝贵的。因此，我们希望遵循一种编程理念，即在最短时间内生成正确的、可操作的代码。本书中的编程任务指定用 C 或 C++来编写，而不是用 MATLAB 或 Java 来编写，这是一个经过深思熟虑的决定。因为，MATLAB 对用户隐藏了许多数据结构和数据操作的细节。虽然，大多数时候，这是件好事。但是，作者在多年授课过程中发现，它所隐藏的许多细节正是学生为了有效地理解图像处理(尤其是像素级别的图像处理)而必须要掌握的内容。

在本书中，至少在一开始，我们希望学生写一些面向像素级的代码，这样他们才能真正理解计算机到底在做什么。在后续的课程中，学生将会在抽象的层次上慢慢提升。参考文献[2.2，2.1]着重介绍了 MATLAB 的使用。

2.2 图像处理的基本程序结构

图像可以被认为是二维或三维数组。它们通常在光栅扫描中逐个像素地处理。为了操作图像，两个或三个嵌套的 for 循环是最常用的编程结构，如图 2.1 和图 2.2 所示。

11 在这些示例中，我们使用两个或三个整数(row、col 和 frame)作为图像的行、列和帧的索引。通过确定 row、col 和 frame 的值，我们实现了从左到右、从上到下逐帧扫描图像像素的过程。

```
.....
int row, col;
......
for (row = 0; row < 128; row++)
{
    for(col = 0; col < 128; col++)
    {
        /* pixel processing */
        ......
    }
    ......
}
```

图 2.1　基本编程结构：两个嵌套的 for 循环

```
......
int row, col, frame;
......
for (frame = 0; frame < 224; frame++)
{
    for (row = 0; row < 128; row++)
    {
        for (col = 0; col < 128; col++)
        {
            /* pixel processing */
            ......
        }
        ......
    }
    ......
}
```

图 2.2　基本编程结构：三个嵌套的 for 循环

2.3　良好的编程风格

始终遵循的一个重要的编程准则就是编写的程序应能够适用于任意大小的图像。你不需要编写可以用于任何维度(尽管也可以)或任何数据类型的程序，只需要编写适用于不同尺寸图像的程序即可。这个要求的一个含义是你不能声明一个静态数组并将所有数据复制到该数组中(新手程序员喜欢这样做)。相反，你必须使用读取图像的子程序。

另一个重要的编程准则是，除极少数情况外，禁止使用全局变量。全局变量是在子程序外声明的变量。使用它是一种很糟糕的编程习惯，可以说在所有编程的过程中，它都会导致更多的Bug出现。一个良好的结构化编程习惯是，子程序所需要知道的一切内容都应包含在它的参数列表中。[⊖] 12

遵循这些简单的编程准则，你可以更轻松、高效地编写通用代码，并减少错误。随着技能的提高，如果以后需要的话，你可以利用指针操作来提高程序的运行速度。

在代码的不同段之间添加一些空行，这可以提高代码的可读性。我们强调注释的重要性，但是不要添加太多注释，因为这会破坏代码流。通常，你应该在每个函数顶部添加块注释，包括函数的功能描述、编写此函数的人员姓名、如何调用此函数以及函数的返回值等，还应该为每个变量声明添加注释。

2.4　计算机视觉的重点

如果你正在花时间阅读本节，那么你将会比你同学的学习进度快几天。好多人会在

⊖ C++用户要小心：类的变量对该类中的任何函数都是可用的，而且很容易编写出难以调试的具有副作用的函数，我们试图通过“无全局化”机制来避免这个问题。

编程过程中犯本节描述的一些常见错误，并花费很长时间才能发现它们，所以下面我们将详细介绍哪些是我们需要避免的错误。

- 如果你使用图像读取函数读取图像，那么你将读取的是一个由整数组成的数据集，每个整数为 8 位，并且值的范围为 0 到 255。
- 8 位整数有溢出的问题，如 250+8=2 和 3-5=254。
- 如果你在读取图像，请立即将其转换为浮点数格式。在浮点数中完成所有操作，包括亮度缩放。在写入输出图像之前，不要将其转换回整数。MATLAB 做到了这一点：除非你创建整数，否则一切都是浮点数。

2.5 图像分析软件工具包

大多数教师认为有很多基本的计算功能与学习计算机视觉课程是无关的，例如，使用具有不同数据类型的图像(浮点数特别重要)，压缩文件中的数据，表示 3D、4D 或彩色图像。对于这些问题，我们其实可以使用图像分析工具包。作者常用 OpenCV 和 IFS 这两个工具包，它们都能够满足上述需求。我们使用 IFS(图像文件系统)最主要的原因
13 是我们认为它具有非常强大的功能。附录 C 中描述了 IFS 系统以及一些示例程序。

2.6 makefile

如图 2.3 所示，makefile 指定如何构建项目。你应该使用 makefile，因为它们远远优于键入命令。如果你使用 Microsoft Visual Studio、Mac Xcode 或其他一些开发环境进行软件开发，这些开发环境隐藏了 makefile，但了解它们的运行方式对你会很有帮助。

```
CC = g++
INCLUDES = -I../include
LIBS = -L../lib -lifs
CFLAGS = $(INCLUDES)

myprog: myprog.o
    $(CC) -o myprog myprog.o $(LIBS)
myprog.o: myprog.c
    $(CC) -c myprog.c $(INCLUDES)
```

图 2.3　UNIX makefile 示例

图 2.3 就是一个简单的示例。它声明名为 myprog 的可执行文件只依赖于对象模块 myprog.o。然后，它展示了如何从 myprog.o 和库文件中创建 myprog。类似地，myprog.o 是通过使用在“include”目录中找到的头文件并编译(而不是链接)源文件 myprog.c 而生成的。需要注意的是，在链接步骤中，要指定一个库，必须指定库名称(例如，libifs.a)；但是如果要指定头文件(例如，ifs.h)，则只需指定该文件所在的目录即可，因为文件名是在#include 预处理指令中给出的。

在 WIN64 中，makefile 类似于图 2.4 中所示的示例。这里，演示了 make 程序的许多符号定义功能，并明确指定了编译器的位置。由 IFS 生成的程序(除了 ifsTool)是基于控制台的，也就是说，你需要在 PC 上的 MSDOS 窗口、Linux 或使用 OS-X 的 Mac

的终端窗口运行它们。

```
CFLAGS = -Ic:\lcc\include -g2 -ansic
CC = c:\lcc\bin\lcc.exe
LINKER = c:\lcc\bin\lcclnk.exe
DIST = c:\ece763\myprog\lcc\
OBJS = c:\ece763\myprog\objs\
LIBS = ifs.lib -lm
# Build myprog.c
myprog:
    $(CC) -c $(CFLAGS) c:\ece763\myprog\mysubroutine1.c
    $(CC) -c $(CFLAGS) c:\ece763\myprog\mysubroutine2.c
    $(CC) -c $(CFLAGS) c:\ece763\myprog\myprog.c
    $(LINKER) -subsystem console -o myprog.exe myprog.obj mysubroutine1.obj
        mysubroutine2.obj $(LIBS)
```

图 2.4　WIN32 makefile 示例

2.7　作业

2.1：学习如何使用 IFS。此作业的目的是让你使用计算机，并开始编写程序。

(1)使用 ifsTool 查看以下图像：imagesecho1，imagesecho2，imagesecho3。

(2)需要上交的书面作业：我们知道你可能不懂解剖学，用一段文字描述三幅“回声”图像。只需描述你所看到的，包括打印出来的图像。如果你碰巧了解解剖学，那么恭喜你，你的老师会对你印象深刻。

(3)编程任务：编写一个程序，以上述图像之一作为输入并产生相同类型和大小的输出图像，但是每个像素强度从 inimg(row,col)变为 outimg(row,col) = a×inimg(row,col)+ b，其中 a 和 b 是输入参数。尝试以一种无须修改代码就可以更改 a 和 b 的值的方式编写程序。

(4)上述程序的功能是什么？

参考文献

[2.1] P. Corke. *Robotics, Vision and Control: Fundamental Algorithms in MATLAB*. Springer, 2011.

[2.2] R. Gonzalez, R. Woods, and L. Eddins. *Digital Image Processing Using MATLAB*. McGraw-Hill, 2nd edition, 2016.

14～15

第 3 章

Fundamentals of Computer Vision

数学原理回顾

解决实际问题需要良好的数学基础。

——拉玛·切拉帕

3.1 简介

本章我们回顾一些与本书所讲内容相关的数学知识。使用本书的学生在本科阶段应该至少学过三个学期的微积分，并且接触过微分方程和偏微分方程。学生还应该对概率论和统计学的一些概念有所了解，包括先验概率、条件概率、贝叶斯规则和期望。最后也是非常重要的一点，学生应该具备很好的本科水平的线性代数基础。

本章将回顾和更新上述课程中的许多概念，但仅作为回顾，而不是作为全新知识进行介绍。

- (3.2 节)我们简要回顾线性代数中的重要概念，包括各种向量和矩阵运算、导数算子、特征分解及其与奇异值分解的关系。
- (3.3 节)由于几乎所有的计算机视觉主题都可以被描述为最小化问题，在这一节中，我们将简要介绍函数最小化，并分别讨论梯度下降和模拟退火这两种可导致局部极小和全局极小的最小化技术。
- (3.4 节)在计算机视觉中，我们经常对某些测量发生的概率感兴趣。在这一节中，我们将简要回顾概率密度函数和概率分布函数等概念。

3.2 线性代数简要回顾

在本节中，我们将简要回顾向量和矩阵运算。一般来说，我们用小写黑斜体字母表示向量，小写斜体字母表示标量，大写黑斜体字母表示矩阵。

16

3.2.1 向量

向量总被认为是列向量。如果为了节省文档空间需要以水平方向编写一个向量，我们可以使用转置表示法。例如，我们以如下方式表示一个由三个标量元素组成的向量：

$$\boldsymbol{x}=[x_1 \quad x_2 \quad x_3]^{\mathrm{T}}=\begin{bmatrix}x_1\\x_2\\x_3\end{bmatrix}$$

1. 内积

两个向量的内积是标量，$c=\boldsymbol{x}^{\mathrm{T}}\boldsymbol{y}$，它的值是两个向量相应元素的乘积之和：

$$\boldsymbol{x}^{\mathrm{T}}\boldsymbol{y}=\sum_{i}x_{i}y_{i}$$

有些书也用符号$\langle\boldsymbol{x},\boldsymbol{y}\rangle$表示内积，但是我们不喜欢这种形式，因为它看起来像一个随机变量的期望值。另外，有时我们还会用 $\boldsymbol{x}\cdot\boldsymbol{y}$ 来表示“点积”。

向量的大小是$|\boldsymbol{x}|=\sqrt{\boldsymbol{x}^{\mathrm{T}}\boldsymbol{x}}$。如果$|\boldsymbol{x}|=1$，则 $\boldsymbol{x}$ 被称为单位向量。如果 $\boldsymbol{x}^{\mathrm{T}}\boldsymbol{y}=0$，则 $\boldsymbol{x}$ 和 $\boldsymbol{y}$ 是正交的。如果 $\boldsymbol{x}$ 和 $\boldsymbol{y}$ 是正交单位向量，则它们是标准正交的。

2. 外积

两个向量的内积产生标量，外积产生矩阵。

两个向量的外积是矩阵，$\boldsymbol{x}\otimes\boldsymbol{y}=\boldsymbol{x}\boldsymbol{y}^{\mathrm{T}}$，这个矩阵的每个元素可以写成$(\boldsymbol{x}\boldsymbol{y}^{\mathrm{T}})_{ij}=x_{i}y_{j}$。例如，假设 $\boldsymbol{x}$ 是二维的，$\boldsymbol{y}$ 是三维的，那么这两个向量的外积是维数为 2×3 的矩阵。

$$\boldsymbol{x}\otimes\boldsymbol{y}=\begin{bmatrix}x_1\\x_2\end{bmatrix}\begin{bmatrix}y_1 & y_2 & y_3\end{bmatrix}=\begin{bmatrix}x_1y_1 & x_1y_2 & x_1y_3\\x_2y_1 & x_2y_2 & x_2y_3\end{bmatrix}$$

外积也称为张量积。

3. 叉积

在向量之间还有另一个操作，即叉积，它返回一个向量。我们再次对比了返回标量的内积和返回矩阵的外积。

给定向量 $\boldsymbol{x}=[x_1\quad x_2\quad x_3]^{\mathrm{T}}$，我们定义矩阵

$$[\boldsymbol{x}]_{\times}=\begin{bmatrix}0 & -x_3 & x_2\\x_3 & 0 & -x_1\\-x_2 & x_1 & 0\end{bmatrix}\tag{3.1}$$

17

该矩阵是斜对称的。也就是说，它等于其转置的负。然后可以将两个向量 $\boldsymbol{x}$ 和 $\boldsymbol{y}$ 之间的叉积定义为

$$\boldsymbol{x}\times\boldsymbol{y}=[\boldsymbol{x}]_{\times}\boldsymbol{y}=\begin{bmatrix}0 & -x_3 & x_2\\x_3 & 0 & -x_1\\-x_2 & x_1 & 0\end{bmatrix}\begin{bmatrix}y_1\\y_2\\y_3\end{bmatrix}=\begin{bmatrix}x_2y_3-x_3y_2\\x_3y_1-x_1y_3\\x_1y_2-x_2y_1\end{bmatrix}\tag{3.2}$$

如果 $\boldsymbol{x}=\boldsymbol{y}$，则它们的叉积为 $\boldsymbol{0}$ 向量：

$$\boldsymbol{x}\times\boldsymbol{y}=\boldsymbol{0}\tag{3.3}$$

用矩阵来描述此操作的优点是我们可以使用矩阵乘法来完成叉积操作(仅为向量定义)。因此，$\boldsymbol{x}\times\boldsymbol{M}=[\boldsymbol{x}]_{\times}\boldsymbol{M}$ 为取 $\boldsymbol{M}$ 的每列与 $\boldsymbol{x}$ 做叉积。

4. 线性无关

假设我们有 n 个向量 $\boldsymbol{x}_1$，$\boldsymbol{x}_2$，…，$\boldsymbol{x}_n$，如果可以将 $\boldsymbol{v}$ 写成 $\boldsymbol{v}=a_1\boldsymbol{x}_1+a_2\boldsymbol{x}_2+\cdots+a_n\boldsymbol{x}_n$，其中 a_1，a_2，…，$a_n\in\mathcal{R}$，则 $\boldsymbol{v}$ 是向量 $\boldsymbol{x}_1$，$\boldsymbol{x}_2$，…，$\boldsymbol{x}_n$ 的线性组合。

假设我们有 n 个向量 $\boldsymbol{x}_1$，$\boldsymbol{x}_2$，…，$\boldsymbol{x}_n$，如果不能将其写成其他向量的线性组合，则称这组向量是线性无关的。

给定 d 个定义在 $\mathcal{R}^d$ 空间上线性无关的 d 维向量 $\boldsymbol{x}_1$，$\boldsymbol{x}_2$，…，$\boldsymbol{x}_d$，则空间中的任意向量 $\boldsymbol{y}$ 可以写成 $\boldsymbol{y}=a_1\boldsymbol{x}_1+a_2\boldsymbol{x}_2+\cdots+a_d\boldsymbol{x}_d$。

由于任何 d 维实值向量 $\boldsymbol{y}$ 都可以被写为 $\boldsymbol{x}_1$，$\boldsymbol{x}_2$，…，$\boldsymbol{x}_d$ 的线性组合，因此将$\{\boldsymbol{x}_i, i=1, \cdots, d\}$称为基集，所构成的向量集合称为张成的空间 $\mathcal{R}^d$。任何线性无关的向量集合都可以作为一组基(充要条件)。选择正交的基集通常更为方便。

例如，以下两个向量构成 $\mathcal{R}^2$ 的一个基：

$$\boldsymbol{x}_1=[0\quad 1]^{\mathrm{T}} \quad 和 \quad \boldsymbol{x}_2=[1\quad 0]^{\mathrm{T}}$$

上面是我们熟悉的笛卡儿坐标系，下面是另一个 $\mathcal{R}^2$ 的基[⊖]：

18 $$\boldsymbol{x}_1=[1\quad 1]^{\mathrm{T}} \quad 和 \quad \boldsymbol{x}_2=[-1\quad 1]^{\mathrm{T}}$$

如果 $\boldsymbol{x}_1$，$\boldsymbol{x}_2$，…，$\boldsymbol{x}_d$ 定义在 $\mathcal{R}^d$ 上，并且 $\boldsymbol{y}=a_1\boldsymbol{x}_1+a_2\boldsymbol{x}_2+\cdots+a_d\boldsymbol{x}_d$，那么 $\boldsymbol{y}$ 的分量可由下式获取：

$$a_i=\boldsymbol{y}^{\mathrm{T}}\boldsymbol{x}_i \tag{3.4}$$

且 a_i 是 $\boldsymbol{y}$ 在 $\boldsymbol{x}_i$ 上的投影。式(3.4)的内积实际上是一个投影，如图 3.1 所示。无论何时使用式(3.4)，都可以用来表示“投影”，这更具有一般的含义(如傅里叶级数的系数)。

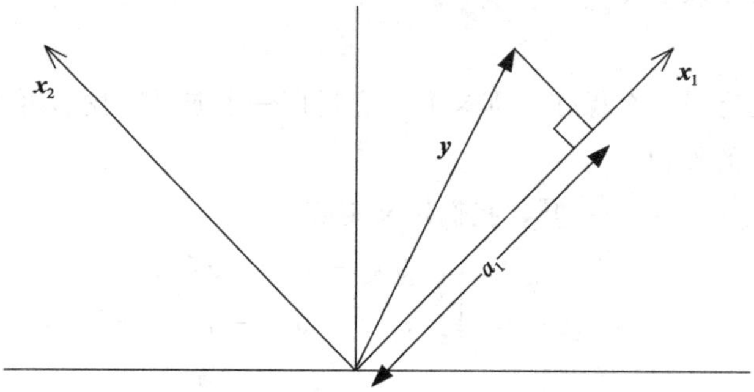

图 3.1 $\boldsymbol{x}_1$ 和 $\boldsymbol{x}_2$ 是正交基，$\boldsymbol{y}$ 在 $\boldsymbol{x}_1$ 上的投影具有长度 a_1

3.2.2 向量空间

向量空间是一组向量和定义在向量上的两个操作(* 和+)。此外，一个集合是一个向量空间，必须满足以下两个条件：

- 设 $\boldsymbol{v}_1$ 和 $\boldsymbol{v}_2$ 是向量空间 V 的元素，则 $\boldsymbol{v}_1+\boldsymbol{v}_2$ 也在向量空间 V 中。
- 设 $\boldsymbol{v}_1$ 是向量空间 V 中的元素，并且 α 是与 V 定义一致的标量，则 $\alpha\boldsymbol{v}_1\in V$。

上面提到的条件有一个名称：闭包。我们说向量空间在向量加法和标量乘法下是封闭的。

我们通常关心的唯一向量空间是那些由实数组成的向量使用我们熟悉的实数的加法和乘法构成的空间。但是，为了让你可以更清楚地理解这些概念，我们构造一个有限向量空间。

⊖ 这是正交集合吗？

向量空间示例

定义一组符号 $S=\{a, b, c, d\}$，两个操作 $*$ 和 $+$。由于只有四个符号，因此我们可以使用表 3.1 所示的内容来定义相关操作。

表 3.1 四个符号的两种运算

*	a	b	c	d
a	a	a	a	a
b	a	b	c	d
c	a	c	c	a
d	a	d	a	d

+	a	b	c	d
a	a	b	c	d
b	b	b	b	b
c	c	b	c	b
d	d	b	b	d

定义一个集合 V，它包含所有长度为 2 的向量(使用 S 中的标量)。我们来看看上面定义的 V 和两个操作的组合是否构成向量空间。

这是来自 V 的两个向量，将它们相加：

$$\begin{bmatrix} a \\ b \end{bmatrix} + \begin{bmatrix} c \\ d \end{bmatrix} = \begin{bmatrix} c \\ b \end{bmatrix} \tag{3.5}$$ 19

观察到将这两个向量相加会产生一个位于同一向量空间中的向量。因此，至少根据这个测试，我们可能有一个向量空间。要确定的是，我们必须对上面列出的所有条件进行评估。

3.2.3 零空间

矩阵的零空间 $\mathbf{A}$ 是满足以下条件的向量 $\boldsymbol{x}$ 的集合：

$$\mathbf{A}\boldsymbol{x} = \mathbf{0} \tag{3.6}$$

其中 $\mathbf{0}$ 是全零的向量。这是通过初等行变换来实现的。我们在这里提供一个例子，提醒学生如何进行行简化，令

$$\mathbf{A} = \begin{bmatrix} 4 & 5 & 6 \\ 1 & 2 & 3 \\ 2 & 4 & 6 \end{bmatrix} \tag{3.7}$$

第一步是将第一行除以一个数，使(1，1)值等于 1。回想一下，如果(1，1)元素为零，则需要交换行。

$$\mathbf{A} = \begin{bmatrix} 1 & \frac{5}{4} & \frac{3}{2} \\ 1 & 2 & 3 \\ 2 & 4 & 6 \end{bmatrix}$$

现在将第一行乘以(2，1)元素的 -1 倍，并将其与第二行相加，用其结果替换第二行。同样，在第三行执行相同的操作，使(3，1)元素等于零。

$$\mathbf{A} = \begin{bmatrix} 1 & \frac{5}{4} & \frac{3}{2} \\ 0 & \frac{3}{4} & \frac{3}{2} \\ 0 & \frac{3}{2} & 3 \end{bmatrix}$$

简化为

$$\boldsymbol{A}=\begin{bmatrix}1 & \frac{5}{4} & \frac{3}{2}\\0 & 1 & 2\\0 & 1 & 2\end{bmatrix}$$

现在，我们尝试通过将第二行乘以－1并将其与第三行相加来将(3，2)元素设置为零。当我们这样做时，第三行变为全零，并且我们得出结论，该矩阵的秩等于2。(实际上，学生可能早就注意到第二行和第三行是成比例的。)

$$\boldsymbol{A}=\begin{bmatrix}1 & \frac{5}{4} & \frac{3}{2}\\0 & 1 & 2\\0 & 0 & 0\end{bmatrix}$$

20

我们可以通过将 $\boldsymbol{A}$ 乘以未知向量 $\boldsymbol{x}=[x_1 \quad x_2 \quad x_3]^{\mathrm{T}}$ 并且设置结果为零向量来找到零空间。

$$\begin{bmatrix}1 & \frac{5}{4} & \frac{3}{2}\\0 & 1 & 2\\0 & 0 & 0\end{bmatrix}\begin{bmatrix}x_1\\x_2\\x_3\end{bmatrix}=\begin{bmatrix}0\\0\\0\end{bmatrix}$$

令乘积为零，产生以下等式：

$$x_1+\frac{5}{4}x_2+\frac{3}{2}x_3=0 \tag{3.8}$$

$$x_2+2x_3=0 \tag{3.9}$$

等价于：

$$x_1=x_3 \tag{3.10}$$

$$x_2=-2x_3 \tag{3.11}$$

令 $x_3=1$，零向量为$[1 \quad -2 \quad 1]^{\mathrm{T}}$。由于秩为2，因此零空间由这一向量及其所有标量倍数的零向量组成。将$[1 \quad -2 \quad 1]^{\mathrm{T}}$ 除以其大小$\sqrt{6}$，产生单位向量$[0.4082 \quad -0.8165 \quad 0.4082]^{\mathrm{T}}$。

右零空间和左零空间

上面我们解决了问题

$$\boldsymbol{Ax}=\boldsymbol{0}$$

但是，我们或许会遇到以下问题：

$$\boldsymbol{xA}=\boldsymbol{0}$$

这被称为寻找*左零空间*，矩阵的左零空间 $\boldsymbol{A}$ 是 $\boldsymbol{A}^{\mathrm{T}}$ 的零空间。

3.2.4　函数空间

考虑一个函数 $f(x)=x^2$，定义在大于0且小于6的整数上。你可以将 $f(x)$的值作为有序集列出：[1，4，9，16，25]。它看起来与向量完全相同。因此，将函数视为向量是完全正确的。当然，还有一个小问题。如果在实数上定义函数，我们最终会得到一个具有无限维数的向量。但是，除了我们不能列出所有元素这一事实外，无限维数并不是一个问题。

通过简单地将函数视为无限维向量，我们便可以容易地将正交性概念扩展到连续函数上。由于 x 在 a 和 b 之间变化，因此只需列出 $f(x)$ 的所有值即可。如果 x 是连续的，那么在 a 和 b 之间将存在无数个可能的 x 值。虽然我们不能枚举它们，但这也不能阻止我们，我们仍然可以得到一个包含 $f(x)$ 所有值的向量。现在，我们为有限维向量定义的求和概念变成了积分，并且可以求其内积

$$<f(x),g(x)>=\int_a^b f(x)g(x)\mathrm{d}x \tag{3.12}$$ 21

正交和标准正交的概念也适用于内积的这一定义。如果积分等于零，我们说这两个函数是正交的。因此，从正交向量到正交函数的转换并不困难。但由于函数具有无限多个维度，不可能将正交视为“垂直”，因此你需要放弃对垂直事物的思考，只需回忆一下这个定义并使用它即可。

但是，如果你喜欢愚蠢的误解，图 3.2 说明了对“正弦和余弦是正交的”这句话的错误解释。[⊖]

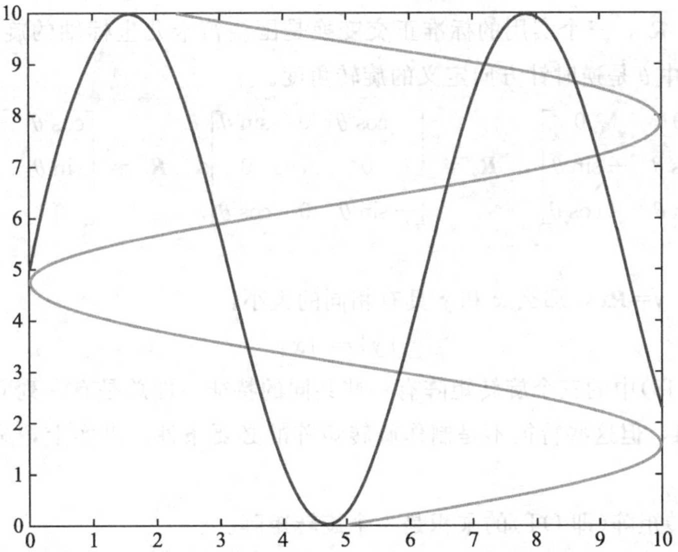

图 3.2　误解“正弦与余弦是正交的”这句话，人们想像的图像混淆了正交和垂直(见彩插)

3.2.5　线性变换

线性变换 $\mathbf{A}$ 只是一个矩阵。假设 $\mathbf{A}$ 是 $m\times d$ 维。如果应用于向量 $\boldsymbol{x}\in\mathcal{R}^d$，$\boldsymbol{y}=\boldsymbol{A}\boldsymbol{x}$，

⊖ 你能证明这个结论吗？

则 $\boldsymbol{y}\in\mathcal{R}^m$。所以 $\boldsymbol{A}$ 从向量空间 $\mathcal{R}^d$ 中取出一个向量，并在 $\mathcal{R}^m$ 中生成一个向量。如果可以通过将 $\boldsymbol{A}$ 应用于 $\mathcal{R}^d$ 中的一个且仅一个向量来生成向量 $\boldsymbol{y}$，那么 $\boldsymbol{A}$ 被称为一对一映射。现在假设在 $\mathcal{R}^m$ 中所有向量都可以用 $\mathcal{R}^d$ 中的某个向量来生成，那么在这种情况下，$\boldsymbol{A}$ 是满映射的。如果 $\boldsymbol{A}$ 是一对一且满映射的，那么 $\boldsymbol{A}^{-1}$ 就存在了。如果矩阵乘法 $\boldsymbol{C}=\boldsymbol{AB}$ 有
22 意义，则两个矩阵 $\boldsymbol{A}$ 和 $\boldsymbol{B}$ 是一致的。

有一些重要的(经常被遗忘的)属性㊀：如果 $\boldsymbol{A}$ 和 $\boldsymbol{B}$ 是一致的，那么

$$(\boldsymbol{AB})^{\mathrm{T}}=\boldsymbol{B}^{\mathrm{T}}\boldsymbol{A}^{\mathrm{T}} \tag{3.13}$$

并且如果 $\boldsymbol{A}$ 和 $\boldsymbol{B}$ 是可逆的，那么

$$(\boldsymbol{AB})^{-1}=\boldsymbol{B}^{-1}\boldsymbol{A}^{-1} \tag{3.14}$$

与行列式(det)和迹(tr)相关的其他一些有用的属性是：

$$\det(\boldsymbol{AB})=\det(\boldsymbol{BA}) \quad 且 \quad \mathrm{tr}(\boldsymbol{AB})=\mathrm{tr}(\boldsymbol{BA})$$

如果 $\boldsymbol{A}$ 和 $\boldsymbol{B}$ 是方阵，则其是唯一的。

1. 标准正交变换

如果矩阵 $\boldsymbol{A}$ 满足

$$\boldsymbol{AA}^{\mathrm{T}}=\boldsymbol{A}^{\mathrm{T}}\boldsymbol{A}=\boldsymbol{I} \tag{3.15}$$

那么显然矩阵的转置也是它的逆矩阵，$\boldsymbol{A}$ 是标准正交变换(OT)，其在几何上对应于旋转。如果 $\boldsymbol{A}$ 是 $d\times d$ 的标准正交变换，则 $\boldsymbol{A}$ 的列是标准正交的、线性独立的，并形成张成空间 $\mathcal{R}^d$ 的基。对于 $\mathcal{R}^3$，三个实用的标准正交变换是围绕笛卡儿坐标轴的旋转(假设是右手坐标系㊁)，其中 θ 是逆时针方向定义的旋转角度。

$$\boldsymbol{R}_x=\begin{bmatrix}1 & 0 & 0\\ 0 & \cos\theta & -\sin\theta\\ 0 & \sin\theta & \cos\theta\end{bmatrix},\quad \boldsymbol{R}_y=\begin{bmatrix}\cos\theta & 0 & \sin\theta\\ 0 & 1 & 0\\ -\sin\theta & 0 & \cos\theta\end{bmatrix},\quad \boldsymbol{R}_z=\begin{bmatrix}\cos\theta & -\sin\theta & 0\\ \sin\theta & \cos\theta & 0\\ 0 & 0 & 1\end{bmatrix} \tag{3.16}$$

假设 $\boldsymbol{R}$ 是 OT，$\boldsymbol{y}=\boldsymbol{Rx}$，那么 $\boldsymbol{x}$ 和 $\boldsymbol{y}$ 具有相同的大小：

$$|\boldsymbol{y}|=|\boldsymbol{x}| \tag{3.17}$$

虽然式(3.16)中的三个旋转矩阵有一些共同的特征，即总是有一列 0 和一个 1 以及一行 0 和一个 1，但这些特征不是制作旋转矩阵的必要条件。事实上，旋转矩阵有两个有趣的性质：

- 两个旋转矩阵(即 OT)的乘积是一个旋转矩阵。
- 任意的 OT 都可以被认为是一个旋转矩阵，旋转是绕着某个轴的。

23 我们将用下面的例子来阐明上述两个性质：假设顺序执行两次旋转，第一次绕 x 轴旋转 20 度，第二次绕 z 轴旋转 45 度，两次旋转都沿着逆时针方向进行，则复合变换矩阵 $\boldsymbol{R}_{zx}$ 可以通过 $\boldsymbol{R}_{zx}=\boldsymbol{R}_z\boldsymbol{R}_x$ 计算，

㊀ 我们假设你知道转置、逆、行列式和迹的含义。如果你不知道，就不应该选这门课。

㊁ 右手坐标系表示旋转(以手指旋转表示)发生的轴指向观察者。

$$\boldsymbol{R}_x=\begin{bmatrix}1.0000 & 0 & 0\\ 0 & 0.9397 & 0.3420\\ 0 & -0.3420 & 0.9397\end{bmatrix},\quad \boldsymbol{R}_z=\begin{bmatrix}0.7071 & -0.7071 & 0\\ 0.7071 & 0.7071 & 0\\ 0 & 0 & 1.0000\end{bmatrix}$$

并且

$$\boldsymbol{R}_{zx}=\boldsymbol{R}_z\boldsymbol{R}_x=\begin{bmatrix}0.7071 & -0.7071 & 0\\ 0.6645 & 0.6645 & 0.3420\\ -0.2418 & -0.2418 & 0.9397\end{bmatrix}$$

正如我们所看到的，在复合矩阵 $\boldsymbol{R}_{zx}$ 中，列是正交的，但我们没有看到式(3.16)的列中包含 0 和单个 1 的围绕 x、y 和 z 轴的三个旋转矩阵。

2. 正定

矩阵 $\boldsymbol{A}$ 如果是*正定的*，需要满足下面的条件：

$$y=\boldsymbol{x}^{\mathrm{T}}\boldsymbol{A}\boldsymbol{x}>0,\quad \forall\,\boldsymbol{x}\in\mathcal{R}^d,\boldsymbol{x}\neq 0$$

矩阵 $\boldsymbol{A}$ 如果是*半正定的*，需要满足下面的条件：

$$y=\boldsymbol{x}^{\mathrm{T}}\boldsymbol{A}\boldsymbol{x}\geqslant 0,\quad \forall\,\boldsymbol{x}\in\mathcal{R}^d,\boldsymbol{x}\neq 0$$

$\boldsymbol{x}^{\mathrm{T}}\boldsymbol{A}\boldsymbol{x}$ 称为*二次型*。由于二次型总是返回标量，所以正定矩阵或半正定矩阵总是方阵。

3.2.6 导数和导数算子

二次型的导数特别有用[⊖]：

$$\frac{\mathrm{d}}{\mathrm{d}x}(\boldsymbol{x}^{\mathrm{T}}\boldsymbol{A}\boldsymbol{x})=(\boldsymbol{A}+\boldsymbol{A}^{\mathrm{T}})\boldsymbol{x}$$

由于提到了导数，我们将介绍一些其他向量的微积分：假设 $f(\boldsymbol{x})$是 $\boldsymbol{x}$ 的标量函数，$\boldsymbol{x}\in\mathcal{R}^d$，那么

$$\frac{\mathrm{d}f}{\mathrm{d}\boldsymbol{x}}=\begin{bmatrix}\frac{\partial f}{\partial x_1} & \frac{\partial f}{\partial x_2} & \cdots & \frac{\partial f}{\partial x_d}\end{bmatrix}^{\mathrm{T}}\tag{3.18}$$

我们将上式称为*梯度*。当我们谈论图像中的边缘时，梯度的概念将会经常被用到，并且 $f(\boldsymbol{x})$是作为两个空间方向的函数的亮度。如果 $f(\boldsymbol{x})$是向量值，则导数是矩阵

$$\frac{\mathrm{d}\boldsymbol{f}}{\mathrm{d}\boldsymbol{x}}=\begin{bmatrix}\frac{\partial f_1}{\partial x_1} & \frac{\partial f_2}{\partial x_1} & \cdots & \frac{\partial f_m}{\partial x_1}\\ \vdots & \vdots & & \vdots\\ \frac{\partial f_1}{\partial x_d} & \frac{\partial f_2}{\partial x_d} & \cdots & \frac{\partial f_m}{\partial x_d}\end{bmatrix}\tag{3.19}$$

我们将上式称为 Jacobian 矩阵。 24

还有，如果 $f(\boldsymbol{x})$是标量值，则二阶导数的矩阵

⊖ 如果 $\boldsymbol{A}$ 是对称的，将会发生什么？

$$\frac{\mathrm{d}^2 f}{\mathrm{d}\boldsymbol{x}} = \begin{bmatrix} \frac{\partial^2 f}{\partial x_1^2} & \frac{\partial^2 f}{\partial x_1 \partial x_2} & \cdots & \frac{\partial^2 f}{\partial x_1 \partial x_d} \\ \vdots & \vdots & & \vdots \\ \frac{\partial^2 f}{\partial x_d \partial x_1} & \frac{\partial^2 f}{\partial x_d \partial x_2} & \cdots & \frac{\partial^2 f}{\partial x_d^2} \end{bmatrix} \tag{3.20}$$

称为 Hessian 矩阵。

在这里，我们引入了一个新的表示方法——一个只包含算子的向量

$$\nabla = \left[\frac{\partial}{\partial x_1} \quad \frac{\partial}{\partial x_2} \quad \cdots \quad \frac{\partial}{\partial x_d}\right]^{\mathrm{T}} \tag{3.21}$$

重要的是，要注意这只是一个算子，而不是一个向量。我们可以用它做线性代数的各种事情，但它本身没有价值，甚至没有任何意义——它必须应用于有意义的东西上时才能起作用。本书中，我们将用算子的二维形式处理二维图像

$$\nabla = \left[\frac{\partial}{\partial x} \quad \frac{\partial}{\partial y}\right]^{\mathrm{T}} \tag{3.22}$$

将此算子应用于标量 f，我们得到一个有意义的向量——f 的梯度：

$$\nabla f = \left[\frac{\partial f}{\partial x} \quad \frac{\partial f}{\partial y}\right]^{\mathrm{T}} \tag{3.23}$$

类似地，如果 $\boldsymbol{f}$ 是一个向量，我们可以使用内(点)积来定义*散度*。(在以下所有定义中，只使用式(3.21)中定义的∇算子的二维形式。但是，请记住它是可以应用于任意维度的。)

$$\mathrm{div}\boldsymbol{f} = \nabla\boldsymbol{f} = \left[\frac{\partial}{\partial x} \quad \frac{\partial}{\partial y}\right]\begin{bmatrix} f_1 \\ f_2 \end{bmatrix} = \frac{\partial f_1}{\partial x} + \frac{\partial f_2}{\partial y} \tag{3.24}$$

我们还将有机会使用矩阵的∇算子的外积，即 Jacobian 矩阵：

$$\nabla \times \boldsymbol{f} = \begin{bmatrix} \frac{\partial}{\partial x} \\ \frac{\partial}{\partial y} \end{bmatrix} [f_1 \quad f_2] = \begin{bmatrix} \frac{\partial f_1}{\partial x} & \frac{\partial f_2}{\partial x} \\ \frac{\partial f_1}{\partial y} & \frac{\partial f_2}{\partial y} \end{bmatrix} \tag{3.25}$$

3.2.7　特征值和特征向量

如果矩阵 $\boldsymbol{A}$ 和向量 $\boldsymbol{x}$ 是一致的，则可以写出*特征方程*

$$\boldsymbol{A}\boldsymbol{x} = \lambda\boldsymbol{x}, \quad \lambda \in \mathcal{R} \tag{3.26}$$

由于 $\boldsymbol{A}\boldsymbol{x}$ 是一种线性操作，因此可以将 $\boldsymbol{A}$ 看作一种将 $\boldsymbol{x}$ 映射到自身而只改变长度的转换。它可能存在多个*特征值*[⊖]λ，满足式(3.26)。对于 $\boldsymbol{x} \in \mathcal{R}^d$，$\boldsymbol{A}$ 将恰好具有 d 个特征值(但是要注意这些特征值不一定是不同的)。我们可以通过求解 $\det(\boldsymbol{A} - \lambda\boldsymbol{I}) = 0$ 来找
25 到。(但是对于 $d>2$，我们不建议使用此方法。请改用数字包。)

⊖ “Eigen-”是德语前缀，意思是“主要的”或“最重要的”。这些术语不是以 Eigen 先生的名字命名的。

给定某特征值 λ，满足式(3.26)的 $\boldsymbol{x}$ 被称为相应的特征向量。⊖

3.2.8 特征分解

如果半正定矩阵 $\boldsymbol{A}$ 也是对称的，那么对于某矩阵 $\boldsymbol{B}$，它可以被写为 $\boldsymbol{A}=\boldsymbol{B}\boldsymbol{B}^{\mathrm{T}}$。计算机视觉中遇到的许多矩阵都是半正定的，特别是我们将多次遇到的协方差矩阵，它具有这种特性。

假设我们知道如何计算特征值和特征向量，可以将半正定矩阵写为

$$\boldsymbol{A}=\boldsymbol{E}\boldsymbol{\Lambda}\boldsymbol{E}^{\mathrm{T}} \tag{3.27}$$

其中矩阵 $\boldsymbol{E}$ 的每列是 $\boldsymbol{A}$ 的特征向量，$\boldsymbol{\Lambda}$ 是方阵，并且在对角线上具有相应的特征值。如果 $\boldsymbol{A}$ 不是半正定且对称的，但仍然是可逆的，那么形式可以简单地变为

$$\boldsymbol{A}=\boldsymbol{E}\boldsymbol{\Lambda}\boldsymbol{E}^{-1} \tag{3.28}$$

我们可以通过执行特征分解并考虑所有与零特征值对应的特征向量，便能轻松找到零空间。例如，使用式(3.7)的不对称矩阵，我们发现：

$$\boldsymbol{A}=\begin{bmatrix}4 & 5 & 6\\1 & 2 & 3\\2 & 4 & 6\end{bmatrix}=\begin{bmatrix}0.7560 & 0.9469 & 0.4082\\0.2927 & -0.1438 & -0.8165\\0.5855 & -0.2877 & 0.4082\end{bmatrix}$$
$$\times\begin{bmatrix}10.5826 & 0 & 0\\0 & 1.4174 & 0\\0 & 0 & -0.0000\end{bmatrix}\begin{bmatrix}0.3727 & 0.6398 & 0.9069\\0.7585 & -0.0884 & -0.9353\\0.0000 & -0.9798 & 0.4899\end{bmatrix}$$

我们观察到 $\boldsymbol{E}$ 的右列(左手矩阵)是对应于零特征值的特征向量，它正是我们在 3.2.3 节的例子中找到的零空间。我们还注意到，由于 $\boldsymbol{A}$ 不对称，我们必须使用 $\boldsymbol{E}^{-1}$ 作为右式中的第三个矩阵。

在这个例子中，如果我们有两个零特征值，那么两个相应的特征向量将是零空间的元素空间的基。也就是说，这两个向量的线性和所组成的任意向量都将落在零空间中。

但是，这只适用于方阵！

在下一节中，我们推广这个概念，将介绍奇异值分解(SVD)。 26

3.2.9 奇异值分解

特征分解仅适用于方阵，但奇异值分解(SVD)可以应用于任何矩阵。SVD 将矩阵 $\boldsymbol{A}$ 分解为三个矩阵的乘积：

$$\boldsymbol{A}=\boldsymbol{U}\boldsymbol{D}\boldsymbol{V}^{\mathrm{T}} \tag{3.29}$$

其中 $\boldsymbol{U}$ 和 $\boldsymbol{V}$ 是正交矩阵，$\boldsymbol{D}$ 是对角矩阵，其对角线上的值从大到小排序。

我们要理解这意味着什么，假设你有台机器可以计算矩阵分解，正如式(3.29)所述，并考虑用它来分解 $\boldsymbol{A}$，由于 $\boldsymbol{A}=\boldsymbol{U}\boldsymbol{D}\boldsymbol{V}^{\mathrm{T}}$，我们知道 $\boldsymbol{A}^{\mathrm{T}}=\boldsymbol{V}\boldsymbol{D}\boldsymbol{U}^{\mathrm{T}}$。$\boldsymbol{A}$ 右乘 $\boldsymbol{A}^{\mathrm{T}}$ 产生 $\boldsymbol{A}\boldsymbol{A}^{\mathrm{T}}=$

⊖ 对于任意给定的矩阵，只有几个特征值/特征向量对。

$\boldsymbol{UDV}^{\mathrm{T}}\boldsymbol{VDU}^{\mathrm{T}}$，但由于 $\boldsymbol{V}$ 是正交的，$\boldsymbol{V}^{\mathrm{T}}\boldsymbol{V}=\boldsymbol{I}$，并且 $\boldsymbol{AA}^{\mathrm{T}}$ 可以写为

$$\boldsymbol{AA}^{\mathrm{T}} = \boldsymbol{UD}^2\boldsymbol{U}^{\mathrm{T}} \tag{3.30}$$

$\boldsymbol{U}$ 的列(见式(3.27))将是 $\boldsymbol{AA}^{\mathrm{T}}$ 的特征向量。类似地，可以证明 $\boldsymbol{V}$ 的列将是 $\boldsymbol{A}^{\mathrm{T}}\boldsymbol{A}$ 的特征向量。$\boldsymbol{D}$ 将是一个对角矩阵，对角元素为矩阵 $\boldsymbol{AA}^{\mathrm{T}}$ 特征值的平方根，且降序排列。⊖

$\boldsymbol{D}$ 的对角元素被称为 $\boldsymbol{A}$ 的奇异值，因此 $\boldsymbol{A}$ 的奇异值是 $\boldsymbol{AA}^{\mathrm{T}}$ 特征值的平方根。

我们知道，对于任何矩阵，特征分解只能应用于方阵，而 $\boldsymbol{A}^{\mathrm{T}}\boldsymbol{A}$ 和 $\boldsymbol{AA}^{\mathrm{T}}$ 求得的正是方阵，因此通过上面的推导，我们可以发现采用特征分解能够完成奇异值分解。

现在假设我们的问题是找到秩为 2 的 3×3 矩阵的零空间，就像 3.2.3 节中的问题一样。使用相同的原始矩阵，我们计算

$$\boldsymbol{AA}^{\mathrm{T}} = \begin{bmatrix} 77 & 32 & 64 \\ 32 & 14 & 28 \\ 64 & 28 & 56 \end{bmatrix},\quad \boldsymbol{A}^{\mathrm{T}}\boldsymbol{A} = \begin{bmatrix} 21 & 30 & 39 \\ 30 & 45 & 60 \\ 39 & 60 & 81 \end{bmatrix} \tag{3.31}$$

对 $\boldsymbol{AA}^{\mathrm{T}}$ 执行特征分解，我们发现：

$$\boldsymbol{AA}^{\mathrm{T}} = \begin{bmatrix} 0.7242 & -0.6896 & -0.0000 \\ 0.3084 & 0.3239 & 0.8944 \\ 0.6168 & 0.6477 & -0.4472 \end{bmatrix} \begin{bmatrix} 145.1397 & 0 & 0 \\ 0 & 1.8603 & 0 \\ 0 & 0 & -0.0000 \end{bmatrix} \times \begin{bmatrix} 0.7242 & 0.3084 & 0.6168 \\ -0.6896 & 0.3239 & 0.6477 \\ -0.0000 & 0.8944 & -0.4472 \end{bmatrix} \tag{3.32}$$

27

同样，$\boldsymbol{A}^{\mathrm{T}}\boldsymbol{A}$ 的特征分解是：

$$\boldsymbol{A}^{\mathrm{T}}\boldsymbol{A} = \begin{bmatrix} 0.3684 & -0.8352 & -0.4082 \\ 0.5565 & -0.1536 & 0.8165 \\ 0.7447 & 0.5280 & -0.4082 \end{bmatrix} \begin{bmatrix} 145.1397 & 0 & 0 \\ 0 & 1.8603 & 0 \\ 0 & 0 & -0.0000 \end{bmatrix} \times \begin{bmatrix} 0.3684 & 0.5565 & 0.7447 \\ -0.8352 & -0.1536 & 0.5280 \\ -0.4082 & 0.8165 & -0.4082 \end{bmatrix} \tag{3.33}$$

从 $\boldsymbol{AA}^{\mathrm{T}}$ 的特征向量选择 $\boldsymbol{U}$，从 $\boldsymbol{A}^{\mathrm{T}}\boldsymbol{A}$ 的特征向量中选择 $\boldsymbol{V}$，并取任意一个中心矩阵的对角元素的平方根，我们可以得到：

$$\boldsymbol{U\Lambda V}^{\mathrm{T}} = \begin{bmatrix} 0.7242 & -0.6896 & -0.0000 \\ 0.3084 & 0.3239 & 0.8944 \\ 0.6168 & 0.6477 & -0.4472 \end{bmatrix} \begin{bmatrix} 12.0474 & 0 & 0 \\ 0 & 1.3639 & 0 \\ 0 & 0 & 0 \end{bmatrix} \times \begin{bmatrix} 0.3684 & 0.5565 & 0.7447 \\ -0.8352 & -0.1536 & 0.5280 \\ -0.4082 & 0.8165 & -0.4082 \end{bmatrix} \tag{3.34}$$

⊖ 所有计算 SVD 的数值包都执行这种类型的排序。

这是 $\boldsymbol{A}$ 的 SVD。考虑 $\boldsymbol{A}$ 的零空间，我们认识到 $\boldsymbol{A}$ 的零向量(在这种特定情况下)是对应于零奇异值的 $\boldsymbol{V}$ 的列(或 $\boldsymbol{V}^{\mathrm{T}}$ 的行)。

3.3　函数最小化简要回顾

函数的最小化[1]是工程中一个常见的问题：人们总是试图找到最小化某些函数的参数集。在概念上，我们将问题陈述为：找到产生函数 $H(\boldsymbol{x})$最小值的向量$\hat{\boldsymbol{x}}$：

$$\hat{H} = \min_{\hat{\boldsymbol{x}}} H(\boldsymbol{x}) \tag{3.35}$$

其中 $\boldsymbol{x}$ 是 d 维参数向量，H 是 $\boldsymbol{x}$ 的标量函数，通常称为目标函数。我们将最小化 H 的 $\boldsymbol{x}$ 为$\hat{\boldsymbol{x}}$。

$$\hat{\boldsymbol{x}} = \arg\min_{\boldsymbol{x}} H(\boldsymbol{x}) \tag{3.36}$$

学习如何最小化函数有两个不同的原因：

- 我们可能需要找到一种方法来执行一些成本最低、运行时间最短、编程难度最小等的过程。
- 我们可能需要求解一些我们无法(立即)得到解的问题。例如，我们可能试图在图像中绘制轮廓，从而将图像的暗区与亮区分开，并希望找到的轮廓尽可能平滑。 28

在第二种情况下，我们的方法可能是找出某个标量函数，如果这个标量函数满足条件，那么它将是最小的。例如，假设我们选择的目标函数类似于[2]

$$H(C) = \int_{\text{inside}(C)} |f(x,y) - \hat{f}|\,\mathrm{d}x\mathrm{d}y + \int_{\text{outside}(C)} |f(x,y) - \check{f}|\,\mathrm{d}x\mathrm{d}y \tag{3.37}$$

其中 C 是(未知)轮廓，$\hat{f}$是轮廓内的平均亮度，$\check{f}$是轮廓外的平均亮度。找到最小化这个目标函数的 C，肯定会很好地将图像分成内部和外部。当然，我们不知道 C、$\hat{f}$或$\check{f}$。所以，我们刚刚提出了一个新问题：给定目标函数，如何最小化它？

在下一节中，我们将说明一些简单、通用的方法来实现函数最小化。函数最小化的主题将在以下几节再次提及：在 6.5.1 节中，最小化将用于平滑图像，同时保持锐利的边缘；在 5.4.2 节中，最小化是找到检测边缘的好方法；在 10.3.2 节中，它将用于拟合线条。在这里仅举几个例子来说明函数最小化的用途。

3.3.1　梯度下降

最小化函数[3]的最简单方法是将其导数设置为零：

$$\nabla H(\boldsymbol{x}) = 0 \tag{3.38}$$

其中∇是梯度运算符。式(3.38)产生一组方程，每个 $\boldsymbol{x}$ 的元素对应一个方程，必须同时

[1] 在本书中，基本上每个计算机视觉主题都将以某种最小化的方式进行讨论，所以要习惯它！

[2] 当我们讨论分割时，将会出现类似的等式。

[3] 作者对“最优”一词的不当使用感到非常恼火。如果你没有求解一个正式的优化问题来得到你的结果，你就不会得到任何“最优”的东西。

求解。

$$\begin{cases}\frac{\partial}{\partial x_1}H(\boldsymbol{x})=0\\ \frac{\partial}{\partial x_2}H(\boldsymbol{x})=0\\ \cdots\\ \frac{\partial}{\partial x_d}H(\boldsymbol{x})=0\end{cases}\tag{3.39}$$

这种方法只有在式(3.39)可解时才有用。如果 $d=1$，或者 H 至多是平方数，这可能是真的。

练习 3.1　寻找向量 $\boldsymbol{x}=[x_1, x_2, x_3]^T$ 使得下式最小：

$$H=ax_1^2+bx_1+cx_2^2+dx_3^2$$

29 其中 a、b、c 和 d 是已知常量。

解答

$$\begin{cases}\frac{\partial H}{\partial x_1}=2ax_1+b=0\\ \frac{\partial H}{\partial x_2}=2cx_2=0\\ \frac{\partial H}{\partial x_3}=2dx_3=0\end{cases}$$

解得

$$x_3=x_2=0,\quad x_1=\frac{-b}{2a}$$

如果 H 是一个高于 2 阶的函数，或者超越函数，那么将导数设置为零的方法可能导致(通常)在代数上求解一组联立方程是不切实际的，我们必须求助于数值技术，可以采用梯度下降法来完成。

在一维中，梯度的效果很容易看到。在 $x^{(k)}$ 点，导数点偏离最小值，其中 k 是迭代指数(见图 3.3)。也就是说，在一维中，它的符号在“上坡”斜坡上是正的。

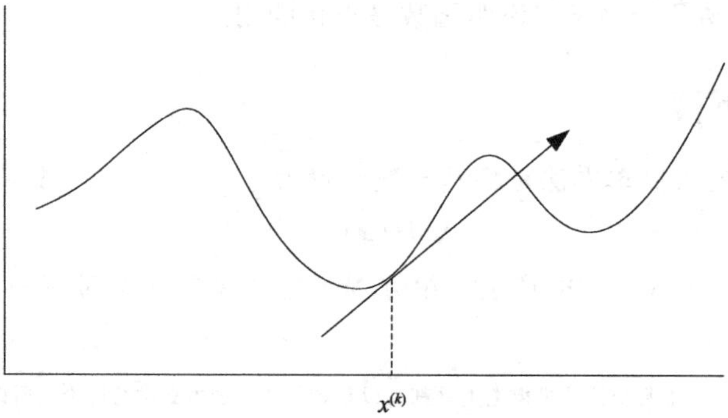

图 3.3　导数的符号总是偏离最小值

因此，为了求最小值，找到一个新的点 $x^{(k+1)}$，我们令

$$x^{(k+1)} = x^{(k)} - \alpha \left.\frac{\partial H}{\partial x}\right|_{x^{(k)}} \tag{3.40}$$

其中 α 是某个很小的常量。

在 $\boldsymbol{x}$ 是一个带有 d 个变量的向量的问题中，我们令

$$\boldsymbol{x}^{(k+1)} = \boldsymbol{x}^{(k)} - \alpha \nabla H(\boldsymbol{x})\big|_{\boldsymbol{x}^{(k)}} \tag{3.41}$$

式(3.41)中变量 α 不是显而易见的，它还取决于学习率。如果 α 太小，那么式(3.41)的迭代将会需要很长时间才会收敛。如果 α 太大，算法可能会变得不稳定并且永远不会找到最小值。

我们可以通过众所周知的 Newton-Raphson 方法来找到 α 的估计：在一维中，我们把函数 $H(x)$ 展开成关于点 $x^{(k)}$ 的泰勒级数并截断(假设所有的高阶项都是 0)：

$$H(x^{(k+1)}) = H(x^{(k)}) + (x^{(k+1)} - x^{(k)})H'(x^{(k)})$$

由于我们希望 $x^{(k+1)}$ 为 H 的零解，所以可以设

$$H(x^{(k)}) + (x^{(k+1)} - x^{(k)})H'(x^{(k)}) = 0 \tag{3.42}$$ 30

为了估计一个根，我们应该使用

$$x^{(k+1)} = x^{(k)} - \frac{H(x^{(k)})}{H'(x^{(k)})} \tag{3.43}$$

然而，在优化中，我们不是寻找根，而是最小化函数，那么知道如何找到根对我们有什么帮助呢？这是因为函数的最小值是其导数的根，所以“梯度下降”算法变为

$$x^{(k+1)} = x^{(k)} - \frac{H'(x^{(k)})}{H''(x^{(k)})} \tag{3.44}$$

在更高的维度上，式(3.44)成为

$$\boldsymbol{x}^{(k+1)} = \boldsymbol{x}^{(k)} - \boldsymbol{H}^{-1}\nabla H \tag{3.45}$$

其中 $\boldsymbol{H}$ 是二阶导数的 Hessian 矩阵，我们在本章前面提到过：

$$\boldsymbol{H} = \left[\frac{\partial^2}{\partial x_i \partial x_j} H(\boldsymbol{x})\right] \tag{3.46}$$

比较式(3.41)与式(3.45)，我们可以得到：

$$\alpha = \boldsymbol{H}^{-1}$$

请注意，α 不再是标量。

练习 3.2　给定一组数据对 $\{(x_i, y_i)\}$ 和如下形式的函数：

$$y = a\mathrm{e}^{bx} \tag{3.47}$$

寻找参数 a 和 b，最小化

$$H(a,b) = \sum_i (y_i - a\mathrm{e}^{bx_i})^2 \tag{3.48}$$

解答

我们可以通过线性方法来解决这个问题，通过观察 $\ln y = \ln a + bx$ 并重新定义变量 $g = \ln y$ 和 $r = \ln a$ 来解决这个问题。通过这些替换，式(3.48)变为

$$H(r,b)=\sum_i(g_i-r-bx_i)^2 \tag{3.49}$$

$$\frac{\partial H}{\partial b}=2\sum_i(g_i-r-bx_i)(-x_i) \tag{3.50}$$

$$\frac{\partial H}{\partial r}=2\sum_i(g_i-r-bx_i)(-1) \tag{3.51}$$

31 我们可以通过设导数等于零并找到联立方程的根来解决这个最小化问题，如果方程不可解，则使用梯度下降算法。假设前者被采用，我们假设式(3.50)为零：

$$\sum_i g_i x_i-\sum_i r x_i-\sum_i b x_i^2=0 \tag{3.52}$$

或

$$r\sum_i x_i+b\sum_i x_i^2=\sum_i g_i x_i \tag{3.53}$$

从式(3.51)可知

$$\sum_i g_i-r\sum_i 1-b\sum_i x_i=0 \tag{3.54}$$

或

$$Nr+b\sum_i x_i=\sum_i g_i \tag{3.55}$$

其中 N 是数据点的数量。式(3.53)和式(3.55)是两个易于求解未知数的联立线性方程。

如果采用梯度下降算法，则在选择 $[r\quad b]^{\mathrm{T}}$ 的初始值时，可以使用以下公式更新参数：

$$\begin{bmatrix}r\\b\end{bmatrix}^{(k+1)}=\begin{bmatrix}r\\b\end{bmatrix}^{(k)}-\alpha\begin{bmatrix}\dfrac{\partial H}{\partial r}\\[2mm]\dfrac{\partial H}{\partial b}\end{bmatrix}$$

有关更复杂的下降技术，例如共轭梯度法，请参见文献[3.1，3.2，3.3]。

3.3.2 局部最小值和全局最小值

梯度下降有一个严重的问题：它的解决方案很大程度上取决于起点。如果从一个“山谷”开始，它将找到那个山谷的底部。我们无法保证这个特定的最小值是最低的或“全局的”最小值。

在继续之前，我们发现区分两种非线性优化问题是有必要的：

- **组合优化**。在这种情况下，变量具有离散值，通常为 0 和 1。$\boldsymbol{x}$ 由 d 个二元变量组成，$\boldsymbol{x}$ 存在 2^d 个可能的值。那么 $H(\boldsymbol{x})$ 的最小值(原则上)就是简单地生成 $\boldsymbol{x}$ 和 $H(\boldsymbol{x})$ 的每个可能值，然后选择最小值。这种“穷举搜索”通常是不实际的，因为可能值是指数爆炸的。我们发现模拟退火能够很好地解决组合优化问题。
- **图像优化**。图像具有特定的属性：每个像素仅受其局部邻域的影响(本书在稍后会进行详细的解释)，但是，像素值是连续的，通常有几千个这样的变量。我们发现均场退火方法很适合解决这类问题。有关均场退火方法的更多讨论，请参见 6.5.3 节。

32

3.3.3 模拟退火

我们将讨论称为“模拟退火”(SA)的最小化技术，该算法的伪代码如算法 3.1 所示。(有关详细信息，请参阅 Aarts 和 van Laarhoven 的书籍[3.4]。)

算法 3.1 模拟退火

输入： 随机选择 x 的初始值和 T 的初始值($T>0$)

输出： 最小化 H 的 $\hat{x}$

1 **while** $T>T_{\min}$ **do**
2 　生成一个点 y，它是 x 的“邻居”(“邻居”的确切定义将很快讨论)；
3 　**if** $H(y)<H(x)$ **then**
4 　　使用 y 替换 x；
5 　**end** 也表示为“接受 y”
6 　**else**
7 　　计算 $P_y=\exp\left(-\dfrac{H(y)-H(x)}{T}\right)$；
8 　　**if** $P_y \geqslant R$ **then**
9 　　　使用 y 替换 x，这里 R 是在[0, 1]之间均匀分布的随机数；
10 　　**end**
11 　**end**
12 　缓慢减小 T；
13 **end**

在组合优化的背景下，模拟退火最容易理解。在这种情况下，定义向量 $\boldsymbol{x}$ 的“邻域”是另一个向量 $\boldsymbol{y}$，使得 $\boldsymbol{x}$ 中只有一个元素被离散地改变，进而创建 $\boldsymbol{y}$ ⊖。因此，如果 $\boldsymbol{x}$ 是二元的且具有 d 维，可以选择相邻的 $\boldsymbol{y}=\boldsymbol{x}\oplus\boldsymbol{z}$，其中 $\boldsymbol{z}$ 是二元向量，二元向量中恰好一个元素是非零的，并且该元素是随机选择的，$\oplus$表示异或操作。

在算法的第 3～5 行中，我们执行下降。因此，我们“总是在下坡”。

在第 7～10 行中，我们提供了一种有时进行上坡移动的机制。最初，我们忽略参数 T 并注意如果 $\boldsymbol{y}$ 代表“上坡”移动，接受 $\boldsymbol{y}$ 的概率与 $\exp(-(H(\boldsymbol{y})-H(\boldsymbol{x})))$成正比。因此，上坡移动可能会发生，但随着上坡移动变大，发生的可能性会指数级地减少。然而，上坡移动的可能性受到 T 的强烈影响。考虑 T 非常大的情况，并且$\dfrac{H(\boldsymbol{y})-H(\boldsymbol{x})}{T}\ll 1$ 和 $P_y\approx 1$。因此，所有动作都将被接受。随着 T 逐渐减小，直到 T 满足 $T\ll H(\boldsymbol{y})-H(\boldsymbol{x})$，上坡移动逐渐变得不太可能。需要注意的是，这种变化基本上是不可能产生的。 33

可以将其类比为一个物理过程，其中每个变量的状态(1 或 0)类似于一个粒子的旋

⊖ 因此，$\boldsymbol{x}$ 的邻域集合由 Hamming 距离=1 的所有 $\boldsymbol{x}$ 组成。

转(向上或向下)。在高温下，粒子会随机改变状态，如果温度逐渐降低，就会得到最小的能量状态。因此，算法 3.1 中的参数 T 类似于(并且通常称为)温度，从而该最小化技术被称为“模拟退火”。

3.4　概率论简要回顾

让我们想象一个统计实验：掷两个骰子。我们可以得到 2 到 12 之间的任何一个数字。但正如我们所知，有些数字比其他数字更可能出现。我们可以考虑有哪些办法能够掷出 5 来了解这一点。

如图 3.4 所示，有四种可能的方法可以用两个骰子掷出 5。每个事件都是独立的，也就是说，第二个骰子掷出 2 的概率完全不取决于第一个骰子掷出的是什么。

事件的独立性具有重要的含义。这意味着这两个事件的联合概率等于它们各自的概率和条件概率的乘积：

$$\begin{aligned}\Pr(a,b) &= \Pr(a|b)P(b) = \Pr(a)\Pr(b) \\ &= \Pr(b|a)\Pr(a)\end{aligned} \tag{3.56}$$

在式(3.56)中，符号 a 和 b 表示**事件**，例如掷出 6。$\Pr(b)$是发生事件 b 的概率，并且 $\Pr(a|b)$是 b 事件发生时发生事件 a 的**条件概率**。

总和		方式数
0		0
1		1
2	1-1	1
3	2-1,1-2	2
4	1-3,3-1,2,2	3
5	2-3,3-2,4-1,1-4	4
6	1-5,5-1,2-4,4-2,3-3	5
7	3-4,4-3,2-5,5-2,6-1,1-6	6
8	2-6,6-2,3-5,5-3,4-4	5
9	3-6,6-3,4-5,5-4	4
10	4-6,6-4,5-5	3
11	5-6,6-5	2
12	6-6	1

图 3.4　投掷两个骰子的可能方式

在图 3.4 中，我们列出了投掷两个骰子的所有可能方式，并显示了从 2 到 12 的数字可能出现的不同方式的
34 结果数量。我们注意到 6 个不同的事件可能会掷出 7。这些事件中的每一个都是同样可能性的(36 个中有 1 个)。那么 7 是两个骰子最可能掷出的结果，图 3.4 中的信息在图 3.5 中以图形形式显示。

在计算机视觉中，我们通常对发生特定测量的概率感兴趣。但是，当我们尝试绘制如图 3.5 所示的图形作为连续值函数时，遇到了一个问题。例如，我们提出这样一个问题：“一个人身高 6 英尺[⊖]的概率是多少?”显然，答案是零，因为无限多的可能性可以任意接近 6.0 英尺(我们同样可能会问：“一个人(确切地说)身高 6.314 159 267 英尺的概率是多少?”)。尽管如此，我们还是直观地知道，一个人身高 6 英尺的可能性高于他身高 10 英尺的可能性。我们需要一些方法来量化这种直观的可能性概念。

一个有意义的问题是：“一个人的身高**小于** 6 英尺的概率是多少?”这样的函数被称为概率分布函数。对某个测量 h：

$$P(x) = \Pr(h < x) \tag{3.57}$$

图 3.6 说明了投掷两个骰子的结果的概率分布函数。

⊖ 1 英尺＝0.3048 米。——编辑注

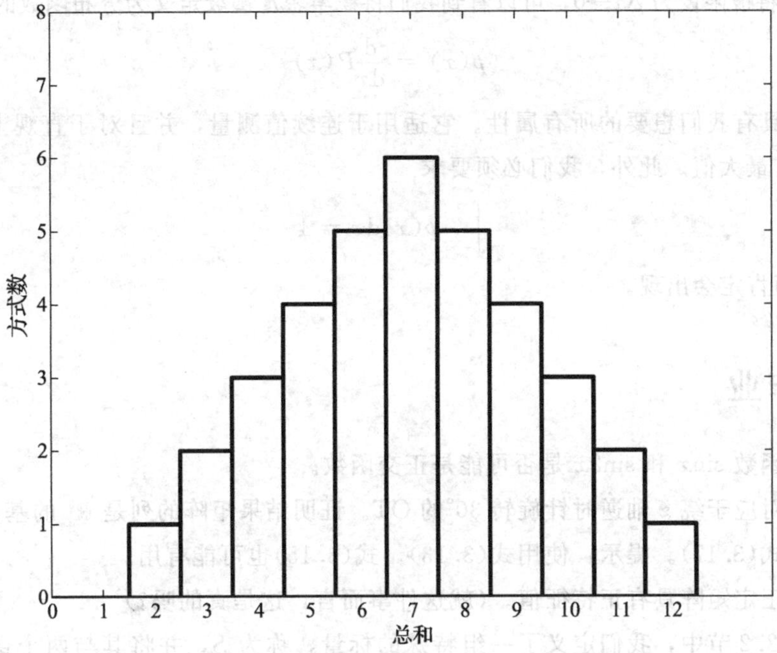

图 3.5 以直方图形式表示图 3.4 的列表信息

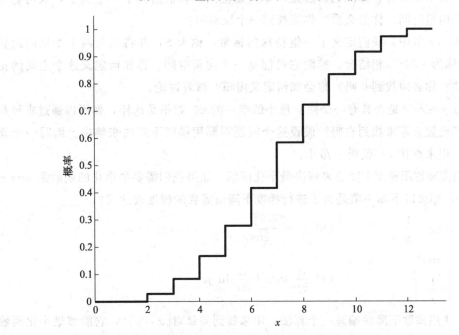

图 3.6 图 3.5 的概率分布，显示了投掷两个骰子得到的数字小于 x 的概率。请注意，更可能的数字曲线更陡峭

另一个结构良好的问题是：“男人的身高在 x 和 $x+\Delta x$ 之间的概率是多少？”这个问题很容易用密度函数来回答：

$$\Pr(x \leqslant h < x+\Delta x) = \Pr(h < x+\Delta x) - \Pr(h < x) = P(x+\Delta x) - P(x)$$

除以 Δx 并将极限设为 $\Delta x \to 0$，可以看到我们将概率密度函数定义为分布函数的导数：

$$p(x)=\frac{\mathrm{d}}{\mathrm{d}x}P(x) \tag{3.58}$$

其中 $p(x)$具有我们想要的所有属性。它适用于连续值测量，并且对于直观上最可能的测量值具有最大值。此外，我们必须要求

$$\int_{-\infty}^{\infty} p(x)\mathrm{d}x=1 \tag{3.59}$$

35～36 因为某个值肯定会出现。

3.5 作业

3.1：确定函数 $\sin x$ 和 $\sin 2x$ 是否可能是正交函数。

3.2：找到对应于绕 z 轴逆时针旋转 30°的 OT。证明结果矩阵的列是 $\mathbb{R}^3$ 的基。

3.3：证明式(3.17)。提示：使用式(3.13)，式(3.15)也可能有用。

3.4：证明正定矩阵具有正特征值。(就这件事而言，这是真的吗?)

3.5：在 3.2.2 节中，我们定义了一组特殊的标量，称为 S，并将其与两个奇怪的运算符 * 和 + 相结合，推测它可能是一个向量空间。我们给出了一个例子，表明它为何是向量空间。你怎么看？你能找到一个反例吗？

3.6：在 3.2.2 节中，我们定义了一组特殊的标量，称为 S，并将其与两个奇怪的运算符(称为 * 和 +)相结合，推测它可能是一个向量空间。你如何定义这个空间的正交性？你必须找到 0 吗？你会如何定义内积？试着讨论。

3.7：函数 $y=xe^{-x}$是否具有一个使 y 最小的唯一的 x？如果是这样，你可以通过求导并将其设置为零来找到它吗？假设这个问题需要用梯度下降法来解决。编写一个算法，用来查找 x，使得 y 最小。

3.8：我们需要使用梯度下降法来解决最小化问题。如果我们需要最小化的函数是 $\sin x+\ln y$，那么以下哪一项是为了进行梯度下降而需要的梯度表达式？

(a) $\cos x+\frac{1}{y}$　　(b) $y=-\frac{1}{\cos x}$　　(c) $-\infty$

(d) $\begin{bmatrix}\cos x\\ \frac{1}{y}\end{bmatrix}$　　(e) $\frac{\partial}{\partial y}\sin x+\frac{\partial}{\partial x}\ln y$

3.9：(a) 使用梯度下降法编写一个算法，用来找到向量对$[x, y]^{\mathrm{T}}$，它能够最小化函数 $z=x\exp(-(x^2+y^2))$。

(b) 编写一个计算机程序，找到向量对 x，y。

3.10：找出 $y=50\sin x+x^2(-10\leqslant x\leqslant 10)$的最小值。使用梯度下降(GD)和模拟退火(SA)来确定最小值。这项任务旨在让学生亲身体验 GD 和 SA 如何工作，以及 GD 如何陷入局部最小值，但无论初始起点如何，SA 都能够达到全局最小值。

（1）使用 MATLAB 绘制此函数。在给定的 x 区间内直观地观察多个局部最小值和全局最小值。

（2）实现 GD 并在以下参数设置下测试代码。

（a）在 $x=7$ 处选择一个起点。最小值是多少？ 37

（b）在 $x=1$ 处选择一个起点。最小值是多少？

（c）更改步长（或学习率），并查看当 $x=7$ 时，什么样的步长更有助于跨过局部最小值。

（3）实现 SA，在与上面相同的参数设置下测试代码。

（a）在 $x=7$ 处选择一个起点。最小值是多少？

（b）在 $x=1$ 处选择一个起点。最小值是多少？

（c）改变初始温度和温度变化率。这会改变温度结果吗？

参考文献

[3.1] R. Burden, J. Faires, and A. Reynolds. *Numerical Analysis*. Prindle, 1981.

[3.2] G. Dahlquist and A. Bjorck. *Numerical Methods*. Prentice-Hall, 1974.

[3.3] B. Gottfried and J. Weisman. *Introduction to Optimization Theory*. Prentice Hall, 1973.

[3.4] J. van Laarhoven and E. Aarts. *Simulated Annealing: Theory and Applications*. D. Reidel, 1988. 38

第 4 章

Fundamentals of Computer Vision

图像：表示和创建

计算机是无益的，它只能给你答案。

——毕加索

4.1 简介

由于你已经学过图像处理的课程，因此我们没有必要描述图像是如何形成的。然而，表示却是另一回事。本章讨论各种图像表示方案以及将图像视为曲面的处理方法。

- (4.2 节)我们将讨论图像的一些数学表示形式，主要有图像包含的信息以及图像在计算机中的存储和操作。
- (4.3 节)我们将图像看作曲面，并具有不同的高度，我们发现这是描述图像属性以及对图像进行操作十分有效的一种方法。

4.2 图像表示

在本节中，我们讨论表示图像中信息的几种方法，包括标志性表示、函数表示、线性表示、概率表示和图形表示。请注意，在数字图像中，第一个维度是列，第二个维度是行。在 3D 数字图像中，维度是列、行和帧。

4.2.1 标志性表示(图像)

图像中信息的标志性表示是图像。是的，事物就是它们本来的面目，比如玫瑰就是玫瑰。当你理解我们所说的函数表示、线性表示和关系表示的含义时，你会发现我们其实需要一个词[⊖]来表示图片。下面我们将简要介绍 2D、3D 和范围图像。

- **2D 图像**：我们所熟悉的 2D 图像是亮度图像，包括照片以及你习惯称之为“图像”或“图片”的东西；2D 图像可能是彩色的或灰度的。(注意要小心使用“黑”和“白”这两个词，因为它可能被解释为“二值的”)。阴影是 2D 的二值图像。我们通常将点 $<x, y>$ 处的亮度表示为 $f(x, y)$。注意，x 和 y 可以是实数或整数。在整数的情况下，我们指的是采样图像中的离散点。这些点被称为

⊖ “icon”来自希腊语，意为“图画”。

“像素”，即“图像元素”的缩写。在实数的情况下，我们通常将图像视为一个函数。

- **3D 图像**：这些数据结构通常出现在医学图像中，如 CT(计算机断层扫描)、MRI(磁共振成像)、超声波等。在典型的 3D 医学图像中，每个像素代表一个点的密度。我们通常将点$<x, y, z>$处的密度表示为 $f(x, y, z)$。这三个空间维度通过列、行和帧在数字图像中表示。

  电影也是 3D 图像，但第三维不是空间的，而是时间的。它由帧编号表示，对应于时间。

- **范围图像**：这些图像实际上是 2D 的，但它们表示的信息在 3D 空间中解释。

  在范围图像中，每个点$\langle x, y\rangle$处的值表示距离，通常是距摄像机的距离或沿法线到包含摄像机的平面的距离。我们可以将该距离表示为 $z(x, y)$。例如，假设传感器是激光器，用来测量飞行时间。那么，“亮度”实际上与光脉冲从激光器传播到表面、反弹并返回到位于光源的检测器所需的时间成比例。实际上，这样的传感器所测量的距离是关于两个偏转角 θ 和 ϕ 的函数，通过这个函数可以产生一个范围图像。

图 4.1 显示了同一场景的亮度图像和范围图像。在范围图像中，可以看到表面亮度随着距扫描仪的距离的增加而增加。

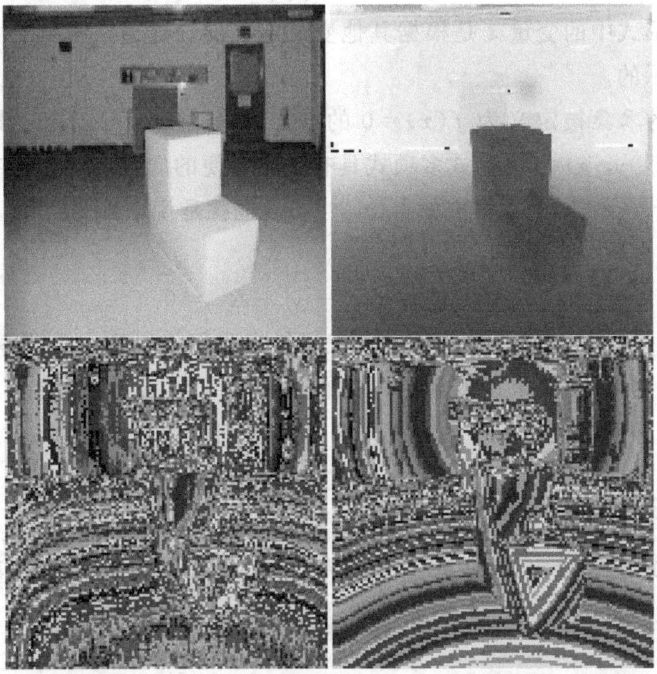

图 4.1　同一场景的亮度图像(左上角)和范围图像(右上角)。在该图像中，亮度图像实际上是通过返回激光束的强度来测量的。在第二行，呈现了两个图像的伪彩色渲染。这种观看图像的方式有助于学生注意到图像的特性，例如噪声，这对于人眼来说可能是不明显的(见彩插)

通常将 r、θ 和 ϕ 坐标转换为 $z(x, y)$，你获得的任何数据(在这门课上)都会进行此校正以生成深度图像。Microsoft Kinect 可以直接返回深度图像。

图 4.1 的底部行展示了图 4.1 顶部行中两个图像的*随机伪彩色渲染*。要对灰度图像进行伪彩色渲染，首先必须具有固定的、有限数量的亮度级别的图像。最常见的比例是 0 到 255。然后，为 256 种可能的亮度中的每一种分配颜色。在随机伪彩色渲染的情况下，颜色是随机选择的。

我们可以发现，使用随机伪色使得用户看到在原始图像中可能没有明显呈现的一些图像内容。在本例中，噪声显示为像素大小的彩色点。在第 6 章中，你将学习如何消除这些噪声。

4.2.2　函数表示(方程)

我们可以将任意一组数据点拟合成一个函数。当我们测量一幅数字图像时，它总是由一组离散的且有限的测量值 $f(x, y)$ 组成。我们通过一些操作(例如最小二乘)来拟合，可以找到一个最适合这组数据的连续函数。这样，我们就可以用像双二次型这样的方程来表示一幅图像，至少在一小块区域上可以这样表示。

$$z = ax^2 + by^2 + cxy + dx + ey + f \tag{4.1}$$

或二次曲线：

$$ax^2 + by^2 + cz^2 + dxy + exz + fyz + gx + hy + iz + j = 0 \tag{4.2}$$

式(4.1)给出的形式中的变量 z 是根据其他变量定义的，这通常被称为显式表示，而式(4.2)是隐式表示的。

函数 $f(x)$ 的*零集*被定义为 $f(x)=0$ 的点集。隐式表示可以用零集等价地表示为 (x, y, z)：$f(x, y, z)=0$。隐式多项式具有一些方便的属性。例如，考虑圆 $x^2+y^2=R^2$ 和一个不属于 $f(x, y)$ 的零集中的点 (x_0, y_0)。也就是说，因为点 (x, y) 的集合满足
40~41 下式，所以该集合是一个零集。

$$f(x,y) = x^2 + y^2 - R^2 = 0 \tag{4.3}$$

如果将 x_0 和 y_0 代入 $f(x, y)$ 的方程中，我们知道我们将得到一个非零结果(因为我们说这个点不在零集中)；如果该值为负，我们知道点 (x_0, y_0) 在曲线内，否则点在曲线外[4.1]。该内部/外部属性适用于由多项式表示的所有闭合曲线(和曲面)。

4.2.3　线性表示(向量)

我们可以将图像表示为向量，可以方便地使用矩阵计算。例如，2×2 图像 $\begin{bmatrix} 5 & 10 \\ 6 & 4 \end{bmatrix}$，亮度值为 $[5 \quad 10 \quad 6 \quad 4]^T$。我们将在 5.3 节中详细讨论。

这种将图像表示为长向量的方式称为*词典表示*。

另一个将被证明非常重要的线性表示是*形状矩阵*。假设某个区域的边界有 N 个点，并考虑该边界上的所有点，将它们写为 $[x, y]^T$。现在将所有这些点设置为单个矩阵的

列向量

$$S = \begin{bmatrix} x_1 & x_2 & \cdots & x_N \\ y_1 & y_2 & \cdots & y_N \end{bmatrix}$$

该矩阵是我们对形状矩阵的最简单表示，我们将在 10.6.1 节再次提及。

4.2.4　概率表示(随机场)

在第 6 章中，图像将被表示为生成图像随机过程的输出。通过这种方式，我们可以利用一组强大的数学工具来估算特定图像的最佳版本，同时给出损坏的、噪声图像的测量值。这样的表示自然存在一个优化方法来减少噪声，但保留锐利的边缘。

4.2.5　图形表示(图)

图是关系数据结构。它由数据元素(称为**顶点**)或**节点**以及顶点之间的关系(称为**边**)组成。

图可以通过集合来描述。顶点的集合是一组“感兴趣的事物”，边可以由一组有序对来描述。例如，设 $G=\langle V, E\rangle$ 表示图，它的顶点集为：

$$V = \{a, b, c, d, e, f, g, h\}$$

边集为：

$$E = \{(a,b),(a,c),(a,d),(b,d),(c,d),(d,e),(f,g),(g,h)\}$$

我们也可以采用图 4.2 所示的方式表示图。

通常，图是有方向的。也就是说，由边表示 42
的关系可以具有方向。例如，“ABOVE”，“ADAJACENT”和“TO”。显然 ABOVE(A, B) ≠ ABOVE(B, A)，因此 ABOVE 需要用有向图表示，而 ADJACENT TO 关系没有首选方向。有向图可以通过在边的末端加箭头来进行表示。接下来，我们定义一些图的重要术语：

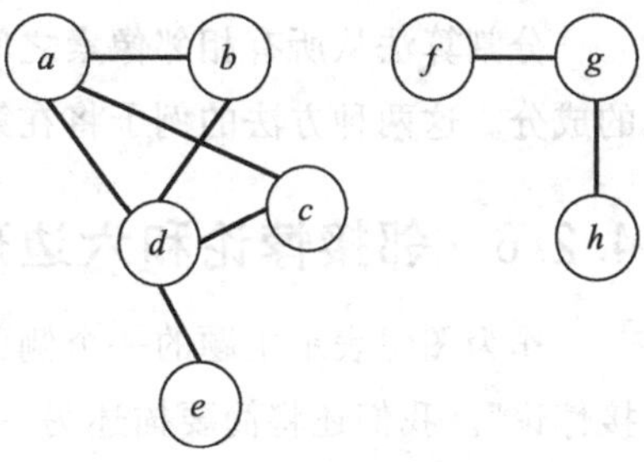

图 4.2　包含两个连接组件的图。此图包含两个大小为 3 的团{a, b, d}和{a, c, d}，没有大小为 4 的团

- 节点的**入度**是指进入该节点的边的条数。
- 节点 v_0 和 v_1 之间的**路径**是节点序列 v_0，v_1，…，v_l，也就是说，在 v_i 和 v_{i+1} 之间存在一条边，其中 $i=0, 1, \cdots, l-1$。
- 如果任意两个节点之间存在路径，则图是**连通的**。
- 一个**团**(记住这个词，你会再次看到它)是一个子图，其中任意两个节点之间都存在边。
- **树**是一种不包含循环的图。树已经很好地被应用在数据元素之间存在层次关系、图像压缩以及图像编码等领域中。

作为描述区域之间关系和分割的一种手段，图在本书中出现了多次。图形表示的一个应用如下：每个像素都被视为图中的一个节点，相邻像素之间可能存在或不存在边。如果存在边，则这两个像素位于图的同一**连通分量**中。考虑图 4.2，该图有 8 个顶点、8 条边和 2 个连通分量。也就是说，沿着从 a 到 d，或 b 到 e，或 f 到 h 的边有一条路径，但是没有从 a 到 f 的路径。

通过定义“标签图像”(与原始图像同构)，连通分量的概念很容易与像素相关，其中每个像素都包含其所属分量的索引/标签信息。根据这个定义，我们看到图 4.3 中的图像除了背景(标记为 1 和 4)之外，还包含两个连通分量(标记为 2 和 3)，如图 4.4

43 所示。

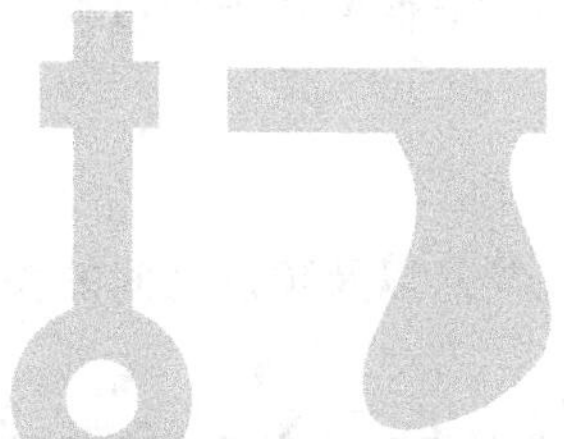

图 4.3　包含两个连通分量的图像

```
11112221111111111111111111111
11122221111133333333333333111
11112221111133333333333333111
11112211111111111111333311111
11112211111111111111333331111
11112211111111111111333333111
11222222111111111133333333111
11224422211111111333333331111
11222222111111111111333111111
11112211111111111111111111111
```

图 4.4　对应图 4.3 的标签图像

这种将图像表示成图的思维方式可以用于图像分割：完成合并和分割的两个操作。合并算法从最初不包含边的图开始，然后添加边以生成连通分量。当我们把像素视为图中的节点，而不是将它们称为“像素节点”“像素顶点”或其他类似术语时，我们只是继续将它们称为“像素”。

分割算法从所有相邻像素之间的边开始，然后切割边，将表示图像的图分离成不同的成分。这两种方法的例子将在第 8 章中描述。

4.2.6　邻接悖论和六边形像素

作为图像表示主题的一个侧面，我们将更深入地讨论“邻接”问题以及著名的“邻接悖论”。我们还将简要描述另一种采样方法，它需要六边形像素，而不是传统的方形像素。我们将讨论这种采样方法如何完全解决邻接悖论。

两个像素要么相邻要么不相邻，对吧？在用图形表示图像时，它看起来是这样的。但是像素(通常)是矩形的，因此它们可能与上面、下面、左边或右边的像素相邻。在图形表示中，图的一条边在两个节点之间，表示它们是相邻的。那么对角线呢？让我们再仔细地看一看。

我们可以用不同的方式定义邻域，但最常见也是最直观的方式是，如果两个像素共享一条边(4 连通)或者它们共享一条边或一个顶点(8 连通)，那么这两个像素就是相邻的。像素的邻域(或边界)是相邻像素的集合。(惊喜!)中心点的 4 个相邻点如图 4.5b 所示。一个像素的邻域通常与该像素相邻，但没有基本的要求。当我们后续介绍“团”

44 时，会再次看到这个概念。

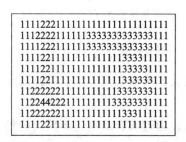

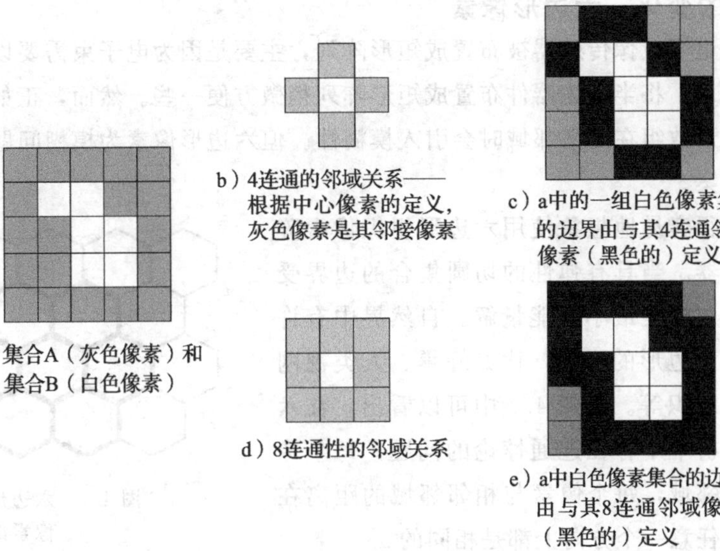

a）集合A（灰色像素）和
集合B（白色像素）

b）4连通的邻域关系——
根据中心像素的定义，
灰色像素是其邻接像素

c）a中的一组白色像素集合
的边界由与其4连通邻域
像素（黑色的）定义

d）8连通性的邻域关系

e）a中白色像素集合的边界
由与其8连通邻域像素
（黑色的）定义

图　4.5

1. 题外话：邻接悖论

在图 4.6 中，前景像素为黑色，背景像素为白色。我们已经了解了 4 连通和 8 连通。这张图片的前景是一个环，它可能是一个非常低分辨率的洗衣机的图像。这个环是闭合的吗？也就是说，我们能不能从一个像素点开始，绕着环走，而不需要回溯步骤，就能从一个像素传递到它的邻接像素？（顺便说一句，我们刚刚定义了一个称为路径的连通属性，见 4.2.5 节）。如果我们可以使用 4 连通关系绕着这个区域走一圈，则称这个区域是封闭的。那么看看这个例子，它是封闭的吗？如果你说不是，很好，恭喜你答对了！在一个 4 连通的系统中，如果它不是封闭的，我们不可能从像素 a 到像素 b。那么它一定是非封闭的吗？如果它是非封闭的，内部和外部一定是连通的。但是，使用 4 连通的定义，这个例子的内部和外部却是分开的区域，这很矛盾呀！ 45

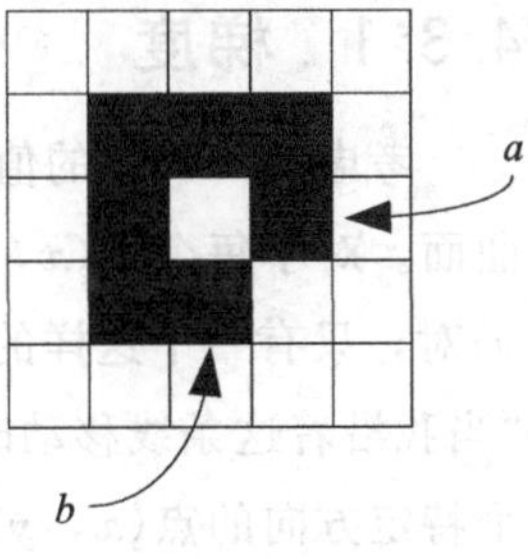

图 4.6　邻接悖论

似乎我们必须放弃 4 连通性了，因为它会导致悖论。那我们来看看 8 连通吧。前景是闭合的吗？但是现在，内部和外部也连在一起了！怎么会这样呢？如果区域是封闭的，那么内部和外部必须（逻辑上）是分离的。因此，8 连通性也不起作用。

对于这个特殊的悖论，有一个修正，如果我们使用 8 连通作为前景，那么就要使用 4 连通作为背景，反之亦然。这种修正方法适用于二值图像，但是当我们得到的图像亮度超过两个级别时，这些离散化问题又将再次出现。这个例子说明在数字图像中，直觉并不总是正确的。还有很多类似的例子，比如区域周长的测量。要知道，在生活中，奇怪的事情会发生，直觉并不总是正确的。

2. 采样的变化：六边形像素

传统上，电子成像传感器被布置成矩形阵列，主要是因为电子束需要以光栅扫描的方式扫过，所以，将半导体器件布置成矩形阵列稍微方便一些。然而，正如我们在上面所看到的，矩形数组在定义邻域时会引入模糊性。但六边形像素为模糊问题提供了一种理想的解决方案。

我们可以很容易地想象使用六边形组织像素阵列的成像传感器。当具有弹性的切圆集合的边界受到挤压时，六边形是最小的能量解。自然界中有许多组织都采用六边形的形式，比如蜂巢、人类视网膜中的锥细胞组织等。从图 4.7 中可以看出，在六边形连通性分析中不存在连通悖论的问题，每个像素恰好有 6 个邻域，每个像素与相邻邻域的距离在六边形镶嵌的任意一个方向上都是相同的。

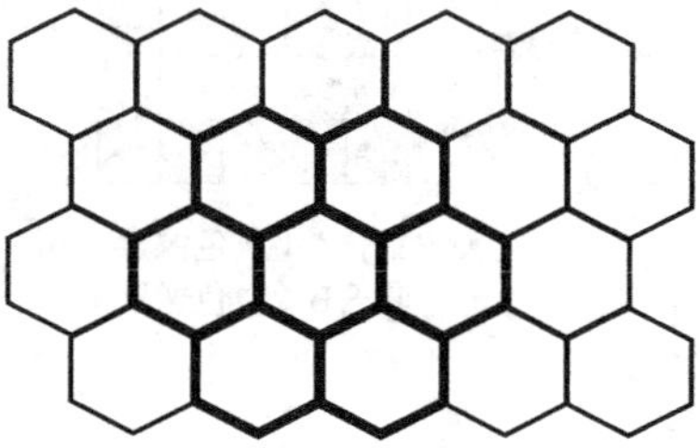

图 4.7　六边形采样像素的邻域

4.3　作为曲面的图像

在本节中，我们考虑将图像解释为三维空间中的曲面问题。在这种情况下，我们将
46 图像视为有高度的。

4.3.1　梯度

考虑 $f(x, y)$的值在空间曲面上，那么有序三元组$(x, y, f(x, y))$就能描述这个曲面。对于每个点(x, y)，在第三维中存在对应的值。重要的是要注意，对于任意(x, y)对，只有一个这样的 f 值与其对应。如果你在 x, y 平面上绘制一条直线并问自己："当我沿着这条线移动时，$f(x, y)$在 x, y 方向上如何变化?" 你问的问题与"沿着这个特定方向的点(x, y)的方向导数是多少"是一样的。

我们将能够最大化方向导数的方向称为梯度。梯度向量具有特殊的、非常简单的形式：$G(x, y)=\left[\frac{\partial f}{\partial x}\quad\frac{\partial f}{\partial y}\right]^{\mathrm{T}}$。

梯度是有时会使学生感到困惑的一个特征。梯度是二维向量，它位于 x, y 平面上。当你沿着梯度方向迈出一步时，你将沿着平面中的方向移动(而不是上坡或者离开平面)，使得 f 尽可能陡峭地上升。

4.3.2　等值线

考虑满足 $f(x, y)=C$ 的所有点的集合，其中 C 为常数。如果 f 表示亮度，那么该点集中的所有像素具有相同的亮度。因此，我们将此集合称为等值集或水平集。

定理：在任意图像点(x, y)处，通过该点的等值线垂直于梯度。证明留作课后作业。

4.3.3 脊

我们将空间中的一个曲面写作 $z(x, y)$。现在，z 不代表亮度，而是代表高度。我们可以很容易地把它想象成一座山。如果我们绘制这座山的地质等值线图，地图上的线就是等高线。如果我们将“高度”视为亮度，那么地图上的等高线便是我们上节提到的等值线。站在这座“山”的一个点上，看着梯度所指向的方向，如图 4.8 所示；你正在寻找的方向便是你要走的、最陡峭上升的方向。 47

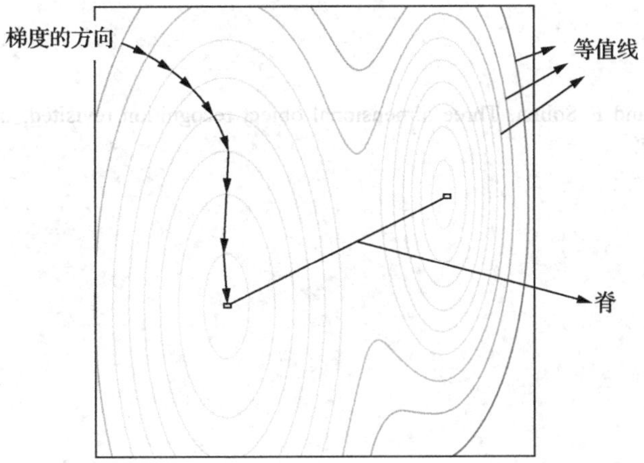

图 4.8 梯度方向、等值线、脊的描述。高程地图上的等高线相当于等值线。某一点处的梯度向量垂直于该点处的等值线

注意，梯度的方向是该特定点处的最陡方向，它不一定指向顶峰。

让我们沿着局部梯度[⊖]的方向爬上这座山。在山脊线上会发生什么？你怎么知道你在山脊上了？你怎么用数学方法来描述这个过程？

考虑在梯度方向上采取措施。在你到达山脊之前，你的步伐通常是朝同一方向的；接下来，方向会发生根本性的变化。因此，脊的一个有用的定义便是作为**梯度方向变化率局部最大值的轨迹**。也就是说，我们需要找出最大的位置 $\left|\frac{\partial f}{\partial v}\right|$。这里 v 表示梯度的方向。在笛卡儿坐标系中，可以以下面的形式表示：

$$\frac{\partial f}{\partial v}=\frac{2f_xf_yf_{xy}-f_y^2f_{xx}-f_x^2f_{yy}}{(f_x^2+f_y^2)^{\frac{3}{2}}} \tag{4.4}$$

4.4 作业

4.1：在图 4.7 中，我们展示了一种完全不同的思考像素的方法。在该图中，像素不是矩形的，而是六边形的，每个像素有 6 个邻居而不是 4 或 8 个邻居。如果用这样的表示方式，有助于解决邻接悖论吗？讨论一下。

⊖ 局部最大值是指没有较大邻域的任意点。

4.2：假设图像 $f(x, y)$ 可由 $z(x, y)=\frac{x^4}{4}-x^3+y^2$ 描述。那么以下哪个是沿等值线穿越 $x=1$，$y=2$ 所得到的单位向量？

(a) $\left[\frac{2}{\sqrt{5}} \quad \frac{1}{\sqrt{5}}\right]^T$　(b) $\left[\frac{1}{\sqrt{5}} \quad \frac{2}{\sqrt{5}}\right]^T$　(c) $\left[\frac{-1}{\sqrt{5}} \quad \frac{2}{\sqrt{5}}\right]^T$

(d) $[-2 \quad 4]^T$　(e) $[2 \quad 1]^T$　(f) $\left[\frac{-2}{\sqrt{5}} \quad \frac{1}{\sqrt{5}}\right]^T$

参考文献

48 [4.1] R. Bajcsy and F. Solina. Three dimensional object recognition revisited. In *Proceedings of ICCV*, 1987.

第二部分

Fundamentals of Computer Vision

预 处 理

刚开始研究计算机视觉时，我们的意图是用已知的最高级、最优雅、最复杂的人工智能方法编写程序。当然，都没起作用。

图像永远不是你所期望的样子，真实的图像都有噪声。即使是完美的数字图像也会被采样，而采样本身就会产生噪声，还会产生模糊和扭曲。

在这一部分中，我们从在嘈杂的图像中寻找边缘开始。第 5 章不仅将展示如何找到边缘，还将介绍图像处理中的一些基本主题，如卷积。

然后，我们开始去除噪声(见第 6 章)。模糊图像肯定会消除噪声。当然，它也会删除图像内容。技巧是去除噪声但保留图像细节，第 7 章将讨论这个主题。

第 7 章还将介绍本部分的最后一个主题：形态学，这是一组用于消除小细节和闭合间隙的非线性方法。距离变换是一个用于表示图像中信息的紧凑且有用的方法，也将在第 7 章中介绍。

第 5 章

Fundamentals of Computer Vision

卷积核算子

你需要边界……即使在我们的物质创造中，边界也标志着最美丽的地方，在海洋与海岸之间，在山脉与平原之间，在峡谷与河流交汇的地方。

——威廉·扬

5.1 简介

本章主要研究图像的线性运算。首先考虑最常见的线性算子——导数。接着讨论边缘检测，即在图像上应用导数核，为了实现这一目标，我们考虑了各种各样的方法。

- (5.2 节)我们首先定义线性算子，并解释核算子，即乘积和，这是在本书中出现频率最高的线性算子。
- (5.3 节)我们将展示如何使用图像的向量表示将核算子转换为矩阵的乘法形式，以便进行一些分析研究。
- (5.4 节)我们主要讨论导数，因为它可能是计算机视觉应用中最常用的核算子。我们讨论如何通过导数的定义、函数拟合、图像的向量表示以及特殊模糊核的导数来求导数核算子。
- (5.5 节)在图像上应用导数算子会得到边缘图像。我们在该节中描述不同类型的边缘和一个流行的边缘检测器——Canny 边缘检测器。
- (5.6 节)我们将解释尺度空间的概念，以及如何通过不同尺度下的边缘检测来确定尺度空间。
- (5.7 节)在第 1 章中，我们简要介绍了生物视觉。在这里，我们重新审视这个主题并提出一个问题：人类是如何实现较低层次的视觉(即边缘检测)的。我们将介绍 Gabor 滤波器，它被认为是视觉皮层中感受野功能的良好表征。

49~51

- (5.8 节)我们对不同类型的导数核进行实验研究，考查它们对不同方向的边缘(角度和大小)的检测能力。

5.2 线性算子

对图像 f 进行操作以产生图像 g 的算子 $D(f)$，如果满足下列条件，则被称为线性算子：

$$g = D(\alpha f_1 + \beta f_2) = \alpha D(f_1) + \beta D(f_2) \tag{5.1}$$

其中 f_1 和 f_2 是图像，α 和 β 是标量乘数。

在 f 作为数字图像被采样的情况下，许多作者选择将 f 写为矩阵 $\boldsymbol{f}_{ij}$，而不是函数符号 $f(x, y)$。但是，我们更喜欢 x，y 表示法，稍后会进行说明。后面，我们还会发现在几处使用单个下标 f_i 更方便，但是现在，让我们保持使用 $f(x, y)$ 并记住 x 和 y 只取小范围内的整数值，例如 $0<x<511$。

考虑一个名为 f 的具有 5 个像素的一维图像，和另一个名为 h 的卷积核(具有 3 个像素的一维图像)，如图 5.1 所示。如果我们将卷积核放置在图像上，使其中心像素 h_0 覆盖 f 的某个特定像素，比如 f_2，我们得到 $g_2=f_1h_{-1}+f_2h_0+f_3h_1$，它是核元素与图像元素的乘积和。

f_1	f_2	f_3	f_4	f_5

h_{-1}	h_0	h_1

图 5.1　一个具有 5 个像素的一维图像和一个具有 3 个像素的一维卷积核。下标是像素的 x 坐标

根据这种理解，考虑二维图像的常见应用。乘积和的一般计算形式如下：

$$g(x,y)=\sum_{\alpha}\sum_{\beta}f(x+\alpha,y+\beta)h(\alpha,\beta) \tag{5.2}$$

为了更好地捕捉式(5.2)的本质，我们把 h 写为 3×3 的数字网格。请记住，$y=0$ 位于图像的顶部，y 值随着图像的下降而上升[㊀]。现在想象一下，将这个网格放在图像的顶部，这样网格的中心就直接在像素 $f(x, y)$ 上。然后，网格中的每个 h 值乘以图像中的对应点。我们将含 h 值的网格称为“卷积核”。如图 5.2 所示，现在假设 α 和 β 仅取 −1、0 和 1。在这种情况下，式(5.2)扩展到式(5.3)，在这个过程中我们会调用一个 3×3 卷积核。

$$\begin{aligned}g(x,y)=&f(x-1,y-1)h(-1,-1)+f(x,y-1)h(0,-1)\\&+f(x+1,y-1)h(1,-1)+f(x-1,y)h(-1,0)\\&+f(x,y)h(0,0)+f(x+1,y)h(1,0)+f(x-1,y+1)h(-1,1)\\&+f(x,y+1)h(0,1)+f(x+1,y+1)h(1,1)\end{aligned} \tag{5.3}$$

52

$h(-1,-1)$	$h(0,-1)$	$h(1,-1)$	$f(x-1,y-1)$	$f(x,y-1)$	$f(x+1,y-1)$
$h(-1,0)$	$h(0,0)$	$h(1,0)$	$f(x-1,y)$	$f(x,y)$	$f(x+1,y)$
$h(-1,1)$	$h(0,1)$	$h(1,1)$	$f(x-1,y+1)$	$f(x,y+1)$	$f(x+1,y+1)$

图 5.2　作为 3×3 网格(左)的卷积核应用于以图像(右)中的像素 $f(x, y)$ 为中心的图像邻域。定位卷积核，使卷积核的中心落在图像的 x，y 像素上

争论的方向：卷积与相关性

让我们重述两个重要的方程式：首先是从式(5.2)重新复制的核算子的方程，然后是二维离散卷积的方程[㊁]

$$g(x,y)=\sum_{\alpha}\sum_{\beta}f(x+\alpha,y+\beta)h(\alpha,\beta) \tag{5.4}$$

㊀　注意这里参数的顺序：x(列)和 y(行)。有时则遵循相反的惯例。

㊁　数学上，卷积和相关性在坐标的左右顺序上是不同的。

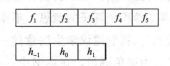

$$g(x,y)=\sum_{\alpha}\sum_{\beta}f(x-\alpha,y-\beta)h(\alpha,\beta) \tag{5.5}$$

细心的学生会注意到上述两个等式之间的顺序差异。如式(5.5)所示，在正式卷积中，参数反向：卷积核最右边的像素(例如，图 5.1 中的 h_1)乘以图像相应区域中最左边的像素(例如，图 5.1 中的 f_1)。然而，在式(5.4)中，我们考虑将核“放置”在图像上并乘以相应的像素。如果我们将相应的像素(左-左和右-右)相乘，我们就得到了相关性，这通常是卷积核算子的意思。不幸的是，在这方面有一些用词不当，这两者有时都被称为“卷积”。我们建议学生注意这一点。在许多出版物中，术语“卷积”用于表示“乘积和”。为避免混淆，在本书中，我们通常会避免使用“卷积”一词，而是使用术语“卷积核算子”或“相关性”，除非我们确实应用式(5.5)。这就是我们的意思。注意，如果核是对称的(例如，$\begin{array}{|c|c|c|}\hline 1 & 2 & 1\\ \hline\end{array}$)，则相关性和卷积有相同的结果。

5.3 图像的向量表示

在 4.2.3 节中，我们简要讨论了图像的向量表示。这里进一步扩展这个讨论。有时用向量表示图像更方便，这样线性算子在图像上的应用就可以写成矩阵乘法的形式。假设我们以光栅扫描顺序列出图像中的每个像素，作为一个长向量。例如，对于 4×4 图像

$$f(x,\ y)=\begin{array}{|c|c|c|c|}\hline 1 & 2 & 4 & 1\\ \hline 7 & 3 & 2 & 8\\ \hline 9 & 2 & 1 & 4\\ \hline 4 & 1 & 2 & 3\\ \hline\end{array}$$

53

$$\boldsymbol{f}=[1\quad 2\quad 4\quad 1\quad 7\quad 3\quad 2\quad 8\quad 9\quad 2\quad 1\quad 4\quad 4\quad 1\quad 2\quad 3]^{\mathrm{T}}$$

这称作词典表示。如果以这种方式记录图像，每个像素可以通过单个索引来识别，例如 $\boldsymbol{f}_0=1$，$\boldsymbol{f}_4=7$，$\boldsymbol{f}_{15}=3$，其中索引从 0 开始。现在，假设我们要在点 $x=1$，$y=1$ 处对该图像应用以下卷积核

−1	0	2
−2	0	4
3	9	1

其中(0，0)是图像的左上角像素，该卷积核的词典表示为 $\boldsymbol{k}=[-1\ 0\ 2\quad -2\ 0\ 4\ 3\ 9\ 1]^{\mathrm{T}}$。图像形式的点(1，1)对应于向量形式的像素 $\boldsymbol{f}_5$。应用卷积核通常意味着将卷积核的中心放在图像中感兴趣的像素上。在这个例子中，我们可以通过将向量 $\boldsymbol{f}$ 与以下向量进行点积，从而完成卷积核的应用。

$$\boldsymbol{h}_5=[-1\,0\,2\,0\quad -2\,0\,4\,0\quad 3\,9\,1\,0\quad 0\,0\,0\,0]^{\mathrm{T}}$$

再如，为了确定在(2，1)处使用什么向量来应用这个卷积核，我们发现：

$$\boldsymbol{h}_6=[0-102\quad 0-204\quad 0391\quad 0000]^{\mathrm{T}}$$

比较(1，1)处的 $\boldsymbol{h}_5$ 和(2，1)处的 $\boldsymbol{h}_6$。除旋转外，它们是相同的。我们可以对整个图像进行核运算，方法是构造一个矩阵，其中每一列都是一个这样的 $\boldsymbol{h}$。这样做会产生如下所示的矩阵。通过乘积 $\boldsymbol{g}=\boldsymbol{H}^{\mathrm{T}}\boldsymbol{f}$，$\boldsymbol{g}$ 将是在图像 $\boldsymbol{f}$ 上应用核 $\boldsymbol{H}$ 的(词典形式)结果，其中 $\boldsymbol{H}$ 是以下矩阵：

$$\boldsymbol{H}=\begin{bmatrix}
\cdots & -1 & 0 & \cdots & 0 & \cdots \\
\cdots & 0 & -1 & \cdots & 0 & \cdots \\
\cdots & 2 & 0 & \cdots & 0 & \cdots \\
\cdots & 0 & 2 & \cdots & 0 & \cdots \\
\cdots & -2 & 0 & \cdots & 0 & \cdots \\
\cdots & 0 & -2 & \cdots & -1 & \cdots \\
\cdots & 4 & 0 & \cdots & 0 & \cdots \\
\cdots & 0 & 4 & \cdots & 0 & \cdots \\
\cdots & 3 & 0 & \cdots & 0 & \cdots \\
\cdots & 9 & 3 & \cdots & -2 & \cdots \\
\cdots & 1 & 9 & \cdots & 0 & \cdots \\
\cdots & 0 & 1 & \cdots & 4 & \cdots \\
\cdots & 0 & 0 & \cdots & 0 & \cdots \\
\cdots & 0 & 0 & \cdots & 3 & \cdots \\
\cdots & 0 & 0 & \cdots & 9 & \cdots \\
\cdots & 0 & 0 & \cdots & 1 & \cdots \\
 & \uparrow & \uparrow & & \uparrow & \\
 & \boldsymbol{h}_5 & \boldsymbol{h}_6 & & \boldsymbol{h}_{10} &
\end{bmatrix} \tag{5.6}$$

注意，矩阵 $\boldsymbol{H}$ 对于图像中的每个像素都有一列，它可能非常大。如果 $\boldsymbol{f}$ 是一个 256×256 像素的典型图像，则 $\boldsymbol{H}$ 的大小就是(256×256)×(256×256)，这是一个很大的数字 54
(尽管仍然小于美国国债)。不要担心 $\boldsymbol{H}$ 的巨大尺寸。这种形式的图像算子对于思考图像和证明关于图像算子的定理是有用的。它是一种概念工具，而不是计算工具。

最后，利用傅里叶变换，可以大大加快循环矩阵乘法的速度，我们会在其他地方更多地讨论这个问题。

5.4　导数估计

因为导数可能是最常见的线性算子，在本节我们将讨论四种估计导数的方法。首先，我们描述一种直接的方法：使用导数的定义来生成卷积核算子。紧接着是通过函数拟合的形式求解导数核。基于图像的向量表示，我们介绍基向量的定义，讨论一些描述边缘特征的特殊基向量。最后，阐述利用卷积核算子的线性性质，对特殊模糊核求导以构造核的方法。

5.4.1　使用核估计导数

让我们通过一个例子来检验这个概念——近似图像的空间导数$\frac{\partial f}{\partial x}$和$\frac{\partial f}{\partial y}$。我们模糊地回忆起一些微积分知识。

$$\frac{\partial f}{\partial x}=\lim_{\Delta x\to 0}\frac{f(x+\Delta x)-f(x)}{\Delta x} \tag{5.7}$$

这表明对于 $\Delta x=1$，核 $\begin{array}{|c|c|}\hline -1 & 1 \\ \hline\end{array}$ 可以被使用。但是这个核不是对称的——对 x 处的导数估计取决于 x 和 $x+1$ 之间的值，而不是 $x-1$。这使得应用程序的要点难以定义。相反，一个对称的定义会更好，比如：

$$\frac{\partial f}{\partial x}=\lim_{\Delta x\to 0}\frac{f(x+\Delta x)-f(x-\Delta x)}{2\Delta x} \tag{5.8}$$

Δx 不能小于 1，从而产生这个核 $\begin{array}{|c|c|c|}\hline -\frac{1}{2} & 0 & \frac{1}{2} \\ \hline\end{array}$，为了简化符号，我们写成：

$$\frac{1}{2}\begin{array}{|c|c|c|}\hline -1 & 0 & 1 \\ \hline\end{array} \tag{5.9}$$

导数的一个主要问题是噪声敏感。某种程度上，噪声可以通过在水平方向上求差值，然后在垂直方向上取平均值来补偿。这产生了下面的核：

$$\frac{\partial f}{\partial x}=\frac{1}{6}\begin{array}{|c|c|c|}\hline -1 & 0 & 1 \\ \hline -1 & 0 & 1 \\ \hline -1 & 0 & 1 \\ \hline\end{array}\otimes f \tag{5.10}$$

55 这里我们介绍了一个新的符号$\otimes$，它表示应用上述 f 的乘积和。文献中有很多像这样的核，它们结合了用差值估计导数，然后用某种方式平均结果来补偿噪声的概念。也许这些卷积核中最著名的是 Sobel：

$$\frac{\partial f}{\partial x}=\frac{1}{8}\begin{array}{|c|c|c|}\hline -1 & 0 & 1 \\ \hline -2 & 0 & 2 \\ \hline -1 & 0 & 1 \\ \hline\end{array}\otimes f \tag{5.11}$$

Sobel 算子具有中心加权的优势。也就是说，因为在中心点估计了导数，所以中间行应该比上面或下面的行权重更大，这似乎是合理的。

5.4.2　通过函数拟合来估计导数

在本节中，我们将介绍一种基本方法以解决数据拟合的问题，即最小化和方差。这种通用方法是在一个简单应用的上下文中提出的：找到最适合 2D 点集的平面。但是，它也可以在各种各样的应用中使用。

这种方法提供了一种替代方法来利用图像的连续表示 $f(x, y)$。将亮度视为两个空间坐标的函数，并考虑在某一点处，与亮度曲面相切的平面，如图 5.3 所示。

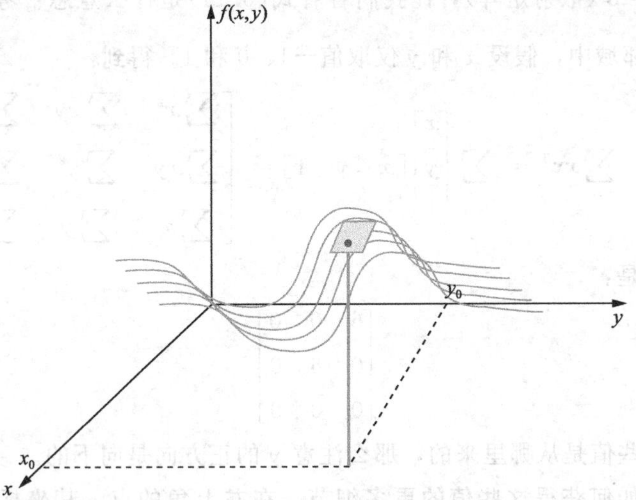

图 5.3 一个图像中的亮度可以看成一个曲面，是两个变量的函数。图中用平滑曲线表示这个曲面，另外有一个平面表示在点 x_0，y_0 处的切面，切面的斜率是两个空间偏导数

在这种情况下，我们可以用平面方程写出切平面上的点的连续图像表示

$$f(x,y) = ax + by + c \tag{5.12}$$ 56

边缘强度由$\frac{\partial f}{\partial x}=a$，$\frac{\partial f}{\partial y}=b$ 表示，点(x, y)处的亮度变化率由以下梯度向量表示：

$$\nabla \boldsymbol{f} = \begin{bmatrix} \frac{\partial f}{\partial x} & \frac{\partial f}{\partial y} \end{bmatrix}^{\mathrm{T}} = [a \quad b]^{\mathrm{T}} \tag{5.13}$$

这里所采用的方法是给定一些有噪声的、模糊的 f 的测量值，以及在式(5.12)的假设下，求出 a、b 和 c。为了找到这些参数，首先注意到式(5.12)可以写成 $f(x, y)=\boldsymbol{a}^{\mathrm{T}}\boldsymbol{x}$，其中对于向量 $\boldsymbol{a}$、$\boldsymbol{x}$，有 $\boldsymbol{a}^{\mathrm{T}}=[a \quad b \quad c]$，$\boldsymbol{x}^{\mathrm{T}}=[x \quad y \quad 1]$。

假设我们在图像中的点集 $\chi\subset\mathbf{Z}\times\mathbf{Z}$($\mathbf{Z}$ 是整数集)处测量了亮度值 $g(x, y)$。在这组点上，我们寻找最适合数据的平面。为了实现这个目标，将误差写成测量值 $g(x, y)$和(目前未知的)函数 $f(x, y)$的和方差函数。

$$E = \sum_{\chi}(f(x,y) - g(x,y))^2 = \sum_{\chi}(\boldsymbol{a}^{\mathrm{T}}\boldsymbol{x} - g(x,y))^2$$

简单起见，展开平方并去掉函数符号，我们得到：

$$E = \sum_{\chi}(\boldsymbol{a}^{\mathrm{T}}\boldsymbol{x})(\boldsymbol{a}^{\mathrm{T}}\boldsymbol{x}) - 2\boldsymbol{a}^{\mathrm{T}}\boldsymbol{x}g + g^2$$

记住，对于向量 $\boldsymbol{a}$ 和 $\boldsymbol{x}$，$\boldsymbol{a}^{\mathrm{T}}\boldsymbol{x}=\boldsymbol{x}^{\mathrm{T}}\boldsymbol{a}$，通过求和，我们得到：

$$E = \sum \boldsymbol{a}^{\mathrm{T}}\boldsymbol{x}\boldsymbol{x}^{\mathrm{T}}\boldsymbol{a} - 2\sum \boldsymbol{a}^{\mathrm{T}}\boldsymbol{x}g + \sum g^2 = \boldsymbol{a}^{\mathrm{T}}\left(\sum \boldsymbol{x}\boldsymbol{x}^{\mathrm{T}}\right)\boldsymbol{a} - 2\boldsymbol{a}^{\mathrm{T}}\sum \boldsymbol{x}g + \sum g^2$$

现在我们要求出使 E 最小化的平面参数 $\boldsymbol{a}$：我们可以求导数，把结果设为 0。我们得到(这是标量对向量的导数，所以结果一定是向量)：

$$\frac{\mathrm{d}E}{\mathrm{d}\boldsymbol{a}} = 2\boldsymbol{a}^{\mathrm{T}}\left(\sum \boldsymbol{x}\boldsymbol{x}^{\mathrm{T}}\right) - 2\sum \boldsymbol{x}g = 0 \tag{5.14}$$

令 $\sum \boldsymbol{x}\boldsymbol{x}^{\mathrm{T}} = \boldsymbol{S}$(散射矩阵)，让我们看看式(5.14)是什么意思：考虑关于原点对称的邻域 χ，在该邻域中，假设 x 和 y 仅取值−1、0 和 1。得到：

$$S = \sum \boldsymbol{x}\boldsymbol{x}^{\mathrm{T}} = \sum \begin{bmatrix} x \\ y \\ 1 \end{bmatrix} [x \quad y \quad 1] = \begin{bmatrix} \sum x^2 & \sum xy & \sum x \\ \sum xy & \sum y^2 & \sum y \\ \sum x & \sum y & \sum 1 \end{bmatrix}$$

在所描述的邻域是：

$$\begin{bmatrix} 6 & 0 & 0 \\ 0 & 6 & 0 \\ 0 & 0 & 9 \end{bmatrix}$$

57 如果你不知道这些值是从哪里来的，那么注意 y 的正方向是向下的。

下面是关于如何获得这些值的更多细节。在左上角的点，其坐标为 $x=-1$，$y=-1$。在此点上，$x^2=(-1)^2=1$。现在看看顶部中间的点($x=0$，$y=-1$)。在此点上 $x^2=0$，对邻域中的 9 个点都执行相关运算，就得到：

$$\sum x^2 = 6$$

注意以下有用的观察：如果你使邻域关于原点对称，散射矩阵中所有包含 x 或 y 奇次幂的项都是 0。

另外，一个常见的错误是把 1(而不是 9)放在右下角！

现在我们有了矩阵方程

$$2[a \quad b \quad c]\begin{bmatrix} 6 & 0 & 0 \\ 0 & 6 & 0 \\ 0 & 0 & 9 \end{bmatrix} = 2\begin{bmatrix} \sum g(x,y)x \\ \sum g(x,y)y \\ \sum g(x,y) \end{bmatrix}$$

我们可以很容易地解出 a：

$$a = \frac{1}{6}\sum g(x,y)x \approx \frac{\partial f}{\partial x}$$

为了计算邻域内的 9 个点对邻域的导数，取这一点的实测值 $g(x, y)$并乘以它的 x 坐标，然后相加。我们把 x 坐标写成表格形式：

−1	0	1
−1	0	1
−1	0	1

这正是我们直观推导出的式(5.10)的核。现在，我们正式地推导出来了。理论与直

觉一致，难道不令人满意吗？（这里，我们没有把每一项都乘以$\frac{1}{6}$，但是我们可以把$\frac{1}{6}$提出来，当得到答案时，我们只要除以 6。）

这是通过一种优化方法实现的，在这种情况下，通过最小化方差来找到 $y=f(x)$中函数 $f(x)$的系数，其中 f 是多项式。这种形式称为**显式函数表示**。

还有一个术语问题，在以后的讨论中，我们将使用表达式——**核半径**。半径是从中心到最近的边缘的像素数。例如，3×3 核的半径为 1，5×5 核的半径是 2，以此类推。可以设计圆形的核，但是大多数时候，我们使用方形的。

5.4.3　图像基向量

在 5.3 节中，我们看到可以将图像看作向量。如果我们可以对一个图像这样做，当然我们也可以对一个小的子图像这样做。考虑单个点的 9 像素邻域。我们可以很容易地构造出 9 维向量，也就是邻域的词典表示法。在线性代数中，我们学过：任何向量都可以表示为基向量的加权和。我们将在这里应用相同的概念。 58

我们写出基的定义：

$$\boldsymbol{v}=\sum_{i=1}^{9} a_i \boldsymbol{u}_i$$

其中 $\boldsymbol{v}$ 是这个 9 像素邻域的向量表示，a_i 是标量权值，$\boldsymbol{u}_i$ 是一些**基向量**的集合。但是我们应该用什么基向量呢？更重要的是，什么基集合会有用？我们通常使用的集合是笛卡儿基，如下所示：

$$\begin{aligned}\boldsymbol{u}_1&=[1\quad 0\quad 0\quad 0\quad 0\quad 0\quad 0\quad 0\quad 0]^{\mathrm{T}}\\ \boldsymbol{u}_2&=[0\quad 1\quad 0\quad 0\quad 0\quad 0\quad 0\quad 0\quad 0]^{\mathrm{T}}\\ &\vdots\\ \boldsymbol{u}_9&=[0\quad 0\quad 0\quad 0\quad 0\quad 0\quad 0\quad 0\quad 1]^{\mathrm{T}}\end{aligned} \tag{5.15}$$

这虽然方便且简单，但对我们没有任何帮助。另一个基肯定更有用？在我们算出什么之前，记住这个实值 9 维空间有无穷个可能的基向量。有这么多的选择，我们应该能够选择一些好的基向量。要做到这一点，考虑系数 a_i 的作用。回想一下，如果某个 a_i 比其他大得多，那么 $\boldsymbol{v}$ 与 $\boldsymbol{u}_i$ “非常相似”[⊖]。计算 a 为我们提供了一种方法，可以在一组原型邻域中找到与特定图像最相似的邻域。

图 5.4 展示了 Frei 和 Chen[5.10]开发的一组原型邻域。注意，邻域 $\boldsymbol{u}_1$ 在水平中心线以下是负的，在水平中心线之上是正的，因此表示水平边缘，即$\frac{\partial f}{\partial y}$大的点。

现在，回想一下如何计算投影 a_i。向量 $\boldsymbol{v}$ 到基向量 $\boldsymbol{u}_i$ 的标量值投影是内积：$a_i=\boldsymbol{v}^{\mathrm{T}}\boldsymbol{u}_i$。

如果两个向量相同，则这两个(适当归一化的)向量的投影是最大的。这表明投影操作(即内积)可用于匹配。但是，相关性(见 5.2 节)毕竟只是乘积和，因此投影不像相关

⊖　一个大的投影意味着这两个向量是相似的。

性——它就是相关性。

1	$\sqrt{2}$	1
0	0	0
−1	$-\sqrt{2}$	−1

$\boldsymbol{u}_1$

1	0	−1
$\sqrt{2}$	0	$-\sqrt{2}$
1	0	−1

$\boldsymbol{u}_2$

0	−1	$\sqrt{2}$
1	0	−1
$-\sqrt{2}$	1	0

$\boldsymbol{u}_3$

$\sqrt{2}$	−1	0
−1	0	1
0	1	$-\sqrt{2}$

$\boldsymbol{u}_4$

0	1	0
−1	0	−1
0	1	0

$\boldsymbol{u}_5$

−1	0	1
0	0	0
1	0	−1

$\boldsymbol{u}_6$

1	−2	1
−2	4	−2
1	−2	1

$\boldsymbol{u}_7$

−2	1	−2
1	4	1
−2	1	−2

$\boldsymbol{u}_8$

1	1	1
1	1	1
1	1	1

$\boldsymbol{u}_9$

59 图 5.4　Frei-Chen 基向量

5.4.4　核作为采样可微分函数

在作业 5.2 中，要求通过使用 5.4.2 节推导的方法拟合一个平面，构造一个 5×5 的导数核。如果你做得正确，导数核值会随着离中心的距离增加而增大。那有意义吗？为什么数据点离我们估计导数的点越远，对估算的贡献越大？错误！这是因为我们假设所有像素都适合同一平面的结果。它们显然并非如此。

这里有一种更好的方法——加大中心像素的权重值。你已经看到了式(5.11)Sobel 算子就是这么做的。但现在，让我们更加严谨。让我们通过应用中间更大的核函数来模糊图像，然后进行微分。对于这样的核函数，我们有很多选择，例如三角形核或高斯核，但是深入地研究文献[5.25]表明高斯核最适用于这种情况。我们可以把这个过程写成：

$$g_x \approx \frac{\partial(g \otimes h)}{\partial x}$$

其中 g 是被测量的图像，h 是高斯核，g_x 是新的导数估计图像，现在，根据线性系统理论的一个关键点，对于线性算子 D 和$\otimes$，

$$D(g \otimes h) = D(h) \otimes g \tag{5.16}$$

式(5.16)意味着我们不必一步模糊、一步微分。相反，我们可以预先计算模糊核的导数，并简单地应用结果核。

让我们看看我们是否能记住如何获取 2D 高斯的导数。(你忘了它是 2D 函数吗？)

d 维多元高斯的一般形式是：

$$\frac{1}{(2\pi)^{\frac{d}{2}}|\boldsymbol{K}|^{\frac{1}{2}}}\exp\left(-\frac{[\boldsymbol{x}-\boldsymbol{\mu}]^{\mathrm{T}}\boldsymbol{K}^{-1}[\boldsymbol{x}-\boldsymbol{\mu}]}{2}\right) \tag{5.17}$$

其中 $\boldsymbol{K}$ 是协方差矩阵，$|\boldsymbol{K}|$ 是确定的，$\boldsymbol{\mu}$ 是平均向量。因为我们想要一个以原点 $\boldsymbol{\mu}=\boldsymbol{0}$ 为中心的高斯核，并且因为我们没有理由偏好一个方向，所以我们选择 $\boldsymbol{K}$ 为对角线(各向同性)：

$$\boldsymbol{K} = \begin{bmatrix} \sigma^2 & 0 \\ 0 & \sigma^2 \end{bmatrix} = \sigma^2 I \tag{5.18}$$

对于二维，式(5.17)相当于：

$$h(x,y)=\frac{1}{2\pi\sigma^2}\exp\left(-\frac{[x\quad y]^{\mathrm{T}}[x\quad y]}{2\sigma^2}\right)=\frac{1}{2\pi\sigma^2}\exp\left(-\frac{x^2+y^2}{2\sigma^2}\right) \tag{5.19}$$

且

$$\frac{\partial h(x,y)}{\partial x}=\frac{-x}{2\pi\sigma^4}\exp\left(-\frac{x^2+y^2}{2\sigma^2}\right) \tag{5.20}$$ 60

如果我们的目标是边缘检测，我们就已经完成了工作。然而，如果我们的目标是精确估计导数，特别是高阶导数，那么使用高斯核函数会使图像模糊，从而明显地引入只能部分补偿的误差[5.30]。不过，这是开发有效的微分核函数的最佳方法之一。

式(5.21)给出了一维高斯的一些导数，以供将来参考。即使大多数人没有特别需要标准化 2π(它只是确保高斯函数积分为 1)，我们也包含了它，这样，这些公式就与文献一致。这里使用下标符号表示导数。也就是说，$G_{xx}(\sigma,\ x)=\frac{\partial^2}{\partial x^2}G(\sigma,\ x)$，其中 $G(\sigma,\ x)$是 x 的平均值为 0、标准差为 σ 的高斯函数。

$$\begin{aligned}
G(\sigma,x)&=\frac{1}{\sqrt{2\pi}\sigma}\exp\left(-\frac{x^2}{2\sigma^2}\right)\\
G_x(\sigma,x)&=\frac{-x}{\sqrt{2\pi}\sigma^3}\exp\left(-\frac{x^2}{2\sigma^2}\right)\\
G_{xx}(\sigma,x)&=\left(\frac{x^2}{\sqrt{2\pi}\sigma^5}-\frac{1}{\sqrt{2\pi}\sigma^3}\right)\exp\left(-\frac{x^2}{2\sigma^2}\right)\\
G_{xxx}(\sigma,x)&=\frac{x}{\sqrt{2\pi}\sigma^5}\left(3-\frac{x^2}{\sigma^2}\right)\exp\left(-\frac{x^2}{2\sigma^2}\right)
\end{aligned} \tag{5.21}$$

让我们更详细地了解如何利用这些公式及其二维等价公式来推导核。

获得高斯导数的核函数值的最简单方法是用 $x=0,\ 1,\ 2\cdots$，连同它们的负值，得到核函数的值。

出现的第一个问题是："σ 应该是什么?" 为了解决这个问题，我们推导出用于一维高斯的二阶导数的核函数元素。其他导数可以使用相同的理念得到。请看图 5.5a 并询问："是否存在 σ 值，使得二阶导数的最大值出现在 $x=-1$ 和 $x=1$ 处?" 显然存在，且 61
其值为 $\sigma=\frac{1}{\sqrt{3}}$。(你需要在作业 5.7 中证明这一点。)

给定 σ 的值，可以计算高斯的二阶导数在整数点 $x=\{-1,\ 0,\ 1\}$的值。在 $x=0$ 时，我们发现 $G_{xx}\left(\frac{1}{\sqrt{3}},\ 0\right)=-2.07$，在 $x=1$ 时，$G_{xx}\left(\frac{1}{\sqrt{3}},\ 1\right)=0.9251$。到目前为止，这并不算太难，不幸的是，我们还没有完成。

重要的是，卷积核的元素总和为 0。如果不这样做，那么第 6 章中描述的迭代算法将无法在多次迭代中保持适当的亮度级别。卷积核也需要是对称的。这本质上定义了高斯的二阶导数。其满足对称性以及和为 0 的最合理的值集为$\{1,\ -2,\ 1\}$。但是，我们并没有从中学到很多。让我们看一下 5×1 的卷积核，看看是否可以学到更多东西。我们需要：

- 核的元素应尽可能接近高斯函数的适当导数的值。

- 对于导数核，其元素总和必须为 0。
- 核应该是中心对称的，除非你想做特殊的处理。

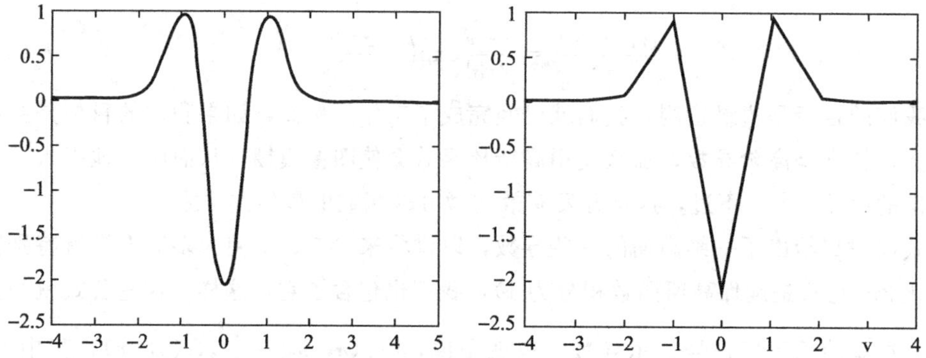

a）以0为中心的一维高斯的二阶导数　　b）三点近似

图　5.5

我们可以计算含有 5 个元素的一维高斯函数，假设 $\sigma=\frac{1}{\sqrt{3}}$，对于 $x=\{-2,\ -1,\ 0,\ 1,\ 2\}$，我们得到[0.0565，0.9251，−2.0730，0.9251，0.0565]。不幸的是，这些数字总和并不为 0。重要的是核值总和应为 0，而不是实际值必须精确。在这样的情况下，我们该怎么办？我们使用约束优化⊖。此策略是设置一个问题，来找到一个尽可能接近地产生这些值的函数，但它会归零。对于更复杂的问题，作者使用 Interopt[5.4] 来解决数值优化问题，但是你不使用数值方法也能解决这个问题，完成过程如下。首先，理解问题(针对上面给出的 5 个点的情况)：我们希望找到尽可能接近[0.0565，0.9251，−2.0730，0.9251，0.0565]的 5 个数，满足和为 0 的约束。由于对称性，我们实际上只有 3 个数，我们将其表示为[a，b，c]。方便起见，引入三个常数：$\alpha=0.0565$，$\beta=0.9251$，$\gamma=-2.073$。

因此，为了找到类似这些数字的 a、b 和 c，我们将总和写成 MSE 形式。

$$H_o(a,b,c)=2(a-\alpha)^2+2(b-\beta)^2+(c-\gamma)^2 \tag{5.22}$$

并且最小化 H_o 将产生接近 α、β 和 γ 的 a、b 和 c。为了进一步满足核值“总和为 0”的要求，我们需要向 H_o 添加一个约束，即需要 $2a+2b+c=0$。

使用拉格朗日乘数的概念，我们可以通过最小化不同的目标函数找到 a、b 和 c 的最佳选择⊜。

$$H(a,b,c)=2(a-\alpha)^2+2(b-\beta)^2+(c-\gamma)^2+\lambda(2a+2b+c) \tag{5.23}$$

62 考虑那些不熟悉使用拉格朗日乘数约束优化的学生，我们进行一些解释。公式中前面有 λ(λ 是拉格朗日乘数)的项是约束，如果它恰好等于 0，我们可以找到合适的 a、b 和 c。通过最小化 H，我们将找到最小化 H_o 的参数，同时满足约束。要最小化 H，要求偏导数：

⊖ 这也让我们有机会讲解约束优化这一重要而有用的主题。

⊜ H 是 H_o 的约束形式。

$$\frac{\partial H}{\partial a}=4a-4\alpha+2\lambda$$

$$\frac{\partial H}{\partial b}=4b-4\beta+2\lambda$$

$$\frac{\partial H}{\partial c}=2c-2\gamma+\lambda \tag{5.24}$$

$$\frac{\partial H}{\partial \lambda}=2a-2b+c$$

将偏导数设置为 0 并简化，我们得到以下一组线性方程：

$$a=\alpha-\frac{\lambda}{2}$$

$$b=\beta-\frac{\lambda}{2} \tag{5.25}$$

$$c=\gamma-\frac{\lambda}{2}$$

$$2a+2b+c=0$$

我们解出方程，找到表 5.1 中给出的集合。在一阶导数 3×1 的情况下，对称性确保值始终总和为 0，因此整数值与浮点值一样好。

我们可以以相同的方式计算核函数，在二维空间上使用高斯函数估计偏导数。图 5.6给出了对 x 的一阶导数的一种实现，假设它是一个各向同性的高斯分布。作为家庭作业，你将有机会推导其余的导数。

表 5.1　当 $\sigma=\frac{1}{\sqrt{3}}$时，一维高斯的导数

一阶导数，3×1	[0.2420，0.0，−0.2420]或[1，0，−1]
一阶导数，5×1	[0.1080，0.2420，0，−0.2420，−0.1080]
二阶导数，3×1	[1，−2，1]
二阶导数，5×1	[0.078 46，0.947 06，−2.051 04，0.947 06，0.078 46]

63

5.4.5　其他高阶导数

我们刚刚看到了如何使用高斯导数计算二阶或三阶导数。既然主题已经提出来了，你需要了解下面的术语，我们在此定义两个依赖于二阶导数的标量算子：拉普拉斯算子和二次变分算子。

0.0261	0	−0.0261
0.1080	0	−0.1080
0.0261	0	−0.0261

图 5.6　使用高斯导数推导出的 3×3 一阶导数核

点(x, y)处的亮度的拉普拉斯算子为

$$\frac{\partial^2 f}{\partial x^2}+\frac{\partial^2 f}{\partial y^2} \tag{5.26}$$

而亮度的二次变分(Quadratic Variation，QV)算子是

$$\left(\frac{\partial^2 f}{\partial x^2}\right)^2+\left(\frac{\partial^2 f}{\partial y^2}\right)^2+2\left(\frac{\partial^2 f}{\partial x\partial y}\right)^2 \tag{5.27}$$

拉普拉斯算子可以用几个核来近似，包括以下三个常用的核：

$$\begin{array}{|c|c|c|}\hline 0 & 1 & 0 \\ \hline 1 & -4 & 1 \\ \hline 0 & 1 & 0 \\ \hline \end{array},\quad \begin{array}{|c|c|c|}\hline 1 & 1 & 1 \\ \hline 1 & -8 & 1 \\ \hline 1 & 1 & 1 \\ \hline \end{array},\quad \begin{array}{|c|c|c|}\hline -1 & 2 & -1 \\ \hline 2 & -4 & 2 \\ \hline -1 & 2 & -1 \\ \hline \end{array} \tag{5.28}$$

二次变分算子可以通过三个二阶偏导核来估计

$$\Delta_{xx}=\frac{1}{6}\begin{array}{|c|c|c|}\hline 0 & 0 & 0 \\ \hline 1 & -2 & 1 \\ \hline 0 & 0 & 0 \\ \hline \end{array},\quad \Delta_{yy}=\frac{1}{6}\begin{array}{|c|c|c|}\hline 0 & 1 & 0 \\ \hline 0 & -2 & 0 \\ \hline 0 & 1 & 0 \\ \hline \end{array},\quad \Delta_{xy}=2\begin{array}{|c|c|c|}\hline -0.25 & 0 & 0.25 \\ \hline 0 & 0 & 0 \\ \hline 0.25 & 0 & -0.25 \\ \hline \end{array} \tag{5.29}$$

注意式(5.28)所示的拉普拉斯算子式是一个二维的各向同性卷积核，这意味着它没有方向，因为只使用了一个卷积核。

式(5.29)中的第三个核经常被称为*交叉项*，因为它同时涉及 x 和 y。第三个(交叉)项的重要性取决于要解决的问题。为了理解这一点，请考虑图 5.7，它说明了没有交叉项和有交叉项的二次变分算子的应用。在没有交叉项的情况下，图 5.7a 中算子的强度随着边缘方向的变化而显著变化。而图 5.7b 使用了 QV 中的所有三个项，并且几乎具有完美均匀的强度。有些学生会意识到，如果$\frac{\partial^2 f}{\partial x^2}$和$\frac{\partial^2 f}{\partial y^2}$实际上是二阶导数空间的基，它们的和应该与梯度方向一致。不幸的是，这些基项是被*平方*后再相加，而不是仅相加，并且平方的非线性特征引入了强度变化，需要交叉项来补偿。

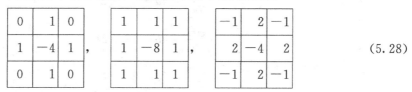

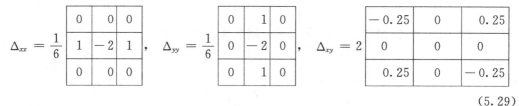

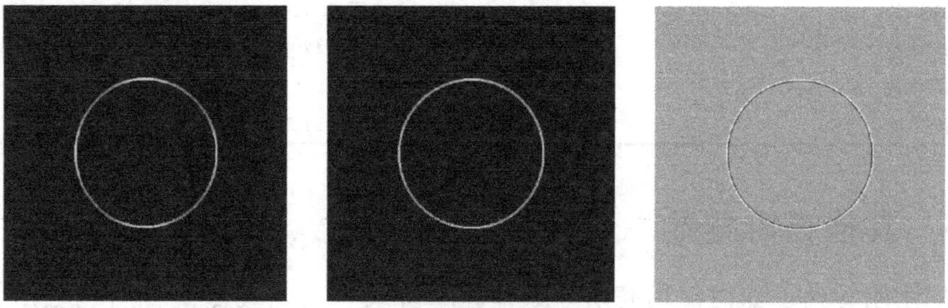

a）将QV的前两项应用于亮度的圆形阶梯边缘　b）将QV与所有三个项应用于相同的阶跃型边缘　c）拉普拉斯算子应用于相同的阶跃型边缘

图 5.7　拉普拉斯算子具有负值，并且亮度被缩放以显示黑色＝负值，灰色＝0，白色＝正值

5.4.6　尺度简介

到目前为止，我们在讨论导数核时有意忽略了“尺度”因素。大多数计算机视觉应用使用了高斯导数，其中高斯参数 σ 是函数 $G(x, y, \sigma)$ 的变量，并且 σ 被称为尺度。因此，拉普拉斯算子是 $G_{xx}(x, y, \sigma)+G_{yy}(x, y, \sigma)$。既然尺度是求导过程中的一个因素，我们必须解决尺度和缩放、核大小和函数尺度之间的关系。

假设你拍摄了一幅 512×512 的图像，并且该图像中有一些你感兴趣的小东西。你有很好的成像软件，所以你使用了其中一个程序，在感兴趣的项目周围绘制一个框并提取了它。这个过程如图 5.8 所示。

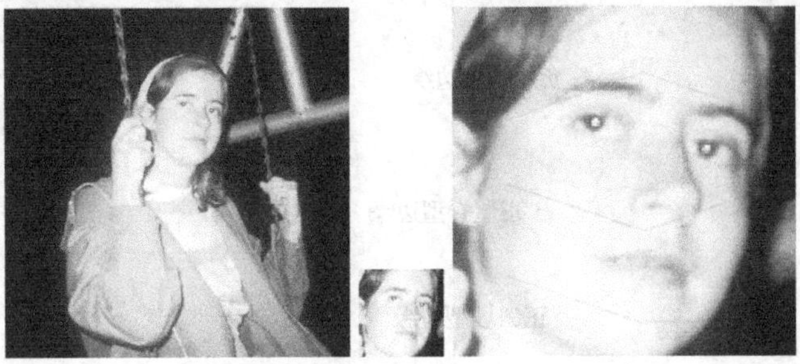

a) b) c)

图 5.8 对一幅 512×512 的图像进行窗口裁剪，选择一个小区域，然后再次放大该区域，形成一幅模糊的图像

假设原始图像是 512×512 像素，目标图像为 128×128 像素。计算这些像素的一种方法是：对于原始图像中的每个 4×4 像素方块，在较小的图像中生成一个像素。如图 5.8b所示，简单地平均 16 个原始像素会产生一个图像，得到的图像信息是模糊的，但新图像很小。假设客户坚持要求较低分辨率的图像仍然要是 512×512 像素(现在为 128×128 像素)。放大后，新图像会明显模糊。 64~65

你可能在由较小的图像放大后的图像中看到模糊，(较小的尺度改成较大的图像)。因此，我们看到模糊和尺度之间的关系。在尺度空间中，正如我们将在 5.6 节中讨论的那样，放大会产生更小的视野、更细节(更小的尺度)，而缩小会产生更大的视野，但是单个图像特征包含更少的像素、有效的模糊(更大的尺度)。因此，“尺度”的一个含义是模糊程度，另一个含义是特征的相对大小。关于这个简单想法的一些细节将在本书后面部分提到。

5.5 边缘检测

边缘是图像中亮度突然变化的区域，其中导数(或更准确地说，某些导数)值很大。找到边缘的常用方法是首先在图像上应用导数核。如图 5.9 所示，我们可以将边缘分类为阶跃型(step)、屋脊型(roof)或斜坡型(ramp)[5.19]。

我们已经看过(两次)如何应用核，比如式(5.10)逼近关于 x 的偏导数。类似的还有式(5.30)的核估计$\frac{\partial f}{\partial y}$。取决于你选哪个方向作为 y 轴的正方向，你可以选择左核(y 轴的正方向指向下方)或右核(y 轴的正方向指向上方)。

$$h_y=\frac{1}{6}\begin{array}{|c|c|c|}\hline -1 & -1 & -1\\\hline 0 & 0 & 0\\\hline 1 & 1 & 1\\\hline\end{array} \quad \text{或} \quad \frac{1}{6}\begin{array}{|c|c|c|}\hline 1 & 1 & 1\\\hline 0 & 0 & 0\\\hline -1 & -1 & -1\\\hline\end{array} \tag{5.30}$$

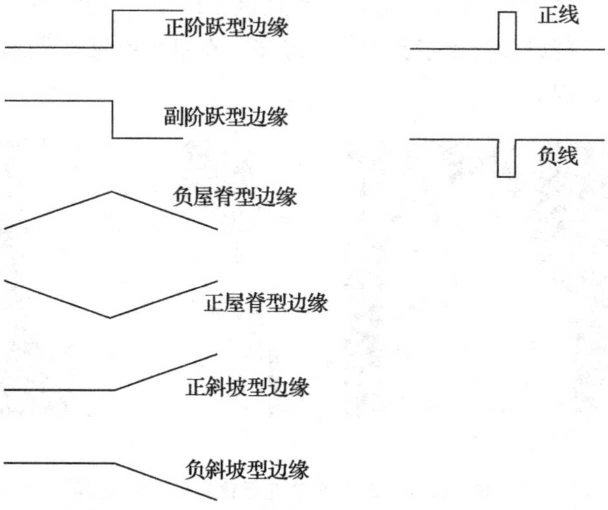

图 5.9　亮度作为几个常见边缘的距离的函数。注意，术语“正”或“负”通常是指
66 边缘点处的一阶导数的符号。可以将线定义为正边缘，紧接着是负边缘

在文献中，还出现了一些其他形式，出于历史原因，你应该了解其中一些形式。以下是我们已经看到过的两个导数估计，称为“Sobel 算子”的 x 和 y 版本：

$$h_y=\frac{1}{8}=\begin{array}{|c|c|c|}\hline -1 & -2 & -1 \\ \hline 0 & 0 & 0 \\ \hline 1 & 2 & 1 \\ \hline \end{array},\quad h_x=\frac{1}{8}=\begin{array}{|c|c|c|}\hline -1 & 0 & 1 \\ \hline -2 & 0 & 2 \\ \hline -1 & 0 & 1 \\ \hline \end{array} \tag{5.31}$$

注意：在软件实现中，正 y 方向是向下的！这是因为扫描是从上到下，从左到右的。因此，像素(0，0)是图像的左上角。此外，编号从 0 开始，而不是 1。我们发现避免混淆的最好方法是在编程时不要使用“x”和“y”这两个词，而是使用“row”和“column”来记住现在 0 位于顶部。

在本书中，我们有时会使用传统的笛卡儿坐标，以得到正确的数学结果，这也会使学生产生困惑(学生可以求助教授)。

清除了那些混乱之后，让我们继续吧。给出梯度向量：

$$\nabla f=\begin{bmatrix}\frac{\partial f}{\partial x} & \frac{\partial f}{\partial y}\end{bmatrix}^{\mathrm{T}}\equiv[f_x \quad f_y]^{\mathrm{T}} \tag{5.32}$$

我们对其幅值(我们称之为“边缘强度”)感兴趣：

$$|\nabla f|=\sqrt{f_x^2+f_y^2} \tag{5.33}$$

其方向为：

$$\angle \nabla f=\tan^{-1}\left(\frac{f_y}{f_x}\right) \tag{5.34}$$

在图像中找到边缘的一种方法是计算“梯度幅值”图像，即图像中每个像素处的亮度是在该点计算的梯度向量的大小。然后，对该值进行阈值处理以创建一个图像，该图像的背景为 0，边缘为一些较大的数字(1 或 255)。去试试：完成作业 5.4。

你从这些实验中学到了什么？很明显，当我们尝试通过简单的核操作寻找边缘时会出现几个问题。我们发现无论如何，含噪声的图像会产生以下边缘：

- 空间密集。
- 空间遗失。
- 空间无关。

这就是生活——我们不能用简单的卷积核做到更好的效果，我们将在第6章讨论更复杂的方法。 67

Canny 边缘检测器

正如你可能已经猜到的那样，除了简单的对导数进行阈值处理之外，还有一些方法可以在图像中找到边缘。相比简单的梯度阈值方法，我们想要更精确地知道边缘的位置。Tagare 和 deFigueiredo[5.28](另见文献[5.2])将边缘检测过程概括为：

- 将输入图像通过滤波器进行卷积，滤波器会对输入图片像素进行区分，在图片边缘位置或其附近产生最大值。输出 $g(x)$ 为阶跃型边缘与噪声的差值和。
- 决策机制会将滤波器输出明显高于噪声输出的区域进行分隔。
- 有一种机制确定了孤立区域中 $g(x)$ 的导数的过零点，并将其声明为边缘的位置。

在这一领域获得广泛声誉的两种方法是所谓的"Canny 边缘检测器"[5.6]和"facet 模型"[5.11]。在这里，我们只描述 Canny 边缘检测器。

该边缘检测算法从找到每个点的梯度幅值的估计开始。Canny 使用了 2×2 卷积核而不是 3×3 卷积核，但它并没有影响该方法的原理。一旦估计了两个偏导数，我们就使用式(5.33)和式(5.34)计算梯度的幅值和方向，产生两个图像 $M(x, y)$ 和 $\Theta(x, y)$。我们现在有一个结果，可以轻松识别梯度幅值大的像素。然而，这还不够，因为我们现在需要减小幅值数组，只留下最大点，创建一个新的图像 $N(x, y)$。此过程称为非极大值抑制(Non-Maximum Suppression，NMS)[⊖]。

NMS 可以以多种方式完成。基本思想如下：首先，将 $N(x, y)$ 初始化为 $M(x, y)$。然后，在每个点 (x, y) 处，在梯度方向上观察一个像素，在反向上观察一个像素。如果 $M(x, y)$(问题中的点)不是这三个中的最大值，则将它在 $N(x, y)$ 中的值设置为零。否则，N 的值不变。

在完成 NMS 之后，我们有了正确定位的边缘，并且这些边缘只有一个像素宽。然而，这些新的边缘仍然存在我们之前发现的问题——由于噪声(错误命中)而产生的额外边缘点以及由于模糊或噪声(错误丢失)而丢失的边缘点。使用**双阈值**方法可以获得一些改进。使用两个阈值 τ_1 和 τ_2，其中 τ_2 显著大于 τ_1。将这两个不同的阈值应用于 $N(x, y)$ 以产生两个二值边缘图像，分别表示为 T_1 和 T_2。由于 T_1 是使用较低的阈值创建的，

⊖ 有时使用复数形式，该表达是模棱两可的，它可以是对不是最大值的每一个点的抑制，也可以是对不是最大值的所有点的抑制。这里，我们选择使用单数形式。

它将包含比 T_2 更多的错误命中。因此，T_2 中的点被认为是真实边缘的一部分。T_2 中的连接点被复制到输出边缘图像。当找到边缘的末端时，在 T_1 中寻找可能是边缘的延
68 续的点。持续扩展，直到与另一个 T_2 边缘点相连或者在 T_1 中没有发现延续的点。

在文献[5.6]中，Canny 还展示了一些巧妙的近似值，它们提供了显著的加速。

5.6 尺度空间

在 5.4.6 节中，我们简要介绍了尺度的概念。在这里，我们详细阐述构建尺度空间的过程以及尺度空间的一些重要特性。

“尺度空间”是图像金字塔概念的扩展，Kelly[5.18]首先在图片处理中使用了尺度空间，后来以多种方式进行了扩展(见文献[5.5，5.7，5.26，6.27]等)。

5.6.1 金字塔

在一个金字塔中，生成了相同图像的一系列表示，每一个都是由下一级图像的2∶1子采样(或平均)创建的(见图 5.10)。

图 5.11 展示了一个高斯金字塔。它是通过在 2∶1 子采样之前，用高斯函数模糊每一层而生成的。当你看到这幅图时，应该会产生一个有趣的问题。你能根据这个金字塔中的所有数据重建原始图像吗？答案是“不能，因为在每一层上，你都在丢弃高频信息”。

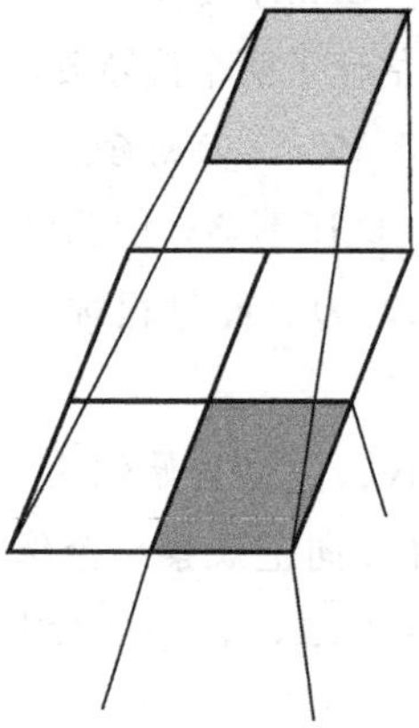

图 5.10 金字塔是一系列图像的数据结构，其中每个像素是下一层 4 个像素的平均值

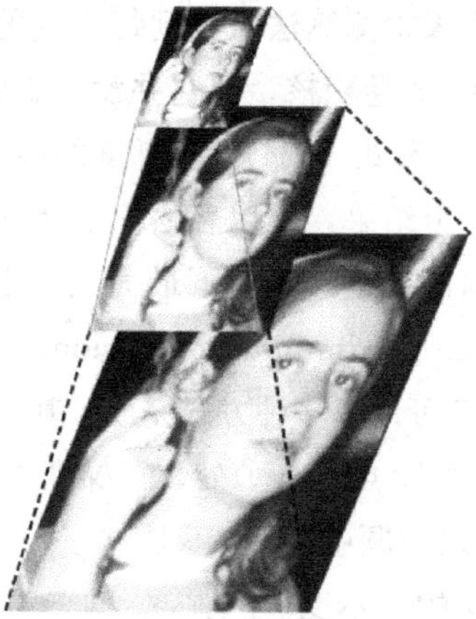

图 5.11 高斯金字塔，用高斯函数模糊每一层然后 2∶1 子采样构建。这种查看金字塔的方式强调了这样一个事实，即我们应该把金字塔看作一个三维的数据结构

虽然高斯金字塔本身并不包含足够的信息以重建原始图像，但是我们可以构造第二个金字塔来提供额外的信息。为此，如图 5.12 所示，我们使用拉普拉斯金字塔，通过拉普拉斯算子计算图像的相似表示，这个过程保留了高频信息。结合这两种金字塔表
69 示，可以重建原始图像。

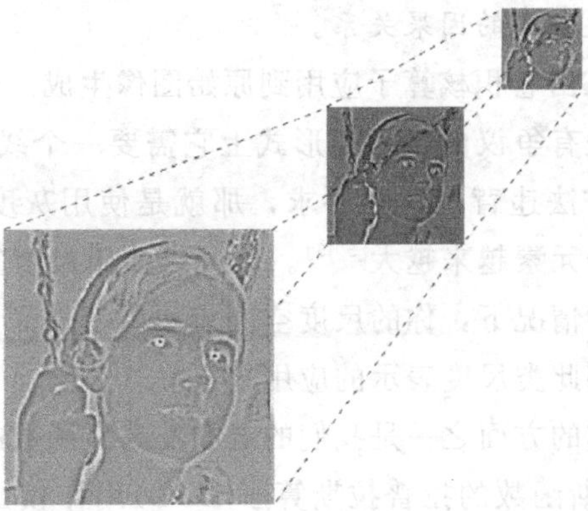

图 5.12 拉普拉斯金字塔实际上是由高斯函数的差值计算出来的，见 11.3.2 节。这种查看金字塔的方式强调了这样一个事实，即更高层的图像具有更少的像素

5.6.2 没有重采样的尺度空间

如图 5.13 所示，在现代(堆积)尺度空间表示法中，每一层都是前一层模糊的保留，但没有进行子采样——每一层的大小与前一层相同，但更加模糊。显然，在高层，尺度 σ 很大，只有最大的特征是可见的。

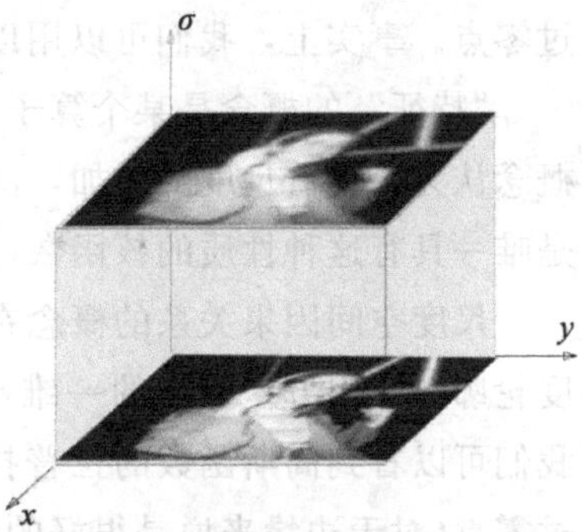

图 5.13 在堆积尺度空间，使用尺度为 σ 的高斯模糊，原始图像在底部，层越高越模糊

这里有一个思维实验：取一幅图像，用一个标准差为 1 的高斯核模糊它：

$$f(x,y,1) = G(x,y,1) \otimes f(x,y) \quad (5.35)$$

其中

$$G(x,y,\sigma) = \frac{1}{2\pi\sigma^2}\mathrm{e}^{-\frac{(x^2+y^2)}{2\sigma^2}} \quad (5.36)$$

此操作生成一个新图像，我们把它叫作图像 1。现在，用标准差为 2 的高斯核模糊原始图像，我们把它叫作图像 2。持续操作，直到得到一组你认为是堆积的图像，并且“顶部”的图像几乎是完全模糊的。我们说顶部的图像是图像在“大尺度”㊀上的表示。这一堆图像被称为*尺度空间表示*。显然，由于不要求只使用整数值的标准差，因此我们可以根据需要创建任意分辨率的尺度空间表示。尺度空间表示的基本前提是，某些特征可以在尺度上进行跟踪，而这些特征如何随尺度变化可以说明图像的一些信息。

尺度空间在文献[5.22，5.23]中有正式定义，具有以下性质：

- 所有的信号都应该在同一个域中定义(没有金字塔)。 70~71
- 增加尺度参数的值应该会产生更粗的表示。
- 较粗级别的信号包含的结构应该少于较细级别的信号。如果我们把局部极值的数量看作平滑度的度量，那么极值的数量不应该随着我们进入更粗的尺度而增加。

㊀ 记住大尺度和小尺度的一个好方法是，在大尺度上，只有大的物体才能被区分。

这种性质称为尺度空间的因果关系。

- 所有的表示都应该由卷积核算子应用到原始图像生成。

最后一个性质当然是有争议的，因为形式上它需要一个线性的、空间不变的算子。有一种有趣的尺度空间方法违背了这一要求，那就是使用灰度形态平滑法生成尺度空间，这种方法使用的结构元素越来越大[5.15]。你可以使用尺度空间概念来表示纹理，甚至概率密度函数，在这种情况下，你的尺度空间表示就变成了一种聚类算法[5.21]。随着课程的展开，我们将看到此类尺度表示的应用。

尺度空间表示最有趣的方面之一是我们的老朋友高斯函数的行为。当高斯函数的二阶导数(二维情况下，高斯函数的拉普拉斯算子 LOG)用作核函数时，具有一些非常好的性质[5.24]。LOG 的过零点是边缘位置的良好指示器。

尺度空间的因果关系

有人可能会问："高斯函数是开发这样的核函数的最佳平滑算子吗?"另一种说法是：我们想要一个核函数，当我们向更大的尺度移动时，其二阶导数永远不会产生新的过零点。事实上，我们可以用以下更一般的形式来说明这种愿望。

"特征"的概念是某个算子有一个极值点(极大值或极小值)。尺度空间因果关系的概念认为，随着尺度的增加，图像变得越来越模糊，新的特征永远不会产生。高斯函数是唯一具有这种性质的核函数(线性算子)[5.2,5.3]。

尺度空间因果关系的概念在下面的示例中展示。图 5.14 显示了图像中沿单线的亮度轮廓，并用方差递增的一维高斯函数模糊该单线所产生的尺度空间。在图 5.15 中，我们可以看到高斯函数的拉普拉斯变换，以及拉普拉斯变换符号的点。在这个例子中，过零点(对于边缘来说是很好的候选)这个特征显示在图 5.15b 中。请注意，随着尺度的增加，不会创建新的特征点(在本例中是过零点)。在从上(低尺度)到下(高尺度)的过程中，一些特征消失了，但没有创建新的特征。

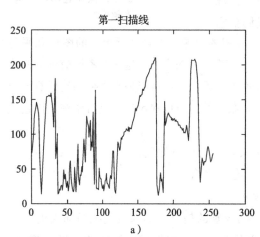

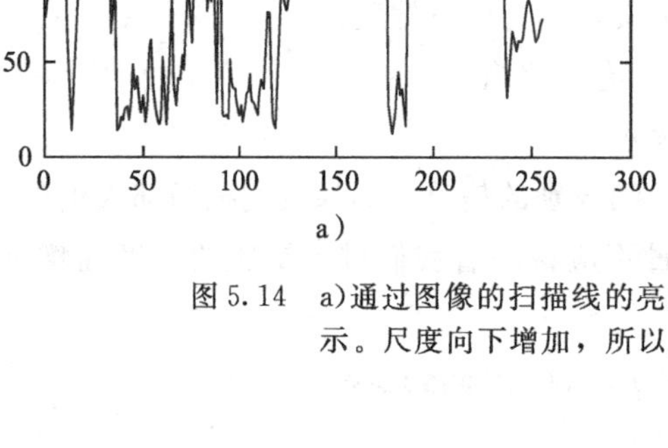

a)

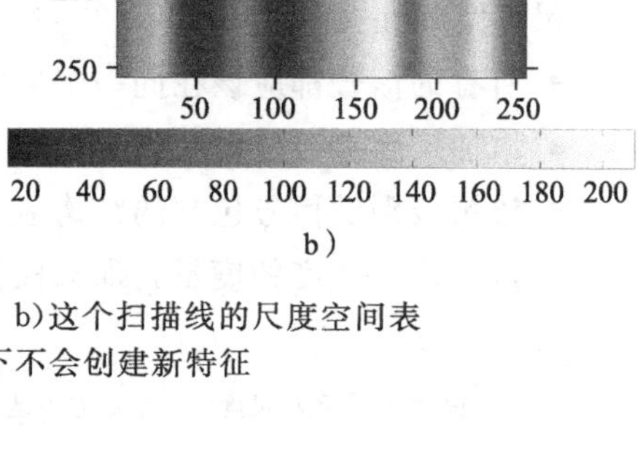

b)

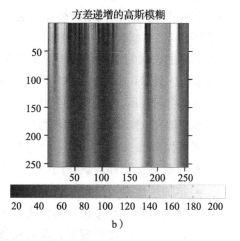

图 5.14　a)通过图像的扫描线的亮度轮廓；b)这个扫描线的尺度空间表示。尺度向下增加，所以从上到下不会创建新特征

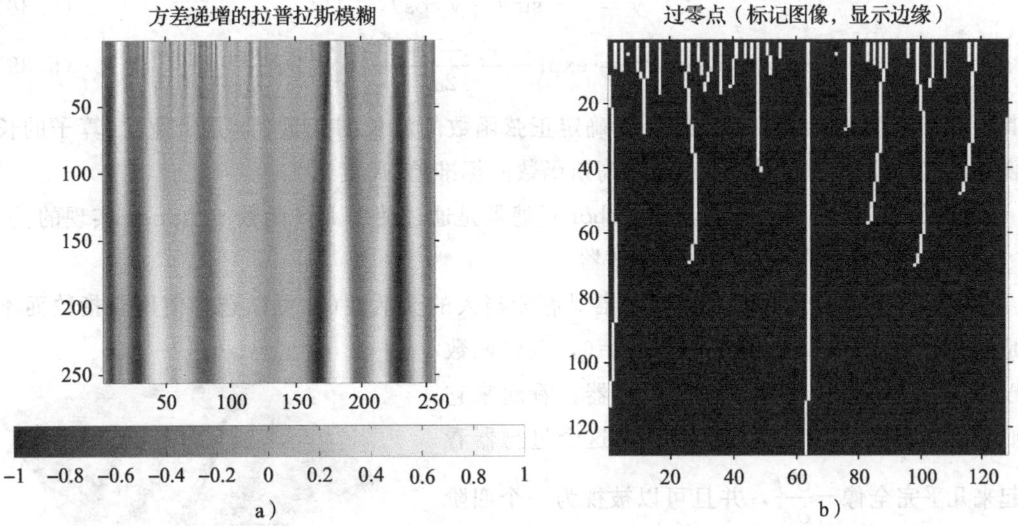

图 5.15　a)尺度空间表示的拉普拉斯算子；b)拉普拉斯算子的过零点。因为这是一维数据，所以拉普拉斯变换和二阶导数之间没有区别

这种思想的一个明显应用是可以首先识别图像中重要的边缘。我们可以这样做：增大尺度，找到那几条边缘，然后跟踪它们到更低的尺度。

5.7 示例

两位神经生理学家 David Hubel 和 Thorsten Wiesel[5.13,5.14]先后在猫和猴子的大脑(特别是视觉皮层)中植入了一些电极。在记录神经元的活动时，他们给动物提供了各种各样的视觉刺激。他们观察到一些有趣的结果：首先，有些细胞只有在观察到特定类型的模式时才会激活。例如，一个特定的细胞可能只有在一个特定角度观察到从亮到暗的边缘时才会激活。有证据表明，他们测量的每一个细胞都接收一个叫作*感受野*的细胞邻域的输入。感受野的类型多种多样，可能都连接到同一个光探测器上，这些光探测器的组织方式是完成边缘检测和其他处理。Jones 和 Palmer[5.16]仔细地绘制了感受野函数图，并确认[5.8,5.9]感受野函数可以用 Gabor 函数准确表示，Gabor 函数的形式如式(5.39)所示。 72~73

Gabor 函数是高斯函数和正弦函数的乘积，其中高斯函数提供中心权重，正弦函数提供对边缘的灵敏度。

尽管有这些参数，Gabor 函数还是比较容易使用的。它受到欢迎有三个原因：首先，来自生物学的证据表明，Gabor 函数是视觉皮层神经元对图像边缘反应的一个相对较好的表示。其次，作为方向可参数化的方向导数算子，Gabor 函数使用起来相对容易。此外，参数的选择不仅允许用户指定尺度，还允许用户指定过滤器选择的边/线的类型。

将 Gabor 过滤器应用于图像中的点(x, y)，计算：

$$x' = x\cos\theta + y\sin\theta \tag{5.37}$$

$$y' = -x\sin\theta + y\cos\theta \tag{5.38}$$

$$g(x,y;\lambda,\theta,\psi,\sigma,\gamma) = \exp\left(-\frac{x'^2+\gamma^2 y'^2}{2\sigma^2}\right)\cos\left(2\pi\frac{x'}{\lambda}+\psi\right) \tag{5.39}$$

其中平行条纹的法线角度为θ，λ为确定正弦函数的波长的变量，γ是长宽比(算子的长度和宽度的比值)，ψ是相位，σ是高斯函数的标准差(尺度)。

如果你正在使用IFS库，则Gabor过滤器是通过使用IFS函数 `flGabor` 实现的。

图5.16展示了一个Gabor过滤器。

以这种方式描述的Gabor过滤器具有相当大的灵活性(你可以选择使用复指数而不是余弦)，如图5.17所示，如果$\psi=0$，余弦函数以原点为中心，我们创建一个过滤器，看起来它们和上面的曲线非常相似(一维)。这个过滤器看起来几乎完全像$-\frac{\partial^4 f}{\partial x^4}$，并且可以被视为一个四阶导数算子，或者一个线性检测器，因为直线实际上就是两条背对背的边。然而，如果$\psi=\frac{\pi}{2}$，余弦变成正弦，我们有一个上升阶跃型边缘检测器。同样，$\psi=-\frac{\pi}{2}$时，会生成一个下降边缘检测器。

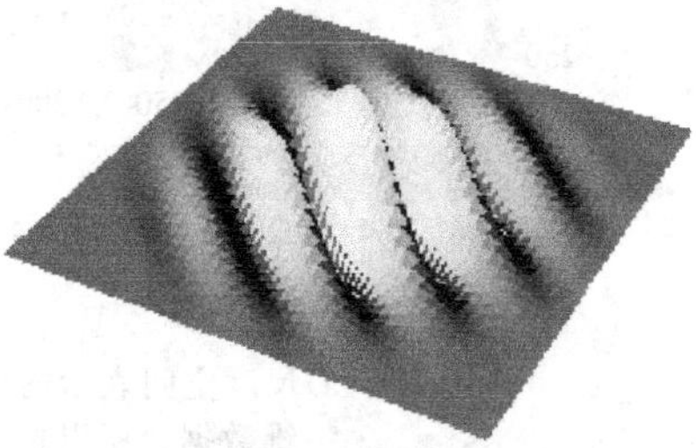

图5.16　二维Gabor过滤器。注意正/负响应应很像高斯函数的四阶导数

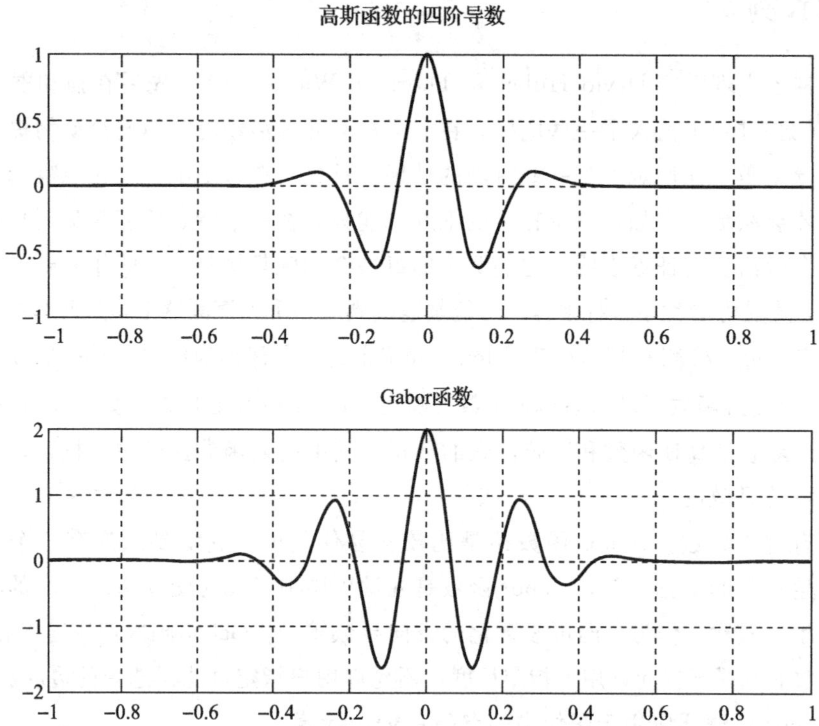

图5.17　通过Gabor过滤器的截面与通过高斯四阶导数的相似截面的比较

式(5.39)的 exp 因子是一个二维高斯函数，它的等光强线形成主轴和副轴与 x 轴和 y 轴平行的椭圆。

对于式(5.39)中的参数值，当这些参数在生物体中实际测量时，已经进行了以下有趣的观察[5.20]。

- 椭圆长宽比 γ 是 2∶1。
- 正弦函数产生的平面波往往沿椭圆的短轴传播。
- 频率响应的半幅带宽在最佳方向上约为 1～1.5 个八度。

那么我们的大脑中有 Gabor 过滤器或者类 Gabor 小波发生器吗？我们不知道你的大脑，但 Young[5.31]观察哺乳动物视网膜的刺激反应特征时，发现那些可以被 Gabor 过滤器和小波建模的相同感受野，可以用称为“高斯偏移量之差”的核来描述，它本质上是带有附加偏移量的 LOG。图 5.17 展示了 Gabor 函数和高斯函数四阶导数的一部分。你可以看到明显的不同，主要区别是 Gabor 函数永远存在，而四阶导数只有三个极值。然而，从神经生理学实验的精确度来看，它们似乎是一样的。问题很简单，对数据的测量不够精确，可以用各种曲线对其进行拟合。

5.8 数字梯度检测器的性能

图像梯度在图像分析中起着重要的作用。例如，梯度的方向是：在这个方向上，对于一个无限小的步，产生最大的无穷小的增量。不幸的是，在处理数字图像时，“无穷小”这个词必须翻译成“等于 1”。然后，求梯度的方法就变成了式(5.33)所示的求一个阈值的幅值。 74~75

当然，问题是，估计梯度的垂直和水平分量的算子并没有准确估计梯度。当我们在对一个完全不相关的现象进行调查时，遇到了这个问题，我们说：“这是老问题了。当然，早在 20 世纪 70 年代就有一篇论文对梯度算子的性能进行了量化。”在搜索了自首次出版以来的全部《IEEE 模式识别和机器智能学报》后，我们发现最近的一篇关于梯度算子表现如何的论文是在 2014 年发表的[5.1]。也许关于这个话题还有很多东西需要学习。

在这篇论文[5.1]中，Alfaraj 和 Wang 讨论了使用核函数如何影响梯度向量估计的质量。本节详细讨论这个主题，主要是实验性的。我们将比较简单的 1×3 导数核、简单的 5×5 导数核、Sober、Gabor、高斯函数导数的性能。

这里提出两个问题：

- 这个算子对特定角度的边缘的响应有多一致？
- 在估计特定边缘段的方向时，将算子的 0 度和 90 度版本结合使用(式(5.34))的准确性如何？

5.8.1 方向导数

在第一组测试中，我们使用穿过图像中心的完美的合成垂直边缘。

第二组测试集与第一组相同，除了将$\sigma(\sigma\approx 1)$应用于输入图像进行图像模糊，得到理想阶跃型边缘的模糊。在下面的研究中，模糊图像的结果与理想图像的结果并列显示。

对于行数或列数为偶数的图像，不存在中心像素。出于这个原因，在这些实验中用到的图像是 129×129 的。在不丧失一般性的情况下，边缘被定义为介于亮度为 0.0 的均匀区域和亮度为 1.0 的区域之间。

方向导数被定义为亮度在特定方向上的变化率。在计算机视觉中常用的大多数梯度算子一般只有两个方向，即水平方向和垂直方向。Gabor 过滤器是一种常用的例外，下文将对此进行更多讨论。

对于下面的所有数据，边缘方向角 θ 的定义如图 5.18 所示。

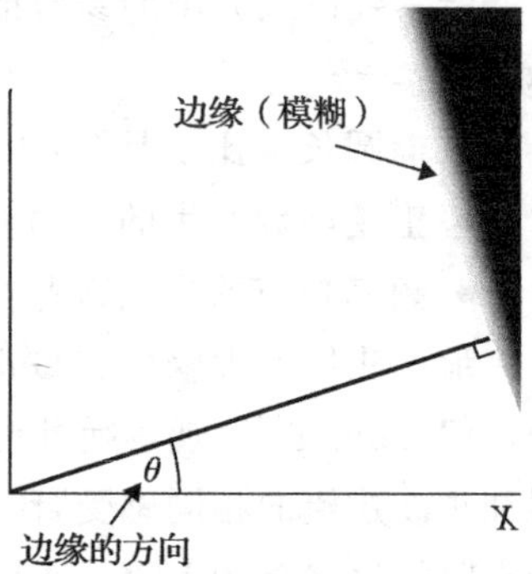

图 5.18　边缘的方向定义为该边的法线与 x 轴的夹角

1. 简单的 1×3 过滤器

最小的对称差分算子如下图所示，水平方向的在左边。

$$\begin{array}{|c|c|c|}\hline -1 & 0 & 1 \\ \hline \end{array} \qquad \begin{array}{|c|}\hline -1 \\ \hline 0 \\ \hline 1 \\ \hline \end{array} \tag{5.40}$$

76

将此算子应用于各种边缘将生成如图 5.19 所示的图形。图 5.19a 展示了应用于理想阶跃型边缘时的结果；图 5.19b 是模糊的边缘。观察一下，当应用到一个理想的阶跃型边缘时，这两个算子会产生一个二值型输出。垂直算子只有两个可能的输出，水平算子也只有两个。所以使用一对 1×3 差分算子只能区分四个方向——方向空间分辨率很低。模糊阶跃型边缘的应用效果更好，因为模糊操作可以在更大的区域传播边缘的信息。

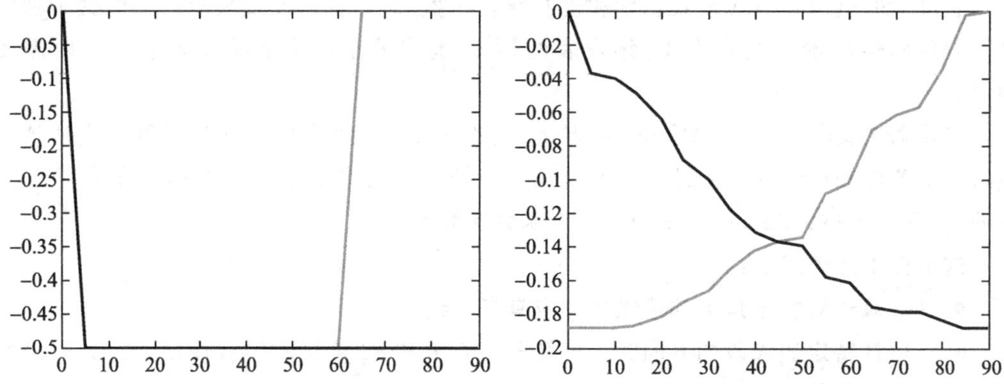

a）两个算子应用于理想的阶跃型边缘　　b）两个算子应用于模糊后的边缘

图 5.19　使用简单的 1×3 算子估计$\dfrac{\partial f}{\partial x}$(红色)和$\dfrac{\partial f}{\partial y}$(蓝色)的结果。水平方向轴是边缘的方向。垂直方向轴的尺度并不重要，因为实验的目的是说明边缘检测器的量化有多差(见彩插)

2. Sober 核

这两种著名的 Sobel 核都通过微分、求和并使用一个中心权重来平滑数据。图 5.20 展示了使用 Sobel 算子进行导数估计所得到的精度。这里，在精度上比1×3算子有了很大的提升，但还不是特别好。注意，这个启发式驱动的核函数看起来有点像高斯函数的导数。

$$
\begin{bmatrix} -1 & 0 & 1 \\ -2 & 0 & 2 \\ -1 & 0 & 1 \end{bmatrix} \quad \text{和} \quad \begin{bmatrix} -1 & -2 & -1 \\ 0 & 0 & 0 \\ 1 & 2 & 1 \end{bmatrix} \tag{5.41}
$$

a）两个算子应用于理想的阶跃型边缘   b）两个算子应用于模糊后的边缘

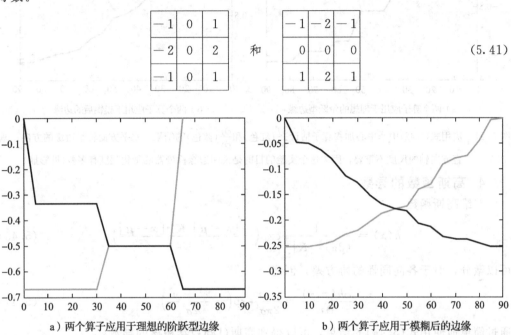

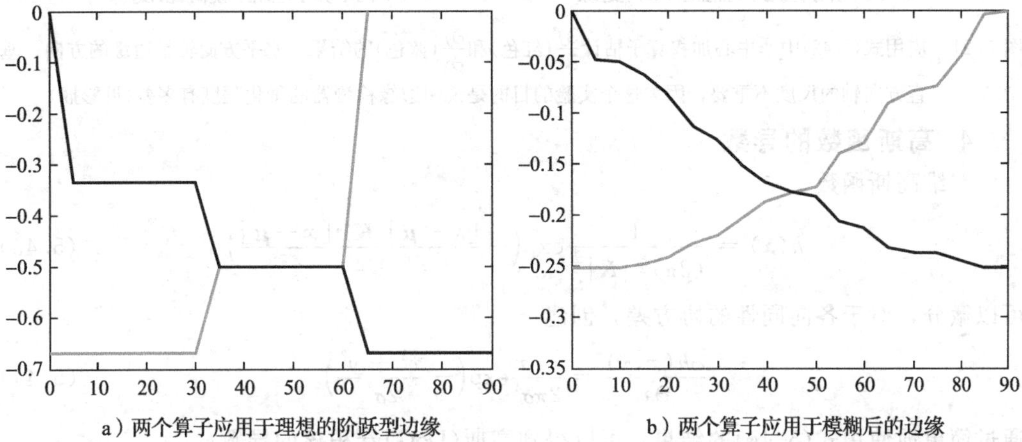

图 5.20 应用 Sobel 3×3 算子估计 $\frac{\partial f}{\partial x}$（红色）和 $\frac{\partial f}{\partial y}$（蓝色）的结果，水平方向轴是边缘的方向（见彩插）

3. 最优双二次拟和

本实验采用 5.4.2 节的最小化和方差法来确定平面与曲面的最优拟合。将平面的两个一阶偏导数应用于两个 5×5 的导数核：

$$
\begin{bmatrix} -2 & -1 & 0 & 1 & 2 \\ -2 & -1 & 0 & 1 & 2 \\ -2 & -1 & 0 & 1 & 2 \\ -2 & -1 & 0 & 1 & 2 \\ -2 & -1 & 0 & 1 & 2 \end{bmatrix} \quad \text{和} \quad \begin{bmatrix} -2 & -2 & -2 & -2 & -2 \\ -1 & -1 & -1 & -1 & -1 \\ 0 & 0 & 0 & 0 & 0 \\ 1 & 1 & 1 & 1 & 1 \\ 2 & 2 & 2 & 2 & 2 \end{bmatrix} \tag{5.42}
$$

图 5.21 展示了将该导数核应用于理想边缘（图 5.21a）和模糊图像（图 5.21b）的结果。这些导数核是不直观的，因为它们对远离感兴趣点的像素应用了更多的权重。实际上，如果检测到的边缘是短的或弯曲的，这些导数核的性能就会很差。这里显示的看似良好的性能仅仅是因为检测到的边缘是长而直的，而这通常是一个不现实的假设。

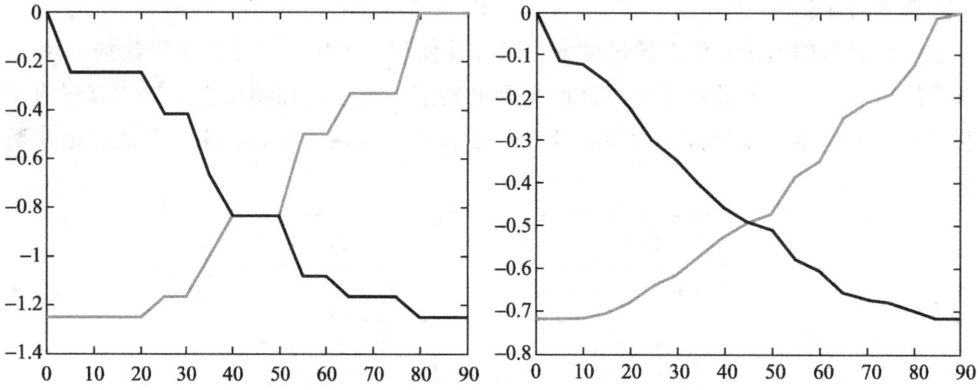

a）两个算子应用于理想的阶跃型边缘　　b）两个算子应用于模糊后的边缘

图 5.21　应用式(5.42)中非中心加权算子估计$\frac{\partial f}{\partial x}$(红色)和$\frac{\partial f}{\partial y}$(蓝色)的结果。水平方向轴是边缘的方向。垂直方向轴的尺度不重要，因为这个实验的目的是说明边缘检测器的量化程度有多差(见彩插)

4. 高斯函数的导数

二维高斯函数

77~78
$$h(\boldsymbol{x})=\frac{1}{(2\pi)^{\frac{d}{2}}\,|\boldsymbol{K}|^{\frac{1}{2}}}\exp\left(-\frac{[\boldsymbol{x}-\boldsymbol{\mu}]^{\mathrm{T}}\boldsymbol{K}^{-1}[\boldsymbol{x}-\boldsymbol{\mu}]}{2}\right) \tag{5.43}$$

可以微分，对于各向同性的协方差，创建：

$$\frac{\partial h(x,y)}{\partial x}=\frac{-x}{2\pi\sigma^4}\exp\left(-\frac{x^2+y^2}{2\sigma^2}\right) \tag{5.44}$$

通过简单地使用式(5.44)的结果，可以得到高斯(DoG)卷积核的导数。

图 5.22 说明了尺度 σ 的影响。随着尺度的增大，算子对方向变化的响应越来越平滑。这表明算子确定方向的能力同样依赖于尺度。这是正确的，但是图像中特征的尺度也必须考虑，这将在第 11 章中详细讨论。

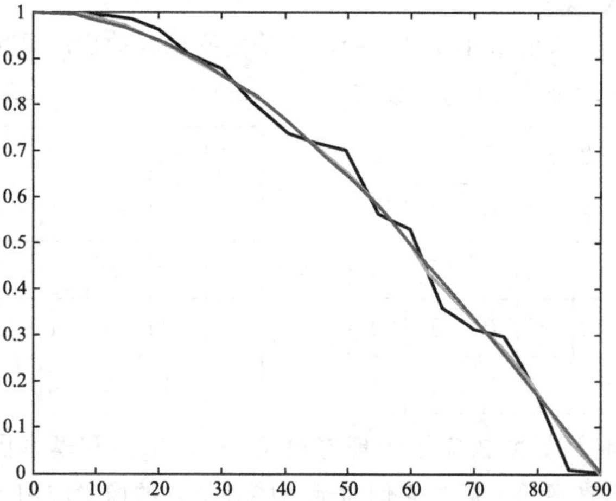

图 5.22　应用高斯算子的导数来估计$\frac{\partial f}{\partial x}$的结果，尺度为 2(红色)，尺度为 4(绿色)，尺度为 6(蓝色)，水平方向轴是边缘的方向(见彩插)

5. Gabor 过滤器

图 5.23 说明了使用 Gabor 算子来估计垂直边缘检测器$\frac{\partial f}{\partial x}$的结果。当应用于相同尺度的同一组边时，可以观察到它与高斯函数导数的相似性。然而，这种差异是显著的——算子对方向变化的响应远没有那么平滑。这可能会导致 Gabor 算子作为方向估计器的作用降低。

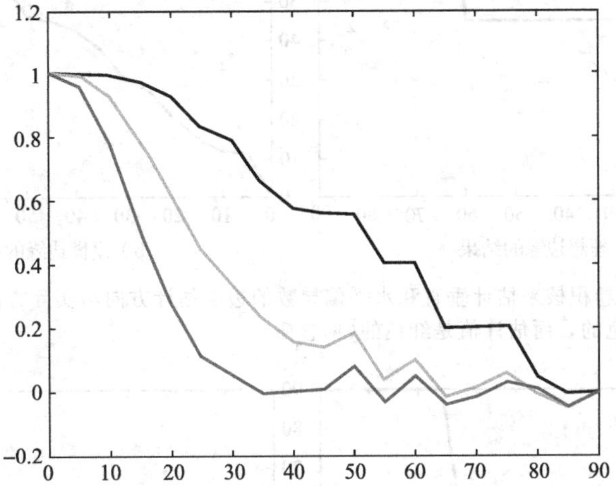

图 5.23 应用 Gabor 过滤器来估计$\frac{\partial f}{\partial x}$的结果，尺度为 2(红色)，尺度为 4(绿色)，尺度为 6(蓝色)，水平方向轴是边缘的方向(见彩插)

5.8.2 方向估计

在本节中，我们将使用以下算法来评估这些算子确定方向的能力，这些算法仍然分别应用于理想和模糊的阶跃型边缘。

- 对每个边缘图像应用算子的垂直和水平版本，生成一组梯度估计。
- 利用这些估计，应用式(5.34)来估计边缘的方向。
- 画出边缘估计的角度与实际的角度的对比。

1. 简单的 1×3 过滤器

图 5.24 使用 1×3 算子估计方向导数，绘制出实际角度与估计值的关系图。显然，1×3 算子对于这个应用并没有用处，至少对于理想的边缘没有用处。正如我们之前看到的，轻微的模糊分散了信息，并带来了更精确的边缘估计。

2. Sobel 核

图 5.25 展示了使用前面所示的 Sobel 算子结合式(5.34)进行导数估计所得到的精度。这里，我们观察到相比 1×3 算子，精度有了很大的提升，但还不是特别好。

3. 高斯函数的导数

图 5.26～图 5.28 绘制了实际角度与估算值的关系图，使用了三种不同的算子(仅

在尺度上不同)来估算方向导数。显然，估计随着尺度的增加而变得越来越好，这是由于在 σ 值增大的情况下，模糊也在增强。

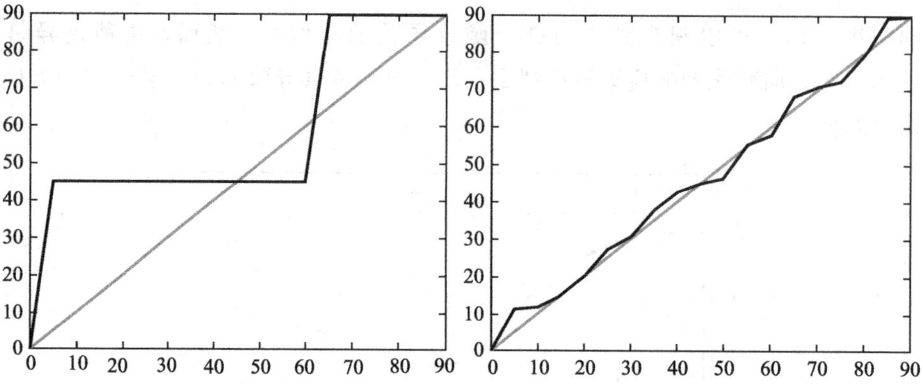

a）理想边缘的结果　　b）模糊边缘的结果

图 5.24　用 3×1 卷积核来估计垂直和水平偏导数的边缘估计方向与实际方向。真实的边缘方向是蓝色的，而估计值是红色的(见彩插)

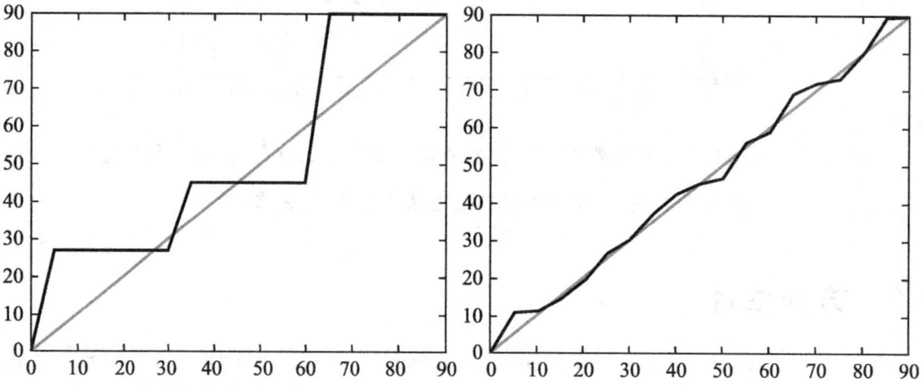

a）理想的阶跃型边缘　　b）模糊的阶跃型边缘

图 5.25　使用两个 3×3 Sobel 核对角度进行估计，得到了更好的结果，但仍然不是很好(见彩插)

79
~
81

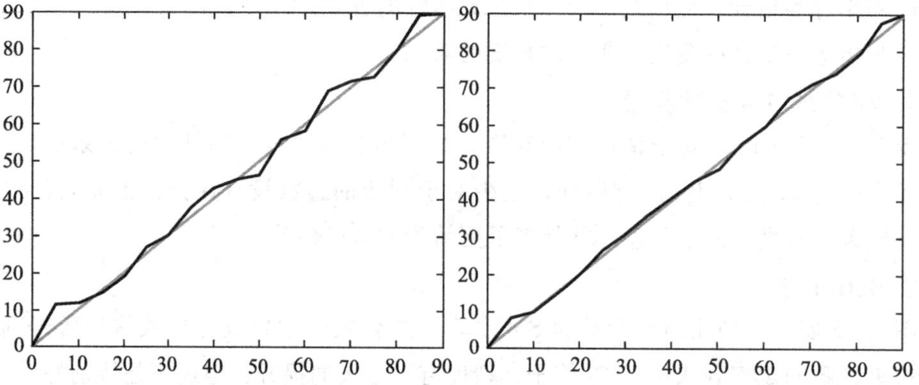

图 5.26　利用高斯函数的导数核估计的边缘方向与实际方向，并用于估计垂直和水平的偏导数，使用的尺度是 $\sigma=2$(见彩插)

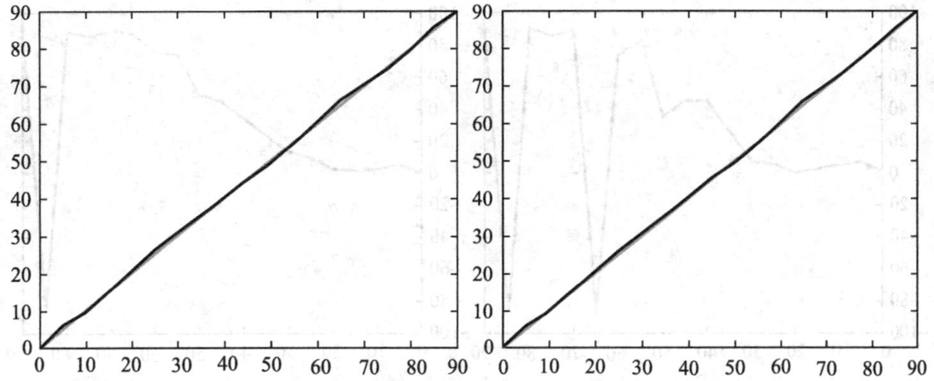

图 5.27 利用高斯导数得到的核估计的边缘方向和实际方向的比较，并用于估计垂直和水平的偏导数，使用的尺度是 $\sigma=4$(见彩插) 82

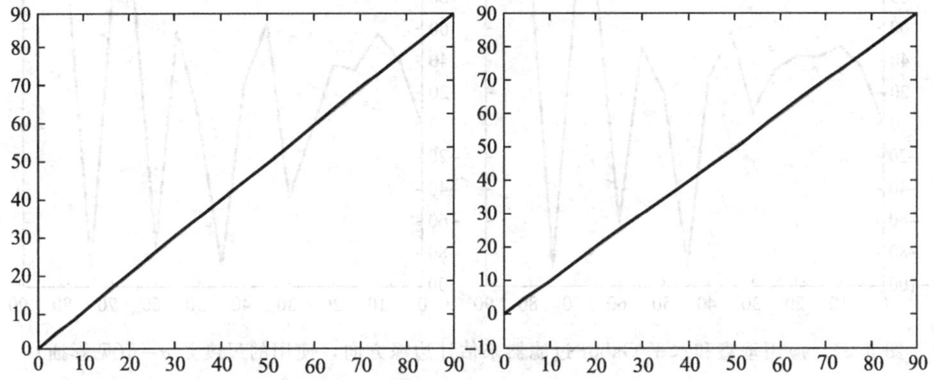

图 5.28 利用高斯导数得到的核估计的边缘方向与实际方向的比较并用于估计垂直和水平偏导数，使用的尺度是 $\sigma=6$(见彩插)

4. Gabor 过滤器

使用两个 Gabor 过滤器(一个调优到 90°，另一个调优到 0°)来估计梯度。与高斯函数的导数类似，Gabor 过滤器也包含一个可调整的尺度参数，也称为 σ。图 5.29～图 5.31显示了 Gabor 过滤器在 $\sigma=2$、4、6 上的性能。

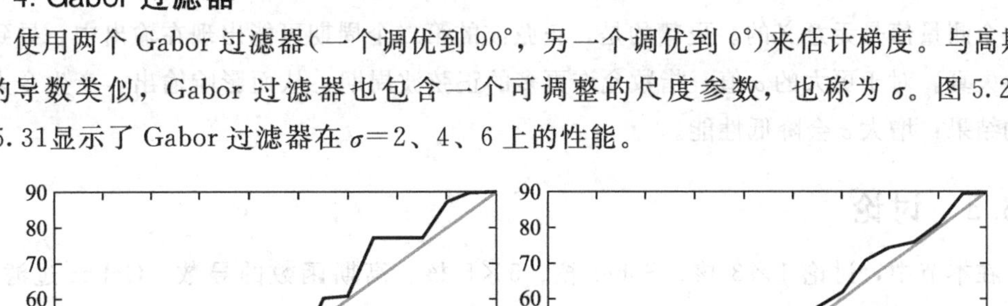

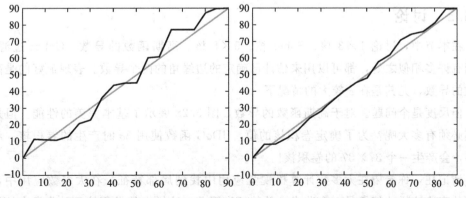

图 5.29 应用垂直和水平 Gabor 过滤器来估计边缘方向，使用的尺度是 $\sigma=2$(见彩插)

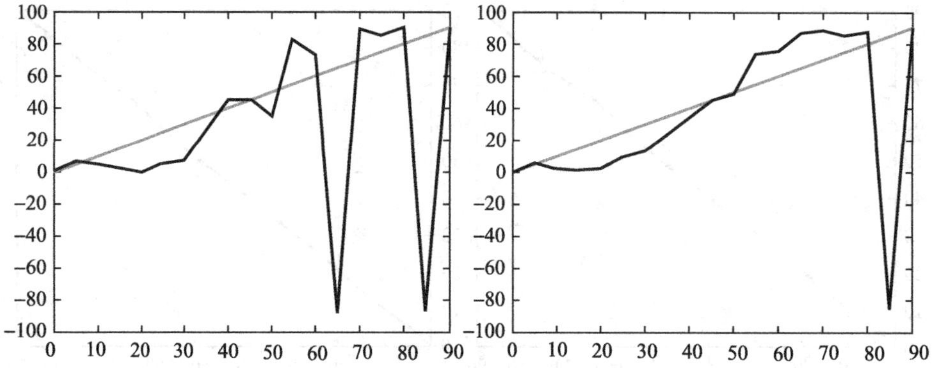

83 图 5.30　应用垂直和水平 Gabor 过滤器来估计边缘方向，使用的尺度是 $\sigma=4$(见彩插)

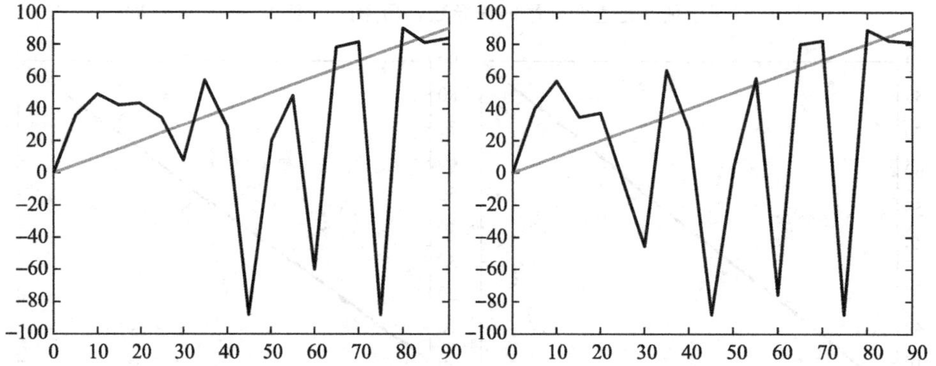

图 5.31　应用垂直和水平 Gabor 过滤器来估计边缘方向，使用的尺度是 $\sigma=6$(见彩插)

相比其他过滤器，Gabor 过滤器对方向的选择性更强。也就是说，它们在敏感的方向附近产生很强的输出，而在其他地方则产生噪声。在图 5.29～图 5.31 中可以清楚地看到这一点。以在这些实验中使用的 Gabor 过滤器为例，对于偏离 0°或 90°的角度，其中一个测量值是无意义的。更糟的是，正弦波的第二个周期可能出现在输出中，导致周期性失真。对于更大的 σ 值，指数允许更多的正弦波周期，从而影响输出，产生令人惊讶的结果：增大 σ 会降低性能。

5.8.3　讨论

在本节中，讨论 1×3 核、Sober 核、5×5 核、高斯函数的导数、Gabor 过滤器。它们有许多相似之处，都可以用来估计已确定的边缘角的两个导数。表现最好的是高斯函数的导数，尤其是在 σ 较大的情况下。

但尺度是个问题。对于高斯函数的导数，图 5.28 展示了基本完美的性能。但是卷积核必须有多大呢？为了确定卷积核的值，flDoG 函数使用 3σ 时产生的卷积核。对于 $\sigma=6$，会产生一个 37×37 的卷积核！

请记住，你希望在大多数计算机视觉应用中找到局部特征。在大多数应用中，37 像素的直边这样的特征是一个非常大的特征。因此，这样大的卷积核只对非常大的尺度图像有用。如果 $\sigma=2$，可以获得相当好的性能且仅使用一个 5×5 的卷积核。

5.9 总结

在本章中，我们研究了几种方法来推导核算子，当应用到图像时，这些算子会对边缘类型产生强烈的响应。

- 我们应用了导数的定义。
- 我们通过最小化和方差将解析函数拟合到曲面上。
- 我们将子图像转换成向量，并将这些向量投影到描述边缘特征的特殊基向量上。 84
- 我们利用核算子的线性特性来交换模糊和微分的作用以构造核。我们使用约束优化和拉格朗日乘数法来解决这个问题。

利用导数核进行边缘检测虽然有效，但仍存在许多潜在的问题。在后面的章节中，我们将讨论一些更高级的算法来进一步提高边缘检测的性能。

例如，在我们选择了最佳的算子来估计导数、最佳阈值和边缘位置的最佳估计值之后，可能仍然会保留一组像素，标记为可能是边缘的一部分。如果这些点是相邻的，可以从一个像素“走”到下一个像素，最终圈出一个区域。然而，这些点不太可能以我们希望的方式连接起来。有些点可能由于模糊、噪声或部分遮挡而丢失。有很多方法可以解决这个问题，包括参数变换，这将在第 9 章详细讨论。

再举个例子，应用高斯低通滤波器，在(二阶)导数中搜索零点，可以精确(到亚像素分辨率)找到边缘的准确位置，但前提是边缘是直的[5.29]。如果边缘是弯曲的，就会引入误差。此外，本章引用或描述的所有方法都是沿垂直于边缘的方向进行信号处理的[5.17]。为了更好地定位实际的边缘，在第 8 章中，我们将讨论通过优化更有效地定位曲线边缘的高级算法。这改进了边缘检测的简单阈值的导数。

最后，我们提出了边缘检测中的另一个问题。假设我们想问：“在这一点，θ 方向是否有一个边缘?”我们怎样构建一个在 θ 方向上对边缘特别敏感的核？一种简单的方法[5.12]是构造两个高斯一阶导数核 G_x 和 G_y 的加权和，使用类似这样的加权方法：

$$G_\theta = G_x \cos\theta + G_y \sin\theta \tag{5.45}$$

你能计算出定向选择性吗？以这种方式确定的 3×3 核检测的最小角差是多少？但是，除非使用较大的核，否则这种方法得到的核定向选择性较差。在我们希望跨尺度微分的情况下，甚至会更糟，因为尺度空间表示通常计算得相当粗略，以最小化计算时间。你有解决办法吗？如果感兴趣，我们推荐 Perona[5.27]的成果，它提供了解决这些问题的方法。

作者感谢 Bilge Karacali 和 Rajeev Ramanath 在制作本章使用的图像时提供的帮助。

5.10 作业

5.1：5.4.2 节展示了如何通过拟合平面来估计一阶导数。显然这对二阶导数不成立， 85

因为平面的二阶导数处处为零。用同样的方法，但是用一个二次方程

$$f(x,y)=ax^2+by^2+cx+dy+e$$

然后 $A=[a\ b\ c\ d\ e]^T$；$X=[x^2\ y^2\ x\ y\ 1]^T$。

现在寻找估计 $\frac{\partial^2 f}{\partial x^2}$ 的 3×3 核，使用一个 3×3 邻域。

5.2：使用 5.4.2 节中相同的方法，但不寻找 3×3 核，而是在 5×5 邻域内找到 5×5 核，使用一个平面方程估计中心点处的 $\frac{\partial f}{\partial x}$。

5.3：使用作业 5.1 相同的方法，但是用双二次方程找到 5×5 核，估计中心点处的二阶导数。

5.4：本作业分为几个步骤。

(1) 创建图像：

(a) 编写一个程序来生成一个 64×64 的图像，如下图所示。图像应该包含如图所示的亮度均匀的区域。将其保存到一个文件中，并将其命名为 SYNTH1.ifs。

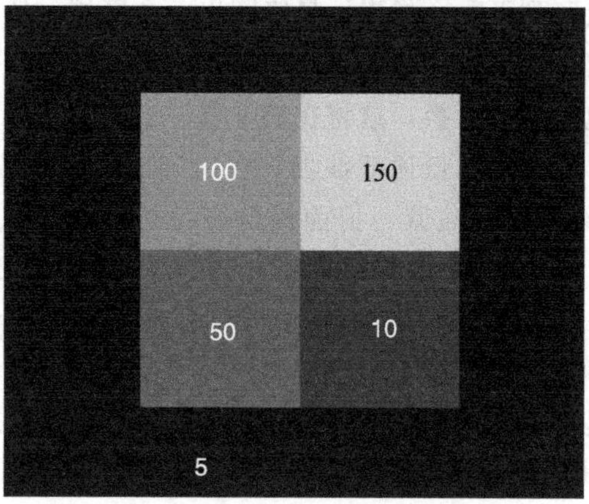

(b) 编写读取 SYNTH1.ifs 的程序，并应用模糊核

$$\frac{1}{10}\begin{bmatrix}1 & 1 & 1\\ 1 & 2 & 1\\ 1 & 1 & 1\end{bmatrix}$$

将答案写入文件，并命名为 BLUR1.ifs

86

(c) 将高斯随机噪声的方差 $\sigma^2=9$ 添加到 BLUR1.ifs，并将输出写入文件 BLUR1.V1.ifs。

(2) 实现边缘检测器：

(a) 编写一个程序，将以下两个核(在文献中称为“Sobel 算子”)应用于图像 SYNTH1.ifs、BLUR1.ifs 和 BLUR1.V1.ifs。

$$h_x=\begin{array}{|c|c|c|}\hline -1 & 0 & 1\\\hline -2 & 0 & 2\\\hline -1 & 0 & 1\\\hline\end{array}\qquad h_y=\begin{array}{|c|c|c|}\hline -1 & -2 & -1\\\hline 0 & 0 & 0\\\hline 1 & 2 & 1\\\hline\end{array}$$

为此，请执行以下操作：

i. 输入 h_x(见上文)，将结果保存为内存中的临时图像(记住数字可以是负数)。

ii. 输入 h_y，将结果作为另一个数组保存在内存中。

iii. 计算第三个数组，其中数组中的每个点都是刚才保存的两个数组中相应点的平方和。最后取每个点的平方根，保存结果。

iv. 检查你得到的值。据推测，高值表示边缘。选择一个阈值并计算一个新图像，当边缘强度超过阈值时为 1，否则为 0。

v. 对模糊和噪声图像也应用步骤 i～iv。

(b) 写报告，包含所有三个二值输出图像的打印输出。是否丢失了边缘点？是否有人为创建的点？边缘有没有太密集了？讨论结果对噪声、模糊和阈值选择的敏感性，要全面。这是一门研究性课程，要求学生具有创造性和探索新思想的能力，并能正确完成作业中的最低要求。

5.5：在作业 5.2 中，你得到一个 5×5 核来估计$\frac{\partial f}{\partial x}$，使用用于$\frac{\partial f}{\partial x}$的 5×5 核和$\frac{\partial f}{\partial y}$的正确版本，重复作业 5.4，创建相同的图像。

5.6：验证式(5.21)。这些方程只表示一维高斯函数 x 的导数。为了正确求导，应该在一个方向上微分，在另一个方向上模糊。这需要二维形式的高斯函数。找到一个 3×3 核，它实现式(5.21)的高斯垂直边缘算子的导数。使用 $\sigma=1$ 和 $\sigma=2$，并确定两个核。用同样的步骤找到一个 5×5 卷积核。讨论选择不同 σ 值的影响及其与核大小的关系。假设核可能包含实数(浮点数)。

假设核只能包含整数。开发能产生大致相同结果的核。

5.7：在 5.4.4 节中，讨论了用于离散高斯核的参数。证明二阶导数的最大值发生在 $x=-1$ 以及 $x=1$ 时 $\sigma=1/\sqrt{3}$。

5.8：用多项式拟合的方法来估计$\frac{\partial^2 f}{\partial y^2}$。下面哪个多项式最适合？

(a) $f=ax^2+by+cxy$　　(b) $f=ax^3+by^3+cxy$

(c) $f=ax^2+by^2+cxy+d$　　(d) $f=ax+by+c$

5.9：将方程 $f(x, y)=ax^2+bx+cy+d$ 拟合到 3×3 邻域的像素数据中。根据这个拟合，确定一个对 x 估计的二阶导数的核。　87

5.10：使用函数 $f=ax^2+by^2+cxy$ 找到估计$\frac{\partial^2 f}{\partial y^2}$的 3×3 卷积核。下面哪个选项是结果？

(注：以下答案不含比例因子。因此，下面的最佳选项将是与正确答案成比例的

选项）。

(a)

6	4	0
4	6	0
0	0	4

(b)

2	6	2
−4	0	−4
2	6	2

(c)

6	4	0
4	6	0
0	0	1

(d)

1	−2	1
3	0	3
1	−2	1

(e)

1	0	−1
−2	0	2
1	0	−1

(f)

1	2	1
−2	0	−2
−1	−2	−1

5.11：下面的表达式估计了什么？

$$(f \otimes h_1)^2 + (f \otimes h_2)^2 = E$$

其中 h_1 定义为：

0.05	0.08	0.05
−0.136	−0.225	−0.136
0.05	0.08	0.05

h_2 是由转置生成的。选择最佳答案：

a）对 x 的一阶导数(其中 x 是水平方向)

b）关于 x 的二阶导数

c）拉普拉斯算子

d）关于 y 的二阶导数

e）二次变分

5.12：你要用微分高斯函数的思想来推导核函数。一维(零均值)高斯的方差需要什么属性，能使它的一阶导数的极值出现在 $x=\pm 1$ 处？

5.13：与拉普拉斯变换相比，二次变分的优势是什么？

5.14：令 $E=(\boldsymbol{f}-\boldsymbol{Hg})^{\mathrm{T}}(\boldsymbol{f}-\boldsymbol{Hg})$。利用线性算子的核形式和矩阵形式的等价性，用核符号写出 E 的表达式。

5.15：本作业的目的是带你了解图像金字塔的构造，以便你能更全面地了解该数据结构的潜在用途，并能在编码和传输应用中使用它。在此过程中，你将对图像编码的一般
88 领域有一些额外的了解。编码不是这门课的主要学习目标，但是在研究生涯中，你一定会遇到经常与编码打交道的人。掌握一些更基本的概念是有用的。

(1) 找到你的导师指定的图像。我们把这个图像命名为 XXX512，确认它确实是 512×512 的。如果不是 512×512 的，那么首先编写一个能将它变成那个尺寸的程序。

(2) 编写一个程序，输入为一个二维 $n\times n$ 的图像，输出为一个有相同数据类型 $\frac{n}{2}\times\frac{n}{2}$ 的图像。将程序命名为 ShrinkByTwo，并调用它：

```
ShrinkByTwo inimg outimg
```

程序不应该简单地获取每一个像素。相反，输出图像的每个像素都应该通过对输入图像中 4 个相应像素求平均值来构造。注意，输出图像必须与输入图像具有相同的类型。使用你的程序创建 XXX256、XXX128、XXX64 和 XXX32。

不用费心去做低于 32×32 的图像。提交你的程序和图形打印结果。

(3) 编写一个子例程来缩放图像。它应该具有以下调用约定：

```
ZoomByTwo(inimg,outimg)
```

调用程序负责图像的创建、读取等。子例程只是用放大的 inimg 版本填充 outimg。使用任意算法来填充缺失的像素。(我们建议丢失的像素是输入像素的平均值。)

在继续之前，我们需要考虑一个“金字塔编码器”。当你运行 ShrinkByTwo 时，生成的图像集是 XXX512 的金字塔表示。在金字塔编码器中，目标是使用金字塔表示在通道上传输尽可能少的信息。这里的想法是：首先，传输所有的 XXX32。然后，传输器和接收器都运行 ZoomByTwo 来创建一个放大的 XXX32 版本，类似于：

```
ZoomByTwo(XXX32,a64prime)
```

当我们根据 XXX64 创建 XXX32 时，我们丢弃了一些信息，并且我们无法轻松地恢复它，因此 a64prime 将不等于 XXX64。然而，如果 ZoomByTwo(在图像编码文献中称为“预测器”)相当好，a64prime 和 XXX64 之间的区别将不大(值很小，但仍然是 64×64 的)。因此，计算 a64prime 和 XXX64 之间的差值 diff64。如果预测器是完美的，差值图像将是一个 64×64 的全 0 的图像，用一些巧妙的方式编码(例如通过行程长度压缩编码)，可以用很少的位传输。现在，让我们向接收器发送 diff64。只需将 diff64 添加到接收器生成的 a64prime 版本中，我们就可以纠正预测器所犯的错误，现在接收器有了一个正确的 XXX64 版本，但是我们传输的只是 diff64。这很聪明，不是吗? 89

现在，从 XXX64 开始，我们执行同样的步骤，通过传输 diff128 来创建 XXX128，以此类推。现在，完成以下作业。

(4) 创建上面描述的图像 diff64、diff128、diff256、diff512。测量传输每个数据所需的大约位数。要做到这一点，就要计算差分的标准差(例如 diff64)。取这个标准差的以 2 为底的对数，这就是编码该图像所需的每个像素的平均位数。假设你要直接发送 XXX512。这需要 512×512×8 位(假设图像是 8 位，你最好核实一下)。现在，通过将你传输的每个 diff 图像中找到的所有位/像素相加，比较你的金字塔编码器的性能。你的编码器好用吗?

在你的报告中讨论这个问题。

5.16：在较高的比例下，只有________________对象是可见的。（填写空白处。）

参考文献

[5.1] M. Alfaraj, Y. Wang, and Y. Luo. Enhanced isotropic gradient operator. *Geophysical Prospecting*, 62, 2014.

[5.2] V. Anh, J. Shi, and H. Tsai. Scaling theorems for zero crossings of bandlimited signals. *IEEE Trans. Pattern Anal. and Machine Intel.*, 18(3), 1996.

[5.3] J. Babaud, A. Witkin, M. Baudin, and R. Duda. Uniqueness of the Gaussian kernel for scale-space filtering. *IEEE Trans. Pattern Anal. and Machine Intel.*, 8(1), 1986.

[5.4] G. Bilbro and W. Snyder. Optimization of functions with many minima. *IEEE Transactions on SMC*, 21(4), July/August 1991.

[5.5] P. Burt and E. Adelson. The Laplacian pyramid as a compact image code. *CVGIP*, 16, 1981.

[5.6] J. Canny. A computational approach to edge detection. *IEEE Trans. Pattern Anal. and Machine Intel.*, 8(6), 1986.

[5.7] J. Crowley. *A Representation for Visual Information*, Ph.D. Thesis. CMU, 1981.

[5.8] J. Daugman. Two-dimensional spectral analysis of cortical receptive fields. *Vision Research*, 20, 1980.

[5.9] J. Daugman. Uncertainly relation for resolution in space, spatial frequency, and orientation optimized by two-dimensional visual cortical filters. *J. Optical Soc. America*, 2(7), 1985.

[5.10] W. Frei and C. Chen. Fast boundary detection: A generalization and a new algorithm. *IEEE Transactions on Computers*, 25(2), 1977.

[5.11] R. Haralick and L. Shapiro. *Computer and Robot Vision*, volume 1. Addison-Wesley, 1992.

[5.12] M. Van Horn, W. Snyder, and D. Herrington. A radial filtering scheme applied to intracoronary ultrasound images. *Computers in Cardiology*, Sept. 1993.

[5.13] D. Hubel and T. Wiesel. Receptive fields, binocular interaction, and functional architecture in the cat's visual cortex. *Journal of Physiology (London)*, 160, 1962.

[5.14] D. Hubel and T. Wiesel. Functional architecture of macaque monkey visual cortex. *Proceedings of the Royal Society, B*, 198, 1978.

[5.15] P. Jackway and M. Deriche. Scale-space properties of the multiscale morphological dilation-erosion. *IEEE Trans. Pattern Anal. and Machine Intel.*, 18(1), 1996.

[5.16] J. Jones and L. Palmer. An evaluation of the two-dimensional gabor filter model of simple receptive fields in the cat striate cortex. *J. Neurophysiology*, 58, 1987.

[5.17] E. Joseph and T. Pavlidis. Bar code waveform recognition using peak locations. *IEEE Trans. Pattern Anal. and Machine Intel.*, 16(6), 1994.

[5.18] M. Kelly. *Machine Intelligence 6*. Univ. Edinburgh Press, 1971.

[5.19] M. Kisworo, S. Venkatesh, and G. West. Modeling edges at subpixel accuracy using the local energy approach. *IEEE Trans. Pattern Anal. and Machine Intel.*, 16(4), 1994.

[5.20] T. Lee. Image representation using 2-d Gabor wavelets. *IEEE Trans. Pattern Anal. and Machine Intel.*, 18(10), 1996.

[5.21] Y. Leung, J. Zhang, and Z. Xu. Clustering by scale-space filtering. *IEEE Trans. Pattern Anal. and Machine Intel.*, 22(12), 2000.

[5.22] T. Lindeberg. Scale-space for discrete signals. *IEEE Trans. Pattern Anal. and Machine Intel.*, 12(3), 1990.

[5.23] T. Lindeberg. Scale-space theory, a basic tool for analysing structures at different scales. *Journal of Applied Statistics*, 21(2), 1994.

90

[5.24] D. Marr and E. Hildreth. Theory of edge detection. *Proc. Royal Society of London, B*, 207, 1980.

[5.25] D. Marr and T. Poggio. A computational theory of human stereo vision. In *Proc. Royal Society of London*, 1979.

[5.26] E. Pauwels, L. Van Gool, P. Fiddelaers, and T. Moons. An extended class of scale-invariant and recursive scale space filters. *IEEE Trans. Pattern Anal. and Machine Intel.*, 17(7), 1995.

[5.27] P. Perona and J. Malik. Scale-space and edge detection using anisotropic diffusion. *IEEE Transactions Pattern Analysis and Machine Intelligence*, 12, 1990.

[5.28] H. Tagare and R. deFigueiredo. Reply to on the localization performance measure and optimal edge detection. *IEEE Trans. Pattern Anal. and Machine Intel.*, 16(1), 1994.

[5.29] P. Verbeek and L. van Vliet. On the location error of curved edges in low-pass filtered 2-d and 3-d images. *IEEE Trans. Pattern Anal. and Machine Intel.*, 16(7), 1994.

[5.30] I. Weiss. High-order differentiation filters that work. *IEEE Trans. Pattern Anal. and Machine Intel.*, 16(7), 1994.

[5.31] R. Young. The Gaussian derivative model for spatial vision: I. retinal mechanisms. *Spatial Vision*, 2, 1987. 91

第6章
Fundamentals of Computer Vision

去　噪

改变和变得更好是两码事。

——德国谚语

6.1 简介

在光敏器件(如光电晶体管)或电荷耦合器件中，光子入射可以(概率地)产生电子电荷。产生的电荷数应该与每秒撞击设备的光子数成正比。然而，热的存在(任何高于绝对零度的东西)也会随机产生电荷，从而产生信号。这种信号被称为暗电流，因为它是摄像机产生的信号，即使是在黑暗中。暗电流是导致相机输出随机波动的几种现象之一，我们称之为噪声。噪声的性质与传感器的类型密切相关。例如，计算放射性粒子排放的设备被具有泊松分布的噪声而不是暗电流的高斯噪声所损坏。

在这一章中，我们开发了去除噪声和退化的技术，以便能够更清晰地提取特征以进行分割。我们将在一维中介绍每个主题，以便学生更好地理解这个过程，然后将这个概念扩展到二维。这将在下列各节中讨论：

- (6.2节)简单的平滑处理可以降低图像中的噪声。然而，平滑过程也模糊了边缘。该节介绍在保持边缘的同时降低噪声的方法，即保边平滑。
- (6.3节)设计保边平滑的一个直观想法是，平滑应该根据所应用的局部图像数据和权重相关联。如果两个像素在空间上接近并且具有相似的光度量值，则权重应该很大；否则，权重应该很小。双边滤波器是实现这种“好主意”的算法。
- (6.4节)描述扩散问题，将去噪问题作为偏微分方程(PDE)的解。问题是如何找到除边缘外导致模糊的PDE。
- (6.5节)讨论最大后验概率(MAP)算法，以说明如何将噪声去除问题表述为最小化问题。这里的挑战是找到一个目标函数，其最小值是期望的结果。

92

我们还将基于扩散的可变电导扩散(VCD)方法与基于MAP的优化方法进行了比较，结果表明两种方法是等价的，详见6.6节。该等效性表明了能量最小化方法与空间分析方法之间的关系，以及它们在温度和尺度上的对应关系。

6.2 图像平滑

我们首先介绍一个常见的概念——图像平滑。首先，我们在一个简单的一维函数的上下文中讨论它。

6.2.1 一维情况

一维离散信号 $f(x)$ 中的噪声可以通过使用下面这样的简单核函数模糊信号来降低

1	2	4	2	1

(6.1)

这是一维高斯函数的五点近似版本(见5.4.4节)。在图6.1中，高度为0和1的阶跃型边缘(见5.5节)被加入高斯随机噪声，然后进行模糊处理，去除噪声。请注意，模糊的信号减少了噪声，但边缘不再锋利。

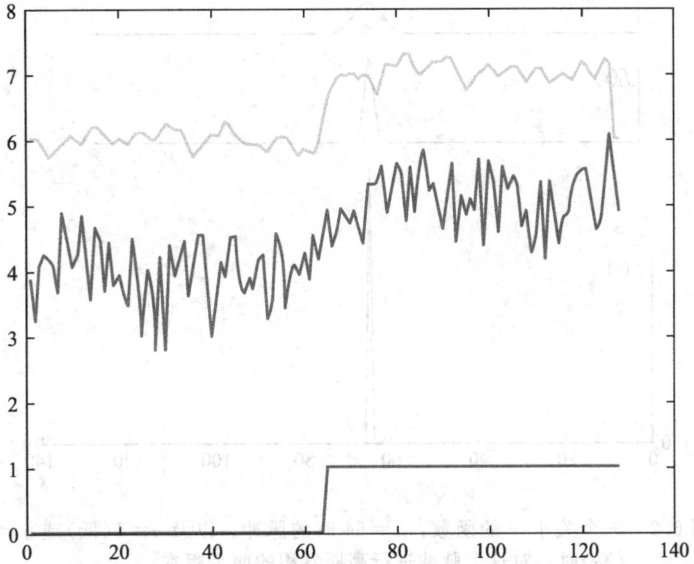

图6.1 (蓝色)具有理想阶跃型边缘的信号图，(红色)加入高斯随机噪声的相同信号图，(绿色)式(6.1)中核模糊产生的信号图(见彩插)

93

6.2.2 二维情况

在二维情况下，我们使用二维高斯近似：

2	2	1
2	4	2
1	2	1

这样的卷积核只会使图像变得模糊。的确，这将减少图像中的噪声，但它也会模糊边缘，严重降低图像质量。因此，我们需要找到一种方法可以减少噪声，但仍然导致锋利的边缘。这种算法称为保边平滑算法。然而，在考虑保边平滑之前，我们首先需要理解简单的平滑。

用高斯卷积[⊖]模糊图像非常有效，但提出了一个问题“σ 的最佳选择是什么？”为了方便起见，我们重复二维高斯方程(式(5.19))：

$$h(x,y)=\frac{1}{2\pi\sigma^2}\exp\left(-\frac{[x\ y][x\ y]^{\mathrm{T}}}{2\sigma^2}\right)=\frac{1}{2\pi\sigma^2}\exp\left(-\frac{x^2+y^2}{2\sigma^2}\right) \tag{6.2}$$

想要图像更加模糊，就令 σ 值更大。但是，大的 σ 值需要一个更大的核，因为核大小通常选择 2σ 或 3σ，进而引起在图像边界的其他问题，并且需要更多的计算时间。

在图 6.2 中，我们展示了一维脉冲以及该脉冲的两个模糊版本。回想一下，这三条曲线的积分值是一样的。

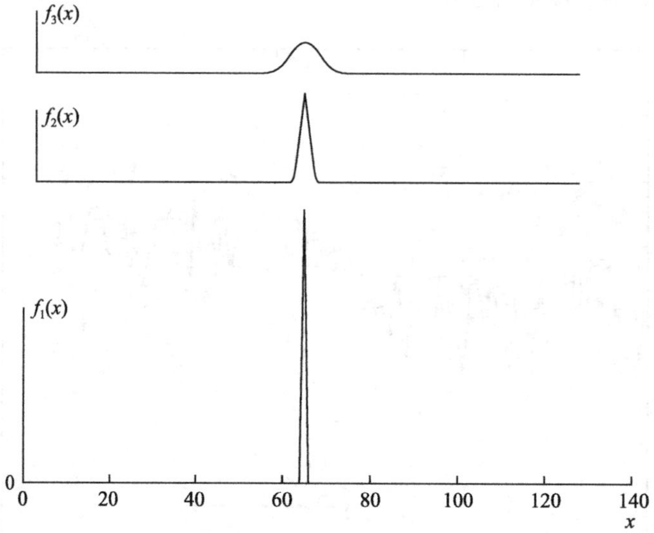

图 6.2　三个关于 x 的函数：$x=64$ 时的脉冲，以及 $\sigma=1$(低)或 $\sigma=3$(高)时，对这个脉冲进行高斯卷积的两个版本

94

让我们用小的卷积核。如果我们分别使用宽度为 σ_1 和 σ_2 的高斯函数卷积两次，相当于卷积的核为 $\sigma=\sqrt{\sigma_1^2+\sigma_2^2}$。因此，可以通过反复应用小核卷积来实现平滑。使用小的核可以使模糊更接近图像的边界。

图 6.3 显示了灰度图像的噪声版本，图 6.4 显示了同一图像片段的放大版本。放大使我们能够更有效地评估模糊消除的效果。

模糊过程消除了噪声，同时也严重破坏了细节。从这个结果来看，很明显，需要一种方法，可以模糊噪声，同时保留边缘。下面将描述三种方法。这三种方法将用于说明方法本身以及相关的数学技术。

测试图像

在接下来的部分中，将对图 6.5 中所示的三幅图像分别进行演示。

第一幅是卡通图像，用质量较差的相机扫描，镜头较差，模数转换器也有缺陷。

⊖ 注意，在本章中，我们使用术语“卷积”来表示“积的和”运算符。因为高斯核是对称的，所以卷积实际上等价于相关性。

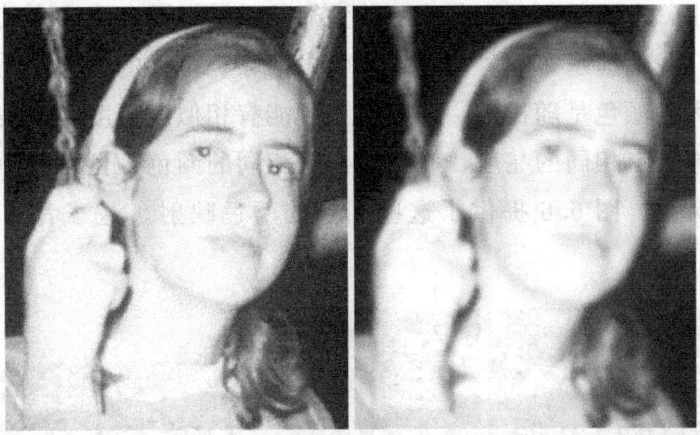

a)　　b)

图 6.3　a) 一幅噪声灰度图像(库名：swinggray40. png)；b) 高斯模糊后的图像

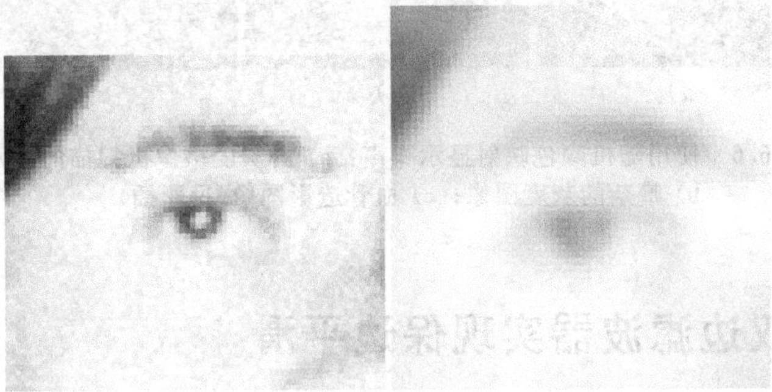

a)　　b)

图 6.4　a) 一幅噪声灰度图像，图 6.3a 的放大版(库名：swingeyegray40. png)；b) 高斯模糊后的图像 95

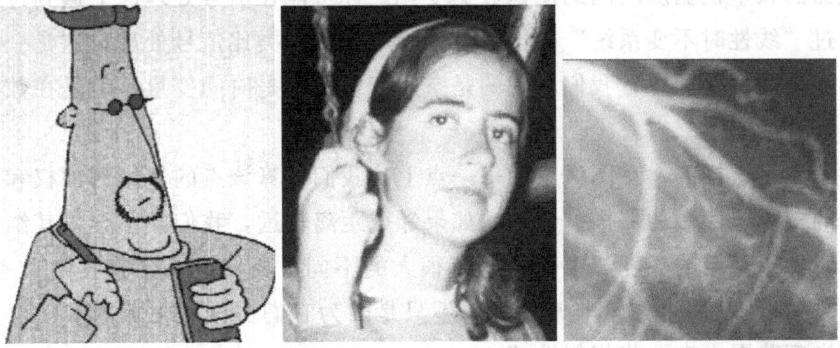

a)　　b)　　c)

图 6.5　a) 灰度相机扫描的漫画(Caraman/iStock/Getty Images Plus，经许可使用)(库名：cartoon1. png)；b) 噪声灰度图像(库名：swinggray40. png)；c) 血管造影图像(库名：angiof. png)

第二幅测试图像是一个荡秋千的女孩，如图 6.3 所示。这幅图像在脸部和头发的边缘有一些尖锐的边缘，但是在脸部，除了噪声，亮度是逐渐变化的。

第三幅是血管造影图像，这是一幅活体心脏冠状动脉的 X 射线图。在本例中，除了泊松仪器的噪声外，图像还包含“杂波”。图像中杂乱的物体不是有趣的，而是真实的。在这幅图像中，杂波是由于图像中心的大冠状动脉周围存在许多其他血管造成的。

在图 6.6 中，我们演示了一种可视化图像中高频噪声量的方法。为每个亮度级别分配了随机颜色。因为颜色是随机的，两个像素可能有相似的亮度，但被赋予非常不同的颜色。只有两个像素有相同的亮度，它们才会有相同的颜色。良好的噪声去除往往产生具有相同颜色的斑块。图 6.6 提供了这些图像的颜色映射。这三者的随机性是相当明显的。

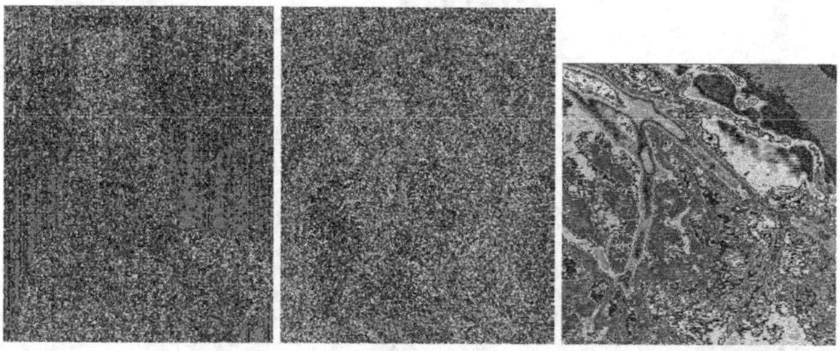

a)　b)　c)

图 6.6　使用随机颜色映射显示噪声：a）由灰度摄像机扫描的漫画；b）嘈杂的灰度图像；c）血管造影图像（见彩插）

6.3　使用双边滤波器实现保边平滑

96 在本节，你将了解如何使用一个双边滤波器平滑图像，同时保留边缘。就像在前几章中多次做的那样，双边滤波器只是简单地将图像与核进行卷积。这里的不同之处在于，滤波器的权重根据所应用的图像数据变化。你可能在信号处理课上遇到过类似的系统，遇到过“线性时不变系统”并学习了傅里叶变换。类比信号处理，这是一个时变系统。当然，在图像处理中，我们考虑的是空间变量而不是时间变量，但是在数学上是一样的。

它的思想是这样的：在图像中的每一点上，我们计算该点的邻域的加权和，就像我们对普通的核算子所做的那样。但是，如果邻域距离较远，我们并不会将其纳入考量范围，同样，如果邻域的亮度与中心像素有很大的不同，我们也不会将其纳入考量范围。Paris[6.22]总结道：“两个像素非常接近，不只是因为它们占据了附近的空间位置，还因为它们在光度范围内有一些相似性。”

使用下式，在点 $\boldsymbol{x}=[x, y]^{\mathrm{T}}$ 处计算一个新值：

$$f(\boldsymbol{x}) = \sum_i f(\boldsymbol{x}_i) G_{\sigma_d}(\|\boldsymbol{x}-\boldsymbol{x}_i\|) G_{\sigma_f}(f(\boldsymbol{x})-f(\boldsymbol{x}_i)) \tag{6.3}$$

其中 $G_\sigma(t)$ 是一种宽度参数（标准差）为 σ 的二维高斯函数，并且

$$G_\sigma(t) = \frac{1}{2\pi\sigma}\exp\left(-\frac{t^2}{2\sigma^2}\right)$$

$\|\cdot\|$ 表示 2 范数，即点 $\boldsymbol{x}$ 到每个相邻点 $\boldsymbol{x}_i$ 的欧几里得距离。

如果任意一个高斯函数很小，也就是说，如果点 $\boldsymbol{x}_i$ 离 $\boldsymbol{x}$ 很远，或者两个点的亮度相差很大，则两个高斯函数的乘积会很小。两个 σ 参数为具体的应用控制图像中的合理距离和亮度的差异。

式(6.3)为相关数据附以权重，为了使结果有意义，必须对其进行归一化。归一化通过计算一个归一化项来实现：

$$Z = \sum_i G_{\sigma_d}(\|\boldsymbol{x} - \boldsymbol{x}_i\|) G_{\sigma_f}(f(\boldsymbol{x}) - f(\boldsymbol{x}_i))$$ 97

将式(6.3)修正为：

$$f(\boldsymbol{x}) = \frac{1}{Z}\sum_i f(\boldsymbol{x}_i) G_{\sigma_d}(\|\boldsymbol{x} - \boldsymbol{x}_i\|) G_{\sigma_f}(f(\boldsymbol{x}) - f(\boldsymbol{x}_i)) \tag{6.4}$$

将图 6.4 和图 6.7 的第一列进行比较，我们发现使用双边滤波器去除了噪声，并留下更清晰的细节。在中间的图像中，可以观察到大面积的均匀亮度。这可以认为是双边滤波应用于平滑图像的缺点之一：改变了亮度。

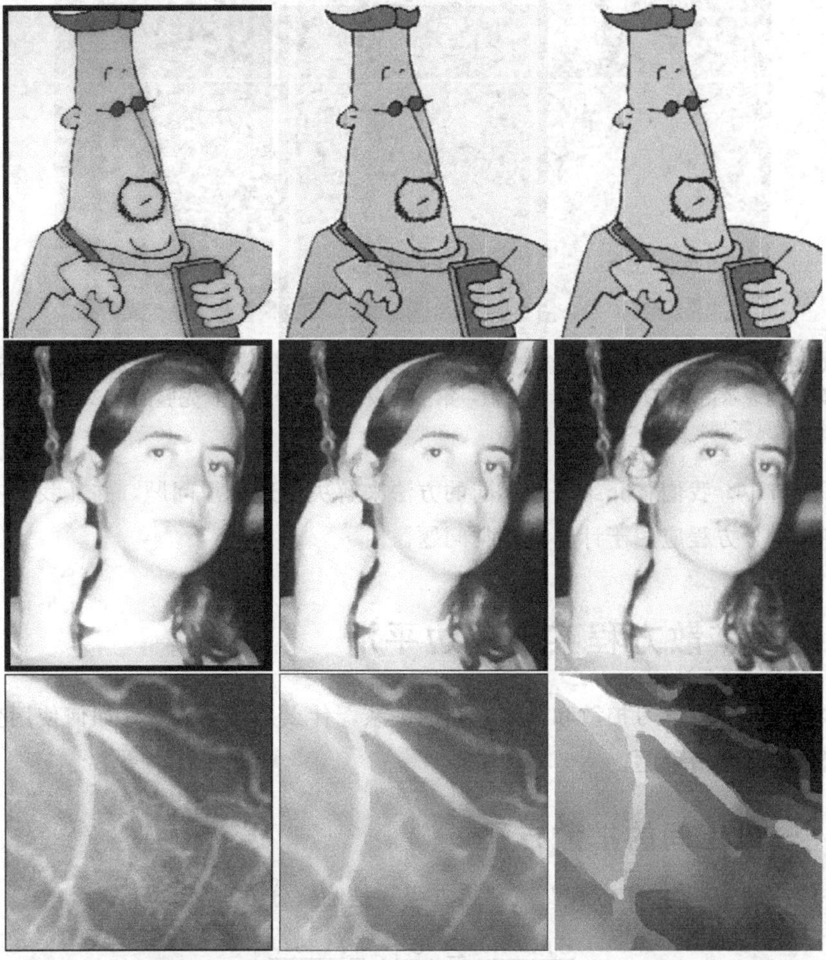

图 6.7　第一列表示由双边滤波器处理的示例图像，第二列表示由 VCD 处理的示例图像，第三列表示使用分段常量先验的 MAP 方法处理的示例图像 98

图 6.8 的第一列使用随机颜色映射说明了去噪效果。

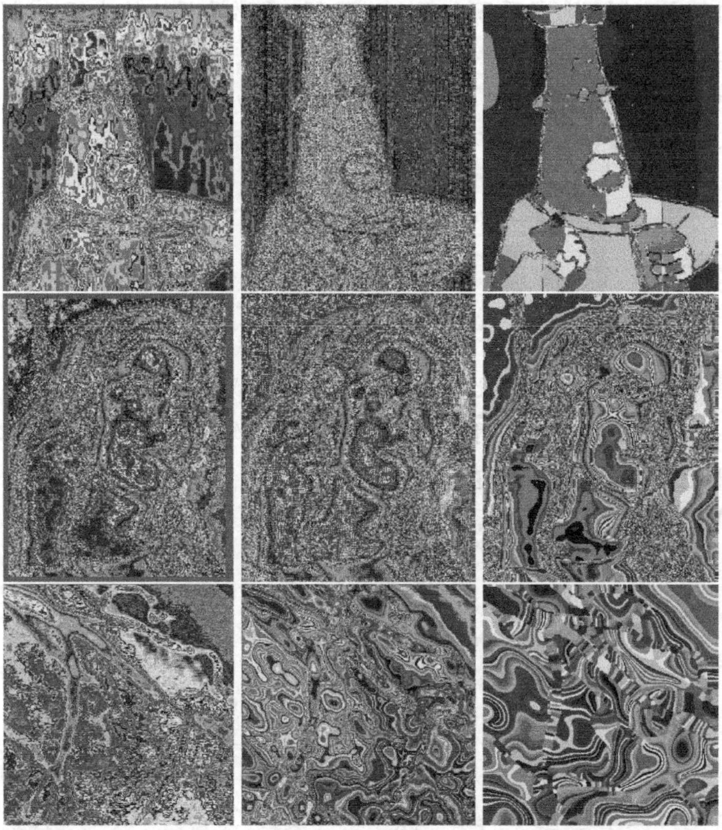

图 6.8 对图 6.7 中的图像使用随机颜色映射进行说明。第一列表示由双边滤波器处理的示例图像，第二列表示由 VCD 处理的示例图像，第三列表示使用分段常量先验的 MAP 方法处理的示例图像(见彩插)

在下一节中，我们将介绍一种不同的方法来解决保边平滑问题，并让我们有机会学

99 习如何将偏微分方程应用于计算机视觉问题。

6.4 使用扩散方程实现保边平滑

在本节中，你将学习扩散和模糊之间的关系，什么是格林函数，如何使用变导扩散来处理图像保边平滑问题。

6.4.1 一维空间的扩散方程

在一维空间中，“扩散方程”或“热方程”是偏微分方程(PDE)

$$\frac{\partial f(x,t)}{\partial t}=\frac{\partial}{\partial x}\left[c\,\frac{\partial f(x,t)}{\partial x}\right] \tag{6.5}$$

其中 c 是一个称为“电导”的标量，这个方程模拟了材料中热量随时间的分布。

思考式(6.5)，两边都是关于时间的函数，左边是关于时间的变化率。在这个方程中，我们使用微分学的符号。当我们需要理解系统或过程的属性时，这样的符号是简洁的、通用的，并且是相对容易使用的。然而，最终我们将在数字计算机上实现它们，在时间和空间上执行离散操作。因此，偏导数不能真正地计算出来，而必须用一些离散估计量来估计，比如：

$$\frac{\partial f(x,t)}{\partial t} \approx f(x,t) - f(x,t-1)$$

像式(6.5)右侧那样，给定一个初始函数 $f(x, t_0)$和一些估计量，可以提供关于时间变化的估计值。因为这是关于时间的估计值，它被加到当前的估计中。

$$f(x,t_1) = f(x,t_0) + \Delta_t f(x,t_0)$$

如果扩散持续一段时间，随着 t 的增大，函数 $f(x, t)$变得越来越模糊。如果起始图像是用参数为 σ 的高斯核(一个关于 t 的特别函数)卷积的，这个模糊将会和你发现的一样。

PDE(偏微分方程)和卷积之间的关系就是*格林函数*的定义。即，假设我们有一个PDE，在一组特定的初始条件和边界条件下，运行图像 f，得到结果图像 g。如果存在一个卷积核，与图像 f 卷积时，同样产生结果图像 g。我们说这个卷积核是 PDE 的格林函数。在我们所描述的情况下，与高斯函数卷积产生的结果和运行扩散方程得到的结果是一样的(当然，离散卷积(乘积的和)和连续卷积(乘积的积分)之间的区别除外)，因此我们说高斯卷积是扩散方程的格林函数。

因此，我们可以模拟 PDE 或者卷积。t 从 0 到 T 的 PDE 模拟相当于参数为 σ 的高斯卷积：

$$\sigma = \sqrt{2cT} \tag{6.6}$$ 100

6.4.2 PDE 模拟

如何模拟 PDE? 对于这个 PDE，左侧是关于时间的变化量。这是非常简单的。仅思考离散时间下的方程，对于像素 i 写下：

$$\frac{\Delta f_i(x,t)}{\Delta t} = \frac{\partial}{\partial x}\left[c\,\frac{\partial f(x,t)}{\partial x}\right]\bigg|_i \tag{6.7}$$

令 Δt 为程序迭代一次的时间，你已经知道如何估计方程右侧了，而左侧是每次迭代的变化量。如上所述，计算右侧并且在每次迭代时把它加到 f 中。

6.4.3 二维空间的扩散方程

式(6.7)给出在一维空间中进行连续平滑的方法。通过使用以下梯度向量，之前的解释可以泛化到二维空间中，以同样的方法来模拟。(记住：二维空间中的梯度向量 $\nabla=\left[\frac{\partial}{\partial x}\ \frac{\partial}{\partial y}\right]^{\mathrm{T}}$。)

$$\frac{\partial f_i}{\partial t} \approx \alpha(\nabla^{\mathrm{T}}(c\,\nabla f))\big|_i \tag{6.8}$$

对于乘法标量 α，我们并不是真的用到无穷小的导数。当你真正实施时，选择一个小的正的常数作为 α，比如 0.01。在考虑梯度下降时，我们将更详细地讨论这一点。

6.4.4 可变电导扩散

显然，模拟扩散方程的问题是：它会模糊所有事物。它带走了噪声，也带走了图像中的边缘。这个问题可以通过考虑标量 c 来解决。

首先，设 c 是关于位置的标量方程 $c(x, y)$。

为了光滑图像中除了边缘的像素，如果 (x, y) 是一个边缘像素，令 $c(x, y)$ 很小。如果 $c(x, y)$ 很小(类比热传递)，热流很小，则在图像中，平滑很小。另一方面，如果 $c(x, y)$ 很大，则允许在像素 (x, y) 周围进行大量的平滑处理。然后，VCD 只执行一种操作：多次重复操作后产生几乎分段一致的结果。它仅在边缘间平滑，因此保留了那些边缘。

既然 c 是一个空间方程，因此不能从式(6.5)中提取它以得到一个很好的二阶导数。所以 c 应该是什么形式？它可以是在图像中非常“繁忙”⊖的区域中接近零的任何空间函数。一个可能形式是：

$$c(x,y) = \exp(-\Lambda(f(x,y))) \tag{6.9}$$

其中 $\Lambda(f(x, y))$ 是对于 (x, y) 周围的边缘强度的检测。对于 c 特定形式的选择是基于
101 问题的，对于强边缘，Λ 应该取大的数值，这样指数就接近 0，并且没有模糊。如果没有边缘，Λ 应该取小的数值，这样指数接近 1，模糊存在。在性能和计算之间提供了一个很好的折中 $c(x, y)$ 的例子是：

$$c(x,y) = \exp\left(-\frac{(f_x^2(x,y) + f_y^2(x,y))}{\tau^2}\right) \tag{6.10}$$

其中 f_x 和 f_y 是通常的一阶导数，并且是平方的形式。τ 需要规范分子在有用的指数范围内。

VCD 算法总结如下：

VCD 算法

1) 使用式(6.10)或者相似的方程计算 $c(x, y)$，并且把它存储为图像，便于在调试过程中观察。
2) 对于每个像素，使用式(6.8)计算像素的改变。将那些值保存为图像，便于观察。如果有一个错误，它可能会在图像中显示为 0。
3) 将图像中的每个像素乘以一个小数值，比如 $\alpha=0.01$。
4) 将乘法的结果和 f 的当前值相加，得到 f 的下一个值。
5) 该算法可以表示为方程 $f(x, y) \leftarrow f(x, y) + 0.01\, \nabla^{T}(c(x, y) \nabla f(x, y))$。

⊖ 也就是说，像素的强度值变化很大。

图6.7的中间列是在三个测试图像上运行VCD的结果。该算法生成的区域具有较低的噪声和锐利的边缘，它对杂波做了很大的修正。图6.8的中间列显示了使用随机颜色映射的结果。

VCD的一个缺点是，在没有修正算法的情况下，它很难寻找一个好的停止点。允许它运行太长时间会产生如图6.9所示的结果。 102

在本节中，我们展示了一种实现保边平滑的方法，即基于PDE构造一个过程，该过程执行所需操作。边缘敏感扩散有很多变体，解决同一问题的另一种方法是基于最小化目标函数来获得相等或者更好的结果，下一节将介绍这种方法。在阅读之前，请回过头来重读3.3节，并回忆一下，定义和解决优化问题可以为许多应用程序提供一种强大的方法。

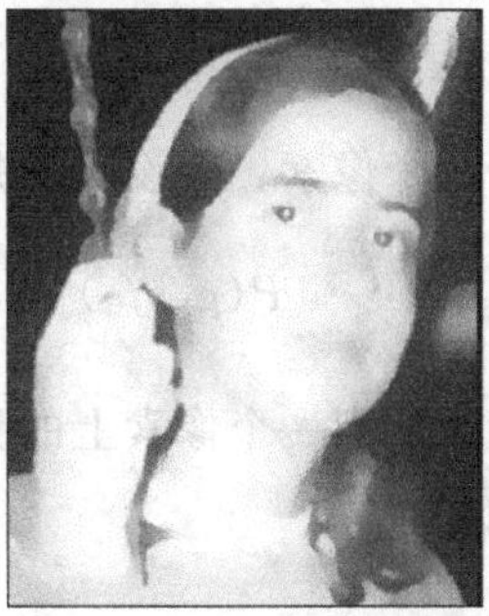

图6.9 长时间运行一个简单的扩散，可能导致图像仍然有尖锐的外部边缘，但失去了内部细节

6.5 使用优化实现保边平滑

在这一节中，我们将通过在添加噪声之前估计图像的样子来处理从图像中去除噪声的问题。为了达到这个目的，我们将推导出一个目标函数，该函数的最小值将由梯度下降法求得。我们将呈现目标函数的几种形式，使用户能够指定解决方案所需的属性。本节介绍的算法的实现由附录B中的资料支持。

6.5.1 噪声消除的目标函数

这个问题包含一些变量：

$\boldsymbol{f}$	被噪声损坏之前的图像，它是未知的。我们必须要解决的问题是对图像的估计。尽管它是一个图像，但我们构造了词典表示，并把图像看作一个向量。$\boldsymbol{f}$的元素表示为f_i
$\boldsymbol{g}$	我们测量的图像，它被噪声损坏了，它的元素是g_i
$P(\boldsymbol{g}\|\boldsymbol{f})$	条件概率，给定(未知)图像$\boldsymbol{f}$，这是在$\boldsymbol{f}$中添加随机噪声而生成图像$\boldsymbol{g}$的概率
$P(\boldsymbol{f})$	先验或先验概率，这是$P(\boldsymbol{f})$存在的概率，也就是说，在没有其他信息的情况下，$\boldsymbol{f}$的第一个元素的亮度为f_0，第二个元素的亮度为f_1，等等。比如，我们所关心的所有图像几乎都是局部常数
$P(\boldsymbol{f}\|\boldsymbol{g})$	后验概率，给定测量值，$\boldsymbol{f}$的第一个元素的值为f_0的概率……我们是知道这个测量值的。要找到使这个概率最大化的$\boldsymbol{f}$。因此，我们称这些算法为最大后验概率(MAP)算法
$P(\boldsymbol{g})$	$\boldsymbol{g}$的先验概率，这只依赖于$\boldsymbol{g}$，不依赖于$\boldsymbol{f}$，并且$\boldsymbol{f}$不是我们要找的，所以这一项没有用。将其设置为1，得到一个合理的函数以进行优化，如式(6.11)所示

以上描述的所有术语可以用一个方程联系起来，即贝叶斯规则：

103

$$P(\boldsymbol{f}|\boldsymbol{g}) = P(\boldsymbol{g}|\boldsymbol{f})\frac{P(\boldsymbol{f})}{P(\boldsymbol{g})} \tag{6.11}$$

下一步是找到条件概率的形式。我们从模型的失真过程开始。我们假设图像在每个像素处只受到加性噪声的扭曲：

$$g_i = f_i + n_i \tag{6.12}$$

所以

$$n_i = g_i - f_i \tag{6.13}$$

对于每个像素，假设噪声是高斯噪声并且

$$P(g_i|f_i) = P(g_i - f_i) = P(n_i) = \frac{1}{\sqrt{2\pi}\sigma}\exp\left(-\frac{(g_i - f_i)^2}{2\sigma^2}\right) \tag{6.14}$$

假设添加到一个像素上的噪声与添加到所有其他像素上的噪声在统计上是独立的，那么我们就有：

$$P(\boldsymbol{g}|\boldsymbol{f}) = \prod_i \frac{1}{\sqrt{2\pi}\sigma}\exp\left(-\frac{(g_i - f_i)^2}{2\sigma^2}\right) \tag{6.15}$$

我们可以自由地使用前面的任何东西，只要它有意义，使用某种乘积是非常方便的，因为我们将在下一个方程中取对数。基于马尔可夫随机场（Markov Random Fields，MRF）理论[6.5,6.14]，也有理论依据。在 MRF 中，像素具有特定值的概率确实依赖于它邻域的值，而邻域的值又依赖于它们的邻域，正如你在马尔可夫随机过程中所学到的[6.4,6.11,6.17]。现在，让我们为先验概率选择一个形式：

$$P(\boldsymbol{f}) = \prod_i \exp(-\Gamma(f_i)) \tag{6.16}$$

其中 Γ 是像素 i 邻域的一些函数，稍后，我们会为 Γ 选择一种形式。

所以我们想要最大化的函数为：

$$\prod_i \frac{1}{\sqrt{2\pi}\sigma}\exp\left(-\frac{(g_i - f_i)^2}{2\sigma^2}\right)\prod_i \exp(-\Gamma(f_i)) \tag{6.17}$$

强烈建议对一个包含乘积和指数的表达式使用对数，这样做会产生一个新的目标函数，称为 H：

$$H = \sum_i \log\left(\frac{1}{\sqrt{2\pi}\sigma}\right) - \sum_i \frac{(g_i - f_i)^2}{2\sigma^2} - \sum_i \Gamma(f_i) \tag{6.18}$$

式(6.18)的第一项不依赖于任何图像，为了优化，我们可以忽略它。接下来，我们从寻找使概率最大化的图像 $\boldsymbol{f}$ 转换到寻找使目标函数最小化的图像 $\boldsymbol{f}$，只需要改变符号。

104

$$H = \sum_i \frac{(g_i - f_i)^2}{2\sigma^2} + \sum_i \Gamma(f_i) \tag{6.19}$$

第一项 H_n 称为*噪声项*，第二项 H_p 称为*先验项*。

那么最小化 H 意味着什么？我们还没有为 Γ 选择一个形式，但是仅仅观察噪声项，我们发现当 $\boldsymbol{f}=\boldsymbol{g}$ 时，噪声项为 0，并且因为分子分母是正数，噪声项不会小于 0。虽然我们开始推导时考虑的是概率和高斯密度，但突然我们得到的结果是 $\boldsymbol{f}$ 的最小值类似于

测量 $\boldsymbol{g}$，这很直观。

从噪声项来看，我们已经有一个要求需要满足，即优化 $\boldsymbol{f}$ 与测量 $\boldsymbol{g}$ 相似。我们使用先验使优化 $\boldsymbol{f}$ 具有我们可以选择的其他可能性。首先，注意到由于我们正在寻找使 H 最小的 $\boldsymbol{f}$，任何使 H 变大的函数都不太可能被选择。如果我们选择的 Γ 类似于：

$$\Gamma(f_i)=(f_i-f_{i+1})^2 \tag{6.20}$$

对于这个 Γ 函数，具有大量像素并且像素之间的差别很大的图像是不会被选择的。我们说这样的点需要被惩罚。我们可以找到一幅图像来最小化这个先验项吗？当然可以，任何像素之间差为 0 的图像可以最小化 H。不幸的是，这样的图像是没有意义的。

更糟糕的是，$(f_i-f_{i+1})^2$ 是计算像素之间差的*二次项*，所以它对较大的差异惩罚得更多。但是如果这条边的像素之间差别很大呢？使用这个先验项会得到一个模糊掉边缘的 $\boldsymbol{f}$。

我们需要一个术语来描述微小的差异，随着噪声的增长而增长(可能是二次增长)，但在某个时刻停止变大，这样的函数对边缘的惩罚不会超过噪声的最高级别，图 6.10a 展示了一个这样的函数。这个函数的缺点是它不是连续的，因此是不可微的，这一节的后面我们需要微分。图 6.10b 的函数满足同样的要求，并且是连续的，它只是高斯函数的负数形式。

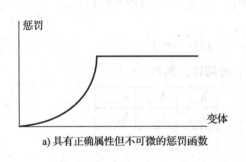

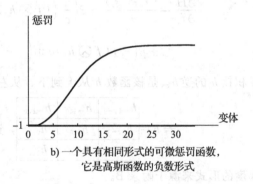

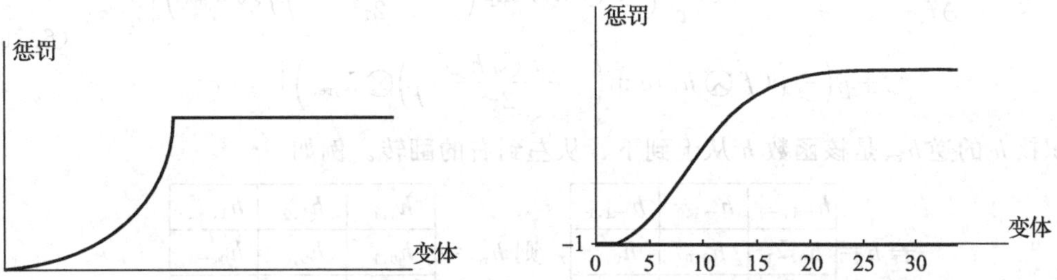

a) 具有正确属性但不可微的惩罚函数

b) 一个具有相同形式的可微惩罚函数，它是高斯函数的负数形式

图 6.10 噪声越高，惩罚越重。假设亮度的局部变化是由噪声引起的，较大的变化会受到更大的惩罚。然而，局部亮度变化也可能是由于边缘，这是不应该被惩罚的(否则，它们将被模糊)。因此我们希望惩罚函数有上限

使用高斯函数的负数形式作为 Γ 函数，目标函数有另一形式：

$$H=\sum_i \frac{(g_i-f_i)^2}{2\sigma^2}-\beta\sum_i \exp(-(f_i-f_{i+1})^2) \tag{6.21}$$ 105

其中 $\beta=\dfrac{b}{\sqrt{2\pi\tau}}$，并且 b 是一个用来强调优先项和噪声项二者之间的重要性的权重，现在我们认识到 $(f_i-f_{i+1})^2$ 是一个空间导数，并且重写目标函数。考虑以下事实，我们有两个空间导数，它们在像素 i 处取值：

$$H=\sum_i \frac{(g_i-f_i)^2}{2\sigma^2}-\beta\sum_i \exp\left(-\left(\left(\frac{\partial f}{\partial x}\right)^2+\left(\frac{\partial f}{\partial y}\right)^2\right)\Big|_i\right) \tag{6.22}$$

最后，我们认识到我们需要在导数中加上一个分母使其保持在合理范围内：

$$H=\sum_i \frac{(g_i-f_i)^2}{2\sigma^2}-\beta\sum_i \exp\left(-\frac{\left(\frac{\partial f}{\partial x}\right)^2+\left(\frac{\partial f}{\partial y}\right)^2}{2\tau^2}\right) \tag{6.23}$$

现在我们有了一个目标函数，当我们找到一个函数 f 能最小化它时，就得到一幅平滑图像。最小化需要微分。为了计算 H 对 f 元素的导数，我们对式(6.23)做了修正，将指数部分替换为指数和。数学上讲，这是完全不同的函数，但是这两个先验项都被一个分段常量图像最小化了，第二个版本更容易处理：

$$H=\sum_i \frac{(g_i-f_i)^2}{2\sigma^2}-\beta\sum_i \left[\exp\left(-\frac{\left(\frac{\partial f}{\partial x}\right)^2}{2\tau^2}\right)+\exp\left(-\frac{\left(\frac{\partial f}{\partial y}\right)^2}{2\tau^2}\right)\right] \tag{6.24}$$

我们开始求 H 的梯度，用卷积代替偏导数来表示它们的计算方法。

$$H=\sum_i \frac{(g_i-f_i)^2}{2\sigma^2}-\beta\sum_i \left\{\exp\left(-\frac{(f\otimes h_x)^2}{2\tau^2}\right)+\exp\left(-\frac{(f\otimes h_y)^2}{2\tau^2}\right)\right\} \tag{6.25}$$

其中 h_x 和 h_y 分别是在 x 和 y 方向估计导数的核函数。

为了最小化目标函数，我们使用梯度下降法，这在 3.3.1 节中提及。对于每个像素点 i，梯度下降法需要一种方法来寻找$\frac{\partial H}{\partial f_i}$，对于像素 f_i，式(6.25)的梯度为

$$\begin{aligned}\frac{\partial H}{\partial f_i}=&\frac{(f_i-g_i)}{\sigma^2}+\beta\left(\frac{1}{\tau^2}\left((f\otimes h_x)\exp\left(-\frac{(f\otimes h_x)^2}{2\tau^2}\right)\right)\otimes h_{\text{xrev}}\right)\Bigg|_{f_i}\\&+\beta\left(\frac{1}{\tau^2}\left((f\otimes h_y)\exp\left(-\frac{(f\otimes h_y)^2}{2\tau^2}\right)\right)\otimes h_{\text{yrev}}\right)\Bigg|_{f_i}\end{aligned} \tag{6.26}$$

卷积核 h 的逆 h_{rev} 是核函数 h 从上到下、从左到右的翻转。例如

$$\text{若 } h=\begin{array}{|c|c|c|}\hline h_{-1,-1} & h_{-1,0} & h_{-1,1}\\\hline h_{0,-1} & h_{0,0} & h_{0,1}\\\hline h_{1,-1} & h_{1,0} & h_{1,1}\\\hline\end{array}\text{，则 } h_{\text{rev}}=\begin{array}{|c|c|c|}\hline h_{1,1} & h_{1,0} & h_{1,-1}\\\hline h_{0,1} & h_{0,0} & h_{0,-1}\\\hline h_{-1,1} & h_{-1,0} & h_{-1,-1}\\\hline\end{array}$$

106 梯度的形式来源于附录 B。

这里描述的算法是 MAP 算法的多个例子之一，它可以用于图像恢复以及噪声去除。

6.5.2　寻找一个先验项

通过将式(6.21)的先验以稍微通用的方式写出来，可以获得一些启发。如下所示：

$$\Gamma(f_i)=-\frac{1}{\tau}\exp\left(-\frac{(\Lambda(f))_i^2}{2\tau^2}\right) \tag{6.27}$$

其中项 $(\Lambda(f))_i$ 表示(未知)图像 f 在像素 i 处的一些函数，什么样的图像最小化这个项，让我们看看这个表达式的意思。

先验项前的负号[⊖]意味着想要最小化这个函数，我们必须找到可以使指数最大的图像。为了确定什么类型的图像能最大化指数，请观察指数函数的参数。观察负号，注意

⊖ 在实现这个算法时，大多数错误都是通过删除负号造成的！

分子分母都是平方的，所以分子分母都是正的。因此，指数的参数总是负的。一个参数的值总是负的，那么使得指数最大的值为零。因此为了最大化指数，我们选择一幅使得 $\Lambda(f)$为 0 的图像。最大化指数，就是最小化目标函数。

我们从中得出什么结论？对于任意函数 $\Lambda(f)$，先验项要找的是使得 $\Lambda(f)$为 0 的 f。这个观察给了我们很大的设计自由，可以选择函数 $\Lambda(f)$来产生我们所寻求的解决方案。

1. 示例：分段常量图像

考虑以下形式的先验项：

$$\Lambda(f)=\left(\frac{\partial f}{\partial x}\right)^{2}+\left(\frac{\partial f}{\partial y}\right)^{2} \tag{6.28}$$

为了使该项为 0，两个偏导数都要为 0。满足这个条件的唯一的曲面类型是一个在两个方向上都不变化的曲面——平坦的或者几乎处处平坦的曲面。为了理解为什么解是分段常数而不是完全常数，你需要认识到被最小化的函数是先验项和噪声项的和。先验项寻求一个常数解，而噪声项寻求一个与测量值相符的解。这个问题的最优解是一个分段平坦的解，如图 6.11 中所示的红色的一维解。

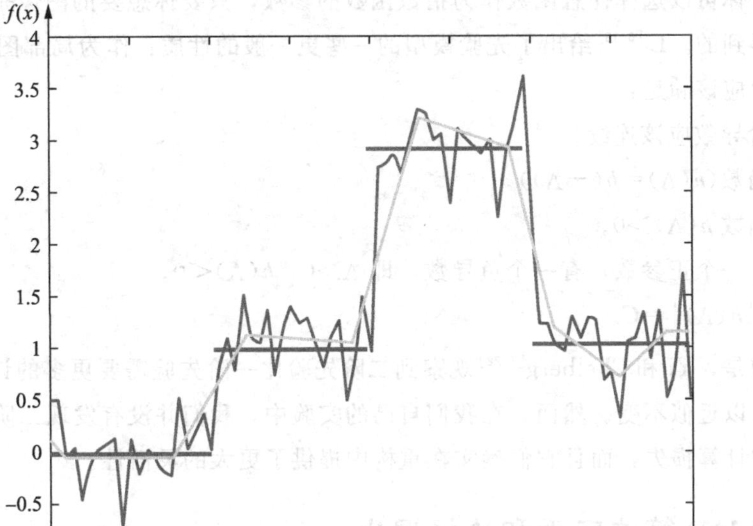

图 6.11　噪声图像单线亮度拟合的分段常数解和分段线性解。分段常数解（红色）的导数几乎在每一点处都等于零。非零导数只存在于阶跃点处。分段线性解（橙色）的二阶导数几乎在每一点处都等于零（见彩插）

函数 $\Lambda(f)$只在 f 发生突然改变的点（边）附近非零。为了更清楚地了解这产生了什么，考虑对连续函数的扩展。如果 x 是连续的，那么式(6.27)中的和就是一个积分。积分的参数仅在少数点（称为一组度量为 0 的点）处是非零的，与积分的其余部分相比，这是无关紧要的。

2. 示例：分段平面图像

考虑

$$\Lambda^2(f) = \left(\frac{\partial^2 f}{\partial x^2}\right)^2 + \left(\frac{\partial^2 f}{\partial y^2}\right)^2 + 2\left(\frac{\partial^2 f}{\partial x \partial y}\right)^2 \tag{6.29}$$

这是干什么的？什么函数的二阶导数都是 0？答案是一个平面。因此，为 $\Lambda(f)$ 选择这个形式[⊖]将生成一个局部平面的图像，但仍然保持数据保真度的图像——分段平面图像。另一个也是基于二阶导数的可替换算子是拉普拉斯算子 $\frac{\partial^2 f}{\partial x^2}+\frac{\partial^2 f}{\partial y^2}$，详见第 5 章。

你可能会问导师："将亮度图像分割成分段线性段，与假设实际的曲面是平面是一样的吗？"答案可能是："除了灯光、反射率和反照率的变化，这是对的。"忽略这一点，你继续说："但真实的曲面并不都是平面的。"你所关心的问题的答案有两方面：首先是所有曲面都是平面这一琐碎而无用的观察——你只需要检查一个足够小的区域。其次，你应该意识到，你永远不会运行算法足够长的时间以收敛到一个完美的分段线性解，而只能达到足够的平滑。

107～108 图 6.11 中用橙色显示了分段线性估计的一维示例。

总之，你可以选择任意函数作为指数函数的参数，只要你想要的图像是通过将参数设置为 0 得到的。Li[6.18]给出了先验模型的一些更一般的性质：作为局部图像梯度 Λ 的函数，先验应该满足：

- 一阶导数应该连续。
- 偶函数($h(\Lambda)=h(-\Lambda)$)。
- 正函数 $h(\Lambda)>0$。
- 对于一个正参数，有一个负导数，即 $\Lambda>0$，$h(\Lambda)<0$。
- $\lim\limits_{\Lambda\to\infty}|h(\Lambda)|=C$。

有趣的是，Yi 和 Chelberg[6.28]观察到二阶先验比一阶先验需要更多的计算量，并且一阶先验可以近似不变。然而，在我们自己的实验中，我们并没有发现二阶先验会造成如此严重的计算损失，而且它们确实在重构中提供了更大的灵活性。

6.5.3 MAP 算法实现和均场退火

MAP 算法的实现细节如图 6.12 所示。

实现基于梯度下降的 MAP 算法常常会遇到局部最小值的问题，如 3.3.2 节所述。这可以通过添加退火来改善。均场退火(Mean Field Annealing，MFA)是一种寻找具有很多极小值的复杂函数的最优极小值的技术。统计力学的均场近似允许粒子集合的能量状态的连续表示。在同样的意义上，MFA 近似于随机算法"模拟退火"(SA)。已经证明，即使对于非凸问题，SA 也能在概率上收敛到全局最小值[6.11]。由于 SA 的收敛时

⊖ 这是二次变分。拉普拉斯变换还包括二阶导数。问问自己它和二次变分有什么不同。

间也长的让人难以接受，因此已经派生出许多技术来实现加速[6.16]，MFA 就是其中之一。

将退火算法添加到之前的算法中，使我们获得了与其他映射方法不同的另一种能力，即避免大多数局部极小值的能力。“魔法”是在式(6.27)中使用参数 τ。图 6.12 是通过分析发现目标函数的梯度 $\nabla_f(H(f))$后的修改算法。

1) 梯度下降法使用导数 H_n 和 H_p 修正当前 f 的估计，噪声项的导数是微不足道的：每次迭代中，对于一些特别小的常数 α，使用公式 $\Delta H_{n_i}=\alpha\dfrac{(f_i-g_i)}{\sigma^2}$改变像素 i。

2) 三种核算子可用于估计二次变分中的三种二阶偏导数：

$$\Delta_{xx}=\frac{1}{6}\begin{bmatrix}0 & 0 & 0\\ 1 & -2 & 1\\ 0 & 0 & 0\end{bmatrix},\Delta_{yy}=\frac{1}{6}\begin{bmatrix}0 & 1 & 0\\ 0 & -2 & 0\\ 0 & 1 & 0\end{bmatrix},\Delta_{xy}=2\begin{bmatrix}-0.25 & 0 & 0.25\\ 0 & 0 & 0\\ 0.25 & 0 & -0.25\end{bmatrix}$$

3) 计算三幅图像，这些图像的第 i 个像素为 $r_{ixx}=(\Delta_{xx}\otimes f)_i$，$r_{iyy}=(\Delta_{yy}\otimes f)_i$，$r_{ixy}=(\Delta_{xy}\otimes f)_i$。

4) 创建图像 s_{xx}，它的元素是$\dfrac{r_{ixx}}{\tau}\exp\left(-\dfrac{r_{ixx}^2}{2\tau^2}\right)$，相似地创建图像 s_{yy}和 s_{xy}。

5) 为了进行梯度下降，像素 i 相对于前一项的变化量为 $\Delta H_{p_i}=\beta((\Delta_{xx}\otimes s_{xx})_i+(\Delta_{yy}\otimes s_{yy})_i+(\Delta_{xy}\otimes s_{xy})_i)$。

6) 应用梯度下降规则后，对于一些特别小的常数 α，使用公式 $f_i\leftarrow f_i-\eta\Delta H_i$，修改 f 的每个元素，其中 $H_i=H_{n_i}+\Delta H_{p_i}$。

7) 可以证明学习系数 $\eta=\dfrac{\gamma\sigma\sqrt{t}}{\mathrm{RMS}(\Delta H_i)}$，其中 γ 是无穷小数，如 0.04。RMS(ΔH)是梯度 H 的均方根误差；并且可以认为 σ 是图像中噪声的标准差(注意，这在合成图像中未必是一个很好的估计)。对于这种形式，η 在每次迭代中都改变。但是，也可以简单地选择 η 为一些很小的数值，比如 0.1。

8) 系数 β 类似于 σ，通常选择 $\beta=\sigma$ 是合乎需要的。

图 6.12 MAP 算法使用分段线性先验

退火过程避免局部极小值的详细原因在文献[6.6，6.7，6.8]中也有描述，但是这个过程是模拟退火的结果[6.10](见 3.3.3 节)。

让我们看看 MFA 算法引号中的单词是什么意思。

考虑当 τ_{init}很大时，将会发生什么。τ 值很大将会导致指数的参数接近 0，指数本身的值接近 1。但是这个值本身要除以 τ，所以当 τ 是一个大的数，先验的值约为$\dfrac{1}{\tau}$。如果 τ 值很大，先验相对于噪声项就微不足道了。我们可以通过选择 τ_{init} 为分子的平均值的两倍，以确保 τ 值很大。

$$\tau_{\text{init}}=2<|f\otimes r|> \tag{6.30}$$

其中 r 表示图像 f 上的导数核。选择一个初始值 τ 使先验为 0，由此产生的初始目标函数只是噪声项，并且选择一个初始值 f 作为 g，噪声项会被最小化。

MFA 基于模拟退火的数学原理。在模拟退火过程中，可以通过如下的对数退火过程来达到全局最小值。

$$\tau(k)=\frac{1}{\ln k} \tag{6.31}$$

采用 MAP 进行退火

1) 以一个大的 τ 值开始。

2) 用梯度下降法逐渐接近最近的局部最小值。

3) 随着下降迭代进行，“慢慢”减少 τ 值。

4) 当 τ 达到一个依赖于应用程序的小值时停止。

109~110 图 6.13　采用 MAP 进行退火的流程

其中 k 为迭代次数。这个过程中 τ 降低得非常缓慢，所以是不切实际的。相反，你可以选择像这样的方法：

$$\tau(k)=0.99\tau(k-1) \tag{6.32}$$

已证明该方法可以在许多应用程序中令人满意地工作，τ 的下降速度比对数方法的快得多。然而，收敛到全局最小值的保证已经丧失。我们必须找到一个充分好的最小值。

在数个数量级退火 τ 的去噪效果如图 6.7 和图 6.8 最右边的列所示。

最后，图 4.1 的范围图像在使用 MFA 进行放大和平滑处理后，产生的结果如图 6.14 所示。

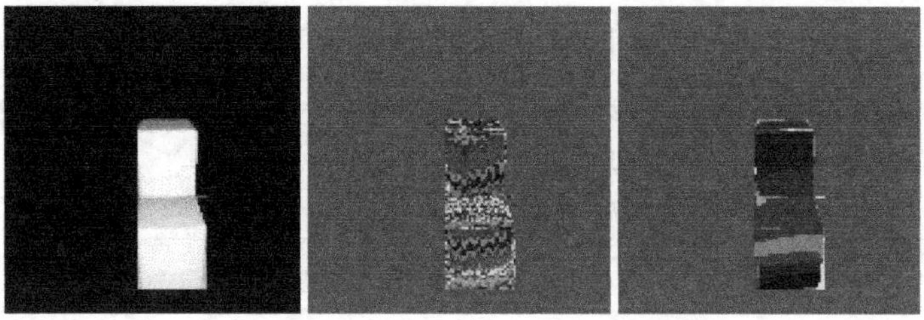

a)　　b)　　c)

图 6.14　a) 用激光扫描仪扫描的裁剪后的两个盒子的图像，这幅图像显示了激光返回信号的强度；b) 用随机颜色映射表示的图像中的噪声，几乎每个像素与它的邻居至少有一个亮度级别的差异；c) 使用分段常数先验算法的 MFA 算法去除噪声，消除噪声引起的亮度变化(见彩插)

6.5.4　病态问题和正则化

对于问题 $\boldsymbol{g}=D(\boldsymbol{f})$，若满足下列三个条件，则被称为适定问题[6,13]：

- 对于每个问题 $\boldsymbol{g}$，解 $\boldsymbol{f}$ 是存在的。
- 解是唯一的。
- 解 $\boldsymbol{f}$ 连续依赖于数据 $\boldsymbol{g}$。

如果这三个条件只要有一个不满足，那么这个问题就被称为“病态问题”或“不适定问题”。数学问题的条件作用是通过输出对输入变化的敏感性来衡量的。对于条件好的问题，输入的小变化对输出的影响不大，而对于条件不好的问题，输入的小变化对输出的

111 影响很大。

病态问题的一个例子[6.15]如下：考虑由矩阵 $\boldsymbol{A}$、未知图像 $\boldsymbol{f}$ 和测量 $\boldsymbol{g}$ 所描述的双变量线性系统，其中

$$\boldsymbol{g}=\boldsymbol{A}\boldsymbol{f},\quad \boldsymbol{A}=\begin{bmatrix}1 & 1\\ 1 & 1.01\end{bmatrix},\quad \boldsymbol{f}=[f_1\quad f_2]^{\mathrm{T}},\quad \boldsymbol{g}=[1\quad 1]^{\mathrm{T}}$$

这个逆问题的解是 $f_1=1$，$f_2=0$，现在，假设测量值 $\boldsymbol{g}$ 被噪声破坏，产生 $\boldsymbol{g}=[1\quad 1.01]^{\mathrm{T}}$，逆问题的解是 $f_1=0$，$f_2=1$。测量数据的微小变化引起了解的剧烈变化。

对病态问题本质的严格探索超出了本书的范围，但是学生应该认识到许多逆问题是病态的。特别是，仅使用系统的输出来确定噪声系统的输入常常是病态的。

有许多方法可以解决这些病态恢复问题。它们都有一个共同的结构：正则化。一般来说，任何正则化方法都试图找到一个相关的适定问题，其解近似于原病态问题[6.20]的解。比较常见的正则化方法之一是在目标函数中添加一个附加项来限制解决方案的性质。在某些问题中，这可能是一种约束，在某些情况下是一种惩罚。随着本书的深入，惩罚和约束之间的区别将变得清晰起来。在这一章中，我们看到了惩罚：未知图像应该是平滑的，并且与测量相似；否则，将处以惩罚。最近开发的用于去噪的惩罚技术包括总变异数[6.25]和非局部均值[6.9]。在后面的章节中，我们将使用约束条件，例如，向量必须是单位向量。

6.6 等效算法

在本节中，你将了解一个令人惊讶的结果：我们所讨论的使用扩散去噪法和 MFA 算法实际上是相同的算法。在扩散的情况下，扩散的使用来源于将问题看作一个过程。MFA 是把问题看成求某个目标函数的最小值。

对于这个推导，只考虑 x 方向的导数，只考虑先验项。这将在我们完成推导后推广到二维空间。把先验项重写为：

$$H_p(f)=\frac{-b}{\sqrt{2\pi}\tau}\sum_i\exp\left(-\frac{(f\otimes r)_i^2}{2\tau^2}\right)\tag{6.33}$$

符号 $(f\otimes r)_i$ 意味着在点 i 处对图像 f 应用卷积核 r 的结果。可以选择强调依赖问题的图像特征的卷积核。这种通用形式在早期用于去除分段常数和分段线性图像的噪声。 112

对未知图像 f 进行梯度下降需要求导，因此(根据式(B.8))我们计算：

$$\frac{\partial H_p}{\partial f_i}=\frac{b}{\sqrt{2\pi}\tau}\left(\left(\frac{(f\otimes r)}{\tau^2}\exp\left(-\frac{(f\otimes r)^2}{2\tau^2}\right)\right)\otimes r_{\mathrm{rev}}\right)_i\tag{6.34}$$

其中 r_{rev} 表示卷积核 r 的镜像图片，为了更容易推导，可以把 r 看作估计一阶导数的卷积核。然后 $(f\otimes r)_i$ 可以写为 $(\nabla f)_i$。下面将删除下标 i，以保持括号的数量可控。

我们试图使图像梯度的大小几乎在所有地方都很小。为了深入了解发生了什么，可以用梯度代替式(6.34)中的一些卷积符号：

$$\frac{\partial H_p}{\partial f_i}=\kappa((\nabla f)\exp(-(\nabla f)^2))\otimes r_{\mathrm{rev}}\tag{6.35}$$

并且

$$\frac{\partial H_p}{\partial f_i}=-\kappa(\nabla((\nabla f)\exp(-(\nabla f)^2))) \tag{6.36}$$

在上面的方程中，常量集中在一起写成κ；为了简单，退火控制参数τ设置为1。注意，对于一阶导数核，$f\otimes r=-(f\otimes r_{\text{rev}})$。

最后，考虑在梯度下降算法中使用$\frac{\partial H_p}{\partial f_i}$。在梯度下降算法最简单的实现中，$f$更新为

$$f_i^{k+1}=f_i^k-\eta\frac{\partial H_p}{\partial f_i} \tag{6.37}$$

其中f^k表示f在第k次迭代时的值，η是一些小值的常量。重写式(6.37)：

$$-\frac{\partial H_p}{\partial f_i}=\frac{f_i^{k+1}-f_i^k}{\eta} \tag{6.38}$$

注意，式(6.38)的左侧表示了f在第k和$k+1$次迭代之间的变化，实际上与f的导数的形式非常相似。我们通过定义第k次迭代在t时计算，第$k+1$次迭代在$t+\Delta t$时计算，明确这个相似性。由于t是一个人为引入的参数，没有物理意义的单位，我们可以用任意方便的比例常数对其进行缩放，得到：

$$-\frac{\partial H_p}{\partial f_i}=\frac{f_i(t+\Delta t)-f_i(t)}{\Delta t}\approx\frac{\partial f_i}{\partial t} \tag{6.39}$$

我们将常数α重命名为Δ，表达式看起来像一个关于时间的导数。将这个替换代入式(6.35)，我们就得到了最终的结果：通过简单地改变符号，明确迭代之间的时间，可以将MAP先验项的导数改写为

113

$$\frac{\partial f_i}{\partial t}=\kappa(\nabla((\nabla f)\exp(-(\nabla f)^2))) \tag{6.40}$$

在6.4节，你们看到了扩散方程：

$$\frac{\partial f_i}{\partial t}=\kappa(\nabla(c\nabla f)) \tag{6.41}$$

观察到当电导率c被指数所代替时，式(6.41)与式(6.40)相同。

如果将图像的亮度视为热量，并允许其随着时间的推移(迭代)扩散，那么结果将消除噪声，如果正确计算c，边缘也可以保留下来。我们已经在6.4.4节中看到了可变电导扩散(VCD)[6.12,6.21,6.23]，就是这个算法。

通过式(6.40)，我们给出了MAP与VCD的等价性，前提是MAP的执行不使用噪声项。这种等价性提供了图像分析的两个学派的统一。优化学派考虑图像应该具有的属性，然后建立一个优化问题，其解是期望的图像。你也可以把这叫作修复学派。过程学派更关心的是确定应用哪种空间分析方法，如自适应滤波、扩散、模板匹配等。其更关心的是过程本身，而不是过程对图像的某个假设的“能量函数”的影响。本节的结果表明，这两种学派不仅在哲学上是等价的。至少对于特殊形式的保边平滑，它们是完全等价的。

学生可能会问："至少从图上看，VCD 的表现不如 MAP，但如果它们是等价的，这怎么可能呢?" 答案是，上述等价只考虑 MAP 目标函数的先验项。噪声项的加入不仅增加了光滑和尖锐的边缘，而且更像之前的图像。Nordström[6.21] 也观察到扩散技术和正则化(优化)方法之间的相似性。他指出，"各向异性扩散法不寻求任何形式的最优解。" Nordström 接着说："从最初的观点出发，统一了不同的正则化和各向异性扩散的方法。" 他非常优雅和精确地定义了一个各向异性扩散的代价函数，其方式与这里给出的推导类似。Nordström 还认为有必要增加"稳定成本"来"限制可能的估计图像函数的空间"。在这一点上，读者不应该感到惊讶的是，形式稳定的成本是：

$$\sum_i (f_i - g_i)^2 \tag{6.42}$$

我们在式(6.19)中展示了高斯噪声对无模糊成像系统的影响。由此可见，偏各向异性扩散(BAD)[6.21] 可以被认为是图像的最大后验恢复。如果 VCD/BAD 的研究人员有关于噪声产生过程的额外信息，那么他们现在可以考虑使用不同的稳定成本。 114

6.7 总结

在本章中，我们提出了三种方法来解决同样的问题：保边平滑。我们的目的是利用这个机会来教授解决计算机视觉问题的三种不同的哲学：把一个"好主意"发展成一个有效的算法；把问题作为微分方程的解；求问题的最小值。通过选择合适的参数，三种方法得到了相似的结果。MAP 表现得更好，但那是因为 MAP 不仅平滑了图像，它还保持了原始图像的保真度。将计算机视觉问题作为优化问题的解通常更容易。

双边滤波策略最早出现在 Aurich 和 Weule 于 1995 年发表的文献[6.1]中，但"双边滤波"一词直到 1998 年才出现[6.26]。它已经被应用于去噪[6.2,6.3,6.19]、图像运动分析[6.27]等领域。本书的作者使用它将数码相机中的图像重构以转换成传统的颜色，这一过程被称为脱马赛克[6.24]。

优化方法在这一章中是如此普遍，以至于这一章的标题几乎可以是"图像优化"。我们建立了一个目标函数(一个关于测量图像和(未知)真图像的函数)，然后找到(未知)真图像，使目标函数最小化。引入了两个术语：噪声项，它依赖于测量；先验项，它只取决于真实图像。然后通过找到最小化目标函数的图像来确定"真"图像。可以使用多种最小化技术。在这一章中，我们使用梯度下降与退火技术，但其他更复杂且更快的技术(如共轭梯度)也可以使用。

6.8 作业

6.1：在导师选择的图像上实现 6.4.4 节中的 VCD 算法。尝试各种运行次数和参数设置。

6.2：在式(6.29)中，二次变分作为先验项。一个非常相似的先验项是拉普拉斯算子。它们有什么区别？也就是说，有没有图像特征可以最小化拉普拉斯变换而不是最小化二次变分？反之亦然？注意，我们说的是“拉普拉斯算子”而不是“拉普拉斯平方”。

6.3：下面哪个表达式表示拉普拉斯算子？

(a) $\frac{\partial^2 f}{\partial x^2}+\frac{\partial^2 f}{\partial y^2}$　(c) $\left(\frac{\partial^2 f}{\partial x^2 f}\right)^2+\left(\frac{\partial^2 f}{\partial y^2}\right)^2$　(e) $\sqrt{\left(\frac{\partial^2 f}{\partial x^2}\right)^2+\left(\frac{\partial^2 f}{\partial y^2}\right)^2}$

115 (b) $\frac{\partial f}{\partial x}+\frac{\partial f}{\partial y}$　(d) $\left(\frac{\partial f}{\partial x}\right)^2+\left(\frac{\partial f}{\partial x}\right)^2$　(f) $\sqrt{\left(\frac{\partial f}{\partial x}\right)^2+\left(\frac{\partial f}{\partial y}\right)^2}$

6.4：扩散方程的一种形式为$\frac{\mathrm{d}f}{\mathrm{d}t}=h_x\otimes(c(h_x\otimes f))+h_y\otimes(c(h_y\otimes f))$，其中$h_x$和$h_y$分别估计$x$和$y$中的一阶导数方向。这表明必须应用四个核来计算它的结果。然而，简单代数表明这可以改写为$\frac{\mathrm{d}f}{\mathrm{d}t}=c(h_{xx}\otimes f+h_{yy}\otimes f)$，它只需要应用两个核。这简化了吗？算法正确吗？如果没有，请解释原因，以及它能在什么条件下实现。

6.5：思考以下图像目标函数：

$$H(f)=\sum_i\left(\frac{f_i-g_i}{\sigma^2}\right)^2-\sum_i\exp\left(-\frac{(h\otimes f)_i^2}{\tau^2}\right)=H_n(f,g)+H_p(f)$$

f的像素由i按字典顺序索引，核h为

−1	2	−1
−2	4	−2
−1	2	−1

。

令$G_p(f_k)$表示H_p相对于像素k的偏导数，即$G_p(f_k)=\frac{\partial}{\partial f_k}H_p(f)$，使用核表示法写一个$G_p(f_k)$的表达式。

6.6：思考作业6.5，仅考虑先验项。请写出一个描述像素k处图像亮度变化的方程，作为一个简单的迭代梯度下降算法。

6.7：思考作业6.6，通过替代你所求导的$G_p(f_k)$的式子来扩展微分方程(假设亮度仅在x方向上变化)。请讨论这是一种扩散方程吗？(提示：替换具有合理导数的应用核。)

6.8：在一个扩散问题中，系统会要求你按照式(6.8)中的方式扩散一个向量，而不是根据项目中的亮度。用适当的向量替换扩散方程中的项，并写出新的微分方程。(提示：如果你将向量表示为$[a\quad b]^{\mathrm{T}}$，代数将会更加简单。)

6.9：扩散的运行时间与模糊有某种关系。这就是为什么有些人将这种类型的扩散称为“尺度空间”。请讨论“尺度空间”这个术语的用法。

6.10：在6.5.2节中，给出了先验函数应该具有的属性列表。请确定逆高斯函数是否具

有这些属性。

6.11：在附录B的式(B.7)中，在总和前面有一个负号，但在下一个方程式中，负号消失了。它去哪儿了？

6.12：有一个需要模糊的图像，运行flDoG来卷积。高斯函数的$\sigma=2$，但不足以使其模糊。于是运行了同样的函数，仍然是$\sigma=2$，结果正好是想要的。只运行一次程序，能得到同样的结果吗？如果是的话，应该使用什么样的值？

6.13：在本章的前面，给出了将两个高斯模糊和单个高斯模糊联系起来的方程。假定你已经使用卷积模糊了一幅图像，并且$\sigma=0.5$。结果证明你实际上需要使用$\sigma=$ 116
2.0去模糊一幅原始图像。你无法访问原始图像，所以你应该对已经拥有的图像进行多少次模糊处理？

6.14：在附录B中，式(B.3)通过将核展开为一个和来说明涉及核的表达式的偏导数。用这种方法证明式(B.8)可以从式(B.7)导出。使用一维问题证明，并且使用3×1的核。(表示核的元素为h_{-1}、h_0和h_1。)

参考文献

[6.1] Non-linear Gaussian filters performing edge preserving diffusion. In *Proceedings of the DAGM Symposium*, 1995.

[6.2] M. Aleksic, M. Smirnov, and S. Goma. Novel bilateral filter approach: Image noise reduction with sharpening. In *Proceedings of the Digital Photography II Conference*, volume 6069. SPIE, 2006.

[6.3] E. Bennett and L. McMillan. Video enhancement using per-pixel virtual exposures. In *Proceedings of the ACM SIGGRAPH conference*, 2005.

[6.4] J. Besag. Spatial interaction and the statistical analysis of lattice systems. *J Royal Stat. Soc.*, 36, 1974.

[6.5] J. Besag. On the statistical analysis of dirty pictures. *Journal of the Royal Statistical Society*, 48(3), 1986.

[6.6] G. Bilbro and W. Snyder. Range image restoration using mean field annealing. In *Advances in Neural Network Information Processing Systems*. Morgan-Kaufmann, 1989.

[6.7] G. Bilbro and W. Snyder. Mean field annealing, an application to image noise removal. *Journal of Neural Network Computing*, 1990.

[6.8] G. Bilbro and W. Snyder. Optimization of functions with many minima. *IEEE Transactions on SMC*, 21(4), July/August 1991.

[6.9] A. Buades, B. Coll, and J. M. Morel. A non-local algorithm for image denoising. In *CVPR*, 2005.

[6.10] D. Geiger and F. Girosi. Parallel and deterministic algorithms for mrfs: Surface reconstruction and integration. *AI Memo*, (1114), 1989.

[6.11] D. Geman and S. Geman. Stochastic relaxation, Gibbs distributions, and the Bayesian restoration of images. *IEEE Trans. Pattern Anal. and Machine Intel.*, 6(6), November 1984.

[6.12] S. Grossberg. Neural dynamics of brightness perception: Features, boundaries, diffusion, and resonance. *Perception and Psychophysics*, 36(5), 1984.

[6.13] J. Hadamard. *Lectures on the Cauchy Problem in Linear Partial Differential Equations*. Yale University Press, 1923.

[6.14] J. Hammersley and P. Clifford. Markov field on finite graphs and lattices. Unpublished manuscript.

[6.15] E. Hensel. *Inverse Theory and Applications for Engineers*. Prentice-Hall, 1991.

[6.16] S. Kapoor, P. Mundkur, and U. Desai. Depth and image recovery using a MRF model. *IEEE Trans. Pattern Anal. and Machine Intel.*, 16(11), 1994.

[6.17] R. Kashyap and R. Chellappa. Estimation and choice of neighbors in spatial-interaction model of images. *IEEE Trans. Information Theory*, IT-29, January 1983.

[6.18] S. Li. On discontinuity-adaptive smoothness priors in computer vision. *IEEE Trans. Pattern Anal. and Machine Intel.*, 17(6), 1995.

[6.19] C. Liu, W. Freeman, R. Szeliski, and S. Kang. Noise estimation from a single image. In *Proceedings of the Conference on IEEE Computer Vision and Pattern Recognition*, 2006.

[6.20] M. Nashed. Aspects of generalized inverses in analysis and regularization. *Generalized Inverses and Applications*, 1976.

[6.21] N. Nordström. Biased anisotropic diffusion-a unified regularization and diffusion approach to edge detection. *Image and Vision Computing*, 8(4), 1990.

[6.22] S. Paris, P. Kornbrobst, J. Tumblin, and F. Durand. A gentle introduction to bilateral filtering and its applications. In *ACM SIGGRAPH 2008*, 2008.

[6.23] P. Perona and J. Malik. Scale-space and edge detection using anisotropic diffusion. *IEEE Transactions Pattern Analysis and Machine Intelligence*, 12, 1990.

[6.24] R. Ramanath and W. Snyder. Adaptive demosaicking. *Journal of Electronic Imaging*, 12(4), 2003.

[6.25] L. Rudin, S. J. Osher, and E. Fatemi. Nonlinear total variation based noise removal algorithms. *Physica D.*, 60, 1992.

[6.26] C. Tomasi and R. Manduchi. Bilateral filtering for gray and color images. In *International Conference on Computer Vision*, 1998.

[6.27] J. Xiao, H. Cheng, H. Sawhney, C. Rao, and M. Isnardi. Bilateral filtering-based optical flow estimation with occlusion detection. In *Proceedings of the European Conference on Computer Vision*, 2006.

117~118 [6.28] J. Yi and D. Chelberg. Discontinuity-preserving and viewpoint invariant reconstruction of visible surfaces using a first-order regularization. *IEEE Trans. Pattern Anal. and Machine Intel.*, 17(6), 1995.

数学形态学

我认为宇宙是纯几何的——基本上就是一个美丽的形状在时空中旋转和舞蹈。

——安东尼·加瑞特·里斯

7.1 简介

在这一章中，我们开始对形状进行研究。在本书的其余部分，我们将继续以许多不同的方式来看待形状。在这一章，我们立足于像素级别介绍主题，并且提供一些简单的局部运算，这些运算可以修改形状、改变连通性并提供处理噪声的非线性方法[⊖]。

- (7.2节)二值形态学改变了二值物体的形状。我们定义两个基本的形态学运算：膨胀和腐蚀。在此基础上，可以导出另外两个运算：开运算和闭运算。我们还将讨论这些形态学运算的一些有趣性质及其在去噪和边缘链接中的应用。
- (7.3节)我们将讨论扩展到灰度形态学，并定义对象没有用二值描述时的膨胀和腐蚀运算。我们从使用平面结构元素的灰度形态学发展到使用灰度结构元素。
- (7.4节)作为形态学运算的重要应用之一，我们将讨论距离变换(DT)和计算DT的不同方法。

形态运算可以看作是集合运算的结果，或者函数的组合结果。为了使学生能够观察到相似性和适应性，这两种方法都在本章中有所描述。我们发现，集合论的形态学思想最适合于二值图像，而函数表示法更适合于灰度图像。在7.5节中，提供了一个应用示例：为实现边缘链接将膨胀、腐蚀和距离变换等运算结合起来，以说明这些运算有多么强大。 119

7.2 二值形态学

在本节中，我们首先介绍两个基本的形态学运算：膨胀和腐蚀。然后定义开运算和闭运算，这两个运算是在膨胀和腐蚀的基础上发展起来的。我们还将讨论这些运算的有趣性质及其在解决计算机视觉问题中的应用。

7.2.1 膨胀

首先，我们给出一个直观的定义：图像的膨胀就是同一幅图像的所有前景区域都稍

⊖ 也就是说，类似于集合的交集和并集。

微变大一点。

最初，我们只考虑具有亮度 1 和背景 0 的前景像素的二值图像。根据这个定义，可以认为前景是一组有序对，由图像中每个前景像素的坐标组成。例如：

$$A = \{(4,6),(6,6),(5,4),(4,2),(5,2),(6,2)\} \tag{7.1}$$

是下面的图像的集合表示(其坐标加了黑底)。

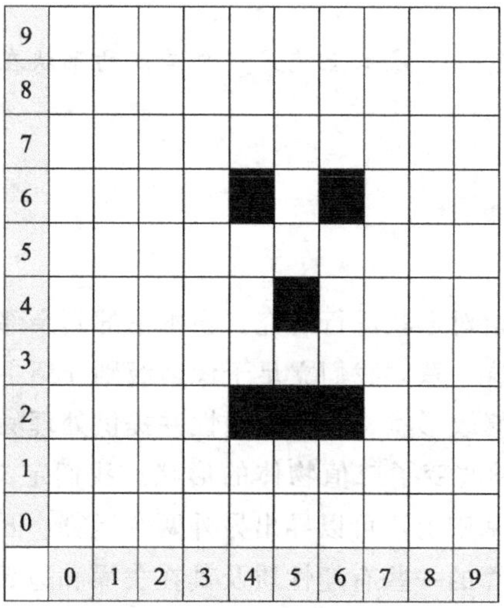

我们定义第二幅图像，它只有两个像素：

$$B = \{(0,0),(0,1)\} \tag{7.2}$$

思考 B 中的一个像素，并且调用元素 $b \in B$。通过将有序对 b 与 A 中的每个有序对相加，创建一个新集合。

例如，对于图像 A，在集合中添加(0，1)对：

$$A_{(0,1)} = \{(4,7),(6,7),(5,5),(4,3),(6,3)\}$$

120 对应的图像如下所示：

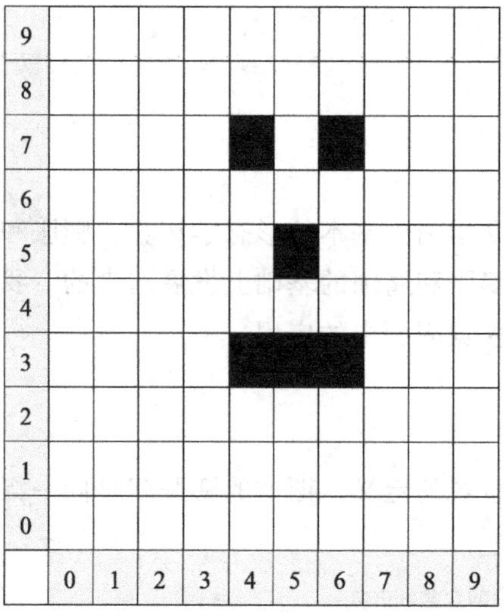

到目前为止，你可能已经观察到 $A_{(0,1)}$ 只不过是 A 的平移。深刻理解这个概念之后，考虑一下如果构造一个 A 的平移集合会发生什么(B 中的每对都会平移)。我们将该集合表示为$\{A_b, b\in B\}$，也就是说，b 是 B 中的有序对之一。

形式上，A 对 B 的膨胀被定义为$A\oplus B=\{a+b\mid(a\in A, b\in B)\}$，这与 A 的所有平移的并集相同，

$$A \oplus B = \bigcup_{b\in B} A_b \tag{7.3}$$

使用集合 A 和 B，并将 $B=\{(0, 0), (0, 1)\}$视为一幅图像：

B=
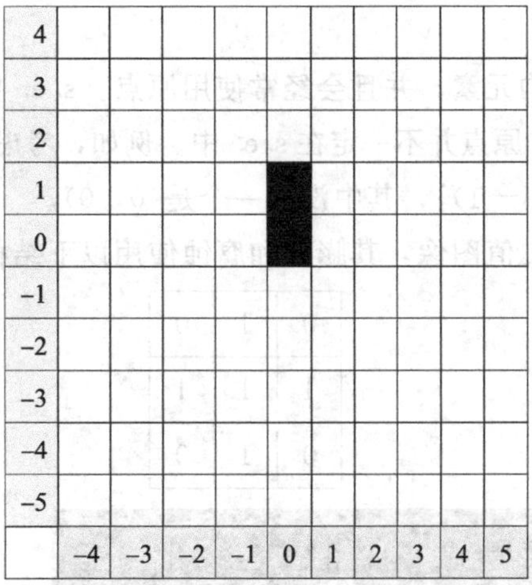

因而并集产生了

$$A \oplus B = A_{(0,0)} \cup A_{(0,1)} = \{(4,6),(6,6),(5,4),(4,2),(5,2),(6,2),(4,7),(6,7),(5,5),(4,3),(5,3),(6,3)\}$$

它表示一幅图像，即 121

A⊕B=
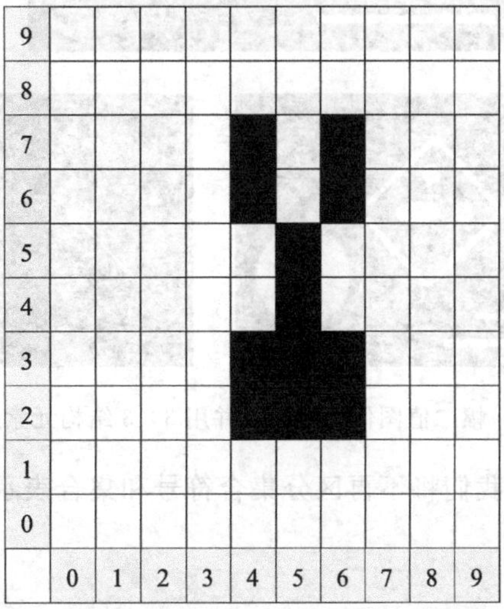

集合 A 中元素的数量由 $\# A$ 表示(集合的基数)。在这个例子中，$\# A=6$，$\# B=2$，

$\#(A \oplus B)=12$。这恰巧为真，因为 $A_{(0,0)}$ 和 $A_{(0,1)}$ 之间没有重叠，或者换句话说，$A_{(0,0)} \cap A_{(0,1)}=\varnothing$。对于一个更普遍的问题，情况并非如此。通常，

$$\#(A \oplus B) \leqslant \#A \cdot \#B \tag{7.4}$$

你将观察到，通常(出于所有实际目的)其中一幅图像比另一幅图像“小”。也就是说，在上面的例子中，

$$\#A \gg \#B \tag{7.5}$$

如果是这种情况，我们将较小的图像 B 称为*结构元素*(s. e.)。观察到所有图像(无论是数据图像还是结构元素)都基于坐标系，并且坐标可以是正的或负的。位于(0，0)处的特殊像素称为*原点*。

我们将经常使用结构元素，并且会经常使用原点。s. e. 中的所有点都与一些原点相关，但是需要注意的是，原点并不一定在 s. e. 中。例如，考虑具有四个点的 s. e. {(1，0)，(0，1)，(−1，0)，(0，−1)}，其中没有一个是(0，0)。

图 7.1 展示了一幅二值图像，其膨胀和腐蚀使用以下结构元素：

0	1	0
1	1	1
0	1	0

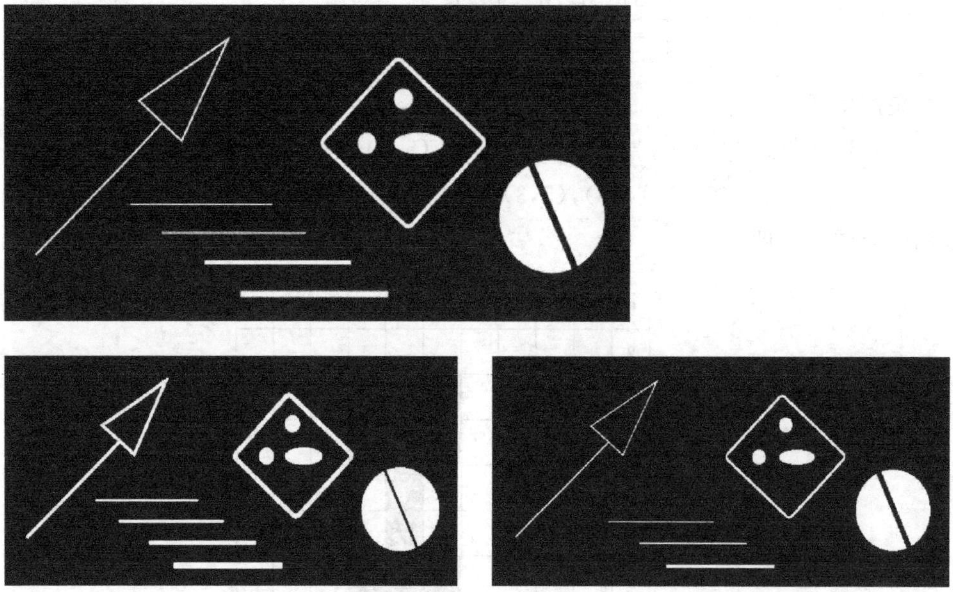

图 7.1　一幅二值图像(上面)，并用 3×3 结构元素对其膨胀和腐蚀

在下面的材料中，我们将不再区分集合符号和集合表示的图像。图 7.2 显示了用于
122 实现膨胀的代码片段。

```
// 代码片段: 二值膨胀运算

#define GOOD(r,c) ((r >= 0) && (r < nr) && (c >= 0) && (c < nc))
int bdila(float **inp, float **sep, float **oup, int nr, int nc,
          int nser, int nsec, int orgr, int orgc, float th)
{
   int r, c, i, j, I, J;

   for (r = orgr; r < nr; r++)
      for (c = orgc; c < nc; c++)
      {
         if (inp[r][c] > th)
         {
            for (i = 0; i < nser; i++) // i与r方向相同
               for (j = 0; j < nsec; j++) // j与c方向相同
                  if (sep[i][j] > th)
                  {
                     I = i-orgr;
                     J = j-orgc;
                     if (GOOD(r,c))
                        oup[r-I][c-J] = ONE;
                  }
         }
         return 0;
      }
}
```

图 7.2　一种通过结构元素 sep 产生输出 oup 来对输入图像 inp 进行二值膨胀运算的函数。r 和 c 表示图像中的行和列，而 i 和 j 表示结构元素中的行和列。orgr 和 orgc 是结构元素的原点。th 是一个阈值，它将前景定义为亮度大于 th 的点 123

接下来，我们需要定义一些符号，如果 x 是有序对：

1）以 x 为参数的集合 A 的变换[⊖]为 A_x。

2）A 的反射记作 $\widetilde{A}$，且 $\widetilde{A}=\{(-x, -y) \mid (x, y) \in A\}$。

反射的一个例子为：

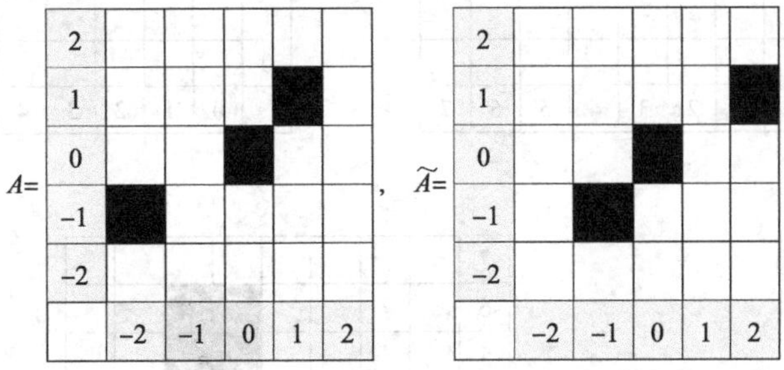

在这里，$A=\{(0, 0), (-2, -1), (1, 1)\}$，$A$ 的反射为 $\widetilde{A}=\{(0, 0), (2, 1), (-1, -1)\}$。

⊖ 我们不需要限制在二维空间中，只要 x 和 A 来自同一个空间就可以操作。更一般地，如果 A 和 B 是空间 ε 的集合，并且 $x \in \varepsilon$，那么集合 A 关于 x 的变换可以记作 $A_x=\{y \mid a \in A, y=a+x\}$。

7.2.2　腐蚀

腐蚀运算被定义为膨胀的逆。它不是形式上的逆，因为膨胀之后再腐蚀不一定产生原始图像。事实上，这是形态学运算中最有力的方面之一。

$$A \ominus B = \{a \mid (a+b) \in A, \forall (a \in A, b \in B)\} \tag{7.6}$$

可以根据平移写成

$$A \ominus B = \bigcap_{b \in \widetilde{B}} A_b \tag{7.7}$$

请注意两点：集合 B 是被反射了的集合，并且使用了交集符号。我们来看一个例子：

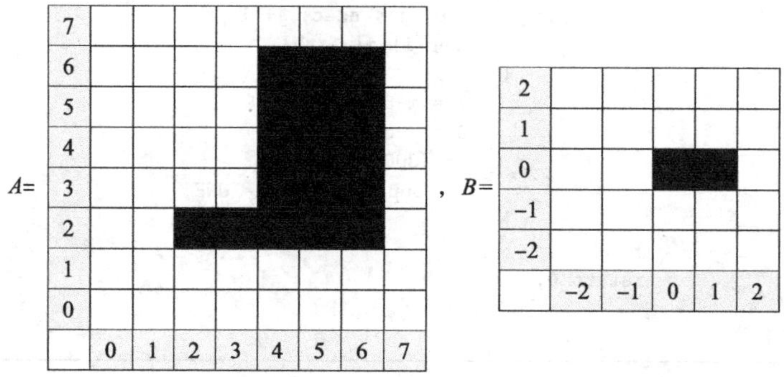

124

$B=\{(0,0),(1,0)\}$，因此$\widetilde{B}=\{(0,0),(-1,0)\}$。与其单调乏味地将所有 A 的 17 个元素列出，不如画出下图：

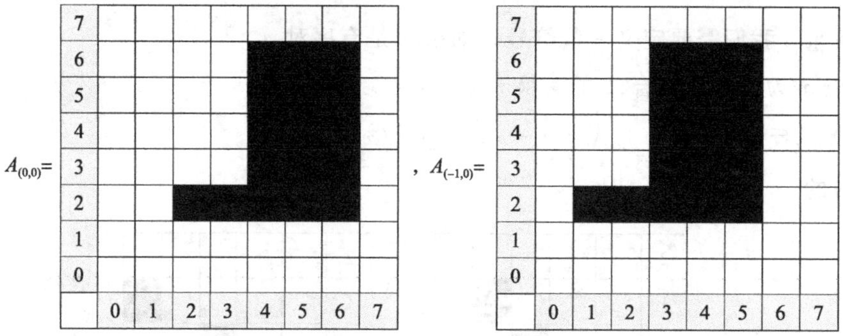

则

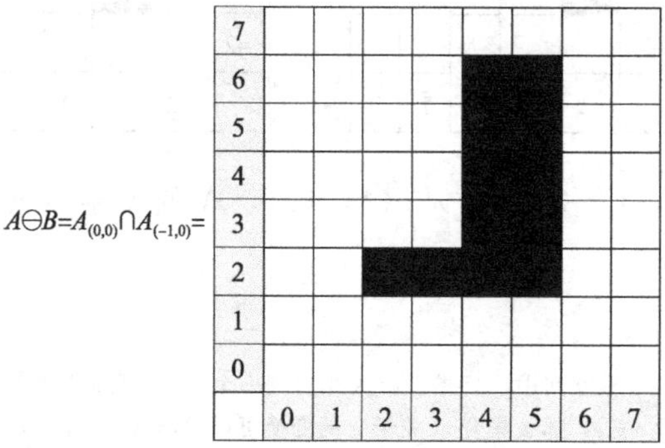

图 7.1 的第二行在右侧显示了腐蚀，与左侧的膨胀形成对比。

7.2.3 膨胀和腐蚀的性质

这里，我们将讨论两个形态运算的几个重要性质。

- 交换性：膨胀是可交换的，这意味着我们可以以任何顺序对图像进行膨胀而不改变结果。

$$A \oplus B = B \oplus A \tag{7.8}$$ 125

- 结合性：膨胀也是结合的，这意味着我们可以以我们选择的任何方式对图像进行分组，而不会改变结果。

$$(A \oplus B) \oplus C = A \oplus (B \oplus C) \tag{7.9}$$

- 分配性：此性质表示，在需要两个图像并集进行膨胀运算的图像的表达式中，可以先进行膨胀运算，然后取并集。换句话说，膨胀运算可以分布在括号内的所有项上，也就是说

$$A \oplus (B \cup C) = (A \oplus B) \cup (A \oplus C) \tag{7.10}$$

- 递增性：如果 $A \subseteq B$，则

$$A \oplus K \subseteq B \oplus K \tag{7.11}$$

对任意的结构元素 K，当这个性质成立时，这个运算是*递增的*。

- 扩展性和反扩展性：如果我们说运算是扩展的，那就意味着将此运算应用于集合 A，产生包含 A 的答案。如果结构元素包含原点(即元素(0，0))，那么膨胀运算具有扩展性：

$$A \oplus K \supseteq A, \quad \text{如果}(0,0) \in K \tag{7.12}$$

正如你可能猜到的那样，腐蚀也有扩展性，即腐蚀是“反扩展的”，如果 $(0, 0) \in K$，那么 $A \ominus K \subseteq A$，其中(0，0)表示在原点的元素。

- 对偶性：对偶性与德摩根定律相似，它涉及集合补集、膨胀和腐蚀。

$$(A \ominus B)^c = A^c \oplus \widetilde{B}$$

$$(A \oplus B)^c = A^c \ominus \widetilde{B} \tag{7.13}$$

其中上标 c 表示集合补集。

- 膨胀的其他性质：

$$A \ominus (B \oplus C) = (A \ominus B) \ominus C \tag{7.14}$$

$$(A \cup B) \ominus C \supseteq (A \ominus C) \cup (B \ominus C) \tag{7.15}$$

$$A \ominus (B \cap C) \supseteq (A \ominus B) \cup (A \ominus C) \tag{7.16}$$

$$A \ominus (B \cup C) = (A \ominus B) \cap (A \ominus C) \tag{7.17}$$

请注意，不能使用形态学运算做撤销操作，因为膨胀和腐蚀并不是彼此的逆运算。例如，如果 $A=(B \ominus C)$，并且将等式两边都和 C 进行膨胀运算，我们将得到 $A \oplus C=(B \ominus C) \oplus C$。如果膨胀和腐蚀是彼此的逆，则 RHS 将只是 B。然而，RHS 实际上是 B 和 C 的开运算，而不仅仅是 B。我们将在下面解释开运算。

7.2.4　开运算和闭运算

结构元素 B 对 A 的开运算写成

126

$$A \circ B \equiv (A \ominus B) \oplus B \tag{7.18}$$

结构元素 B 对 A 的闭运算写成

$$A \bullet B \equiv (A \oplus B) \ominus B \tag{7.19}$$

所以这些运算的目的是什么呢？举个例子，检查印刷电路板。图 7.3a 显示了一块 PC 板，上面有两条线路。在其中一条线路上，当焊头通过波峰焊机时，头发粘在电路板上，导致焊料间隙变窄，并且断开。我们将使用闭运算来确定该间隙。首先，使用一个小的结构元素来对图像进行膨胀运算。我们选择一个结构元素，它比感兴趣的特征(该线路)小但比缺陷大。膨胀运算如图 7.3b 所示。现在，我们使用相同的方式进行腐蚀运算，或许令你惊讶的是，缺陷已经消失，见图 7.3c。为了检查，现在可以从已经进行过闭运算的图像中减去原始图像，而差值图像将仅包含缺陷。此外，这些运算可以在硬件中完成，速度非常快。

a）由于制造缺陷而导致开路的电路板导体

b）导体的膨胀有效地消除了间隙

c）腐蚀后，间隙消失了

图 7.3　PC 板检查中闭运算的示例

下面是另一个示例，演示了将开运算和闭运算组合在一起的一些有趣功能。图 7.4显示了在前景区域和背景区域中被噪声破坏的图像(数字 2)(见图 7.4a)。噪声大小为 2×2。我们选择一个比噪声大小稍大一点的结构元素，例如 3×3，通过首先应用开运算，消除背景噪声(见图 7.4c)，然后对结果图像应用闭运算，消除前景噪声(见图 7.4e)。因此，通过连续使用开运算和闭运算，我们得到了一个完全干净的图像。我们经常用“开＋闭”运算作为形态学过滤器，因为它能有效地滤除图像中的噪声。

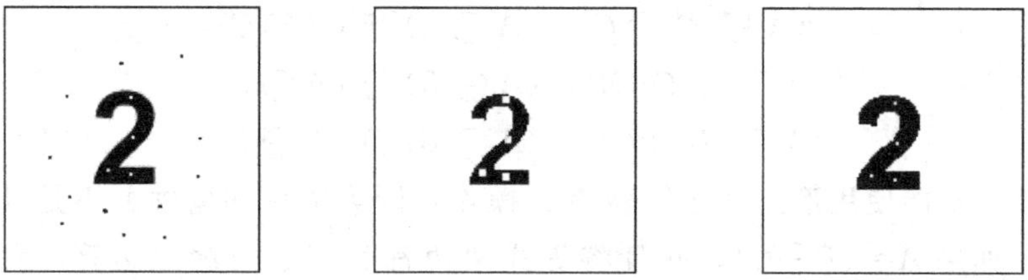

a）A　　b）$A \ominus B$　　c）$A \ominus B \oplus B$ 或 $A \circ B$

127 图 7.4　形态学过滤器演示(开运算＋闭运算)

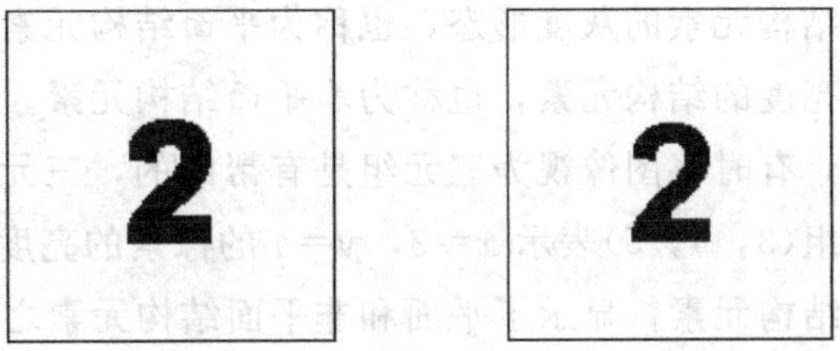

d) $(A\circ B)\oplus B$　　e) $(A\circ B)\oplus B\ominus B$ 或 $A\circ B\bullet B$

图 7.4 （续）

7.2.5 开运算和闭运算的性质

下面列出了开运算和闭运算的一些性质。

- 对偶性：$(A\circ K)^c=A^c\bullet\widetilde{K}$。

  对偶性证明：注意证明过程。我们希望学生能仔细证明。

$$
\begin{aligned}
(A\circ K)^c &= [(A\ominus K)\oplus K]^c && \text{开运算的定义}\\
&= (A\ominus K)^c\ominus\widetilde{K} && \text{膨胀的补}\\
&= (A^c\oplus\widetilde{K})\ominus\widetilde{K} && \text{腐蚀的补}\\
&= A^c\bullet\widetilde{K} && \text{闭运算的定义}
\end{aligned}
\tag{7.20}
$$

- 幂等性：开运算和闭运算具有幂等性。也就是说，重复相同的操作没有进一步的效果。

$$A\circ K=(A\circ K)\circ K$$
$$A\bullet K=(A\bullet K)\bullet K$$

- 闭运算具有扩展性：$A\bullet K\supseteq A$。
- 开运算具有反扩展性：$A\circ K\subseteq A$。
- K 膨胀后的图像在与 K 进行开运算时保持不变。也就是说，$A\oplus K=(A\oplus K)\circ K$。

  证明：

  1) $A\bullet K\supseteq A$，因为闭运算具有扩展性。
  2) $(A\bullet K)\oplus K\supseteq A\oplus K$，因为膨胀具有递增性。
  3) $((A\oplus K)\ominus K)\oplus K\supseteq A\oplus K$，根据闭运算的定义。
  4) $(A\oplus K)\circ K\supseteq A\oplus K$，根据开运算的定义。
  5) 对于任意 B，$B\circ K\subseteq B$，因为开运算是反扩展的。
  6) 因此，用 $A\oplus K$ 替代 B，可得 $(A\oplus B)\circ K\subseteq A\oplus K$。
  7) $(A\oplus K)\circ K=A\oplus K$，因为 $A\oplus K$ 既大于等于也小于等于 $(A\oplus K)\circ K$，所以 $(A\oplus K)\circ K=A\oplus K$。

7.3 灰度形态学

在这一节，二值形态学的概念被扩展到不一定是二值的图像。我们首先在 7.3.1 节

中讨论具有恒定亮度的结构元素的灰度形态，也称为平面结构元素。然后，在 7.3.2 节
128 中，我们考虑具有变化亮度的结构元素，也称为非平面结构元素。

在考虑灰度形态时，有时将图像视为三元组是有帮助的，三元组包括 x 坐标、y 坐标和亮度。例如，三元组(3，4，5)表示 $x=3$，$y=4$ 的像素的亮度为 5。

图 7.5 展示了两个结构元素，显示了平面和非平面结构元素之间的区别。

$k_1=$

1		1	
0		2	
−1			
	−1	0	1

，$k_2=$

−1		6	
0		6	
1			
	−1	0	1

图 7.5 左边的结构元素是非平面的。将中心(0，0)定义为原点，可以通过三元组{(0，1，1)，(0，0，2)}来描述。右边的结构元素是平面的。但是，我们会发现，只要忽略亮度，就可以认为两者都是平面的

7.3.1 使用平面结构元素的灰度图像

如果结构元素在每个点处具有恒定的高度(通常为 1)，则将其定义为**平面的**。使用平面结构元素提供了一些简化，允许学生将图像转换为真正的灰度形态。本节描述膨胀和腐蚀的基本形态学操作。和之前一样，开运算和闭运算可以分别使用式(7.18)和(7.19)确定。

因为图像是灰度级的，所以使用集合概念来描述图像变得很尴尬，因此我们通常使用函数表示法。(注意，可以使用集合运算来进行运算，我们将在 7.3.3 节中对它们进行描述。)

图像中点的坐标将由向量 $\mathbf{x}$ 或类似的符号表示。使用这种表示法，可以很容易地思考三维或更高维空间中的形态学运算。类似地，结构元素中点的坐标将由向量 $\mathbf{s}$ 表示。

现在，我们需要一种以函数的方式描述膨胀结果的表示法。这可以通过将运算用作函数的名称来轻松完成。例如，结构元素 k 对图像 f 进行膨胀运算的结果作为位置 $\mathbf{x}$ 的函数，可表示为 $(f\oplus k)(\mathbf{x})$。文献中还有其他表示法，例如 $\delta_x^k(f)$，但我们更喜欢这个。

1. 灰度膨胀

通过平面结构元素定义的灰度图像膨胀为：

$$(f\oplus k)(\mathbf{x})=\max_{\mathbf{s}\in k}\{f(\mathbf{x}-\mathbf{s})\} \tag{7.21}$$

观察到式(7.21)没有提到结构元素的亮度，只提到了坐标。因此，如果使用这个方程，它与具有平面结构元素的情况类似，并且仅仅结构元素的形状(而不是它的亮度)起作用。

129 在我们继续往下之前，先看看式(7.21)[⊖]，正如我们在 7.2 节中所做的那样，解释它在二值图像和二值结构元素的上下文中代表什么。$\mathbf{s}$ 是结构元素中特定点的坐标向

⊖ 记住，$\mathbf{x}$ 是图像中的坐标，$\mathbf{s}$ 是平面结构元素中的坐标。

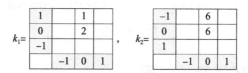

量，在结构元素的坐标系中定义。例如，式(7.2)中的结构元素 B 可以写成集合

$$k(x,y)=\delta_{x,y}+\delta_{x,y-1} \tag{7.22}$$

其中 δ 是克罗内克符号，如果两个下标都为零，则等于 1。

假设在图像中某像素位于 $\boldsymbol{x}$ 处。设 $\boldsymbol{s}$ 为结构元素中的坐标对。在 $\boldsymbol{x}$ 处进行膨胀运算的图像应该设置为所有与结构元素重叠的像素中的最大值。在二值情况下，最大值将是 1。这正是上一节所做的，但是没有使用函数表示法。

在图 7.6 中，我们给出一个灰度图像 f 的例子，它被一个平面结构元素 k 膨胀。在图像上标记的数值表示那个像素的灰度强度。

f=

6					
5					
4		10	20	30	
3			40		
2		50	60	70	
1					
0					
	0	1	2	3	4

, k=

1		1	
0		1	
−1			
	−1	0	1

,

(f⊕k)(x)=

6					
5		10	20	30	
4		10	40	30	
3		50	60	70	
2		50	60	70	
1					
0					
	0	1	2	3	4

图 7.6 被平面结构元素膨胀的灰度图像

2. 灰度腐蚀

如上所述，如果我们从结构元素原点的位置来思考膨胀运算，相对于正在膨胀的区域，我们可以以同样的方式考虑腐蚀。也就是说，

$$(f\ominus k)(\boldsymbol{x})=\min_{s\in k}\{f(\boldsymbol{x}+\boldsymbol{s})\} \tag{7.23}$$

而在式(7.21)中，$\boldsymbol{x}-\boldsymbol{s}$ 用于膨胀，加号用于腐蚀。

在图 7.7 中，复制了与图 7.6 相同的灰度图像示例，但是它应用了腐蚀。

在图 7.8 中，对灰度图像应用灰度膨胀和腐蚀。为了理解结果，读者应该记住膨胀的定义是明亮区域的膨胀。因此，膨胀面看起来稍大，而明亮区域的腐蚀有效地导致黑色区域的膨胀。比较腐蚀和膨胀图像中的眼睛和眉毛。图 7.9 也显示了同样的效果，它是图 6.5 中卡通图像的放大。同样，明亮区域的腐蚀产生黑色区域的明显膨胀。这种效应是造成黑线明显增厚的原因。130

f=

6					
5					
4		10	20	30	
3			40		
2		50	60	70	
1					
0					
	0	1	2	3	4

, k=

1		1	
0		1	
−1			
	−1	0	1

,

(f⊖k)(x)=

6					
5					
4					
3			20		
2			40		
1					
0					
	0	1	2	3	4

图 7.7 被平面结构元素腐蚀的灰度图像

3. 灰度的开运算和闭运算

利用膨胀和腐蚀的结果，开运算和闭运算的定义与前一节相同。

灰度形态学的主要应用之一是去噪。图 7.10 说明了在一维空间中灰度闭运算的作用。(同样的事情发生在二维空间中，只是更难于可视

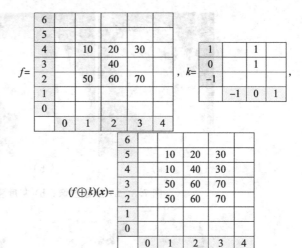

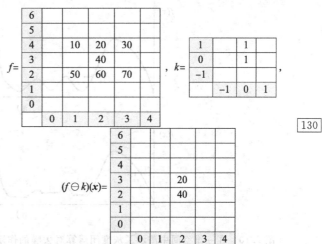

化。)结构元素可以被认为是沿着图像亮度函数移动的固定长度的水平线，寻求更低的位置，直到它碰到两侧的亮度函数的一个点。这种情况下的亮度成为亮度函数的最小值，如图 7.10b 所示。

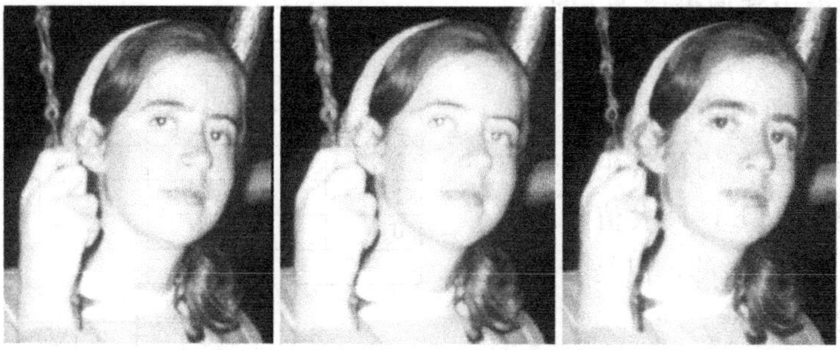

a) b) c)

图 7.8 a) 原始图像；b) 灰度膨胀；c) 灰度腐蚀

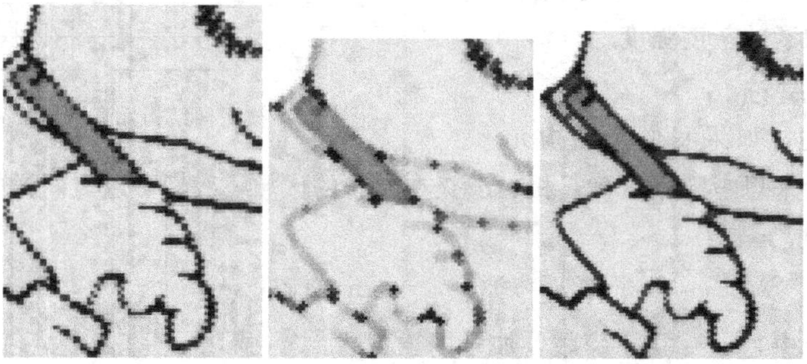

a) b) c)

图 7.9 a) 原始图像；b) 灰度膨胀；c) 灰度腐蚀

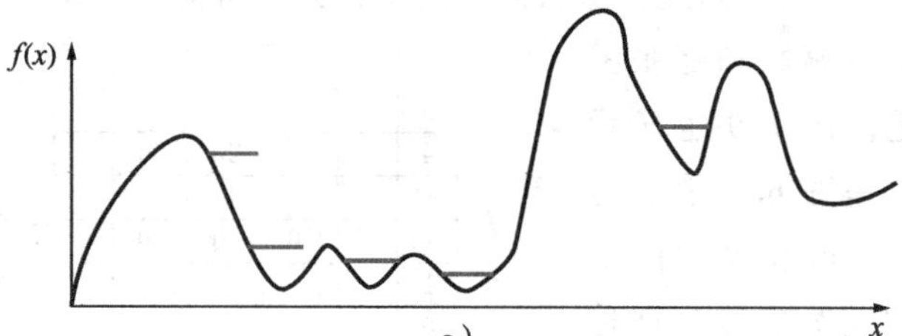

a)

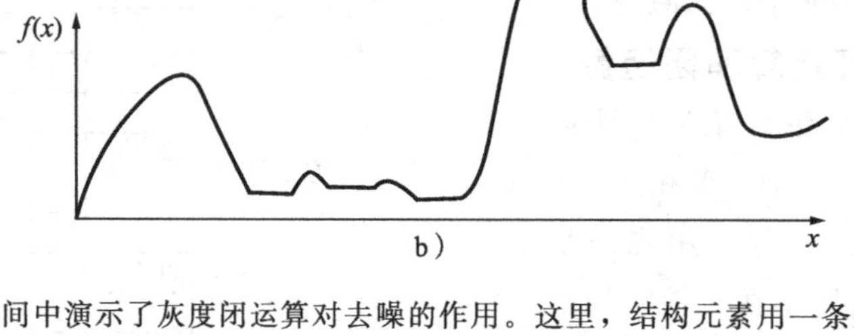

b)

图 7.10 在一维空间中演示了灰度闭运算对去噪的作用。这里，结构元素用一条水平线表示，该水平线位于亮度函数上方的每个位置。然后不允许函数低于结构元素，在保持信号大部分不变的同时，这个过程剪去信号中小的负偏移部分

从前面的讨论中我们可以看出，不再要求区域是二值的。然而，在这个公式中，结构元素必须是平面的。下一节将放宽这一要求。

7.3.2 使用灰度结构元素的灰度图像

在本节中，将灰度形态学的概念扩展到使用非平面结构元素。这里只提供了膨胀和腐蚀的方程，因为其他的一切都可以从这些方程中导出。

使用灰度结构元素的灰度图像的膨胀是通过对式(7.21)进行非常小的扩展来实现的。我们允许结构元素具有非二值。

$$(f \oplus k)(\boldsymbol{x}) = \max_{s \in k}[f(\boldsymbol{x}-\boldsymbol{s}) + k(\boldsymbol{s})] \tag{7.24}$$ 131~132

使用灰度结构元素对灰度图像进行腐蚀是通过以下方式实现的：

$$(f \ominus k)(\boldsymbol{x}) = \min_{s \in k}[f(\boldsymbol{x}+\boldsymbol{s}) - k(\boldsymbol{s})] \tag{7.25}$$

和之前一样，通过在膨胀中使用 $\boldsymbol{x}-\boldsymbol{s}$ 中的"－"和在腐蚀中使用 $\boldsymbol{x}+\boldsymbol{s}$ 中的"＋"来避免结构元素的反转。

图 7.11 显示了使用与图 7.6 相同的灰度图像的膨胀和腐蚀的示例，但是对于一个灰度结构元素，例如，当 $\boldsymbol{x}=(1,4)$时，

$$\begin{aligned}(f \oplus k)(\boldsymbol{x}) &= \max\{f((1,4)-(0,0))+k(0,0), f((1,4)-(0,1))+k(0,1)\} \\ &= \max\{15,2\} = 15\end{aligned}$$

同样，

$$\begin{aligned}(f \ominus k)(\boldsymbol{x}) &= \min\{f((1,4)+(0,0))-k(0,0), f((1,4)+(0,1))-k(0,1)\} \\ &= \min\{10,-2\} = -2\end{aligned}$$

图 7.11 说明了很少使用灰度结构元素这一事实的一个原因——它们可能产生负值。当然，这可以通过将负像素设置为零来轻松处理。但是，更容易理解和设计平面结构元素。

$f=$

6					
5					
4		10	20	30	
3			40		
2		50	60	70	
1					
0					
	0	1	2	3	4

$k=$

1		2	
0		5	
−1			
	−1	0	1

$(f \oplus k)(\boldsymbol{x})=$

6	5	5	5	5	5
5	5	12	22	32	5
4	5	15	42	35	5
3	5	52	62	72	5
2	5	55	65	75	5
1	5	5	5	5	5
0					
	0	1	2	3	4

$(f \ominus k)(\boldsymbol{x})=$

6					
5	−5	−5	−5	−5	−5
4	−5	−2	−2	−2	−5
3	−5	−5	18	−5	−5
2	−5	−2	38	−2	−5
1	−5	−5	−5	−5	−5
0	−5	−5	−5	−5	−5
	0	1	2	3	4

图 7.11 如果在该点计算需要不存在的像素，则使用灰度结构元素的灰度形态单元格将保留为空白

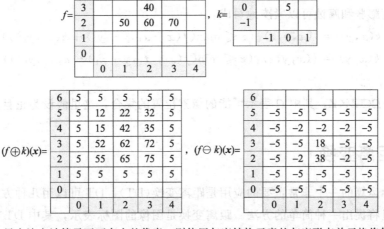

此时，还有另外一种变化可以添加到灰度形态：允许坐标 x 和 s 连续。在本书中不
133 进一步阐述这种办法。

7.3.3　使用集合运算的灰度形态学

虽然 7.3.1 节和 7.3.2 节中的定义简单易行，但定义灰度形态运算的另一种方法允许使用二值形态学运算。为了实现这一目标，定义了一个新的概念，即本影。

二维灰度图像 f 的本影 $U(f)$ 是所有有序三元组 (x, y, U) 的集合，其满足 $0<U\leqslant f(x, y)$。如果我们认为 f 是连续估值的，则 $U(f)$ 是无穷集。为了使形态学运算可行，假设 f 被量化为 M 个值。

为了说明本影的概念，设 f 为一维的，相应坐标的像素值为：

$$f(x)=[1,2,3,1,2,3,3]$$

f 在图 7.12 中显示为亮度函数。

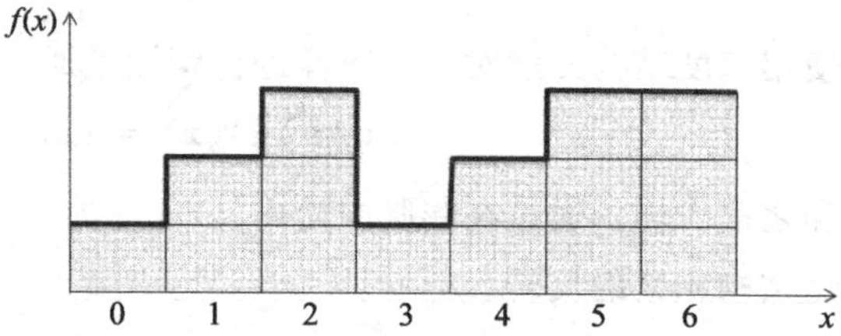

图 7.12　本影的例证。黑线是本影的顶部，是亮度函数

在图 7.12 中，黑线代表 f，而本影是 f 下的阴影区域。根据这个图，黑线是本影的 TOP。本影是一组有序对：

$$U(f)=\{(0,1),(1,1),(1,2),(2,1),(2,2),(2,3),(3,1),(4,1),(4,2),(5,1),(5,2),(5,3),(6,1),(6,2),(6,3)\}$$

这里的诀窍是：虽然灰度级图像不再是二值的(因此无法通过集合成员表示)，但本影确实具有集合的性质。因此，可以使用二值膨胀运算来定义灰度级结构元素 k 对灰度级图像 f 的膨胀运算。

$$f(x,y)\oplus k(x,y)=\mathrm{TOP}(U(f)\oplus U(k)) \tag{7.26}$$

类似地定义腐蚀。此外，可以根据灰度膨胀和腐蚀来定义灰度的开运算和闭运算。将这个概念推广到二维图像，本影是三维的，其三元组如下所示：

134

$$U(f(x,y))=\{(x,y,z)\,|\,(z\leqslant f(x,y))\} \tag{7.27}$$

然后，灰度膨胀和腐蚀可以紧凑地写成：

$$f(x,y)\oplus k(x,y)=\{(x,y,z)\,|\,(z\leqslant \max(f(x-x_1,y-y_1)+k(x_1,y_1)))\}\ \forall(x_1,y_1)$$
$$f(x,y)\ominus k(x,y)=\{(x,y,z)\,|\,(z\leqslant \min(f(x+x_1,y+y_1)-k(x_1,y_1)))\}\ \forall(x_1,y_1) \tag{7.28}$$

$(x_1, y_1)\in\Omega\subset\mathbf{Z}\times\mathbf{Z}$，其中 Ω 表示可能的像素位置的集合，这里假设为正且为整数。

7.4　距离变换

形态学运算的一个非常重要的应用是距离变换(DT)。DT 可以用几种方式定义，但我们在这里将提出一种简单的方法。距离变换是图像的图标表示，其中 DT 中的每个像素包含输入图像中相应像素与某个特征的距离。大多数情况下，该特征是一个边缘。在

这种情况下，从像素到边缘的距离被定义为到最近边缘点的距离。在这一节中，区域 R 的边界由点集 ∂R 表示。图 7.13 显示了边界已知的区域的内部和外部 DT。

根据所使用的距离测量，距离变换有不同的版本。欧几里得距离变换描述为：

$$\mathrm{DT}(\boldsymbol{x}) = \min_{y \in \partial R} \| \boldsymbol{x} - \boldsymbol{y} \| \qquad (7.29)$$

其中 $\boldsymbol{x}$ 和 $\boldsymbol{y}$ 是坐标的二维向量。

由某些 DT 算法产生的距离变换取决于距离的定义、邻居的定义以及算法的细节。显然，图 7.13 所示的变换不提供从每个像素到最近边界点的欧几里得距离。

2	1	1	1	1		1	2	3	4	5
1					1		1	2	3	4
1		1	1	1	2	1		1	2	3
2	1		1	2	3	2	1		1	2
2	1		1	2	3	2	1		1	2
3	2	1		1	2	1		1	2	3
3	2	1		1	2	2	1		1	2
3	2	1		1	1	1	1		1	2
2	1								1	2
3	2	1	1	1	1	1	1	1	2	3

图 7.13　区域的边界如黑色所示，显示了使用 4 连接定义计算区域的 DT 的一种方法

7.4.1　使用迭代最近邻计算 DT

首先，迭代过程的初始条件是：对于 $\boldsymbol{x} \in \partial R$，$DT(\boldsymbol{x})=0$。也就是说，区域的边界像素处的 DT 被设置为 0。然后在第 1 次迭代时，查看每个像素并确定它是否具有标签为 0 的邻居。如果是，则用 1 去标记它。 135

对所有像素执行此操作，然后重复，查找带有标记的邻居的未标记像素。将 $\eta(\boldsymbol{s})$ 作为像素的邻居集合，我们最终得到一般算法。

在第 i 次迭代时，对于具有至少一个标记的邻居 $\boldsymbol{y}$ 的每个未标记点 $\boldsymbol{x}$，$\mathrm{DT}(\boldsymbol{x}) = \min_{y \in \eta(x)} \mathrm{DT}(y)+1$。重复此操作直到所有 DT 点都具有标签。

使用具有 4 连接邻域定义的算法产生 DT，其中从点到边界的距离是曼哈顿距离。

7.4.2　使用二值形态运算计算 DT

可以使用传统的形态学运算来估计 DT：假设我们想要从点 $\boldsymbol{x}$ 到物体外边缘的距离。为了实现这一点，使用一些“适当的”结构元素（通常为圆形并以零为中心）重复腐蚀图像。每次像素消失时，记录该像素消失的那次迭代。将迭代编号存储在 DT 的相应像素中。这很简单，不是吗？这种方法并没有给出欧几里得距离，但它可以很好地用于许多地方。Huang 和 Mitchell[7.3] 展示了如何使用灰度形态学获得欧几里得距离变换，Breu 等人[7.2] 展示了如何在线性时间内计算欧几里得距离。

对于严格凸起的结构元素，这些点沿着被腐蚀区域边界的法线方向[7.6]。

7.4.3　使用掩码计算 DT

距离变换的计算可以通过掩码的迭代应用来完成，例如图 7.14 中所示的掩码。在第 m 次迭代时，使用以下方式更新距离变换，

$$D^m(x,y) = \min_{k,l \in T}(D^{m-1}(x+k, y+l) + T(k,l)) \qquad (7.30)$$

更详细的解释如下：首先，在每个非边缘点处距离变换 $D(x, y)$ 初始化为用于表示“无穷大”的特殊符号，$D^0(x, y)=\infty$，$\forall (x, y) \notin \partial R$，并且在每个边缘点处 $D(x, y)$

初始化为零，$D^0(x, y)=0$，$\forall(x, y)\in\partial R$。然后，在图像的左上角开始应用掩码，将掩码的原点放在图像的(1，1)像素上，并应用式(7.30)在(1，1)处计算 DT 的新值。在图 7.15 中，DT 用无穷大表示非边缘点，用零表示边缘点。图 7.14 中掩模的原点应用(或重叠)在带阴影区域的像素上。应用式(7.30)对具有阴影区域的像素的距离变换求
136 最小值 $\min(1+0, 1+\infty)$。

$T=$

	1
1	+0

图 7.14　用于计算 4 连接 DT 的掩码。掩码的原点用加号表示

0	∞	∞	∞	∞
0	∞	∞	∞	∞
∞	∞	∞	∞	∞
∞	∞	∞	∞	∞

图 7.15　计算左上点为点(0，0)的图像中点(1，1)处的距离变换值，结果是 1

在一次迭代后，从上到下，从左到右，掩码反转(在两个方向上)，并再次应用，从下到上，从右到左。

需要强调，在使用式(7.30)的掩模来计算距离变换时，应用程序运行时会修改输入图像。这称为*原地算法*。这种算法通常不是一个好的解决方案，因为它可能会导致意想不到的结果。例如，考虑在边缘检测中使用这种算法。算法的输出(即梯度幅度)将被写入图像的一个像素处，然后成为下一个输入像素附近的输入像素。但是，如果设计得当(例如式(7.30))，这种方法可以产生正确的结果，且比在每次迭代时编写整个图像的迭代算法快得多。

除了图 7.14 的掩码，还有计算 DT 的其他方法。特别是，图 7.16 生成斜面图。如果除以 3，则斜面图将生成一个 DT，该 DT 不是欧几里得距离的近似值。

4	3	4
3	+0	

图 7.16　生成(粗欧几里得)斜面图的掩码

图 7.17 说明了边界及其距离变换。除了观察到图像在远离边界像素时变得更亮以外，很难在 DT 的灰度版本中看到更多细节。但是，通过随机分配距离颜色，相等距离的轮廓变得易于识别，如图 7.18 所示。

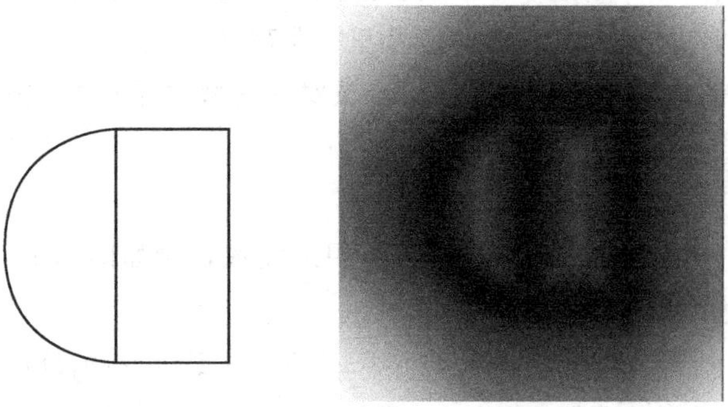

a)　　b)

图 7.17　a) 一幅边缘图；b) 左边图像的 DT，使用图 7.14 的掩模计算而来

7.4.4 使用维诺图计算 DT

在本书的后续部分，我们将关注区域之间的连接以及相邻区域之间的关系。我们偶尔需要考虑实际没有接触的区域之间的关系。为此，维诺图的概念是有用的。我们在这里介绍它，因为它与距离变换有相似之处。

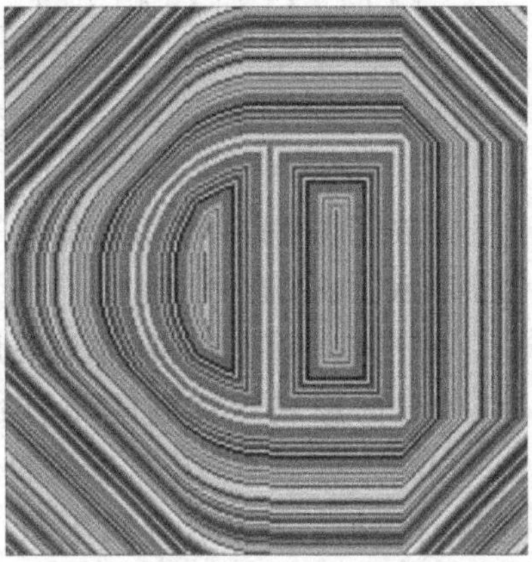

图 7.18 距离变换如图 7.17b 所示，使用随机伪彩色分配 137 ~ 138

考虑图 7.19 所示的图像。在该图像中，白色圆圈内有几个区域用灰色表示。对于任意区域 i，该区域的维诺域是一组点，这些点更接近该区域中的点而不是任何其他区域中的点：

$$V_i=\{\boldsymbol{x} \mid d(\boldsymbol{x}, \boldsymbol{p}_i)<d(\boldsymbol{x}, \boldsymbol{p}_j), \forall (j \neq i)\} \quad (7.31)$$

其中 $\boldsymbol{p}_i$ 表示区域 i 中任意点的坐标，d 计算点 $\boldsymbol{x}$ 和点 $\boldsymbol{p}_i$ 之间的距离。与两个区域等距的点的集合称为维诺图，并且由图中的黑线表示。

Breu 等人在文献[7.2]中展现了如何通过构造和定期采样维诺图来计算 d 维二值图像的 DT。

7.5 边缘链接的应用

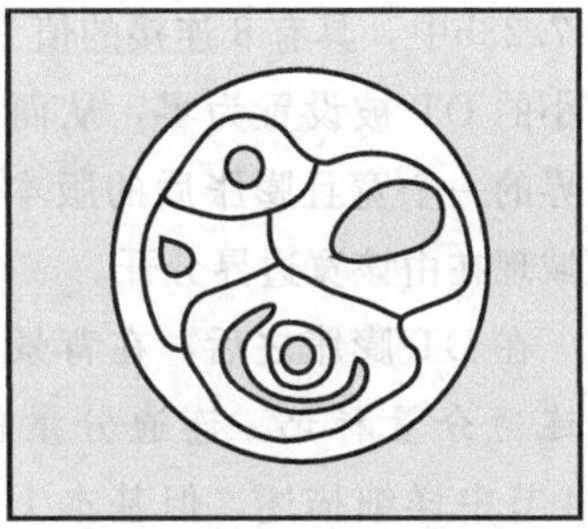

图 7.19 几个区域和由此产生的维诺图。由 Tagare 等人[7.5]重新绘制

本节介绍一种应用，它缩小了边缘(或边缘链接)的间隙，它结合了距离变换与膨胀和腐蚀的使用，以说明这些方法的好处。

在 7.2.4 节中，你了解到闭运算有时可用于缩小间隙。这展现了一个简单的算法：

- 用以间隙大小排序的结构元素来膨胀边界像素。
- 通过相同的结构元素腐蚀产生的闭合边界。

不幸的是，这在现实生活中不会很有效。一般而言，并不确切地知道何时停止腐蚀过程，并且当腐蚀时间过长时，它可能会产生新的间隙，从而达不到目的。

还有另一种方法，使用细化。细化算法执行类似于腐蚀[7.1]操作，但不会破坏连接(创建间隙)。得到的点集类似于骨架，这将在 10.4.5 节中讨论。上面提到的细化算法的缺点是它们不记得边界原本在哪。下面，我们将展示如何使用距离变换来实现这一点，并将结果与细化进行比较。

在二维图像中，区域的外边界应该是闭合曲线。但是由于噪声和模糊，这些边界通常具有间隙，如图 7.20 所示。为了解决这个问题，首先我们计算边缘图像的 DT。接下来，我们用一个特殊的名称 Q 替换 DT 值小于参数 m 的所有点，如图 7.21 所示。

2	3	3	4	5	6	5	4	4	4
1	2	2	3	4	5	4	3	3	3
■	1	1	2	3	4	3	2	2	2
1	■	■	1	2	3	2	1	1	1
2	1	1	■	1	2	1	■	■	■
3	2	2	1	2	3	2	1	1	1
4	3	3	2	3	4	3	2	2	2
5	4	4	3	4	5	4	3	3	3

图 7.20 具有间隙的边界及其距离变换。根据文献[7.4]，重新绘制，经许可使用

Q	3	3	4	5	6	5	4	4	4
Q	Q	Q	3	4	5	4	3	3	3
■	Q	Q	Q	3	4	3	Q	Q	Q
Q	■	■	Q	Q	3	Q	Q	Q	Q
Q	Q	Q	■	Q	Q	Q	■	■	■
3	Q	Q	Q	Q	3	Q	Q	Q	Q
4	3	3	Q	3	4	3	Q	Q	Q
5	4	4	3	4	5	4	3	3	3

图 7.21 具有间隙的边界及其距离变换，其中小于 3 的 DT 值由 Q 替换

现在，观察到所有用 Q 标记的点实际上形成了原始边界的膨胀。我们称之为 DT 引导的膨胀，或简称 DT 膨胀。

接下来，我们将说明如何使用这种 DT 引导的膨胀运算创建闭合边界。图 7.22说明了具有两个区域的图像边缘检测的结果。噪声已导致大量“丢弃点”，即边缘缺失点。在图 7.23 中，我们首先说明了前一个图的 DT 膨胀，但是灰色阴影表示该点的 DT 值。在图 7.23b中，具有 8 连接的值为 2 或比 2 更小的 DT 被设置为零，从而创建原始边界的一个宽且膨胀后的版本。这两个区域现在由该宽边界分开。

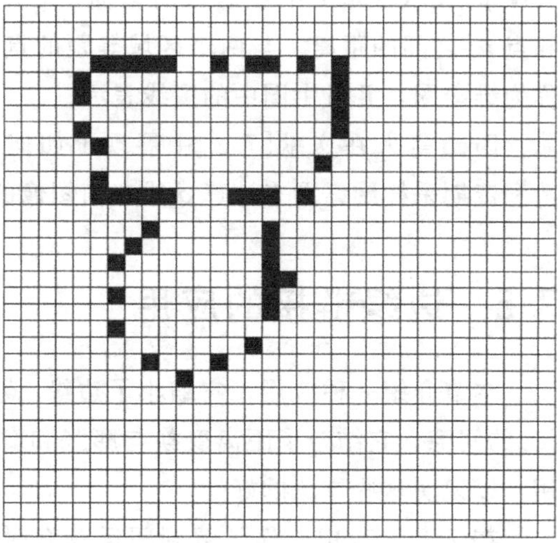

图 7.22 丢弃点破坏了两个相邻区域的边缘。根据文献[7.4]，重新绘制。经许可使用

在 DT 膨胀之后，在背景图像上运行连通分量标记。连通分量标记将在 8.4 节中详细描述，但基本上，它识别那些属于每个背景区域的像素，这些背景区域由 DT 膨胀边界分割开，并根据它们所属区域的不同标记这些像素。在 DT 膨胀图像上运行连通分量的结果如图 7.24 所示。这些像素被标记为属于区域 x 或区域 y。

139~140

现在我们对边界进行了膨胀运算，膨胀边界将两个区域分开。下一步是去除所有黑色像素。我们通过腐蚀过程实现这一点，使用距离变换分配黑色像素。我们将此过程表示为 DT 引导的腐蚀，或简称 DT 腐蚀。这种腐蚀过程也很简单：对于 DT 值为 2 的每个像素(对于这个例子)，我们将该像素的标记设置为其大多数邻居的标记。如果是有关系的，则做出随机决策。在腐蚀所有标记为 2 的黑色像素之后，对标记为 1 或 0 的像素也重复该操作。最后产生了图 7.24b 的标记结果。边界标记总是存在问题：是否应该将边界像素本身作为区域的一部分进行计数？这种标记不仅将这两个区域分开，它还已经明确将边界像素标记为区域的像素。

在图 7.25 中，我们展示了另一个例子，即 DT 膨胀和 DT 腐蚀如何帮助缩小餐具

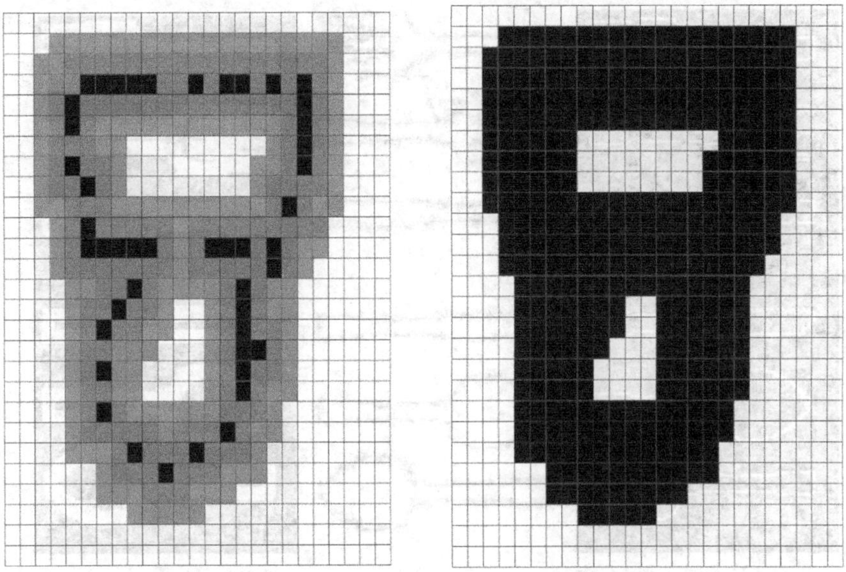

a) b)

图 7.23 a) 图 7.22 的 DT 膨胀，使用距离为 2 或比 2 更小的 DT。请注意，它会产生一个闭合的边界。原始边界像素是黑色的。距离为 1 或 2 的 DT 的颜色相继较浅。b) 将使用距离为 2 或更小的 DT 的所有像素设置为黑色。根据文献[7.4]重新绘制，经许可使用(见彩插)

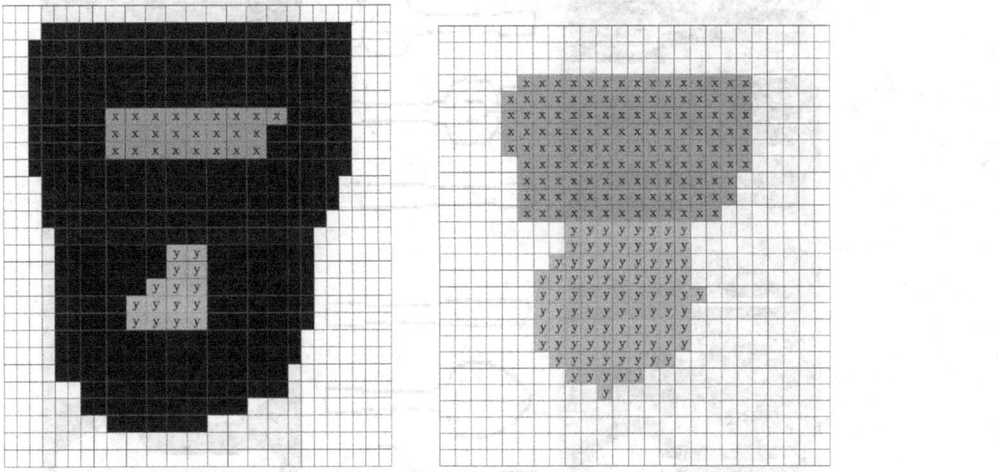

a) b)

图 7.24 a) 在背景上运行连通分量，并允许区分未连接的背景区域。b) 在 DT 腐蚀之后，将所有边界像素分配给最近的区域。根据文献[7.4]重新绘制，经许可使用(见彩插) 141

图像的间隙。在图 7.25a 中，显示了单幅图像，这是由餐具图像上的边缘检测和阈值处理产生的。图 7.25c 显示的膨胀是 DT 膨胀的结果，但很容易产生传统的二值膨胀。在这一点上，人们可以选择使用细化来找到边界的骨架。细化的结果如图 7.26b 所示。人们观察到有时细化效果很好。但是当相对分辨率(叉齿的间距与像素尺寸的比率)很小时，细化会产生错误的骨架。这是因为膨胀的叉子没有信息告诉细化算法如何移动。如图 7.26c 所示，使用 DT 腐蚀可以将边界腐蚀到正确闭合边界。

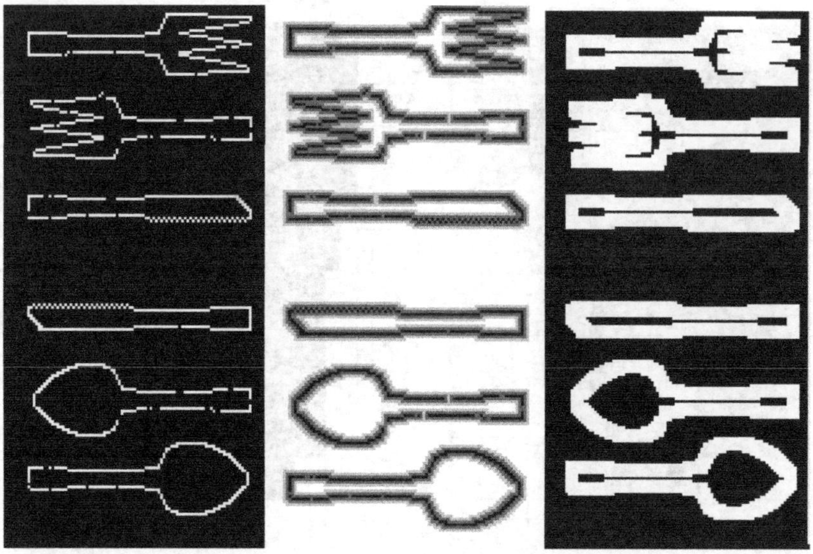

a)　　　　b)　　　　c)

图 7.25 a) 有噪声边界探测器的输出(库名：cutleryNoisy.png)。b) 距离变换(库名：cutleryDT.png)。c) 膨胀后的图像(库名：cutleryThick.png)。根据文献[7.4]重新绘制，经许可使用

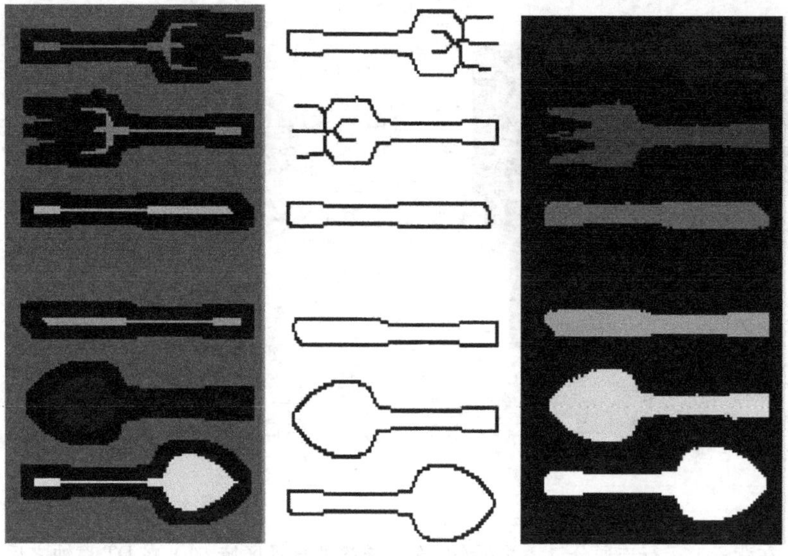

a)　　　　b)　　　　c)

图 7.26 a) 使用连通分量膨胀图像的结果。b) 使用细化寻找闭合边界的结果。c) 使用 DT 腐蚀寻找边界的结果。根据文献[7.4]重新绘制，经许可使用

7.6 总结

在本章中，我们研究了处理区域内形状的特定方法。形态学运算符在二值图像和灰

度图像中都很有用。距离变换已成为许多论文的主题(例如，文献[7.2])，其提高了 DT 算法的准确性并加速了 DT 算法。

通过形态运算的适当组合，我们可以非常有效地实现噪声消除和边缘链接等特殊效果。然而，作者想要指出的是，基于形态的噪声消除或边缘链接仅去除小规模的噪声特征(即，小于结构元素的半径)，并且只闭合相对小尺寸的间隙。例如，在图 7.22 中，边缘中的最大间隙为 3 个像素。因此，距离为 2 或更小的 DT 是有作用的。但是，如果间隙的大小为 7 个像素，则需要距离为 4 或更小的 DT 膨胀，这将完全封闭图 7.23a 和图 7.24a 中标有“x”的背景区域。当边缘有大的间隙时，我们可以参考霍夫变换，这种技术将在第 9 章中详细讨论。

7.7 作业

7.1：在 7.2.3 节中，我们说膨胀是可交换的，因为加法是可交换的。腐蚀也涉及加法，但两个图像中的一个是相反的。腐蚀是可交换的吗？证明它是对的或者证明它是错的。

7.2：证明(或反驳)由核腐蚀的二值图像 K 在 K 的闭运算下保持不变。即，证明 $A\ominus K=(A\ominus K)\bullet K$。

7.3：证明如果原点不在结构元素中，则膨胀不一定是可扩展的。 142~143

7.4：证明膨胀运算是递增的。

7.5：设 C 是只有一个黑色像素的二值图像类。对于特定图像，让该像素位于$(i_0，j_0)$。使用有(0，0)元素的核进行腐蚀和膨胀，设计一个运算，即一组腐蚀和膨胀，以及结构元素(你可能需要一个或者多个结构元素)，当应用于 C 的元素时，可以输出黑色像素移到$(i_0+2，j_0+1)$的图像。请忽视边界。

7.6：以下哪项陈述是正确的？(你应该能够在不做证明的情况下得到答案。)

$$\begin{aligned}&1)\ (A\ominus B)\ominus C=A\ominus(B\ominus C)\\&2)\ (A\ominus B)\ominus C=A\ominus(B\oplus C)\end{aligned}\tag{7.32}$$

7.7：使用你在作业 5.4 或作业 5.5(由老师决定)中创建的阈值图像。选择合适的结构元素，并应用开运算消除噪声。

7.8：在 7.4 节中，给出了一个掩码(见图 7.16)，并指出应用这个掩码产生的距离变换，这个距离变换对于从内部点到最近边缘点的欧几里得距离是一个“不错的近似”。它到底怎么样？将算法应用于下图：

$$\begin{array}{cccc}\infty&\infty&\infty&\infty\\\infty&\infty&\infty&\infty\\\infty&\infty&0&\infty\\\infty&\infty&0&\infty\\\infty&0&0&\infty\\\infty&\infty&\infty&\infty\end{array}$$

你的老师可能会要求你手动执行此操作。显示每次运行程序后的输出，或者你的老师可能会要求你编写程序。

注意，如果你手动执行此操作，则可能会非常烦琐且耗时，因为你需要手动计算许多步骤(大约 15 步)。如果你写一个程序，这也可能很耗时。一定要分配足够的时间。

7.9：考虑一个面积为 500 像素的区域，其边界上有 120 个像素。你需要使用欧几里得距离找到从内部中的每个像素到边界的距离变换。(注意，至少在此问题中，边界上的像素不在该区域中考虑)。什么是计算复杂性？(注意，你可能会提出一些算法，比用于产生以下任何答案的算法更智能，因此如果你的算法没有产生其中一个答案，请解释原因。)

(a) 60 000

(b) 120 000

(c) 45 600

144 (d) 91 200

7.10：技巧问题。对于作业 7.9，你必须计算多少次平方根才能确定这个距离变换？请注意，这是欧几里得距离。

7.11：细化算法的输出和距离变换的最大值之间的主要区别是什么？(请选择一个最佳答案)。

(a) 细化算法保持连通性，DT 的最大值不一定连通。

(b) DT 的最大值是唯一的，细化算法不会产生唯一的结果。

(c) DT 保持连通性，细化算法则不会。

(d) 细化算法产生对称的强度轴，DT 不产生。

参考文献

[7.1] C. Arcelli, L.. Cordella, L., and S. Levialdi. Parallel thinning of binary pictures. *Electron. Letters*, (11): 1975.

[7.2] H. Breu, J. Gil, D. Kirkpatrick, and M. Werman. Linear time Euclidian distance transform algorithms. *IEEE Trans. Pattern Anal. and Machine Intel.*, 17(5), 1995.

[7.3] C. Huang and O. Mitchell. A euclidian distance transform using grayscale morphology decomposition. *IEEE Trans. Pattern Anal. and Machine Intel.*, 16(4), 1994.

[7.4] W. Snyder, M. Hsiao, K. Boone, M. Hudacko, and B. Groshong. Closing gaps in edges and surfaces. *Image and Vision Computing*, October 1992.

[7.5] H. Tagare, F. Vos, C. Jaffe, and J. Duncan. Arrangement: A spatial relation between parts for evaluating similarity of tomographic section. *IEEE Trans. Pattern Anal. and Machine Intel.*, 17(9), 1995.

145~146 [7.6] R. van den Boomgaard and A. Smeulders. The morphological structure of images: The differential equations of morphological scale-space. *IEEE Trans. Pattern Anal. and Machine Intel.*, 16(11), 1994.

第三部分

Fundamentals of Computer Vision

图像理解

你终于获得了一个边缘相对清晰(除了偶尔丢失的边缘像素和其他缺陷)、区域内部平滑(除了亮度仍然存在一些变化)、背景平滑(除了背景中可能有其他对象)的图像。现在，你只需要识别特定的区域(分割)，描述那些区域(测量形状和计算特征)，并识别它们(将它们与模型匹配)。你可能会觉得这并没有那么简单。但事实是没有比这更简单的了。这是一幅简单的图像。你的电脑软件能认出来吗?

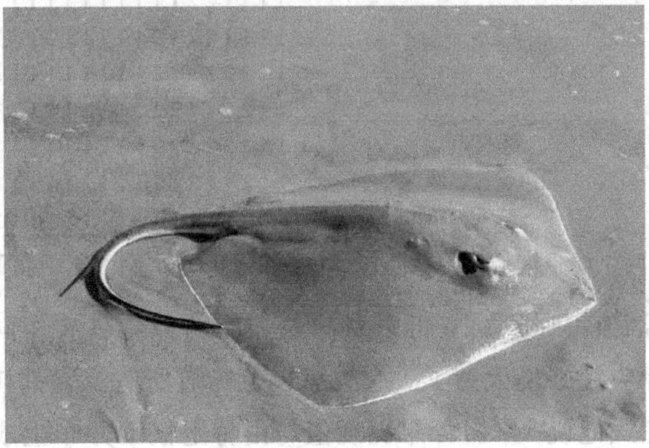

此图像的库名为 StingRay.jpg

第 8 章

Fundamentals of Computer Vision

分　　割

智者和愚者之间的分界线比蜘蛛网还细。

——卡里·纪伯伦

8.1 简介

分割是从背景中分离目标对象的过程。它是所有后续过程(如形状分析和目标物体识别)的基础。

图像分割是将图像分割成若干个连通区域，其中每个区域在某种意义上是均匀的，并且通过唯一的标签来标识。例如，在图 8.2(一个“标签图像”)中，区域 1 被标识为背景。虽然区域 4 也是背景，但它被标记为单独的区域，因为它没有连接到区域 1。

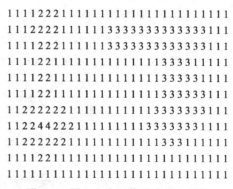

图 8.1　具有两个前景区域的图像

```
1 1 1 1 2 2 2 1 1 1 1 1 1 1 1 1 1 1 1 1 1 1 1 1 1 1 1 1 1
1 1 1 2 2 2 2 1 1 1 1 1 1 3 3 3 3 3 3 3 3 3 3 3 3 3 1 1 1
1 1 1 1 2 2 2 1 1 1 1 1 1 3 3 3 3 3 3 3 3 3 3 3 3 3 1 1 1
1 1 1 1 2 2 1 1 1 1 1 1 1 1 1 1 1 1 1 1 3 3 3 3 1 1 1 1 1
1 1 1 1 2 2 1 1 1 1 1 1 1 1 1 1 1 1 1 1 3 3 3 3 3 1 1 1 1
1 1 1 1 2 2 1 1 1 1 1 1 1 1 1 1 1 1 1 1 3 3 3 3 3 3 1 1 1
1 1 2 2 2 2 2 2 1 1 1 1 1 1 1 1 1 1 1 3 3 3 3 3 3 3 1 1 1
1 1 2 2 4 4 2 2 2 1 1 1 1 1 1 1 1 1 3 3 3 3 3 3 3 1 1 1 1
1 1 2 2 2 2 2 2 1 1 1 1 1 1 1 1 1 1 1 1 3 3 3 1 1 1 1 1 1
1 1 1 1 2 2 1 1 1 1 1 1 1 1 1 1 1 1 1 1 1 1 1 1 1 1 1 1 1
1 1 1 1 1 1 1 1 1 1 1 1 1 1 1 1 1 1 1 1 1 1 1 1 1 1 1 1 1
```

图 8.2　图 8.1 中图像的分割和标记

“均匀”这个术语值得讨论。它可以意味着所有的像素具有相同的亮度，但是这个标准对于大多数实际应用来说太高了。它也可以意味着所有像素都接近某种有代表意义的(平均)亮度。更正式地说[8.56]，如果亮度值与由特定概率分布生成的亮度值一致，则区域是均匀的。在范围图像[8.31]中，我们(可能)有一个描述平面的方程，如果区域可以通过该方程和一些概率变形的组合来描述，我们可以说它是均匀的。例如，如果除了到平面的距离可以用特定的高斯分布来描述的偏差之外，范围图像区域中的所有点位于同一平面内，则可以说这个区域是均匀的。

在本章中，我们讨论几种分割的方法。我们通过提高问题和方法的复杂度来推进研究。

- (8.2 节)基于阈值的技术可以保证形成闭合区域，因为它们简单地将高于(或低于，取决于问题)指定阈值的所有像素分配到同一区域中。然而，使用单个阈值仅允许将区域分为“前景”和“背景”。

- (8.3节)最简单的情况是将亮度分割为两类。当考虑到彩色图像并且必须考虑到颜色的相似性时，问题变得更具挑战性。
- (8.4节)当需要确定两个明显分开的区域是否真的是一个区域时，就出现了另一级别的复杂性。也就是说，它们有所接触吗？对于这个问题，我们需要连通组件。
- (8.5节)在许多应用中，从上述方法返回的分割结果是不够好的，因为它们的边界已经损坏或者不完整。对于这些问题，基于轮廓的方法效果最好。
- (8.6节)对于一些问题，最好把亮度函数看成被明亮的山脉包围的暗谷，在这种问题中，分水岭方法工作得很好[8.4]。分水岭方法包括(通过类比)用水淹没图像，其中建立区域边界以防止来自不同流域的水混合在一起。
- (8.7节)可以直接采用优化，将图像视为以像素为节点、相邻像素之间为边缘的图像。图像的最优切割提供了定义和优化分割质量的手段。这些方法是计算密集型的，但如果能够导出适合手算的目标函数，则能提供优异的性能。
- (8.8节)均场退火算法(在第6章中用于去噪)可用于获得最优分段常数图像，该最优分段常数图像直接导致图像分割。

在往下看之前，请注意分段软件可能会出错，这将在8.9节中详细讨论。因此，有必要区分图像的“正确”分割和分割器返回的分割，二者不一定相同。我们将把理想图像的各个组成部分(即模型)称为区域。另一方面，分割器返回的组件将被称为补丁(patch)。你将使用技能来熟练地编写分段器，以返回与对应区域相同的补丁。 147~150

8.2 阈值：仅基于亮度的分割

在本节中，你将了解如何仅使用亮度将图像分割为区域。你将了解到有多种方法可以做到这一点，并且看到一个使用最小化来将两个或多个高斯函数拟合到直方图的示例。

在某些应用中，区域的特定灰度值并不重要，可以通过仅选择亮度阈值将图像分割为“前景”(或“对象”)和“背景”。亮度高于阈值的区域都表示为前景对象，而低于阈值的所有区域都表示为背景(或根据问题而定，反之亦然)。

选择阈值的方法从简单到复杂。随着技术的复杂性增加，性能提高，但这是以增加计算量为代价的。

8.2.1 阈值的局部性质

对于整幅图像，单个阈值几乎永远不会令人满意。几乎总是包含相关信息的对象和背景之间的局部对比。由于如图8.3所示的透镜渐晕或非均匀照明等影响，相机的灵敏度经常从图像的中心下降到边缘，所以试图建立全局阈值可能是徒劳的。这种效果的一个戏剧性的例子可以在直线网格的图像中看到，其中“统一”的白色变化很大。

像渐晕这样的影响是可预测的，并且容易纠正。然而，更难的是预测和纠正不均匀的环境照明（如透过窗户的太阳光）的影响，这种影响在一天中会发生根本性改变。由于单个阈值不能提供可接受的性能，因此必须选择局部阈值。最常见的方法称为分块阈值法，其中图像被分割成矩形块，并且在每个块上使用不同的阈值。对于 512×512 的图像，典型的块大小是 32×32 或 64×64。首先分析块并选择阈值，然后使用分析结果对图像的块进行阈值化。在更复杂（但较慢）的分块阈值化版本中，分析块并计算阈值。然后该阈值仅应用于块中心的单个像素。再将块移动到一个像素上，并重复该过程。

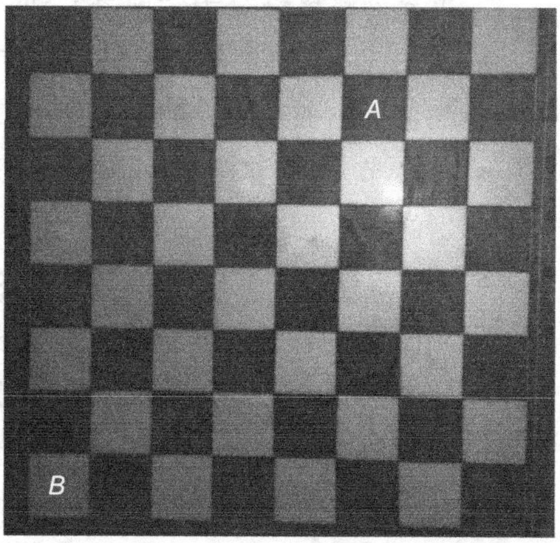

图 8.3　在这张非均匀照明的棋盘图片中，标记为 A 的“黑色”正方形实际上比 B 处的“白色”正方形更亮，然而人类能轻易地正确识别它们

选择阈值最简单的策略是对块上的强度平均化，并选择 $i_{avg}+\Delta i$ 作为阈值，其中，Δi 是某个小增量，例如 256 个灰度级中的 5 个。这种简单的阈值化方案可以获得令人惊讶的良好结果。图 8.4 展示了：闪烁体探测 X 射线所获得的校准图像；使用这种简单的阈值方法得到的分割图像，但是对整幅图像应用相同的阈值（即，全局阈值化）；局部应用相同的方法（即，局部阈值化）。我们注意到图 8.4a 是使用全局阈值的工件，通过局部阈值可以很好地处理它。

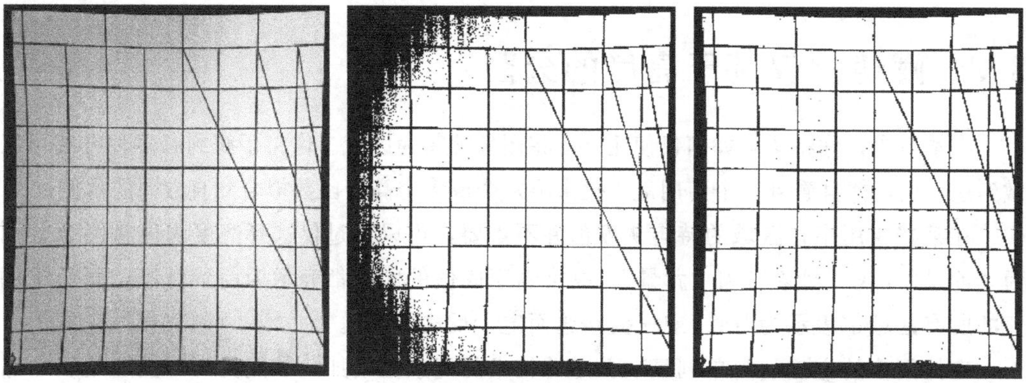

a）原始图像　　b）使用全局阈值分割的图像　　c）使用局部阈值分割的图像

图 8.4　使用简单的阈值策略来分割具有辐射和几何畸变的校准图像

8.2.2　通过直方图分析选择阈值

151～152 当较简单的方案失败时，人们被迫转向更复杂的技术，例如基于直方图分析的阈值法。在描述这种技术之前，我们首先定义一个直方图。

图像 $f(x, y)$的直方图 $h(f)$是像素灰度级的函数。在典型的成像系统中，光强取 0(黑色)到 255(白色)之间的值。对于每个灰度等级，在图像中出现该等级的次数称为图像的直方图。图 8.5 显示了在合理均匀光照下棋盘的直方图。

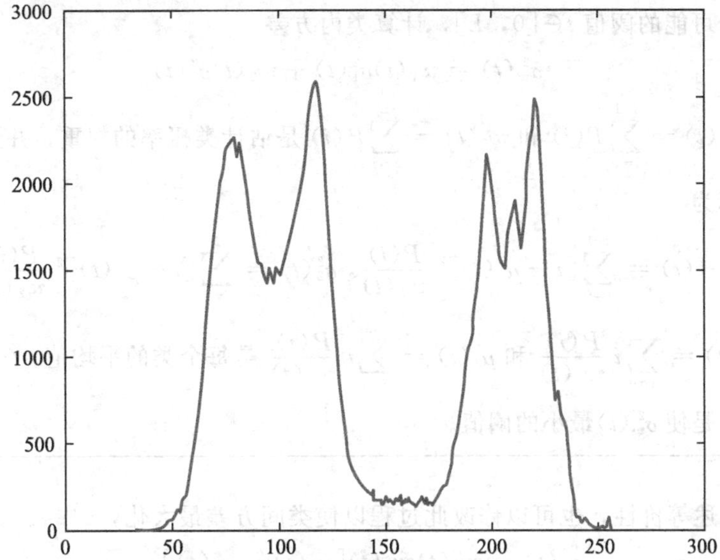

图 8.5　双峰图像的直方图，有许多亮像素(强度在 200 左右)和许多暗像素(强度约 100 左右)

通常，相比使用单个亮度值来回答“有多少像素具有亮度 35”，我们建立一个直方图来回答“有多少像素的亮度在 35 到 55 之间”。在这种情况下，直方图的水平轴被分成称为箱子(bin)的段。例如，在亮度范围从 0 到 255 的图像中可能只有 64 个箱子，并且一个箱子(例如 33 到 36)中的所有亮度将被认为是相同的。当样本数量较少时需要对直方图进行修改，这种方式称为重组。例如，假设你想要计算机视觉课程中的成绩直方图，但是只有 30 个学生。假设所有的成绩都在 50 到 100 之间，大多数箱子可能包含零个或一个样本。为了得到一个有用的直方图，我们可以把 50～100 的范围分成 10 个部分，每个部分 5 个点。只有 10 个箱子，就可以看到明显的峰值。如果没有，那么可能需要重组。

如果直方图 $h(f)$除以图像中的像素数，我们就得到一个具有离散概率的所有性质的函数。此后，当我们使用符号 $h(f)$时，假设已经完成了除法，并将直方图视为概率函数。

图 8.5 显示了与图 8.3 相同的棋盘，存在两个不同的峰，一个灰度级为 100，另一个灰度级为 200。除了噪声像素之外，图像中几乎每个点都属于这些区域之一。那么，一个好的阈值是在两个峰值之间的某个地方。 153

Otsu 方法[8.38]对于分析双峰图像直方图非常有效。它自动计算最小化类内方差(或等价于最大化类间方差)的最佳阈值。学生将有机会在作业 8.2 中证明这一点。下面描述 Otsu 方法的过程。

Otsu 方法

1）计算输入图像的直方图和概率 $P(i)$，其中 i 是输入图像中可能强度水平的指数，例如，$i=0$，…，L。

2）对于每个可能的阈值 $t\in[0, L]$，计算类内方差

$$\sigma_w^2(t)=w_1(t)\sigma_1^2(t)+w_2(t)\sigma_2^2(t) \tag{8.1}$$

此处，$w_1(t)=\sum_{i=0}^{t-1}P(i)$ 和 $w_2(t)=\sum_{i=t}^{L}P(i)$ 是估计类概率的权重，并且每个类的方差计算为

$$\sigma_1^2(t)=\sum_{i=0}^{t-1}[i-\mu_1(t)]^2\frac{P(i)}{w_1(t)},\ \sigma_2^2(t)=\sum_{i=t}^{L}[i-\mu_2(t)]^2\frac{P(i)}{w_2(t)} \tag{8.2}$$

此处 $\mu_1(t)=\sum_{i=0}^{t-1}i\frac{P(i)}{w_1(t)}$ 和 $\mu_2(t)=\sum_{i=t}^{L}i\frac{P(i)}{w_2(t)}$ 是每个类的平均值。

3）最佳阈值是使 $\sigma_w^2(t)$ 最小的阈值。

考虑到上述等价性，也可以修改此过程以使类间方差最大化，

$$\sigma_b^2(t)=w_1(t)w_2(t)[\mu_1(t)-\mu_2(t)]^2 \tag{8.3}$$

最大化公式的好处是它允许以递归的方式计算类间方差，从而加速了 Otsu 方法的穷举搜索过程，否则将非常耗时。式(8.3)的证明及其递归计算性质留作作业(见作业 8.3)。图 8.6 显

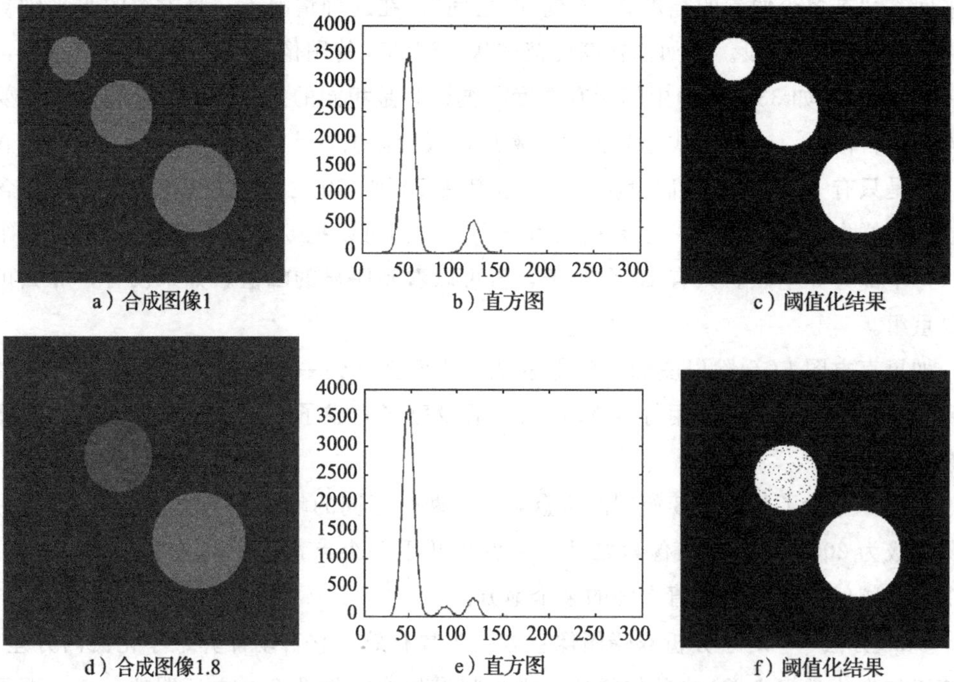

a）合成图像1　b）直方图　c）阈值化结果

d）合成图像1.8　e）直方图　f）阈值化结果

图 8.6　两幅合成图像和采用 Otsu 方法的阈值化结果

示了两幅合成图像、它们的直方图以及使用 Otsu 方法的阈值化结果。我们可以看到，当直方图是双峰时，即使将 20dB 高斯噪声添加到图像，Otsu 的方法仍能非常有效地工作。然而，如果直方图不是双峰的，例如呈现三个峰值，则 Otsu 的方法不能产生合理的分割结果。

下面将描述用于找到最佳阈值的两种更复杂的技术。

8.2.3 用高斯和拟合直方图

给定图像的双峰直方图 $h(f)$，其中 f 表示亮度值，找到该图像的最佳阈值的标准技术[8.17]是拟合直方图。 154

使用两个高斯函数的和：

$$h(f)=\frac{A_1}{\sqrt{2\pi}\sigma_1}\exp\left[\frac{-(f-\mu_1)^2}{2\sigma_1^2}\right]+\frac{A_2}{\sqrt{2\pi}\sigma_2}\exp\left[\frac{-(f-\mu_2)^2}{2\sigma_2^2}\right] \tag{8.4}$$

为了用这个函数拟合实验得到的直方图，需要估计 6 个参数：两个 A、两个 μ 和两个 σ。如果 $h(f)$ 被适当归一化，则可以调整二分量高斯的常规归一化，使得在 256 个离散灰度级上求和为 1(而不是在连续间隔上积分为 1)。从而允许附加约束，即 $A_1+A_2=1$。使用此约束将估计的参数数量从 6 个减少到 5 个。

简单的拟合将遵循一种方法，如第 5 章介绍的方法，将曲面拟合到数据，以便找到核。不幸的是，高斯和的表达式的复杂性使得简单的方法不可行。相反，我们必须使用某种数值最小化技术。人们立即想到梯度下降法，但是对于这个二高斯问题，传统的下降法往往终止于次优的局部最小值，而对于三高斯问题则更不可靠。作者采用树形退火(TA)[8.7,8.47]的非线性优化方法获得了图 8.7 中的结果，较好地解决了二高斯和三高斯问题。 155

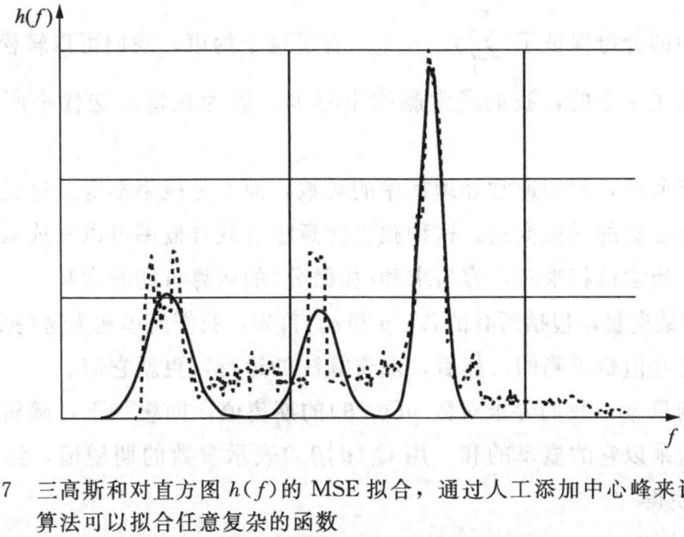

图 8.7　三高斯和对直方图 $h(f)$ 的 MSE 拟合，通过人工添加中心峰来证明该算法可以拟合任意复杂的函数

无论我们使用什么算法，基于直方图的阈值法的基本原理都是一样的：在直方图中

找到峰值，并选择它们之间的阈值。

本节中描述的问题是更一般的高斯混合模型(GMM)的特定情况，即，使用高斯和来近似函数。本节还描述了一种强大的通用优化方法，称为期望最大化(Expectation Maximization，EM)。在下一节中，我们将说明如何使用EM来解决我们刚刚解决的问题，找到高斯混合模型的参数。

8.2.4　高斯混合模型与期望最大化

在上一节中，我们描述了高斯混合模型，并提供了一种求解该模型参数的方法。本节展示EM，EM是用来估计高斯混合模型的参数的。

期望最大化是一个迭代算法，其分为两个阶段。在第一阶段，通常称为“E-step”，建立描述系统的目标，并将其作为期望值。在第二阶段，即“M-step”，找到优化期望值的参数。然后迭代执行这个过程。

本节中用于求解GMM问题的EM方法的推导遵循文献[8.15]的形式和顺序，但是在这里，仅使用一维高斯。

给出 n 个样本 $y_1, y_2, \cdots, y_n$，根据 k 高斯和，根据 $k=1,\cdots,K$，我们需要估计 A_k、μ_k、σ_k，定义

$$\Psi(y|\mu,\sigma)=\frac{1}{\sqrt{2\pi}\sigma}\exp\left(-\frac{(y-\mu)^2}{2\sigma^2}\right) \tag{8.5}$$

使用 Ψ，定义 γ_{ij}^m 来估计第 i 个样本在第 m 次迭代时属于第 j 个高斯函数的概率：

156

$$\gamma_{ij}^m=\frac{A_j^m\Psi(y_i|\mu_j^m,\sigma_j^m)}{\sum_{k=1}^{K}A_k^m\Psi(y_i|\mu_k^m,\sigma_k^m)} \tag{8.6}$$

其中参数的上标 m 表示在第 m 次迭代中对该参数的估计。

前面方程中的分母保证了 $\sum_{j=1}^{K}\gamma_{ij}^m=1$。有了这个约束，我们可以轻松地将 γ 看作概率。接下来，除了 γ 上的，我们通常删除上标 m，因为在每次迭代中所有操作都是相同的。

如6.5.1节所述，我们通常处理概率的对数，而不是概率本身。这是因为我们几乎总是处理假设为独立的随机变量。这种独立性意味着联合概率可以写成乘积，它们的对数可以写成和。当尝试相乘时，容易求和(如微分)的运算可能非常乱。

用 $\boldsymbol{\theta}$ 表示参数向量，包括所有的 A、μ 和 σ。首先，我们简单地为这些变量[⊖]选择一些值，并且假设这些值是正确的。然后，随着算法的运行，更新它们。

基于单次测量 y_i，我们寻求对数 $p(y_i|\boldsymbol{\theta})$ 的期望值。回想一下，随机变量的期望值是随机变量的值乘以它的概率的和。用 $Q_i(\boldsymbol{\theta}|\boldsymbol{\theta}_m)$ 表示参数的期望值，给定这些参数的第 m 次估计，使得

⊖ 有关初始化的更多讨论请参见文献[8.15]。

$$Q_i(\boldsymbol{\theta}|\boldsymbol{\theta}^m)=\sum_{j=1}^{K}\gamma_{ij}^m\log A_j\Psi(y_i|\mu_j,\sigma_j)$$
$$=\sum_{j=1}^{K}\gamma_{ij}^m\left(\log A_j-\frac{1}{2}\log 2\pi-\log\sigma_j-\frac{(y_i-\mu_j)^2}{2\sigma_j^2}\right)\tag{8.7}$$

不难证明，如果式(8.7)对于单个测量 y_i 成立，那么

$$Q_i(\boldsymbol{\theta}|\boldsymbol{\theta}^m)=\sum_{i=1}^{n}\sum_{j=1}^{K}\gamma_{ij}^m\left(\log A_j-\log\sigma_j-\frac{(y_i-\mu_j)^2}{2\sigma_j^2}\right)+C\tag{8.8}$$

其中 C 是不影响最大值的常数，因此可以舍弃。为了将期望转换为更容易处理的形式，定义

$$n_j^m=\sum_{i=1}^{n}\gamma_{ij}^m\tag{8.9}$$

式(8.9)允许我们把 A 从 μ 和 σ 中分离出来，写作

$$Q(\boldsymbol{\theta}|\boldsymbol{\theta}^m)=\sum_{j=1}^{K}n_j^m(\log A_j-\log\sigma_j)-\sum_{i=1}^{n}\sum_{j=1}^{K}\gamma_{ij}^m\frac{(y_i-\mu_j)^2}{2\sigma_j^2}\tag{8.10}$$

这个方程式总结了EM算法的E-step。现在我们已经把 $Q(\boldsymbol{\theta}|\boldsymbol{\theta}^m)$ 设为封闭形式，我们找到使其最大化的那个参数值。在这篇简要的介绍中，我们仅通过寻找均值 μ_j 来说明这个过程，而将优化 A 和 σ 的估计留作练习。首先，我们观察到因为式(8.10)的第一项不包含对 μ 的参考，所以忽略它，并且在没有第一项的情况下重写 Q 方程，只是为了估计 μ。 157

$$Q=-\sum_{i=1}^{n}\sum_{j=1}^{k}\gamma_{ij}^m\frac{(y_i-\mu_j)^2}{2\sigma_j^2}\tag{8.11}$$

为了解释得更清楚，颠倒求和的顺序：

$$Q=-\sum_{j=1}^{K}\sum_{i=1}^{n}\gamma_{ij}^m\frac{(y_i-\mu_j)^2}{2\sigma_j^2}\tag{8.12}$$

我们将对 μ_k 进行微分，当这样做时，除 $j=k$ 时，对 j 求和的所有项都将变为零，从而消除了该总和。因此，求式(8.10)与 μ_k 的微分。

$$\frac{\partial Q(\boldsymbol{\theta}|\boldsymbol{\theta}^m)}{\partial\mu_k}=\frac{\partial Q}{\partial\mu_k}=\sum_{i=1}^{n}\gamma_{ik}^m\frac{(y_i-\mu_k)}{\sigma_k^2}\tag{8.13}$$

将导数设置为0：

$$\frac{1}{\sigma_k^2}\sum_i\gamma_{ik}^m y_i-\frac{1}{\sigma_k^2}\sum_i\gamma_{ik}^m\mu_k=0\tag{8.14}$$

因为它不依赖于 i，所以因子 μ_k 从求和中取出，消除常数，并重新排列：

$$\mu_k\sum_i\gamma_{ik}^m=\sum_i\gamma_{ik}^m y_i\tag{8.15}$$

因此，

$$\mu_k=\frac{\sum_i\gamma_{ik}^m y_i}{\sum_i\gamma_{ik}^m}\tag{8.16}$$

但是分母已经被定义为 n_k，所以

$$\mu_k=\frac{1}{n_k}\sum_i \gamma_{ik}^m y_i \tag{8.17}$$

在求解了其他参数的优化值后，完成 EM 算法的 M-step 运算。

这些新的参数估计现在用于 E-step 的新计算，并且进行过程迭代。

EM 保证不会在迭代过程[8.55]中产生更糟糕的估计；然而，它可能陷入局部极大值。因此，EM 通常从不同的初始条件开始几次迭代。有关收敛性质的更多讨论，请参见文献[8.21、8.10、8.41]。

当直方图不能被高斯混合模型充分描述时，这种方法将不起作用。例如，图 8.8 显示了使用 Otsu 方法应用于黄貂鱼图像的阈值化结果。对于这个图像，简单的阈值方法完全失败，我们必须求助于更复杂的分割方法，如活动轮廓，这将在 8.5 节
158 讨论。

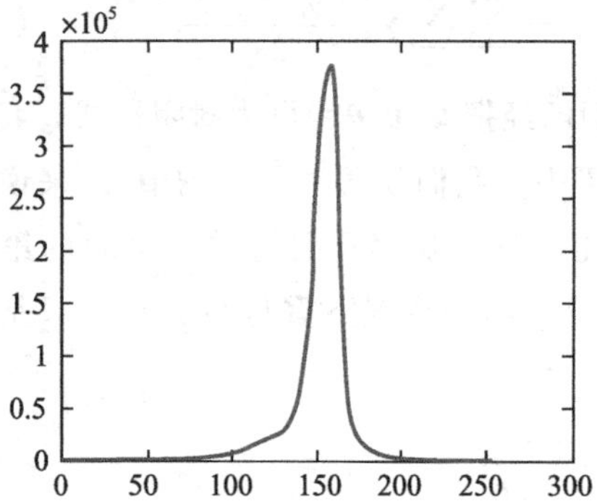

a）直方图

b）Otsu方法

图 8.8　使用 Otsu 方法的近似单峰直方图和阈值化结果

8.3　聚类：基于颜色相似度的分割

在本节中，你将学习一个非常强大和通用的工具：聚类。在 8.2 节中，我们主要讨论了应用于灰度图像的阈值技术。当存在多个光谱带(例如三波段彩色图像)时，我们当然可以对每个单独的波段应用阈值，然后使用一些融合方法组合来自各个波段的分割结果。在本节中，我们描述另一种产生彩色图像的分割方法，并且利用这个机会来教授聚类。

图 8.9 显示了英国北德文郡阿普尔多尔村的一条街道，图中展现了几栋不同颜色的房子。为了区分不同颜色的房子，一种直观的方法是找到相似颜色的区域。也就是说，我们可以通过相似颜色的像素簇表示每栋房子，并用单个颜色表示该簇。人们可能会问：“这幅图像有几种颜色?”在第一次尝试回答这个问题时，可以推断彩色图像包含 8 位红色、8 位绿色、8 位蓝色。因此，有 $2^{24}=16\ 777\ 216$ 种不同颜色。但是稍微思索一

下，就会发现在这幅 1296×864=1 119 744 的图像中只有 1296×864 个像素。因此实际上图像中的颜色不能超过 1 119 744 种。

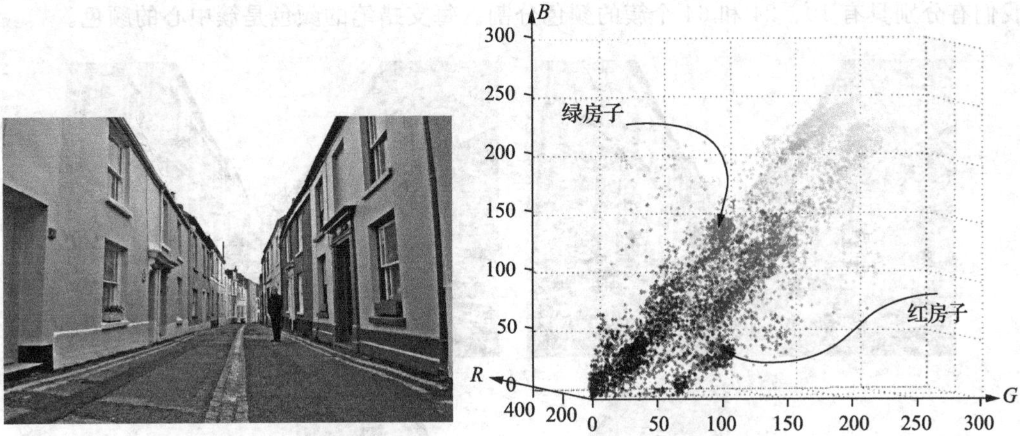

a）　　　　　　　　b）

图 8.9　a）英国北德文郡的阿普尔多尔村。作者非常感谢 Matthew Rowe、Irene Rowe 和 David Rowe。库名：ColoredHouses-sm.jpg。b）左边图像的三维 RGB 颜色空间。颜色空间中的每个点对应于图像中的一个像素，并且以坐标 $<r, g, b>$ 表示颜色（见彩插）

但是真正需要多少种颜色？有没有办法用得更少？下面将讨论这些问题。

这个应用程序给我们提供了学习聚类或无监督学习的机会。下面将描述的聚类方法容易产生期望的颜色分类。

8.3.1　k-均值聚类

有很多方法进行聚类。斯图尔特·劳埃德（Stuart Lloyd）在 1957 年开发了后来被称为 k-均值的算法，但直到 1982 年才在文献[8.32，8.33]中公开发表。有趣的是，几十年后，k-均值算法仍然是最流行的聚类算法之一。

建议学生再选一门模式识别课程，以便更深入地理解这个概念。

图 8.10 给出了 k-均值算法。

1）在 3D 颜色空间 $<r, g, b>$ 中，选择一组 k 个初始簇中心。如何选择初始簇中心取决于具体问题。例如，如果你在颜色空间中对点进行聚类，其中维度是红色、绿色和蓝色，则可能将所有簇中心均匀地分散在这个三维空间上，或者你可以将它们全部放在从 $<0, 0, 0>$ 到 $<\text{maxred}, \text{maxgreen}, \text{maxblue}>$ 的线上。

2）将图像中的每个像素指定为属于最近的簇中心。即，对于颜色为 $<r, g, b>$ 的 $<x, y>$ 像素，计算其距离到簇均值 i，i 颜色为 r_i、g_i、b_i，使用

$$d_{i,x,y} = \sqrt{(r-r_i)^2 + (g-g_i)^2 + (b-b_i)^2} \tag{8.18}$$

如果对于任何簇 j，$j \neq i$，$d_{i,x,y} < d_{j,x,y}$，那么在 $<x, y>$ 处的像素被称为“属于”簇 i。

3）计算每个簇的平均值，即该簇中所有颜色的平均值。这成为该簇的新中心。

4）用最近的平均值重新将每个像素分配到簇。

5）如果在此迭代中没有任何更改，则退出；否则返回步骤 2。

图 8.10　颜色的 k-均值聚类

159~160

将颜色聚类的性能与米开朗基罗被要求用蜡笔给西斯廷教堂着色时会遇到的问题进行比较。图 8.11 显示了使用 10 支蜡笔、24 支蜡笔以及 64 支蜡笔着色的图。也就是说，我们有分别具有 10、24 和 64 个簇的颜色分割。每支蜡笔的颜色是簇中心的颜色。

图 8.11 分别使用 10、24 和 64 种不同的颜色“着色”图 8.9。对于人眼来说，64 种颜色渲染与原始颜色无法区分，而 24 种颜色几乎无法区分。由于该算法对局部极小值很敏感，所以精确结果取决于初始颜色中心的选择(见彩插)

虽然劳埃德的算法既简单又众所周知，但是算法设计存在三个主要问题。首先，它假定簇数量(即 k)的先验知识，这在许多情况下变得不方便和不现实。其次，该算法对初始簇的选择非常敏感。图 8.12 显示了使用随机初始化和沿对角线方向均匀分布的颜色分割的结果。这个输出结果的差异是明显的。第三，该算法对寻找(超)球状簇有很强的偏向。例如，它不能很好地解决聚类问题，如图 8.13 所示。

a) 使用 0 至 1 之间的随机数初始化　　b) 沿 3D 颜色平面的对角线均匀初始化

图 8.12 不同初始化对使用 k-均值算法的颜色聚类的影响($k=6$)(见彩插)

对于像这样的簇，其他算法更适合，比如均值移位(mean-shift)算法，这将在下面讨论。另一个选择是层次聚类的方法，这超出了本书的范围。我们应该注意到，有大量的文献提及学生可能会遇到关于向量量化的问题，这与聚类很相似。

8.3.2　均值移位聚类

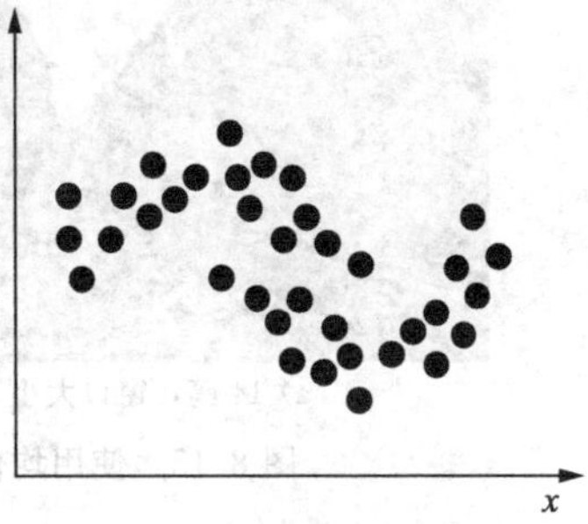

图 8.13　两个簇被拉长并扭曲，不能用 k-均值法精确地进行聚类

均值移位算法最初是由福田康夫和霍斯特勒在 1975 年提出的[8.23]，用于模式检测。它把输入点的集合看作从经验概率密度函数中抽取的样本。该算法迭代地将每个数据点“移动”到概率密度函数的“模式”（或局部最大值）。虽然该算法功能强大、通用性强，但直到 1995 年，Cheng 的工作[8.16]才引起人们的广泛关注，这表明均值移位可以推广用于解决聚类问题。

与 k-均值算法不同，由于算法的非参数性质，均值移位法假定先前不知道簇的数量。模式的数量自动指示簇的数量。此外，由于均值移位是基于密度估计的，所以它可以作用于任意形状的簇。

均值移位算法中的关键参数是所谓的窗口大小，即 h，它指定窗口/核函数的半径或大小。在每个窗口内计算均值。窗口大小间接地决定了簇之间的距离。因此，均值移位算法不必像 k-均值算法那样预先定义簇的数量，而是基于指定的窗口大小自动生成聚类结果。均值移位算法在图 8.14 中描述。

1）初始化：选择大小为 h 的窗口/核，例如平面核，并将窗口应用于每个数据点 x

$$K(x)=\begin{cases}1, & \|x\|\leqslant h\\ 0, & \|x\|>h\end{cases}$$

2）均值计算：在每个以 x 为中心的窗口中，计算数据的均值 $m(x)$。

$$m(x)=\frac{\sum\limits_{S\in\Omega_x}K(s-x)s}{\sum\limits_{S\in\Omega_x}K(s-x)}$$

其中 Ω_x 是包含在由 h 确定的窗口内的一组数据点。

3）均值移位：将窗口移动到均值，即 $x=m(x)$，其中差值 $m(x)-x$ 在文献[8.23]中被称为均值偏移。

4）如果 $\|m(x)-x\|>\varepsilon$，则返回第二步。

图 8.14　颜色的均值移位聚类

Cheng 指出，如果使用高斯核而不是平面核，则均值移位过程等价于梯度上升过程，使得聚类分析成为寻找表示数据的均值移位固定点的确定性问题[8.16]。 161~162

图 8.15 说明了使用均值移位的聚类结果。均值移位最大的问题是收敛速度慢，并且需要调整窗口大小参数 h。有算法[8.19]根据数据的局部密度分布自适应地调整窗口大小。

a）14 簇，窗口大小 $h=30$　　b）35 簇，窗口大小 $h=20$

图 8.15　使用均值移位的聚类结果，其中自动确定簇的数量(见彩插)

8.4　连接组件：使用区域增长的空间分割

在本节中，你将学习在图像中区分一个区域与另一个区域的方法。这将与第一区域是否“连接”到第二区域有关。

“这个区域与那个区域有联系吗?”这是一个可以用许多方法解决的问题。最简单的算法可称为“区域增长”。它使用与图像存储器 f 同构的标签存储器 L，如图 8.2 与图 8.1 所示。在此描述中，我们将“黑色”像素当作对象，将“白色”像素当作
163 背景。

8.4.1　递归方法

该算法使用下推栈实现区域增长，在该下推栈上临时保持区域中的像素坐标。它根据图像 $f(x, y)$产生标签图像 $L(x, y)$。L 被初始化为零。

1）找到一个未标记的黑色像素；也就是说，$L(x, y)=0$。为该区域选择一个新的标签号，称为 N。如果所有像素都已标记，则停止。

2）$L(x, y) \leftarrow N$。

3）如果 $f(x-1, y)$为黑色且 $L(x-1, y)=0$，则设置 $L(x-1, y) \leftarrow N$ 并将坐标对$(x-1, y)$推入栈中。

如果 $f(x+1, y)$为黑色且 $L(x+1, y)=0$，则设置 $L(x+1, y) \leftarrow N$ 并将$(x+1, y)$推入栈中。

如果 $f(x, y-1)$是黑色且 $L(x, y-1)=0$，则设置 $L(x, y-1) \leftarrow N$ 并将$(x, y-1)$推入栈中。

如果 $f(x, y+1)$为黑色且 $L(x, y+1)=0$，则设置 $L(x, y+1) \leftarrow N$ 并将$(x, y+1)$推入栈中。

4）通过弹栈选择一个新的(x, y)。

5）如果堆栈为空，则递增 N 并转到步骤 1，否则转到步骤 2。

该标记操作产生一组连接区域，每个区域分配唯一的标签号。请注意，此示例假定

为 4 邻居邻接。为了找到任意给定像素所属的区域，计算机只需询问存储器 L 中的相应位置并读取区域编号。

示例：应用区域增长

这里描述的算法称为区域增长，因为它能识别某个像素属于某个部分区域，一次识别一个像素。有效地“增长”标签图像中的区域。在图 8.16 中，显示了 6×6 像素阵列。假设$<x，y>$的初始值是$<4，5>$。我们应用上述算法并在每次执行步骤 3 时显示堆栈和 L 的内容。设 N 的初始值为 1。在图 8.17中，行号和列号用灰色阴影表示。

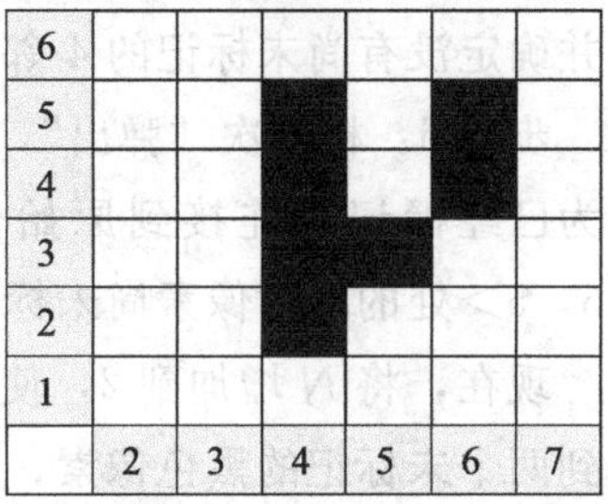

图 8.16　前景/背景图像的例子

在这里，我们将说明连接的概念：如果两个像素的亮度相同并且它们之间的曼哈顿距离是 1，则说明这两个像素是连接的。164

解决方案：参见图 8.17，跟着算法步骤进行。

6	0	0	0	0	0	0
5	0	0	1	0	0	0
4	0	0	0	0	0	0
3	0	0	0	0	0	0
2	0	0	0	0	0	0
1	0	0	0	0	0	0
	2	3	4	5	6	7

a）步骤1：<4，4>

6	0	0	0	0	0	0
5	0	0	1	0	0	0
4	0	0	1	0	0	0
3	0	0	0	0	0	0
2	0	0	0	0	0	0
1	0	0	0	0	0	0
	2	3	4	5	6	7

b）步骤2：<4，3>

6	0	0	0	0	0	0
5	0	0	1	0	0	0
4	0	0	1	0	0	0
3	0	0	1	0	0	0
2	0	0	0	0	0	0
1	0	0	0	0	0	0
	2	3	4	5	6	7

c）步骤3：<5，3>和<4，2>之上

6	0	0	0	0	0	0
5	0	0	1	0	0	0
4	0	0	1	0	0	0
3	0	0	1	1	0	0
2	0	0	0	0	0	0
1	0	0	0	0	0	0
	2	3	4	5	6	7

d）步骤4：<4，2>

6	0	0	0	0	0	0
5	0	0	1	0	0	0
4	0	0	1	0	0	0
3	0	0	1	1	0	0
2	0	0	1	0	0	0
1	0	0	0	0	0	0
	2	3	4	5	6	7

e）步骤5：<>

图 8.17　在示例中每一步之后存储器 L 中的内容

步骤 1：在执行步骤 3 之后立即将 N 设置为 1。算法已检查像素$<4，5>$，检查其 4 个邻居，并且在前景中仅检测到一个 4-邻居像素，即$<4，4>$处的像素。因此，将该像素的坐标推入栈。

步骤 2：从栈的顶部移除$<4，4>$并在图像 L 中用 1 标记，检查其邻居并且仅找到一个 4-邻居像素，将坐标$<4，3>$推入栈。

步骤 3：栈顶包含$<4，3>$。将该坐标对从栈中移除，并在图像 L 中标记为 1。检查其所有邻居并找到两个 4-邻居像素，即像素$<4，2>$和像素$<5，3>$。因此，这些像素的坐标推入栈。

步骤 4：栈再次“弹出”，这次移除＜5，3＞并用 1 标记图像 L 中的对应点。检查该像素并确定没有尚未标记的 4-邻居像素。

步骤 5：栈再次“弹出”，移除＜4，2＞并用 1 标记图像 L 中的那个点。检查该像素并确定没有尚未标记的 4-邻居像素。

步骤 6：栈再次“弹出”，这次产生“栈空”的返回值，并且该区域的算法已完成，因为已经标记了连接到原始像素＜4，5＞的所有黑色像素。请注意，＜6，4＞和＜6，5＞处的两个像素尚未标记。

现在，将 N 增加到 2，使得下一个区域标记为 2。然后，重新开始扫描。最终，将遇到两个未标记的黑色像素，它们由相同的基于栈的算法标记。

165

对上述算法最简单的概括是允许“连接”采用更一般的定义。也就是说，在上面的描述中，前景像素都是黑色的。如果允许灰度像素，我们可以简单地用谓词来定义“连接”

$$|f(\boldsymbol{x})-f(\boldsymbol{y})|<R\Rightarrow \mathrm{CONNECTED}(\boldsymbol{x},\boldsymbol{y}) \tag{8.19}$$

或者，可以使用更复杂的度量，例如比较像素颜色。这种区域增长算法只是执行连通分量分析的几种策略之一。存在比所描述的方法更快的其他策略，包括以光栅扫描速率运行的策略[8.49]。

8.4.2 迭代方法

因为上述区域增长技术总是导致闭合区域，所以其他分割技术通常会更好，如那些基于边缘检测或线拟合的技术。基本区域增长技术的许多变化和应用已经被提出[8.11,8.22]。虽然区域增长已被证明是计算机视觉的一个组成部分，但它并不适合实时应用。这促使人们思考更快的、更具硬件专用的区域划分的替代方法。

本节介绍了另一种算法，它也可以生成闭合区域。该算法在功能上与递归区域增长算法相同，因为它返回一组标记像素，满足邻接以及相似性标准。这种方法[8.49]作为一种图形处理方法首次发表，该图形处理方法基于“联合发现”的图论概念。它很有吸引力，因为当它由专用硬件实现时，可以视频速率运行[8.48]。此外，该算法将通过数据单次传递“即时”生成标签图像。通过使用内容可寻址存储器这一概念来实现该结果。该存储器可以是仿真软件中的物理硬件或查找表驱动的访问方法。

该算法基于图像像素之间的等价关系的概念。等效性在此定义如下：如果两个像素 a 和 b 属于图像的相同区域，则它们被定义为等效的(表示为 $R(a,\ b)$)。这种关系具有自反性($R(a,\ a)$)、对称性($R(a,\ b)\Rightarrow R(b,\ a)$)和传递性($R(a,\ b)\wedge R(b,\ c)\Rightarrow R(a,\ c)$)；这使它成为等价关系。由于等价关系的传递属性，能够通过仅考虑局部邻接属性来确定区域中的所有像素。在该算法中，属于同一区域的事实是可传递的。

与上一节一样，名为 L 的标签图像将保存区域的标签。标签存储器初始化为 0，如

同名为 N 的计数器一样。此外，创建数组 M 并且解释为：如果 $M[i]=k$，则标签 i 等同于标签 k。根据这种解释，如果 M 由 $\forall i$，$M[i]=i$ 初始化，这意味着最初没有两个标签是等价的。像素以光栅扫描顺序从上到下、从左到右标记。将前景像素 i 与上面的像素和其左边的像素进行比较。可能会出现三种情况：

1）如果两个像素都没有被标记，这意味着它们是背景像素，并且当前像素是新区域的开始，则将 N 增加1，并将 N 指定为像素 i 的标签。 166

2）如果两个像素具有相似的亮度，则它们将被视为“等价的”。如果上面的像素和左边的像素已经被标记，具有相同的标签，则也用该标签标记像素 i。

3）如果上面的像素和左边的像素都已标记且标签不同，则需要解决此问题。图8.18展现了当在“?”指定的像素处发现等价关系 $R(1,2)$时，由于此比较而可能出现的情况。

```
1 1 1     2 2
1 1 1     2 2
1 1 1     2 2
1 1 1     2 2
1 1 1 1 1 ?
```

图8.18　标签分配中的冲突

标签冲突以下列方式解决。假设我们发现一个新像素可以标记为 r 或 s。不失一般性地，我们假设 $r<s$。然后对于带有标签 r 的 M 的每个元素，将其标签替换为 s。通过这种方式，每个等价标签将是相同的，这实际上表示用 r 或 s 标记的所有像素都在同一区域。

上述算法可能非常快，因为步骤3中的重新标记可以使用内容可寻址存储器[8.48]在单个步骤中完成。

8.4.3　示例应用

图8.19显示了 Microsoft Kinect 摄像机的范围图像，展现了摄像头的工件。这些工件是亮度为零的小区域。在图像上运行连接的组件标签会生成标签图像，其中每个区域都有不同的标签。为每个标签分配不同的随机颜色会在图中生成第二幅图像(见图8.19b)。

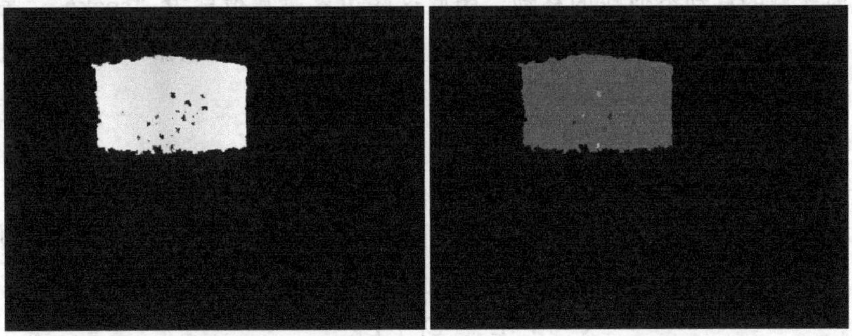

a)　　　　b)

图8.19　a）带有工件的范围图像，库名为 $d_b$ox1.png。b）为每个工件分配不同的标签，然后为标签分配随机伪彩色后的标签图像 167

由于现在所有区域都是唯一标识的，因此可以单独处理它们。例如，可能需要在较大区域内完全擦除小区域。许多其他类似操作基于连通组件标记。

8.5 使用主动轮廓进行分割

在本节中，你将学习如何以下列方式分割区域：首先假设轮廓(例如，区域外的圆圈)，然后让轮廓移动直到它遇到该区域时停止。主动轮廓的概念最初是为了解决某些边缘检测算法在某些图像上失败的事实而开发的，因为在图像的某些区域中，边缘根本不存在。例如，图 8.20 说明了使用核医学成像的人类心脏。在某些心脏病学研究中，有必要估计左心室的血液量。体积测量过程如下所示。

将放射性药物引入血液中，并制作反映每个点的辐射的图像。一点处的亮度是垂直于该像素所对准的区域中的血液量的成像平面的方向上的积分的量度。因此，可以通过对心室区域上的亮度求和来计算心室内的血液量。当然，这需要心室边界的准确分割，由于心室的左上角没有对比度使得问题变得困难。发生这种情况是因为心室后面的其他来源(上腔静脉和下腔静脉等)的辐射会模糊对比度。因此，需要一种能够桥接这些大间隙的技术。

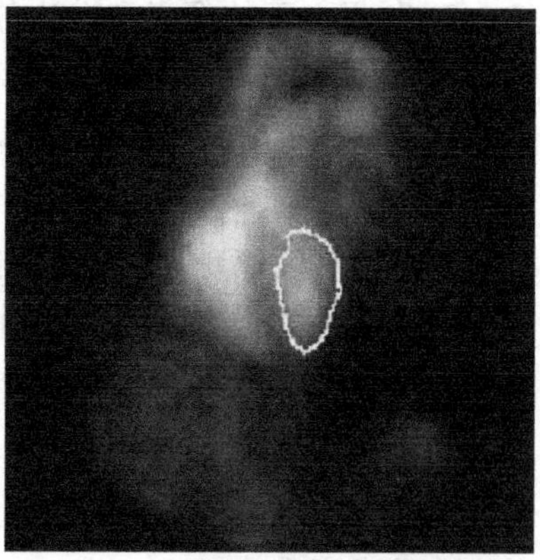

图 8.20 左心室使用核医学成像。来自文献[8.20]，经许可使用

遵循这一理念，人工轮廓首先由用户初始化或自动初始化。然后轮廓移动，并继续移动，直到大多数轮廓点与图像边缘点对齐。

168 下面讨论了两种不同的理念，它们导出了主动轮廓算法：基于粒子的方法(像 snake)和水平集。在基于粒子的方法中，首先在感兴趣的区域周围放置一组有序点。然后，这组点演变为基于能量最小化的新位置。可以通过插值获得对象的最终轮廓。在搜索边界点时轮廓的移动类似蛇的移动，因此这些边界通常被称为“snake”。另一方面，在水平集方法中，表示平滑曲面的函数是首先被确定的。然后根据一些偏微分方程演化该函数。对象的最终轮廓由该函数的零水平集给出。

8.5.1 snake：离散和连续

snake 表示平面中有序的一组点 $\boldsymbol{x}_i=[x_i \quad y_i]^{\mathrm{T}}$，它构成了一些感兴趣区域周围的边界曲线。按照这种方法，边界移动以减少能量：

$$E = E_{\mathrm{I}} + E_{\mathrm{E}} \tag{8.20}$$

其中内部能量(E_{I})表征 snake 本身，外部能量(E_{E})表征 snake 当前所在点的图像。我们将说明使用 snake 来分割图像的两种方法：离散 snake 和连续 snake。前者直截了当，易于掌握。后者稍微复杂一些，但更为通用。

1. 离散 snake

内部能量 E_{I} 测量沿轮廓的弯曲程度、曲线的大小等，内部能量不依赖于图像。内部能量的确切形式取决于应用，但最初使用以下形式：

$$E_I = \sum_i \alpha \| \boldsymbol{x}_i - \boldsymbol{x}_{i-1} \| + \beta \| \boldsymbol{x}_{i-1} - 2\boldsymbol{x}_i + \boldsymbol{x}_{i+1} \| \tag{8.21}$$

最小化第一项，即找到一组使 $\sum \alpha \| \boldsymbol{x}_i - \boldsymbol{x}_{i-1} \|$ 尽可能小的 snake 点，产生一条使 snake 点相互靠近的曲线。如果 $\beta=0$，则 snake 会塌陷到一个点(如果没有外部能量)。

要理解第二项，请看图 5.5，它是高斯函数的二阶导数。请注意，中间是负的。现在将其与式(8.21)的第二项内的系数进行比较。你可以看到内部能量中的第二项粗略估计二阶导数。因此，它将通过直线(至少一条缓慢弯曲的直线)最小化。因此，使第二项最小化的曲线几乎没有弯曲。

我们可以选择多种形式的外部能源。基本的想法是，如果局部图像梯度很高，我们不希望 snake 移动。这可以通过选择简单的表达式来实现，如：

$$E_E = -\sum_i \exp[(f_x(\boldsymbol{x}_i))^2 + (f_y(\boldsymbol{x}_i))^2] \tag{8.22}$$ 169

或者

$$E_E = \sum_i \exp[-(f_x(\boldsymbol{x}_i))^2 - (f_y(\boldsymbol{x}_i))^2] \tag{8.23}$$

由于第二种形式的范围限制在 0 到 1 之间，因此管理起来更容易一些。

同样，有很多选择可以找到最小化 E 的 snake。最简单的方法是简单下降。

通过简单下降寻找最小化的 snake

1) 在第 k 次迭代中，评估当前 snake 的 E，表示为 E^k。
2) 随机选择一个 snake 点。使用随机选择的很重要。
3) 随机选择将 snake 点向上、向下、向左或向右移动一个像素。
4) 在新点评估 E，称之为 E^{k+1}。
5) 如果 $E^{k+1}-E^k<0$，这是一个很好的移动，能量下降。所以这个点可以被接受。也就是说，用新的值替换 $\boldsymbol{x}^k$ 的旧值。
6) 如果发生了变化，请转到步骤 1。

接下来，我们研究如何将离散表达式转换为连续表达式。这将使我们有机会更容易地进行数学计算。

2. 离散表示转换为连续表示

在计算机视觉中，我们发现在某些地方使用带有求和的离散表示更方便，而在其他地方则使用带积分的连续表示。通常，以连续形式作高等数学计算更容易，连续表示通常可以更好地洞察函数。但是，算法最终必须以离散形式实现。

在本部分中，我们通过一个说明上一部分中的 snake 的例子来介绍这个不一般的概念。学生有机会学习展现两种表示等价的推导，学生可以学习如何在需要时来回切换。

正如我们之前看到的，现在有一个函数，其最小值是所期望的轮廓。我们只需要找到点集$\{\boldsymbol{x}_i\}$，该点集可以最小化式(8.20)中的E。

早些时候，观察到式(8.21)的第二项类似于二阶导数。现在看第一项——多么惊喜！它看起来像一阶导数，它使得人们考虑在连续域中表示这样一个函数的可行性，如：

$$E_I=\alpha\int_0^1|\boldsymbol{x}'|^2\mathrm{d}s+\beta\int_0^1|\boldsymbol{x}''|^2\mathrm{d}s \tag{8.24}$$

其中$\boldsymbol{x}=\boldsymbol{x}(s)=[x(s)\ y(s)]^{\mathrm{T}}$，$\boldsymbol{x}'=\dfrac{\partial\boldsymbol{x}}{\partial s}$，$\boldsymbol{x}''=\dfrac{\partial^2\boldsymbol{x}}{\partial s^2}$，$s$是曲线的参数。从某个任意起点开
170 始的弧长通常用作参数。通过每个snake点定义曲线。

注意，由于$\boldsymbol{x}$是二维向量，因此式(8.24)中的平方范数只是$|\boldsymbol{x}|^2=\boldsymbol{x}^{\mathrm{T}}\boldsymbol{x}$。为了使snake沿着使用梯度下降最小化$E$的方向移动，因此需要梯度。对于每个snake点，微积分[8.26]会产生

$$\frac{\partial\boldsymbol{x}}{\partial t}=\alpha\frac{\partial^2\boldsymbol{x}}{\partial s^2}-\beta\frac{\partial^4\boldsymbol{x}}{\partial s^4} \tag{8.25}$$

其中导数可以用以下公式来估算：

$$\begin{aligned}\left.\frac{\partial^2 u}{\partial s^2}\right|_j&\approx\frac{u_{j+1}-2u_j+u_{j-1}}{\delta s^2}\\ \left.\frac{\partial^4 u}{\partial s^4}\right|_j&\approx\frac{u_{j+2}-4u_{j+1}+6u_j-4u_{j-1}+u_{j-2}}{\delta s^4}\end{aligned} \tag{8.26}$$

在式(8.26)中，左侧表示在第j个snake点处的导数估计。u可以是x或y。两者都是必要的。文献[8.26]中得出的估计值是使用有限差分估算的，有限差分是式(5.7)的近似形式，为了方便起见，这里再次提供(见式(8.27))，其中变化的符号与式(8.26)中使用的符号一致。由于有限差分经常出现，我们将借此机会简要地讨论它们。我们在第3章中学习了第一个导数的一般形式：

$$\frac{\partial u}{\partial s}=\lim_{\Delta s\to 0}\frac{u(s+\Delta s)-u(s)}{\Delta s} \tag{8.27}$$

不进行任何平均化的一阶导数的非对称近似是

$$\left.\frac{\partial u}{\partial s}\right|_j\approx\frac{u_{j+1}-u_j}{\delta s}$$

在第5章，我们也看过其对称形式

$$\left.\frac{\partial u}{\partial s}\right|_j\approx\frac{u_{j+1}-u_{j-1}}{2\delta s}$$

为了得到二阶导数，我们可以简单地得到一阶导数的导数(使用非对称形式)：

$$\left.\frac{\partial^2 u}{\partial s^2}\right|_j\approx\frac{u_{j+1}+u_{j-1}-2u_j}{\delta s^2} \tag{8.28}$$

在有噪声的图像中，以这种方式使用有限差分并不像5.8.1节中的DoG那样有效地估算导数，但在这里，它已经足够了。

我们需要考虑一下δs的问题。当初始化snake时，如果我们初始化为一个圆，则所有snake点都是等间距的。由δs_{ij}表示snake点i和j之间的距离，并且在循环初始化之后，$\forall_i$，

$\delta s_{i,i+1}=\delta s$。然而，在 snake 开始变形以匹配图像之后，所有的 δs 不必相同，并且式(8.26)可能不完全正确。在这种情况下，你有三种选择：假设它们是相同的并继续前进，这可能不是一个糟糕的估计；重新取样 snake；通过以下方式使用 snake 点之间的实际距离来计算导数：首先定义 $s_{ij}=\|\boldsymbol{x}_i-\boldsymbol{x}_j\|$，并使用对称形式求导数，前两个的有限差分估计导数为 171

$$u'\big|_i=\frac{\partial u}{\partial s}\bigg|_i\approx\frac{u_{i+1}-u_{i-1}}{s_{i+1}-s_{i-1}} \tag{8.29}$$

以及

$$u_i''\approx\frac{\partial^2 u}{\partial s^2}\bigg|_i\approx\frac{(u_{i+2}-u_i)(s_i-s_{i-2})-(u_i-u_{i-2})(s_{i+2}-s_i)}{(s_{i+2}-s_i)(s_i-s_{i-2})(s_{i+1}-s_{i-1})} \tag{8.30}$$

这虽然有点麻烦，但是比假设它接近均匀或重新取样 snake 更准确。有趣的是，在一阶导数之上，非对称和对称形式的系数是相同的。

图像的外部能量测量性质应该会影响 snake 运动。一个明显的图像属性是边界通过的区域的边缘。如果图像中的区域被称为具有高边缘度，则该区域包含一个或多个强边缘。可以修改式(8.25)以包括如下的图像分量：

$$\frac{\partial \boldsymbol{x}}{\partial t}=\alpha\frac{\partial^2 \boldsymbol{x}}{\partial s^2}-\beta\frac{\partial^4 \boldsymbol{x}}{\partial s^4}+\boldsymbol{f} \tag{8.31}$$

其中 $\boldsymbol{f}$ 是指向图像边缘的力。需记住 $\delta\boldsymbol{x}$ 是感兴趣的图像特征方向的一个步骤，这里我们只考虑图像边缘，如果我们添加一个指向边缘的向量，我们将以适当的方式修改 $\delta\boldsymbol{x}$。图像渐变本身就是一个这样的向量，但是梯度仅在边缘附近具有很大的幅度，因此渐变不能有效地从远处拉 snake。如果围绕一个形状设置 snake 并允许仅使用内力收缩，这可能会很好。

由于距离变换的梯度靠近[⊖]最近的边缘，因此这可以在此上下文中使用。

最后，记得使用如下公式更新每个 snake 点的位置

$$\boldsymbol{x}^{\text{new}}=\boldsymbol{x}^{\text{old}}+\frac{\partial \boldsymbol{x}^{\text{old}}}{\partial t} \tag{8.32}$$

在图 8.21 中，说明了 snake 的演化中的三个步骤。

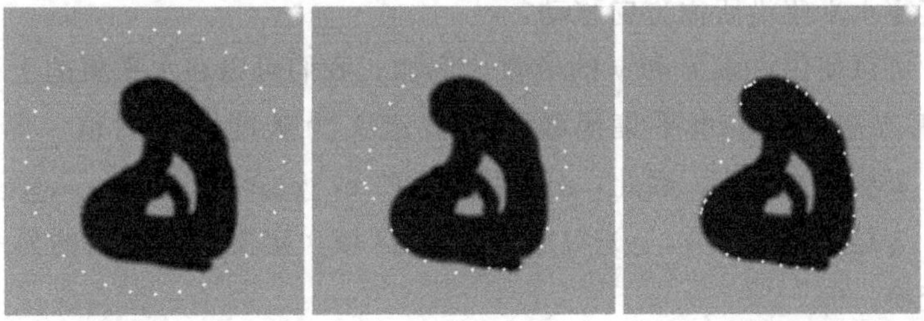

a)　　b)　　c)

图 8.21　snake 的进化中的三个步骤。a) 最初的 snake，只有 32 个点，被描绘成一个关于目标区域的圆圈。b) snake在整个过程的中途显示出来。它已经停止移动，它遇到左下角和右下角的边界。c) snake 的最终状态表明了这个简单 snake 的问题之一是它不能有效地闭合凹陷区域(原图的库名是 blob. png)

⊖ 或者远离，这取决于定义。

这种主动轮廓存在两个主要问题：初始轮廓必须靠近图像边缘(除非有一些运算可用于扩展边缘的影响，例如距离变换)；轮廓不会进入凹陷区域，实际上，所得到的轮廓可能是凸包，如图 8.21 所示。

8.5.2 水平集：包含边或者不包含边

仅考虑边界点的移动，如 snake 算法那样，会引入一些额外的问题。特别是，没有真正有效的方法使得边界能分成单独的组件，或者单独的组件可能合并到一个边界中。
172 在演化过程中，边界点可能变得非常接近或相隔很远，使得 snake 算法的计算在数值上不稳定。也就是说，基于单独运动点或粒子的方法不能有效地处理轮廓的拓扑变化。

本节描述解决这些问题的水平集的概念。我们提出了两种不同的分割算法，它们都使用了水平集的思想。首先，我们解释这个概念如何利用图像渐变来控制水平集移动。这最初由 Osher 和 Sethian 开发[8.37]。然后，我们描述了第二种不使用图像边缘，而是使用区域统计中的差异的方法。这最初是由 Chan 和 Vese 开发的[8.13]。

与 snake 算法一样，我们在目标区域创建一个人工轮廓，然后让轮廓随图像的变化而变化。不同之处在于，我们不是依赖于一组粒子的演化来插入轮廓，而是在这里处理一个隐函数 Ψ，它描述了一个轮廓是零水平集的曲面。

给定一个函数 Ψ：$\mathbb{R}\times\mathbb{R}\rightarrow\mathbb{R}$，在 x，y 平面上，Ψ 的水平集 C 被定义为点 x，y 的集合，其中 $\Psi(x, y)=C$。图 8.22 说明了定义 3D 的水平集函数(式(8.33))曲面及其三个水平集，C 分别设置为 0.2、0 和 −0.5。我们从图 8.22b～图 8.22d 观察到轮廓首先分成两个，最终合并为一个。像这样的边界轮廓的拓扑变化可以通过水平集函数处理，但是不能通过基于粒子的方法处理。

$$\Psi(x,y)=1.5\mathrm{e}^{-5(2(x+0.5)^2+(y-0.1)^2)}+\mathrm{e}^{-5(2(x-0.1)^2+(y-0.1)^2)}-1 \tag{8.33}$$

这个思想是这样的：定义一个函数，其零水平集是初始轮廓，我们可以选择。零水平集自然导致图像分割，其中两个区域被定义为$\{\Psi(x, y)\geqslant 0\}$和$\{\Psi(x, y)<0\}$。然后修改该函数，使其零水平集沿所需方向移动。

实际上，可以使用许多 x 和 y 的函数。例如，我们可以在水平集的上下文中阐述基于阈值的分割方法，其中水平集函数可以被定义为灰度图像的值，即 $\Psi(x, y)=f(x, y)-t$，其中 t 为阈值。因此，分割结果$\{\Psi(x, y)\geqslant 0\}$(或 $f(x, y)\geqslant t$)是一个区域，而$\{\Psi(x, y)<0\}$(或 $f(x, y)<t$)是另一个区域。定义初始函数的另一种便捷方法是使用距离变换。

还记得距离变换吗？在第 7 章中，距离变换产生了一个函数 $\mathrm{DT}(x, y)$，其值在边界像素上等于 0，当点离开边界时，它会变大。现在考虑一个距离变换的新版本，它与感兴趣的轮廓外的旧版本完全相同。(记住，轮廓线是闭合的，所以内外的概念是有意义的。)在轮廓内部，这个新函数(我们称为度量函数)是距离变换的负值。

$$\Psi(x,y)=\begin{cases}\mathrm{DT}(x,y), & (x,y)\text{ 在轮廓外部}\\ -\mathrm{DT}(x,y), & (x,y)\text{ 在轮廓内部}\end{cases} \tag{8.34}$$

基于水平集的分割算法修改度量函数 Ψ。对于每个点(x, y)，我们根据一些修改规则计算 $\Psi(x, y)$的新值。有几种方法可以修改这些点，我们将在下面讨论其中的两种。一种使用图像边缘移动轮廓，另一种移动轮廓而不使用图像边缘。需记住，目标轮廓仍然是(修改的)度量函数采用零值的点集，即零水平集。我们将其初始化为距离变换或 x 和 y 的其他函数。这是基于水平集的分割方法的另一个优点，其中初始轮廓不必非常接近目标区域的实际边缘。

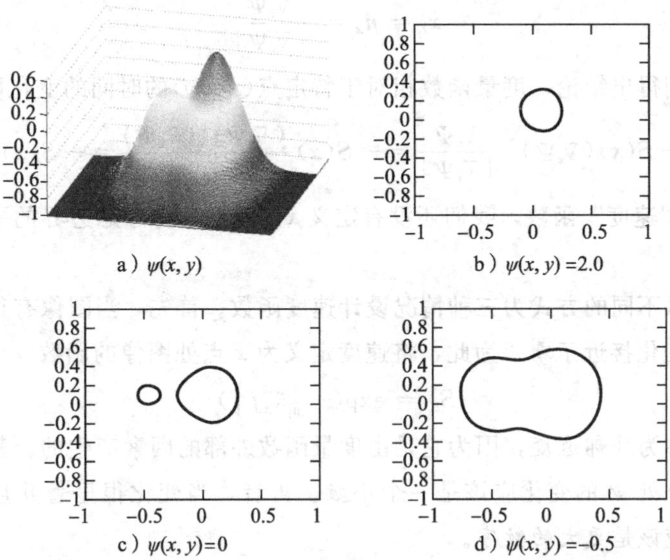

图 8.22　水平集函数的示意图。b)～d) 轮廓分成两条闭合曲线，然后再次合并

在本节中，有几个方面是相关的：度量函数 Ψ、它的零水平集(即轮廓)、轮廓的运动以及导致轮廓运动所需的 Ψ 变化。零水平集和轮廓的表达式在这里可互换使用。我们将使用空间坐标的向量表示，即 $\boldsymbol{x}=[x \quad y]^{\mathrm{T}}$。

1. 使用图像边缘移动轮廓

考虑零水平集中的点 $\boldsymbol{x}$，并观察到在任意时间 t，Ψ 是三个变量的函数

$$\Psi(x, y, t) \tag{8.35}$$ 173~174

此后，我们将删除参数列表以使导数更加清晰。将时间上的完全导数转换为 Ψ。

$$\frac{\mathrm{d}\Psi}{\mathrm{d}t}=\frac{\partial \Psi}{\partial x}\frac{\partial x}{\partial t}+\frac{\partial \Psi}{\partial y}\frac{\partial y}{\partial t} \tag{8.36}$$

$$\frac{\mathrm{d}\Psi}{\mathrm{d}t}=-\left[\frac{\partial \Psi}{\partial x} \quad \frac{\partial \Psi}{\partial y}\right]\begin{bmatrix}\dfrac{\partial x}{\partial t}\\ \dfrac{\partial y}{\partial t}\end{bmatrix} \tag{8.37}$$

从这里开始，请记住，因为这是时间的函数，我们可以使用下标来获得导数。根据 Ψ 的变化来写这个项并且识别梯度公式(式(8.37))，得到：

$$\frac{\mathrm{d}\Psi}{\mathrm{d}t}=-(\nabla_{x}\Psi)^{\mathrm{T}}\boldsymbol{x}_{t} \tag{8.38}$$

项 $\boldsymbol{x}_t$ 描述了边界点相对于时间的变化。因为可以自由选择，所以我们选择运动方向与轮廓垂直。根据梯度㊀确定法向量

$$\nabla_x \Psi = \left[\frac{\partial \Psi}{\partial x}, \frac{\partial \Psi}{\partial y}\right]^{\mathrm{T}} \tag{8.39}$$

当你考虑将水平集设置为等灰度时，你会发现渐变对于等灰度是正常的，因此，给定渐变向量，法线只是梯度㊁的标准化(自然)版本。

$$\boldsymbol{x}_t = \boldsymbol{n}_x = \frac{\nabla_x \Psi}{|\nabla_x \Psi|} \tag{8.40}$$

因此，我们得出结论，度量函数相对于特定点(x，y)的时间的变化可以写成

$$\frac{\mathrm{d}\Psi}{\mathrm{d}t} = -S(\boldsymbol{x})(\nabla_x \Psi)^{\mathrm{T}} \frac{\nabla_x \Psi}{|\nabla_x \Psi|} = -S(\boldsymbol{x}) \frac{(\nabla_x \Psi)^{\mathrm{T}}(\nabla_x \Psi)}{|\nabla_x \Psi|} = -S(\boldsymbol{x})|\nabla_x \Psi| \tag{8.41}$$

其中 S 是 $\boldsymbol{x}$ 的“速度”函数，我们还没有定义 $\boldsymbol{x}$。此函数将考虑边界的平滑度以及它应匹配的图像。

我们应该以不同的方式为三种情况设计速度函数。首先，当图像有很多边缘时，我们希望 $\boldsymbol{x}$ 点的变化接近于零。为此，将速度定义为 $\boldsymbol{x}$ 点处图像的函数

$$S_{\mathrm{E}} = \exp(-\|\nabla_x f\|) \tag{8.42}$$

我们将此速度称为*外部速度*，因为它是由度量函数外部的因素产生的。其次，当度量函数平滑时，点 $\boldsymbol{x}$ 处 Ψ 的变化应该是一个*小数*。再者，当变化很显著并且我们希望轮廓平滑时，变化应该是*更大的数字*。

175

这可以通过使用曲率来完成，它告诉我们轮廓的变化速度。可以从如下公式局部确定水平集的曲率：

$$\kappa = \frac{\Psi_{xx}\Psi_x^2 + 2\Psi_x\Psi_y\Psi_{xy} + \Psi_{yy}\Psi_y^2}{(\Psi_x^2 + \Psi_y^2)^{\frac{3}{2}}} \tag{8.43}$$

如果该等式中的分母为零，则会出现问题，并且不存在零分母，尤其对于合成图像。为了避免这种不便，可以通过在分母上添加一个小常数使得式(8.43)变得稳定，这个数字类似于 0.01。记住，曲率通常只取 0 到 1 之间的值㊂，我们寻找的目标可以通过使用曲率并以类似于文献[8.44]的方式获得：

$$S_t = 1 - \varepsilon\kappa \tag{8.44}$$

其中 ε 是用于确定曲率 κ 的常数。

有许多方法可以定义在此函数中起作用的速度。可以选择速度的符号以鼓励轮廓移入或移出。如果我们定义 $S=S_{\mathrm{I}}S_{\mathrm{E}}$，则式(8.41)变为：

㊀ 注意，这里讨论的是度量函数的梯度，而不是图像的梯度。

㊁ 不要在下一个方程中感到困惑，$\nabla\Psi$ 是应用于标量函数的算子。这是一个独立的事件，就把它当作一个符号。

㊂ 曲率为 1/(局部最佳拟合圆半径)。一条直线有无限的半径——零曲率，我们不能定义一个比单个像素小的圆。

$$\frac{d\Psi}{dt}=-S_I S_E \mid \nabla_x \Psi \mid \tag{8.45}$$

式(8.45)通过使用以下式子将速度与曲率相关联以更新 Ψ

$$\Psi^{n+1}(x,y)=\Psi^{n}(x,y)-\alpha S(s,y)\mid \nabla_x \Psi(x,y)\mid \tag{8.46}$$

其中 α 是一个小标量，α 如在式(3.40)中一样使用，确保算法不会在一步中完全超越最优解。

在运行算法的过程中，度量函数遵循式(8.46)之类的规则发展。随着它的发展，它将在不同的点处具有零值，并且这些点将定义轮廓(即零水平集)的演变。

图 8.23 展示了基于水平集分割的演变中的四个实例。原始图像是计算机断层扫描胸部图像。正在识别胸部的黑暗区域。

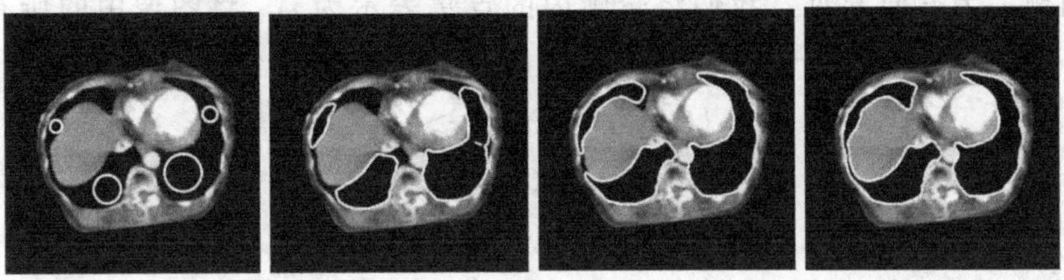

a)　b)　c)　d)

图 8.23　a) 初始图像，显示圆形轮廓。b)～d) 水平集持续增长。作者非常感谢 T. F. Chen 的这一幅图。源自文献[8.14]，经许可使用　176

2. 在不使用图像边缘的情况下移动轮廓

在本部分中，你将学习 Chan-Vese 算法的基本概念，这是当前基于主动轮廓分割的最有效方法之一。你还将更多地了解连续和离散数学之间的转换过程。

虽然大多数算法的名称都描述了它们各自的作用，但这里描述的算法是以作者 Chan-Vese 命名的，可能是因为“通过最大化两个区域之间的差异进行分割”很难作为算法名字。在撰写本文时，Chan-Vese 算法的改进提供了一些非常好的分割，可与一些基于图形的方法竞争，这将在本章后面讨论。Chan-Vese 算法使用水平集方法来找到轮廓，它将图像划分为两个最大不同区域。要意识到不需要连接这些区域。由于算法不依赖于图像梯度，因此它可以成功地检测边界不一定由边缘定义的对象。

这里，我们提出 Chan-Vese 在原始论文[8.13]中的相同示例应用程序。学生可以使用很多论文来扩展 Chan-Vese 算法[8.12,8.18,8.1,8.2]，仅举几例。

从哲学角度来说，Chan-Vese 分割选择一个目标函数来描述轮廓外部和内部之间的亮度差异。这里讨论的版本假设算法找到一个轮廓，它分隔两个相对同类的区域，表示为背景和前景。正如我们在 8.5.1 节中所做的那样，导数开始使用连续数学计算，并使用有限差分得出结论。思考以下函数：

$$F(C)=\int_{\text{inside } C}(f(x,y)-\mu_1)^2\mathrm{d}x\mathrm{d}y+\int_{\text{outside } C}(f(x,y)-\mu_2)^2\mathrm{d}x\mathrm{d}y \tag{8.47}$$

其中 μ_1 是轮廓内的平均亮度，μ_2 是轮廓外的平均亮度。

如果两个区域接近同类，一个精确地被轮廓包围，另一个完全在轮廓之外，则 $F(C)$ 会比较小。找到最佳轮廓 C 是优化的目标。

在往下看之前，可以确定该目标函数的一个问题：优化该函数的轮廓不被限制为平滑的，因此它可以急剧弯曲并变形，以精确地匹配这两个区域。我们通过添加正则化项来修改 $F(C)$以促进平滑，即最小化轮廓的长度。

$$F(C)=\alpha\ \text{Length}(C)+\int_{\text{inside } C}(f(x,y)-\mu_1)^2\mathrm{d}x\mathrm{d}y+\int_{\text{outside } C}(f(x,y)-\mu_2)^2\mathrm{d}x\mathrm{d}y \tag{8.48}$$

其中 α 是常数，对轮廓长度与区域统计差异的相对重要性进行缩放。

177 通过像我们之前所做的那样定义函数 $\Psi(r, y)$，可以很容易地将这个问题转换为水平集问题。为方便起见，我们将轮廓内的点集表示为 ω，将图像中的所有点表示为 Ω。

$$\begin{aligned}\omega&=\{(x,y)\mid\Psi(x,y)>0\}\\ \omega^c&=\{(x,y)\mid\Psi(x,y)<0\}\\ C=\partial\omega&=\{(x,y)\mid\Psi(x,y)=0\}\end{aligned} \tag{8.49}$$

（学生应该观察到，这与 8.5.2 节开头给出的 Ψ 略有不同，因为在这里，内部为正，外部为负。）

为了将式(8.48)转换成可以最小化的公式，我们引入了二元函数

$$H(z)=\begin{cases}1, & z\geqslant 0\\ 0, & z<0\end{cases} \tag{8.50}$$

$H()$被称为 Heaviside 函数，并且根据定义具有导数

$$\delta(z)=\frac{\partial H(z)}{\partial z} \tag{8.51}$$

其中 δ 是狄拉克测度。

现在我们可以用 H 来写出前面的表达式，记住目标轮廓是 Ψ 的零水平集：

$$\begin{aligned}\text{Length}(C)=\text{Length}(\Psi=0)&=\int_\Omega|\nabla H(\Psi(x,y))|\mathrm{d}x\mathrm{d}y\\ &=\int_\Omega\delta(\Psi(x,y))|\nabla\Psi(x,y)|\mathrm{d}x\mathrm{d}y\end{aligned} \tag{8.52}$$

我们使用 H 来消除非均匀的积分区域：

$$\int_{\Psi>0}(f(x,y)-\mu_1)^2\mathrm{d}x\mathrm{d}y\ 变为\int_\Omega(f(x,y)-\mu_1)^2H(\Psi(x,y))\mathrm{d}x\mathrm{d}y \tag{8.53}$$

同样地，

$$\int_{\Psi<0}(f(x,y)-\mu_2)^2\mathrm{d}x\mathrm{d}y\ 变为\int_\Omega(f(x,y)-\mu_2)^2(1-H(\Psi(x,y)))\mathrm{d}x\mathrm{d}y \tag{8.54}$$

最后，连接 F 的分量，得到：

$$F(C)=\alpha\int_\Omega\delta(\Psi(x,y))|\nabla\Psi(x,y)|\mathrm{d}x\mathrm{d}y$$

$$+\int_{\Omega}(f(x,y)-\mu_1)^2 H(\Psi(x,y))\mathrm{d}x\mathrm{d}y \qquad (8.55)$$
$$+\int_{\Omega}(f(x,y)-\mu_2)^2(1-H(\Psi(x,y)))\mathrm{d}x\mathrm{d}y$$

此时，我们得到一个度量函数的表达式，但它取决于一个不连续的 Heaviside 函数以及它的导数，虽然已定义，但没有数值。我们必须用可以用数学方法操纵的表达式代替 H。这样的表达式被称为正则化项。代替 H 的正则化项是 Chan 和 Vse[8.13] 所使用过的： 178

$$H_\varepsilon(z)=\frac{1}{2}\left(1+\frac{2}{\pi}\arctan\left(\frac{z}{\varepsilon}\right)\right) \qquad (8.56)$$

在极限 $\varepsilon\to 0$ 时，该函数接近 H。

参数 μ_1 和 μ_2 可以用 H 表示为

$$\mu_1(\Psi)=\frac{\int_{\Omega}f(x,y)H(\Psi(x,y))\mathrm{d}x\mathrm{d}y}{\int_{\Omega}H(\Psi(x,y))\mathrm{d}x\mathrm{d}y}$$
$$\mu_2(\Psi)=\frac{\int_{\Omega}f(x,y)(1-H(\Psi(x,y))\mathrm{d}x\mathrm{d}y}{\int_{\Omega}(1-H(\Psi(x,y)))\mathrm{d}x\mathrm{d}y} \qquad (8.57)$$

既然有一个目标函数的表达式，我们必须得到一种改变 Ψ 的方法，它将在最小化这个函数的方向上移动零水平集。这可以展示为产生时间步长等式，如式(8.58)所示⊖。为了节省空间，下标 i 和 j 分别用于列号和行号。上标 n 表示迭代次数。

$$\Psi_{i,j}^{n+1}\leftarrow\frac{[\Psi_{i,j}^{n}+\Delta t\delta_\varepsilon(\Psi_{i,j}^{n})(A_{i,j}\Psi_{i+1,j}^{n}+A_{i-1,j}\Psi_{i-1,j}^{n+1}+B_{i,j}\Psi_{i,j+1}^{n}+B_{i,j-1}\Psi_{i,j-1}^{n+1}-(f_{i,j}-\mu_1)^2+(f_{i,j}-\mu_2)^2)]}{[1+\delta_\varepsilon(\Psi_{i,j})(A_{i,j}+A_{i-1,j}+B_{i,j}+B_{i,j-1})]} \qquad (8.58)$$

请注意，在右侧，出现 $\Psi_{i-1,j}^{n+1}$。这可能会令人困惑，因为如果这个赋值语句是计算 Ψ^{n+1}，它怎么能使用 Ψ^{n+1}？该等式描述了 Ψ 函数的位置修改，从左到右，从顶部($j=0$)到底部($j=\text{maxrow}$)。通过这种方式，可以在赋值语句的右侧和左侧使用 Ψ^{n+1}，因为在右侧，正在计算像素 $\Psi_{i,j}^{n+1}$，并且它取决于其已经计算的邻居 $\Psi_{i-1,j}^{n+1}$。

每次迭代时间差 Δt 通常选择为 1。

可以找到 A 和 B 的表达式：

$$A_{i,j}=\frac{\alpha}{\eta+(\Psi_{i+1,j}^{n}-\Psi_{i,j}^{n})^2+\left(\frac{\Psi_{i,j+1}^{n}-\Psi_{i,j-1}^{n+1}}{2}\right)^2}$$
$$B_{i,j}=\frac{\alpha}{\eta+\left(\frac{\Psi_{i+1,j}^{n}-\Psi_{i-1,j}^{n+1}}{2}\right)^2+(\Psi_{i,j}^{n}-\Psi_{i+1,j}^{n})^2} \qquad (8.59)$$

⊖ http://www.ipol.im/pub/art/2012/g-cv/article.pdf 展示了一个很好的教程。

η是某个很小的数，用于避免分母为零的情况

图 8.24 和图 8.25 说明了使用基于 Chan-Vese 区域的算法来分割狮子足迹图像和黄
179 貂鱼图像。在这两种情况下，算法由远离目标区域的轮廓初始化。

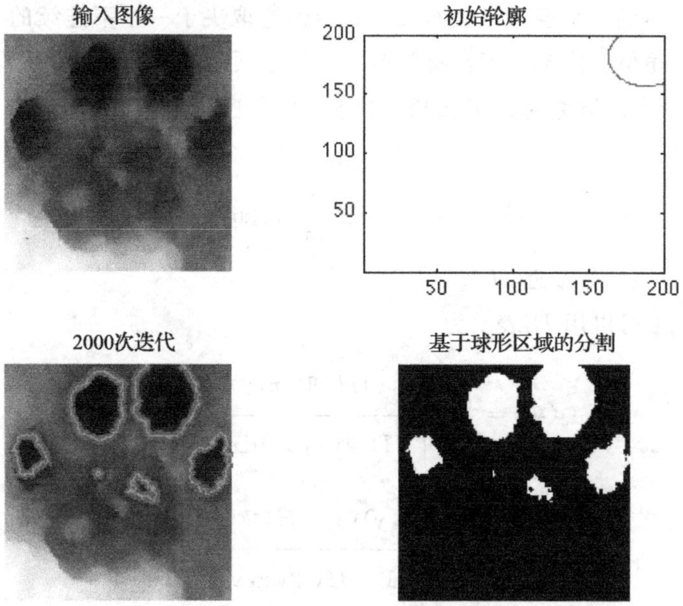

图 8.24　原始狮子足迹图像，初始轮廓，Chan-Vese 算法找到的边缘，以及由此产生的分割。使用了来自 https://www.mathworks.com/matlabcentral/fileexchange/23445-chan-vese-active-contours-without-edges 的 MATLAB 的代码(见彩插)

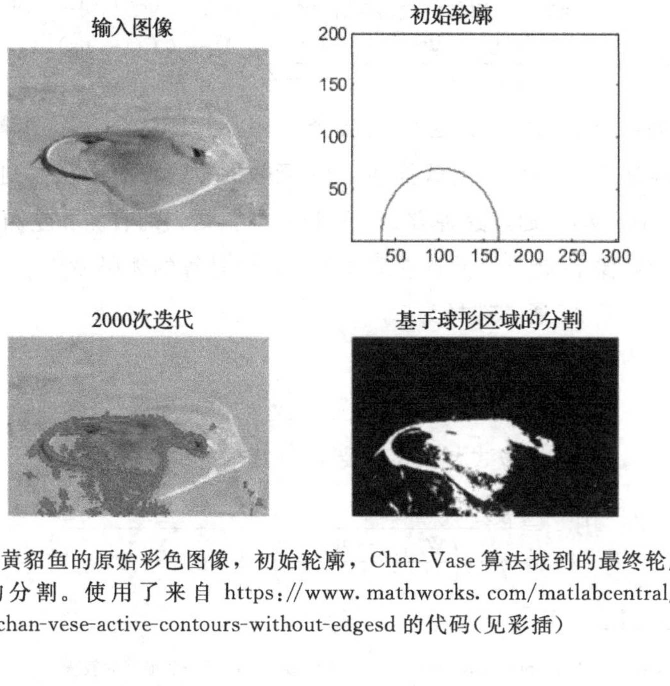

图 8.25　沙子中黄貂鱼的原始彩色图像，初始轮廓，Chan-Vase 算法找到的最终轮廓，以及由此产生的分割。使用了来自 https://www.mathworks.com/matlabcentral/fileexchange/
180 23445-chan-vese-active-contours-without-edgesd 的代码(见彩插)

Chan-Vese 算法在黄貂鱼图像上的表现特别有趣，因为它失去了右下角的边缘，这是非常清晰的边缘。但 Chan-Vese 算法不使用边缘，在这种情况下，光线的主体颜色与沙子的颜色完全匹配，即使对于边缘探测器而言边缘是清晰的，该边缘仍然被遗漏了。这说明需要一些额外的内容。也许一种混合方法可以将边缘信息与区域差异结合起来？

Chan-Vese 所介绍的通过统计描述前景（或内部）和背景（或外部）的概念仍然是一个强有力的想法。例如，Ramudu 等人[8.40]遵循相同的哲学，但引入一种力（他们称之为 spf），即

$$\mathrm{spf}(f(x,y)) = \frac{f(x,y) - \frac{1}{2}(\mu_1 + \mu_2)}{\max\left(f(x,y) - \frac{1}{2}(\mu_1 + \mu_2)\right)} \tag{8.60}$$

这表明使用此力来移动轮廓通常会产生比 Chan-Vese 算法更好的分割。

8.6 分水岭：基于亮度曲面的分割

在本节中，你将学会考虑在水流动时上下移动亮度曲面。我们继续思考亮度函数 $f(x, y)$。如果 f 表示垂直距离，并且将亮度图像视为一个曲面。

假设我们将水倒在那个曲面上。水向下坡流动，并且（假设它没有被吸收或蒸发）最终将停留在一个局部高度最小的地方。在数字（采样和量化）图像中，这种最小值不一定是单个像素。它可以是一组相邻像素，所有这些像素都具有相同的亮度。我们将最终的、最低点的一组点称为*排水管*。通常，图像中有许多排水管。给定曲面上的单个点 (x, y)，在该点处在曲面上放置一滴水，然后跟随它直到它在某个排水管处停下。流向单个排水管（例如排水管 i）的所有曲面的点集，被称为与该排水管相关的*盆地集水池*。

尝试使用盆地来分割图像时会出现一些令人惊讶的问题。首先，从一个点开始，水将沿最陡的方向流动，但当然可能在多个方向上存在相同的最陡的斜坡。因此，跟踪一滴水流动的问题可能具有挑战性并且具有较高的计算复杂性。但是，当它向下流动时，不是跟随水，而是开始排水，找到所有相邻的点，这些点肯定会流入排水管。该计算可以局部完成。然后，我们找到那些水流入的点。

图 8.26 说明了 5 像素排水管附近的像素亮度。每个像素“看着”它的邻居并说：“如果你是我的邻居并且比我更亮，你属于我的盆地，除非你已经属于另一个盆地，但如果你已经属于不同的盆地，你就是一个分水岭像素。”这种给像素分配标签的方法可以提示连接的组件，但重要的区别在于，在进行邻域决策之前，像素按亮度排序。

53	52	51	53	52	51	53	50	51
49	50	**49**	**51**	40	41	39	41	40
48	**47**	12	12	**18**	19	16	15	20
46	**41**	12	12	**19**	20	17	15	16
45	**42**	12	**15**	18	17	19	17	18
46	44	43	44	41	16	18	20	19

181

图 8.26　带有三个标记有阴影的排水管的图像，包括亮度为 12 的 5 像素排水管、亮度为 15 的 2 像素排水管和亮度为 16 的 1 像素排水管（见彩插）

可以认为基于分水岭的分割问题是找到

图像中每个点所属的盆地。

由于每个盆地都充满了水，在某些地方水位会很高，以至于来自两个相邻盆地的水可能会混合在一起。发生这种情况的点的位置称为分水岭线或流域。

这由图 8.26～图 8.29 中的一个简单例子来说明。它展示了开发简单示例图像的基于分水岭的分割的步骤。这组图形开始在第一幅图像中识别出三个最小值，这是最初的排水管。

53	52	51	53	52	51	53	50	51
49	50	49	51	40	41	39	41	40
48	47	12	12	18	19	16	15	20
46	41	12	12	19	20	17	15	16
45	42	12	15	18	17	19	17	18
46	44	43	44	41	16	18	20	19

图 8.27 排水管中的每个像素检查其所有邻居(在该示例中，使用 4-连通)。比排水管像素更亮的任何相邻像素被标记为属于相同的盆地。要处理的第一个排水管是最黑的(见彩插)

在离散的采样数据上有多种方法来计算流域。研究人员已经了解到，流域方法必须经常与数据的特殊性协调一致。例如，很多噪声会产生数千个小的、不感兴趣的流域。在这里，我们提出的算法出自文献[8.42]的算法 4.3。我们首先介绍算法，然后讨论一个关键假设。首先，介绍一些定义。

如果点 p 和 g 是邻居，并且如果斜率 $\frac{f(q)-f(p)}{d(p,\ q)}$ 在邻居集合上最大，则点 p 紧邻点 q 的下游。这里，$d(p,\ q)$ 是 p 和 g 之间的距离。如果使用 4-连通的邻域，则 d 将始终为 1.0。紧邻点 q 下游的点集 $p_q=\{p_1, p_2, \cdots\}$ 表示为 $\Gamma^{\downarrow}(q)$，并且我们使用符号 $p\in\Gamma^{\downarrow}(q)$ 来表示点 p 紧邻点 q 的下游。如果存在点 $(p_1, p_2, \cdots, p_n)$ 的路径，其中 $p_i\in\Gamma^{\downarrow}(p_{i+1})$，$\forall i$，则点 p_i 是点 p_n 的下游。

53	52	51	53	52	51	53	50	51
49	50	49	51	40	41	39	41	40
48	47	12	12	18	19	16	15	20
46	41	12	12	19	20	17	15	16
45	42	12	15	18	17	19	17	18
46	44	43	44	41	16	18	20	19

图 8.28 按照亮度的顺序选择像素，并且重复检查邻居的过程。在该过程中，几个像素被识别为属于两个盆地，因此被(橘色)标记为分水岭像素(见彩插)

53	52	51	53	52	51	53	50	51
49	50	49	51	40	41	39	41	40
48	47	12	12	18	19	16	15	20
46	41	12	12	19	20	17	15	16
45	42	12	15	18	17	19	17	18
46	44	43	44	41	16	18	20	19

图 8.29 再一次确认所有盆地和流域(见彩插)

我们强调 $\Gamma^{\downarrow}(q)$是一个集合。q处的水可以(并且经常会)朝向多个方向流动。

如果点 $p\in\Gamma^{\downarrow}(q)$，点 q 紧邻 p 的上游，那么点 p 的上游的点集将是

$$\Gamma^{\uparrow}(p)=\{q \mid p\in\Gamma^{\downarrow}(q)\} \tag{8.61}$$

检查式(8.61)，人们观察到需要两次搜索来确定是否 $q\in\Gamma^{\uparrow}(p)$。首先，找到所有与点 p 相邻的点 q。然后，对于每个点，确定 p 是否在 q 的下游。

有了明确的符号后，分割算法相当简单：

1) 查找图像中的所有排水管，并构建标签图像(参见 8.1 节)，其中特定排水管的所有标签都相同，并且与其他排水管的标签不同。

2) 确定包含图像中非排水管内部的所有点的结构，称为集合 V。

3) 搜索 V 找到一个亮度最低的点，称为点 p(最初，p 将是排水管的外部点)。将那个排水管的标签赋予 p。

4) 从 V 中删除 p。

5) 对于保留在 V 中的所有点 $q\in\Gamma^{\uparrow}(p)$：

(a) 如果 q 未标记，则为 q 指定与 p 相同的标签。

(b) 如果 q 被标记并且与 p 具有不同的标记，则给 q 一个标签，表明它是两个盆地(分水岭)边界的像素。

6) 如果 V 不为空，请返回步骤 3。

步骤 4 具有随着过程继续而使步骤 3 中的搜索越来越快的效果。

如果存在*平原*，则在该算法中会出现一个问题。平原是相邻像素的局部集合，其亮度相等，但具有亮度更大或更小的边界像素。这些区域可能不是局部最小值，因为它们可能是具有较低亮度的相邻像素。为了使上述算法正常工作，图像必须以使其*低完整*的方式扭曲。在低完整图像中，每个非最小像素具有较低的邻居。有关制作任何低完整图像的算法，请参见文献[8.42]。

敏锐的学生会注意到，在图 8.26～图 8.29 中，平原都是最小值。也就是说，我们特地选择这个例子作为低完整图像。 182～183

图 8.30 显示了一个合成图像，当接近中心时会变得更亮。然而，亮度函数并没有达到顶峰，而是突然显著下降，形成了一个像火山一样的函数。在火山的一侧，第二个最小值突然出现(“火山入口”)。这个亮度函数通过分水岭程序以确定哪个像素属于哪个盆地，并用颜色识别这些盆地，形成图 8.31。

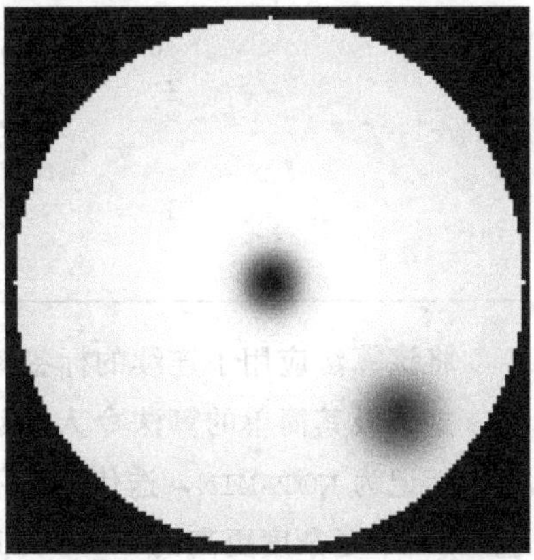

图 8.30 一个“火山状”图像，亮度朝中间增加，然后突然下降。此外，右下方还有第二个“火山状的入口”。库名：wsl. PNG

为了使用分水岭思想或许多其他计算机视觉技术，人们必须能够在图像中找到最小值。我们现在思考分水岭的这个重要分量。

寻找最小值

这里，我们解决了一个看似简单的问题，即在图像中找到局部最小值。这很明显：只需寻找值低于其所有邻居的像素。然而，在量化图像中，两个相邻像素可以具有相同的亮度。因此，我们必须重新定义最小值，如下所示。

定义　最小值是一组连接的像素 R，这些像素都具有相同的亮度，其中没有像素具有亮度更低的任何直接邻居，即

$$R=\{p|f(p)\leqslant f(q),q\in\eta(p)\}$$

其中 $\eta(p)$ 表示 p 的局部邻域。$\eta(p)$ 可以使用二维图像中的 4 个或 8 个邻居以及三维图像中的 6 个、8 个或 26 个邻居来定义。

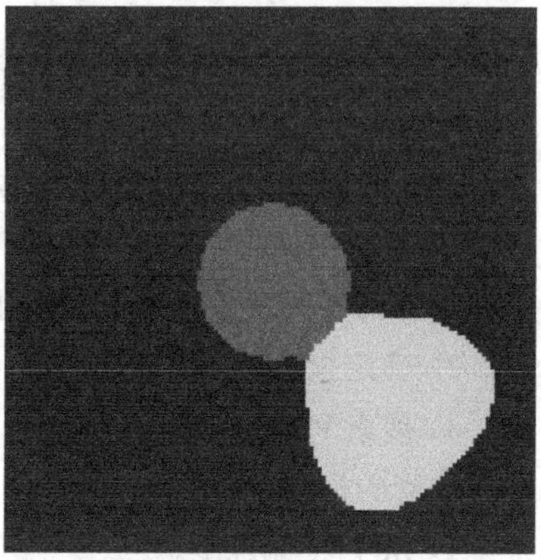

图 8.31　通过将分水岭算法应用于相邻图像而识别的区域的伪色(见彩插)

根据这个定义，找到最小值似乎仍然很简单。只需找到所有亮度相同的区域，但外边界像素是其邻近区域的最小值。不幸的是，它并非那么简单，因为它需要解决连通分量问题。

相反，让我们以一种蛮力的方式来思考它：从两幅图像开始，如同我们对连通分量、亮度图像 f 和标签图像 L 的讨论。将 L 的所有元素初始化为 COULDBE，这意味着该像素可能是最小的元素。然后使用以下伪代码所示的算法。运行一次该算法，产生标签图像，其标记为“不可能是最小”(NOTAMIN)或“未知”(COULDBE)。

```
for (p = 0; p < NumberOfPixels)
      if (L(p) != NOTAMIN)
      {
            for q in the immediate neighborhood of p
            {
                  if (f(p) > f(q) ) L(p) <-- NOTAMIN
                  if (f(p) == f(q) && L(q) == NOTAMIN) L(p) <-- NOTAMIN
            }
      }
```

将该算法应用于连续的标签图像，迭代几次后，将收敛到实际最小值。

这个极其简单的算法令人惊讶的部分是它收敛的速度。一旦没有像素从 COULDBE 重新标记为 NOTAMIN，迭代就会停止。图 8.32 显示了在一个简单的 128×128 图像(蓝色)和一个复杂度更高的 141×141 图像(红色，沙中狮子的足迹)上运行的算法在多次迭代期间标记为 COULDBE 的像素数。从图中可以看出，在一个简单的128×128 图像中找
184～185 到所有最小值只需要执行四轮，而一个非常复杂、有噪声的 141×141 图像，杂波很大，也只需要执行十轮。

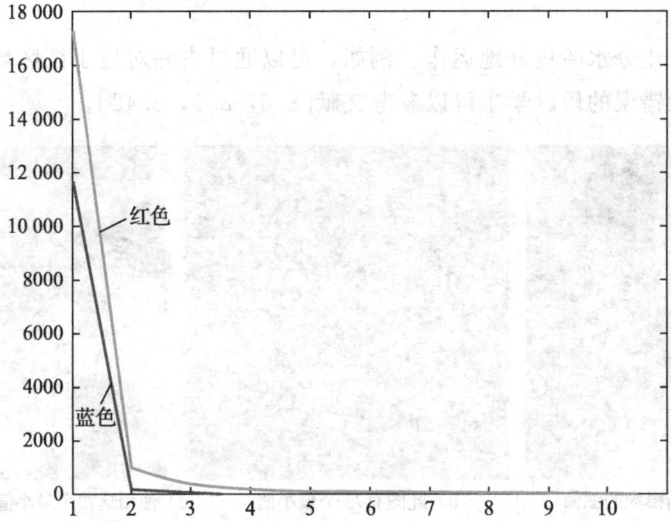

图 8.32　在两幅图像中找到最小区域的收敛性

分水岭示例

在本节中，我们例举分水岭思想不适合的图像，并解释原因。

图 8.33 展示了沙滩上狮子足迹的范围图像。较暗的像素距离相机较远。当踩踏后动物抬起脚，脚的运动将沙子踢到足迹中，形成一个有噪声的图像以及大量的随机杂波。这样的图像有很多最小值，如图 8.33b 所示。(注意上面给出的最小值的定义：最小值是一组连接的像素，所有像素都是相同的亮度，并且没有像素具有较暗的邻居。)

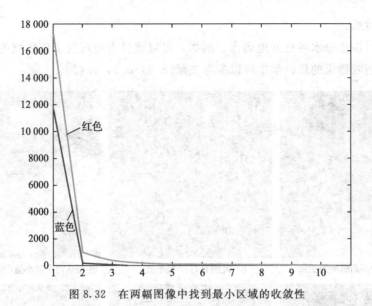

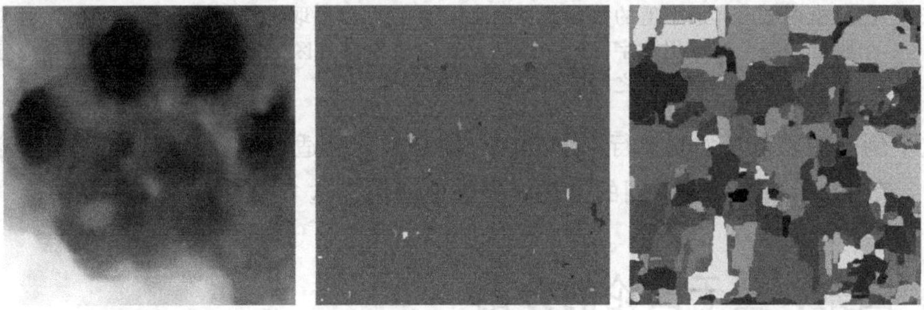

a）原始图像，库名：ft512B.png　　b）此图有206个最小值，最小值在此图中随机着色，绿色表示背景　　c）使用这206个最小值产生的分水岭分割

图 8.33　具有 206 个最小值的噪声强烈的图像，产生无意义的分水岭分割(见彩插)　186

有很多方法可以像这样处理随机杂波和噪声，但最容易模糊。图 8.34a 说明了原始的模糊版本。模糊将最小值的数量减少到 73。然而，不足以产生有意义的分水岭分割。

最后，如图 8.34 所示，在更加模糊之后，生成的图像只有 17 个最小值。容易识别出对应于四个脚趾的区域，并且当人类将它们分割时，那些脚趾的下边界与脚趾对齐。然而，脚趾的上边界仍未被识别，因为背景向上倾斜，一直远离脚趾到达图像边界，并且没有分水岭线。

有办法可以让分水岭更好地运作。例如，可以通过去除对应于该区域的初始化最小值来简单地消除错误的段。学生可以参考文献[8.6，8.5，8.42]。

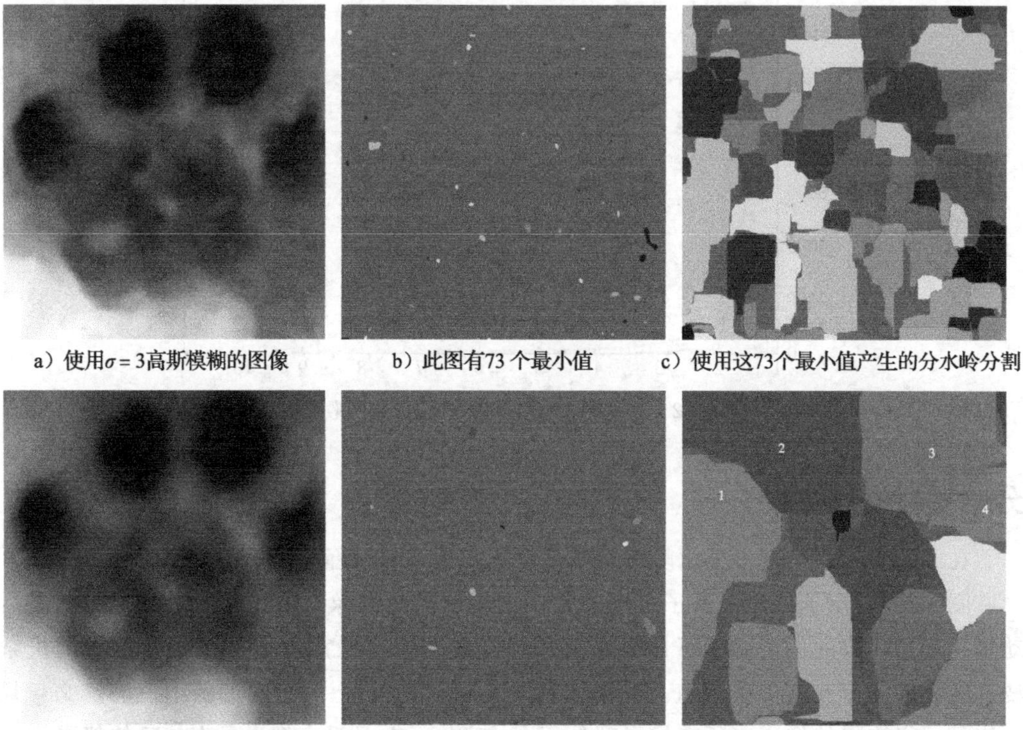

a）使用$\sigma=3$高斯模糊的图像　b）此图有73个最小值　c）使用这73个最小值产生的分水岭分割

d）使用$\sigma=9$高斯模糊的图像　e）此图有17个最小值　f）使用这17个最小值产生的分水岭分割

图 8.34　在更模糊之后，最小值的数量减少到 17，并且可以提取有意义的分水岭分割。对应于四个脚趾的四个区域用数字标记。脚趾上侧的边界没有区别，因为这些边缘不符合分水岭
187 哲学的假设：两个盆地之间的山脊(见彩插)

这个例子的要点是强制执行一个概念：即必须选择适合于手头问题的分割算法。例如，8.7 节～8.8 节将展现不同的工具以更好地适用于这个应用。

8.7 图割：基于图论的分割

在本节中，你将发现了解图论知识的另一个原因。如果可以确定在图像上适当定义的目标函数，则图论提供了用于优化该目标函数的算法。

通过图(见 4.2.5 节)表示图像，其中像素是节点，如果像素是相邻的，则节点之间存在边。将权重 w_{ij} 分配给节点 i 和 j 之间的边。权重可以是标量，用于衡量两个节点的相似程度。设 S_1 和 S_2 为两组节点。S_1 和 S_2 之间的割是边的集合，如果被移除，则将两个集合分离成图的单独分量，即 $S_1 \cap S_2 = \varnothing$。

割的权重 cut(S_1，S_2)是割边的权重之和。

为了找到最佳的割，我们可能会寻找具有最小权重的割。然而，这个简单的概念在没有

修改的情况下通常不起作用，因为它可以产生围绕单个像素的割。相反，需要某种归一化。

假设集合 S_1 和 S_2 不相交($S_1 \cap S_2 = \varnothing$)，则将整个图表示为 $V = S_1 \cup S_2$。然后，归一化割可以由目标函数定义

$$N(S_1, S_2) = \frac{\mathrm{cut}(S_1, S_2)}{W_1 + \mathrm{cut}(S_1, S_2)} + \frac{\mathrm{cut}(S_1, S_2)}{W_2 + \mathrm{cut}(S_1, S_2)} \tag{8.62}$$

其中 W_1 是区域 S_1 内所有权重的总和，$W_1 = \sum w_{ij}$，$i \in S_1$，$j \in S_1$。W_2 被类似定义。

现在的问题是：找到最佳的归一化割通常是 NP 完全问题。也就是说，目前已知的算法不能在小于指数时间内找到最佳割。有许多方法可以解决这个问题[8.54,8.46,8.36,8.52]。

为了说明这个思想，我们将总结 Boykov 和 Funka-Lea 的方法[8.8]。这种方法使用图的割来找到图像的最佳前景-背景分割。首先，通过添加两个“终端”节点 s 和 t 来增强 4.2.5 节中描述的图。任何与 s 连接的像素都视为前景，任何与 t 连接的像素都视为背景。最初，两个连接都在那里。扩充图以将节点的集合 V 变为 $\nu = V \cup \{s, t\}$ 并且扩充边缘集合 $E = \{(p_i, p_j)\}$ 使其变成 $\xi = E \cup \{(p_i, s), (p_i, t)\} \forall i$。图 8.35 给出了切割后该扩充图的图形表示。将 S 定义为具有连接到 s 的边的像素集合，并将 T 定义为具有连接到 t 的边的像素集合是比较可行的。最初，$S = T$，算法将切割边，直到 $S \cap T = \varnothing$。

8.7.1 目标函数

使用此图进行分割需要一个完全割。完全割 C 是被割的所有边的集合，包括像素之间的边以及像素到终端节点之间的边。完全割必须将每个像素连接到 s 或 t，但不能同时连接到两者。当然，诀窍在于如何找到最佳割。必须解决两个问题。第一，“这里最佳的意义是什么?”第二，“我们如何才能找到最佳的割?” 188

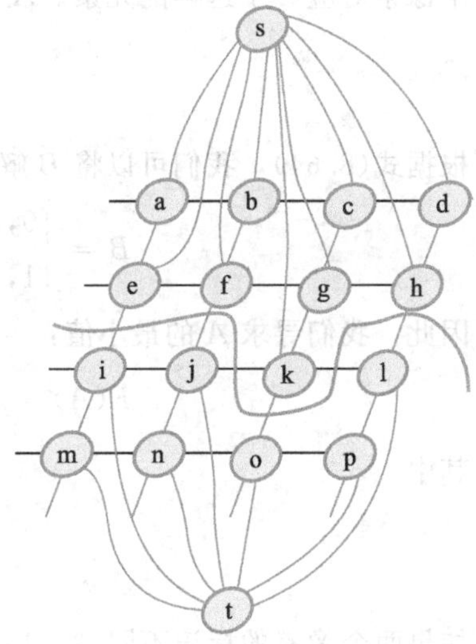

图 8.35　使用两个标记节点 s 和 t 扩充的图。一些像素连接到终端节点 s，一些像素连接到 t。割 $\{(e, i), (f, j), (j, k), (k, o), (k, l)\}$ 完全分割了像素。简单起见，到终端节点的割边未展示出来，但是这样的边实际上是割的一部分

参考文献[8.8]，将在下面提出一个目标函数。为此，我们定义了一组费用，即对错误决策的处罚。然后，我们通过最小化总费用来做出正确的决策。

目标函数首先编写了我们对两个区域 s 和 t(对象和背景)的了解。假设我们有关于对象像素和背景像素的一些信息，我们可以通过使用条件概率来描述我们对像素的了解。也就是说，我们可以使用像素 p 具有亮度 f_p 的概率，假设它属于前景，$\Pr(f_p \mid \text{前景})$ 和类似的 $\Pr(f_p \mid \text{背景})$。我们必须稍微修改这个目标函数，因为我们在最佳选择上寻求最小值，并且概率在最佳选择中具有最大值，因此我们可能尝试负对数似然，例如

$$R_p(\text{前景}) = -\ln \Pr(f_p \mid \text{前景})$$
$$R_p(\text{背景}) = -\ln \Pr(f_p \mid \text{背景}) \tag{8.63}$$

除了每个像素与其指定区域匹配的程度之外，目标函数还必须编码像素之间的差异。将 $B(p, q)$定义为在决定割(或不割)边时产生错误的费用。如果这两个像素之间存在强烈的亮度差异，并且我们选择不割，那么惩罚应该很高。

同样，如果两者具有相似的亮度但我们选择切割，则会导致高惩罚。相似性的一种表示是我们熟悉的函数：

189

$$B(p,q) = \exp\left(-\frac{(f_p - f_q)^2}{2\sigma^2}\right) \tag{8.64}$$

其中 σ 是图像噪声的某个度量。当亮度相似时，这很大(接近 1.0)，我们不应该割掉这条边。

除了像素之间的边，我们还必须考虑像素和终端节点之间的边(p，s)和(p，t)的费用。记住我们正在考虑一个错误决策的费用，只需使用 R_p(背景)作为(p，s)的费用和 R_p(前景)作为(p，t)的费用。

为了得到用作目标函数的单个标量，用单个元素 A_i 定义向量 A(用于“赋值”)，每个像素对应一个这样的元素。A 的每个元素 A_p 确定像素 p 的二值赋值：

$$A_p = \begin{cases} 0, & \text{背景} \\ 1, & \text{前景} \end{cases}$$

根据式(8.64)，我们可以将 B 解释为：

$$B = \begin{cases} 0, & \text{两个像素具有非常不同的亮度} \\ 1, & \text{两个像素具有非常相同的亮度} \end{cases}$$

因此，我们寻求 A 的最小值：

$$E(A) = \sum_p R_p(A_p) + \sum_{p,q} \delta(p,q) B(p,q) \tag{8.65}$$

其中

$$\delta(p,q) \begin{cases} 0, & A_p \neq A_q \\ 1, & A_p = A_q \end{cases}$$

如果两个像素的标记不同($\delta=1$)，那么当它们的亮度相似时会导致误差。函数 δ：$Z \times Z \to \mathbb{R}$ 结合了我们的直觉，即连接具有较大亮度差异的边的像素应该是边像素。

8.7.2　求解目标函数

最小化这个目标函数是一个组合优化问题，我们必须找到使 E 最小的 A 值。

可行割的表达式定义如下：对于每个像素，割可以切断到 s 或 t(而不是两者)的链接；对于切割的每条边(p，q)，p 和 q 具有到不同终端的链接，则割是可行的。

可以将找到最优$\hat{A} = \underset{A}{\operatorname{argmin}}\, E(A)$的过程与找到最佳可行割$\hat{A}$的问题联系起来。具体而言，可以表明由最佳切割产生的像素标记(A_p 的值)将是最佳标记。

因此，我们不需要通过组合搜索找到最佳标记，而是可以找到图的最优割点并得到相同的结果。图论文献中有许多算法可用于寻找最佳切割。这些在文献[8.9]中进行了讨论和评估。我们不会在这里进一步探讨这一点，因为它将导致我们远离计算机视觉而进入图论⊖。190

图 8.36 说明了使用此特定目标函数和图割优化来分割狮子脚趾图像的结果⊜。

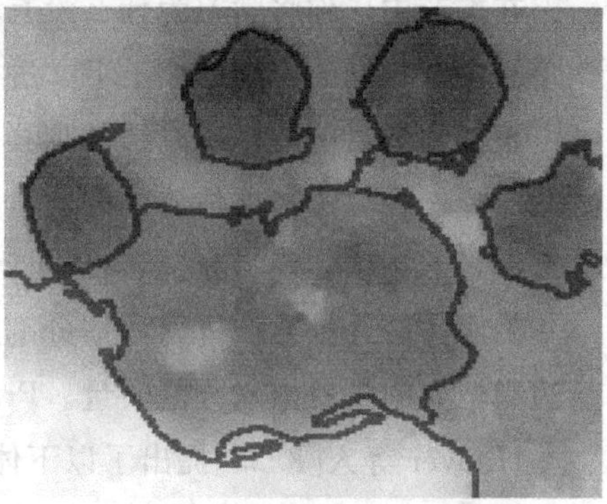

图 8.36　图的割也可用于找到噪声比较大的狮子脚趾图像的分割。得到的图像很好地识别了脚趾，但引入了一些无关的边缘。这些边缘需要后处理

8.8　使用 MFA 进行分割

在 6.5.2 节中，你学习了如何应用均场退火(MFA)算法来恢复图像：

1) 类似于原始图像。

2) 具有亮度均匀但边缘清晰的区域。我们称之为“分段常数”。

假设我们使用该部分的分段常数先验，并运行 MFA 算法直到温度非常低。回想一下，随着温度的降低，解决方案越来越接近满足先验的最佳解决方案。因此，通过运行 MFA 算法足够长的时间，我们得到了一个二值解决方案——一个分段。

图 8.37 说明了将这种方法应用于分割非常嘈杂、模糊的图像，该图像几乎没有清晰可辨的边缘。将狮子的四个脚趾分割成均匀亮度的区域，然后使用连通分量对其进行标记，以使用不同的颜色来识别它们。

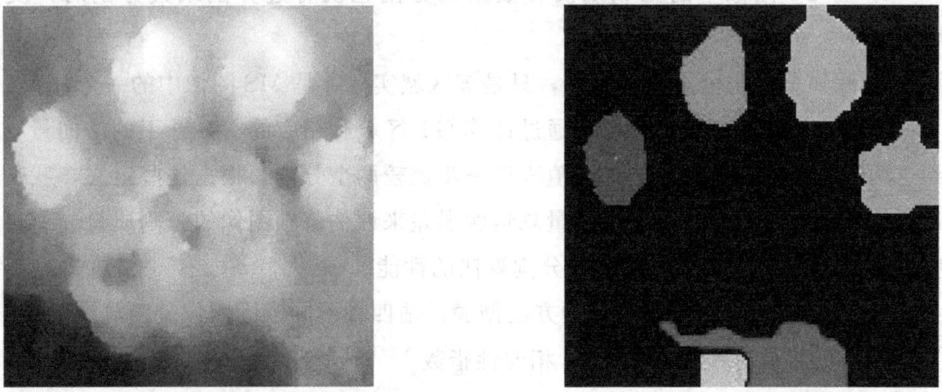

a）原始图像，狮子足迹的范围图像，更明亮意味着更深。库名：fourtoesoriginal.png

b）图像使用分段常数MFA先验分割

图 8.37　使用 MFA 分割狮子足迹的范围图像(见彩插)

⊖ 这很重要，考虑修一门图论课程。

⊜ 作者感谢张志飞对这一结果的帮助。

8.9 评估分割的质量

在本节中，你将学习为什么没有单个分割适用于所有的应用程序，你将学习如何将竞争算法与相同的应用程序上下文进行比较的一些方法。

正如你到目前为止所总结的那样，有许多算法和变量用于分割算法。但哪个最好？我们需要一种算法来评估分割的质量。但哪种评估算法最好呢？我们需要一种评估评估算法质量的算法。(我们正陷入停机问题!)。

然而，有几种方法可以评估分割质量。由于分割的一个结果是边缘，你可以通过测量边缘位置间接地推断分割质量。Pratt 提供了一种这样的算法[8.39]。

Hoover 等人[8.25]提出了以下体系，用于比较机器分割(MS)图像的质量，使用人工分割的地面实况(GT)图像作为“黄金标准”。令 M 和 G 分别表示 MS 和 GT 图像；令 $M_i(i=1,\cdots,m)$ 表示 M 中的补丁；并且令 $G_j(j=1,\cdots,m)$ 表示 G 的区域。$|R|$ 中的区域将表示区域 R 中的像素数。令 O_{ij} 表示既属于 MS 图像中的区块 i 又 GT 图像中的区域 j 的像素数。最后，设 T 为阈值，$0.5<T\leqslant 1.0$。

可以获得五种不同的分割结果，其中只有一种是正确的。它们的定义如下：

1) 当 $O_{ij}\geqslant T|M|$ 且 $O_{ij}\geqslant T|G|$ 时，会产生正确的分类。

2) 当 GT 图像中的区域被分成 MS 图像中的若干块时，就会发生过分割。

191~192 3) 当 GT 图像中不同区域中的像素被识别为属于 MS 图像中的相同补丁时，就会发生欠分割。该定义与过分割的定义同构，两个图像相反。

4) 当 GT 图像中的区域既没有被正确分割也没有过分割或欠分割时，发生分类错误。

5) 噪声分类与分类错误相同，只是该区域实际上是 MS 图像中的一个补丁。

在范围图像的例子中，可以通过计算 GT 区域和相应的 MS 补丁的法向量，然后找到这两个向量之间的角度的绝对值来进一步比较两个分割。根据这些定义，我们可以通过计算正确或错误的分割以及测量总角度误差来评估范围图像的分割质量。通过绘制这些度量与 T 的比较图，可以确定分割算法的性能。

Hoover 等人[8.25]使用这种方法彻底评估四种不同范围图像分割算法的质量。

一个更简单的算法是 Jaccard 相似性指数[8.27]：设 S_1 是分割过程返回的区域，让 S_2 是人类专家返回的相同度量。然后

$$J(S_1,S_2)=\frac{S_1\cap S_2}{S_1\cup S_2} \tag{8.66}$$

在 2004 年计算机视觉和模式识别国际会议(CVPR)上，David Martin 提出了一个名为“评估分割”的优秀教程[8.35]，该教程最初专注于基于图形的算法，但也是评估分割质量的一个很好的教程。

8.10 总结

在本章中，我们使用一致性概念来标识区域的分量。在8.2节中，如果所有像素的亮度相同，则定义它们位于同一区域。在分析直方图时，通常需要一些额外的处理(Chow和Kaneko[8.17]、Rosenfeld和Kak[8.43]、Tierier和Jain[8.53]解释并通过实验比较了几种这样的方法。)

在本章中，使用各种优化方法是一个主要的主题。例如，在8.2.2节中，我们使用最小平方误差的优化方法来找到最佳阈值。在8.5节中，我们使用主动轮廓的思想，通过指定特定于问题的目标函数并找到最小化该函数的边界来获得闭合边界。可以使用任何适当的最小化技术。

那么使用哪一个呢？当然，这取决于你的问题。

如果你遇到数据已经二值化(分区为背景和前景)的问题，并且你需要知道哪些像素属于哪个对象，则连通分量是首选工具。在这种情况下，如果你有一个(x, y)对，你知道它位于感兴趣的区域，你可以使用从那个点开始的区域增长；或者如果你碰巧有一个易于使用的迭代连通分量算法的版本(正如作者那样)，只需在整幅图像上运行它(它不会花费很长时间)，然后看看哪个区域包含目标像素。 193

如果你还没有定义前景和背景，则可以使用连通分量通过设置局部差异(式(8.19)的R)进行分割，并且不允许具有较大差异的两个像素位于同一区域。然而，由于这是局部运算，因此它会“泄漏”。也就是说，如果区域足够缓慢地改变亮度，则可能无意中合并了背景和前景。然而，如果$R(p, q)$被定义为需要相等的亮度，则连通分量将产生分段。通过简单的定义可以防止泄漏

$$R(p,q)=\begin{cases}\text{TRUE}, & |f(p)-f(q)|<\text{一个足够小的阈值}\\ \text{FALSE}, & \text{其他}\end{cases} \tag{8.67}$$

蛇问题完全符合MAP理论，可以使用模拟退火(SA)[8.50]。但是，搜索邻域是有问题的。也就是说，正如我们所讨论的那样，SA保证找到全局最小化状态集的状态。但是，必须对状态集进行采样，以使SA工作。在文献[8.50]中，使用现有轮廓作为起始点，并且在每次迭代时，采样的唯一状态是当前轮廓的一个像素内的轮廓，并且从该集合中选择最小值。合成轮廓是采样集合的最佳轮廓，但不一定是整个目标区域的最佳轮廓。

使用动态编程[8.24]可以解决二维蛇的最小化问题。

Baswarah等人[8.3]对主动轮廓中的文献提供了合理的文献综述。

Sethian[8.44，8.45]首次提出了使用水平集进行自适应轮廓的思想。Malladi[8.34]通过观察到仅考虑当前轮廓附近的一组点的优点而扩展了该思想。Taubin[8.51]在拟合分段线性曲线时隐式使用了水平集的概念。Kimmel、Amir和Bruckstein[8.28]证明了水平集可以用于其他目的，例如在曲面上找到最短路径。

并非所有使用可变形轮廓理论的算法都遵循8.5节中描述的策略。例如，Lai和

Chin[8.30]描述了将轮廓点视为随机变量序列的版本，因此可以通过马尔可夫过程来描述，并使用 MAP 策略进行优化。

分水岭比较有意思，可以用来生成不同盆地的完整分割。

感兴趣的读者可以参考 Roerdink 和 Meijster 关于分水岭的优秀教程[8.42]了解更多细节。另一个优秀的教程可以在网站 http://cmm.ensmp.fr/~beucher/wtshed.html 上找到。

图割可找到最佳分割。原则上，这些将优于由连通分量产生的分割，因为用户控制了目标函数并且优化是全局的。但是，某些版本的图割需要先前的信息来定义前景和背景。因此，不能使用不同亮度的均匀区域来分割图像，这些区域使用连通分量和

194 式(8.67)中非常小的阈值完成分割。

8.11　作业

8.1：直方图在 8.2.2 节中定义和讨论。在该节中，直方图在识别要分割的区域方面起着重要作用。但是如果直方图是平的呢？用老师指定的图像并计算其直方图。从这个直方图中找到最暗/亮的阈值是否容易？讨论一下。找到一些与运行直方图等价的方法。该程序将产生非常接近平坦的直方图。思考该图像的直方图，并讨论。

8.2：在 Otsu 方法中，证明最小化类内方差的说法等价于最大化类间方差。

8.3：在 Otsu 方法中，导出式(8.3)中的类间方差表达式，并解释如何递归计算以加速过程。

8.4：对式(8.41)求导。

8.5：你有一个黑白图像中提取的像素集，但纸张又旧又脏，直方图显然有两个峰值，噪声很大。你有一个想法：只考虑两个峰附近的点。这会给你提供两个独立的直方图，你可以只用 3 个参数(或者由你决定参数的数量)来适应每个直方图。试一试。你不需要编写软件，只需考虑问题。独立找到两个峰值。你有遇到一些问题吗？

8.6：这是三维空间中的 6 个点：[1, 2, 0]，[2, 7, 2]，[3, 4, 1]，[7, 7, 6]，[5, 6, 4]，[0, 0, 1]。启动 k-均值算法，其中 2 个簇位于[5, 6, 0]和[7, 1, 6]。使用欧几里得距离运行算法执行两次迭代。在每次迭代时显示输出。使用曼哈顿距离进行相同的操作。你得出什么结论？你可以手动完成，编写一个简单的程序，或者只运行一些你找到的程序。

8.7：式(8.4)给出了两个高斯和的公式。思考估计六个参数的问题：

(1) 写出式(8.4)的模型与 n 个点的实际直方图之间的和方差的等式。

(2) 写出关于 A_1 的微分方程，可以使用“取导数并将其设置为零”的策略求解。

(3) 写出关于 A_2 的微分方程，可以使用“取导数并将其设为等于零”的策略求解。

(4) 讨论同时解决所有六个方程的可行性，并提出一个适当的方法来解决这个问题。

8.8：一个非常小的图像如图 8.26 所示。假设用**粗体字**标记的像素是边缘像素，并且可以忽略所有像素给出的值。找到所有剩余像素的距离变换值。使用欧几里得和 4-连接距离。

8.9：关于颜色聚类。在你的图像目录中有三幅图像，名为 facered.ifs、faceblue.ifs 以及 facegreen.ifs。这些是全彩色图像的红色、蓝色和绿色分量。每个像素可由 8 位红色、8 位绿色和 8 位蓝色表示。因此，此图像中可能有 2^{24} 种颜色。不幸的是，你的计算机只有 8 位颜色，总共 256 种颜色。你的任务就是在你的工作站上找出一种方法来显示这张全彩图片。 195

方法：使用某种聚类算法。找到最能代表颜色空间的 128 个簇，并将所有点分配给其中一种颜色。然后，创建一个包含以下数据的文件。例如：

亮度值	红	绿	蓝
1	214	9	3

这意味着如果一个像素的亮度为 1，它应该在屏幕上显示为红色 214、绿色 9 和蓝色 3。这样的像素将显示为几乎纯红色。因此，每个簇中心由一种颜色表示。在上面的示例中，簇中心 1 是几乎纯红色的点。现在，制作一幅图像，其中每个像素的亮度等于最近的簇的簇编号。

使用 64、32、16、8 和 4 个簇重复相同的实验。比较差异。

8.10：使用 8.5.1 节中讨论的有限差分来估计基于导数的对称（式(8.68)）和非对称（式(8.69)）定义的四阶导数。比较差异。

$$\frac{\partial u}{\partial s}=\lim_{\Delta s\to 0}\frac{u(s+\Delta s)-u(s-\Delta s)}{2\Delta s} \tag{8.68}$$

$$\frac{\partial u}{\partial s}=\lim_{\Delta s\to 0}\frac{u(s+\Delta s)-u(s)}{\Delta s} \tag{8.69}$$

参考文献

[8.1] N. Badshah and K. Chen. Multigrid methods for the Chan-Vese model in variational segmentation. *Communications in Computational Physics*, 4(2), 2008.

[8.2] E. Bae and X. Tai. Efficient global minimization for the multiphase Chan-Vese model of image segmentation. In *Energy Minimization Methods in Computer Vision and Pattern Recognition*. Springer, 2009.

[8.3] D. Baswaraj, A. Govardhan, and P. Premchand. Active contours and image segmentation: The current state of the art. *Global Journal of Computer Sciencce and Technology: Graphics and Vision*, 12(11), 2012.

[8.4] S. Beucher. Watersheds of functions and picture segmentation. In *IEEE ICASSP Conf.*, May 1982.

[8.5] S. Beucher and F. Meyer. The morphological approach to segmentation: The watershed transformation. In E. R. Dougherty, editor, *Mathematical Morphology in Image Processing*, pages 433–481. 1993.

[8.6] W. Bieniecki. Oversegmentation avoidance in watershed-based algorithms for color images. In *Proceedings of the International Conference on Modern Problems of Radio Engineering, Telecommunications and Computer Science*, 2004. 196

[8.7] G. Bilbro and W. Snyder. Optimization of functions with many minima. *IEEE Transactions on SMC*, 21(4), July/August 1991.

[8.8] Y. Boykov and G. Funka-Lea. Graph cuts and efficient n-d image segmentation. *International Journal of Computer Vision*, 70(2), 2006.

[8.9] Y. Boykov and V. Kolmogorov. An experimental comparison of min-cut/max-flow algorithms for energy minimization in vision. *IEEE Trans. Pattern Anal. and Machine Intel.*, 26(9), Sept 2004.

[8.10] R. Boyles. On the convergence of the EM algorithm. *Journal of the Royal Statistical Society, Series B*, 45(1), 1983.

[8.11] C. R. Brice and C. L. Fennema. Scene analysis using regions. *Artificial Intelligence*, 1, 1970.

[8.12] T. Chan, B. Sandberg, and L.Vese. Active contours without edges for vector-values images. *Journal of Visual Communication and Image Representation*, 11, 2000.

[8.13] T. Chan and L. Vese. Active contours without edges. *IEEE Transactions on Image Processing*, 10(1), 2001.

[8.14] T. F. Chen. Medical image segmentation using level sets. Technical Report TR CS-2008-12, University of Waterloo, 2008.

[8.15] Y. Chen and M. Gupta. Theory and use of the EM algorithm. *Foundations and Trends in Signal Processing*, 4(3), 2010.

[8.16] Y. Cheng. Mean shift, mode seeking, and clustering. *IEEE Trans. Pattern Anal. and Machine Intel.*, 17(8), 1995.

[8.17] C. Chow and T. Keneko. Automatic detection of the left ventricle from cineangiograms. *Computers and Biomedical Research*, 5, 1972.

[8.18] G. Chung and L. Vese. Energy minimization based segmentation and denoising using a multilayer level set approach. In *Energy Minimization Methods in Computer Vision and Pattern Recognition*, volume 3757/2005, 2005.

[8.19] D. Comaniciu and P. Meer. Mean shift: A robust approach toward feature space analysis. *IEEE Trans. Pattern Anal. and Machine Intel.*, 24(5), May 2002.

[8.20] X. Dai, W. Snyder, G. Bilbro, R. Williams, and R. Cowan. Left-ventricle boundary detection from nuclear medicine images. *Journal of Digital Imaging*, February 1998.

[8.21] A. Dempster, N. Laird, and D. Rubin. Maximum likelihood from incomplete data via the EM algorithm. *Journal of the Royal Statistical Society, Series B*, 39(1), 1977.

[8.22] R. O. Duda and P. E. Hart. *Pattern Classification and Scene Analysis*. Wiley, 1973.

[8.23] K. Fukunaga and L. D. Hostetler. The estimation of the gradient of a density function, with applications in pattern recognition. *IEEE Trans. on Information Theory*, IT-21(1), January 1975.

[8.24] D. Geiger, A. Gupta, L. Costa, and J. Vlontzos. Dynamic programming for Detecting, tracking, and matching deformable contours. *IEEE Trans. Pattern Anal. and Machine Intel.*, 17(3), March 1995.

[8.25] A. Hoover, G. Jean-Baptiste, X. Jiang, P. Flynn, H. Bunke, D. Goldgof, K. Bowyer, D. Eggbert, A. Fitzgibbon, and R. Fisher. An experimental comparison of range image segmentation algorithms. *IEEE Trans. Pattern Anal. and Machine Intel.*, 18(7), 1996.

[8.26] J. Ivins and J. Porrill. Everything you always wanted to know about snakes (but were afraid to ask). *AIVRU Technical memo 86*, july 2000.

[8.27] P. Jaccard. Distribution dela flore alpine dans le bassin des drouces et dans quelques regions voisines. *Bulletin de la Société Vaudoise des Sciences Naturelles*, 37(140), 1901.

[8.28] R. Kimmel, A. Amir, and A. Bruckstein. Finding shortest paths on surfaces using level sets propagation. *IEEE Trans. Pattern Anal. and Machine Intel.*, 17(6), June 1995.

[8.29] R. Kashyap and R. Chellappa. Estimation and Choice of Neighbors in Spatial Interaction Model of Images. IEEE Trans. Information Theory, IT-29, January 1983.

[8.30] K. Lai and R. Chin. Deformable contours: Modeling and extraction. *IEEE Trans. Pattern Anal. and Machine Intel.*, 17(11), November 1995.

[8.31] K. Lee, P. Meer, and R. Park. Robust adaptive segmentation of range images. *IEEE Trans. Pattern Anal. and Machine Intel.*, 20(2), 1998.

[8.32] S. Lloyd. Least square quantization in PCM. *Bell Systems Laboratories Paper*, 1957.

[8.33] S. Lloyd. Least square quantization in PCM. *IEEE Transactions on Information Theory*, 28(2), 1982.

[8.34] R. Malladi, J. Sethian, and B. Vemuri. Shape modeling with front propagation: A level set approach. *IEEE Trans. Pattern Anal. and Machine Intel.*, 17(2):158–175, February 1995.

[8.35] D. Martin. Evaluating segmentation. In *CVPR tutorial*, 2004.

[8.36] A. Ng, M. Jordan, and Y. Weiss. *On Spectral Clustering, Analysis and an Algorithm*. MIT Press, 2001.

[8.37] S. Osher and J. Sethian. Fronts propagating with curvature dependent speed: Algorithms based on Hamilton-Jacobi formulations. *Journal of Computational Physics*, 79, 1988.

[8.38] N. Otsu. A threshold selection method from gray-level histograms. *IEEE Trans. Sys., Man., Cyber.*, 9(1), September 1979.

[8.39] W. K. Pratt. *Digital Image Processing*. Wiley, 1978.

[8.40] K. Ramudu, G. Reddy, A. Srinivas, and T. Krishna. Global region based segmentation of satellite and medical imagery with active contours and level set evolution on noisy images. *International Journal of Applied Physics and Mathematics*, 2(6), 2012.

[8.41] R. Redner and H. Walker. Mixture densities, maximum likelihood, and the EM algorithm. *SIAM Review*, 26, April 1984.

[8.42] J. Roerdink and A. Meijster. The watershed transform: Definitions, algorithms and parallelization strategies. *Fundamenta Informaticae*, 41, 2001.

[8.43] A. Rosenfeld and A. Kak. *Digital Picture Processing*. Academic Press, 2 edition, 1997.

[8.44] J. Sethian. Curvature and evolution of fronts. *Comm. in Math. Physics*, 101, 1985.

[8.45] J. Sethian. Numerical algorithms for propagating interfaces: Hamilton-Jacobi equations and conservation laws. *Journal of Differential Geometry*, 31, 1990.

[8.46] J. Shi and J. Malik. Normalized cuts and image segmentation. *IEEE Trans. Pattern Anal. and Machine Intel.*, 22(9), August 2000.

[8.47] W. Snyder and G. Bilbro. Segmentation of range images. In *Int. Conference on Robotics and Automation*, March 1985.

[8.48] W. Snyder and A. Cowart. An iterative approach to region growing using associative memories. *IEEE Transactions on Pattern Analysis and Machine Intelligence*, May 1983.

[8.49] W. Snyder and C. Savage. Content-addressable read-write memories for image analysis. *IEEE Transactions on Computers*, October 1982.

[8.50] G. Storvik. A Bayesian approach to dynamic contours through stochastic sampling and simulated annealing. *IEEE Trans. Pattern Anal. and Machine Intel.*, 16(10), October 1994.

[8.51] G. Taubin and R. Ronfard. Implicit simplicial models for adaptive curve reconstruction. *IEEE Trans. Pattern Anal. and Machine Intel.*, 18(3), March 1996.

[8.52] D. Tolliver and G. L. Miller. Spectral rounding with applications in image segmentation and clustering. In *International Conference on Computer Vision and Pattern Recognition*, 2006.

[8.53] O. Trier and A. Jain. Goal-directed evaluation of binarization methods. *IEEE Trans. Pattern Anal. and Machine Intel.*, 17(12), 1995.

[8.54] Y. Weiss. Segmentation using eigenvectors: a unifying view. In *Proceedings of International Conference on Computer Vision*, 1999.
[8.55] C. Wu. On the convergence properties of the EM algorithm. *Annals of Statistics*, 11, March 1983.
197 ~ 199 [8.56] S. Zhu and A. Yuille. Region competition: Unifying snakes, region growing, and Bayes/MDL for multiband image segmentation. *IEEE Trans. Pattern Anal. and Machine Intel.*, 18(9), 1996.

参数变换

假如我在玻璃的另一边，我的右手难道还握着橘子吗？

——刘易斯·卡罗尔

9.1 简介

假设你的任务是查找图9.1中的直线。如果图像中仅存在一条直线，则可以使用直线拟合来确定曲线的参数。但这里有两个线段。如果我们可以首先分割这个图像，就可以分别拟合每个片段——是的，这是一个分类问题。

解决从局部测量推断大规模特性的问题的另一种方法是使用参数变换。在该方法中，假设我们在图像中搜索的对象可以通过数学表达式来描述，该数学表达式又由一组参数表示。例如，直线可以用斜率截距形式写成：

$$y = ax + b \tag{9.1}$$

其中 a 和 b 是描述该行并将变量 x 和 y 关联起来的参数。我们的方法如下：给定一组点(或其他特征)，所有这些点都满足相同的方程，我们将找到该方程的参数。在某种意义上，这与将曲线拟合到一组点相同，但正如我们将发现的，参数变换方法允许我们找到多条曲线，而事先不知道哪个点属于哪条曲线。也就是说，参数变换反转了变量和参数的作用。

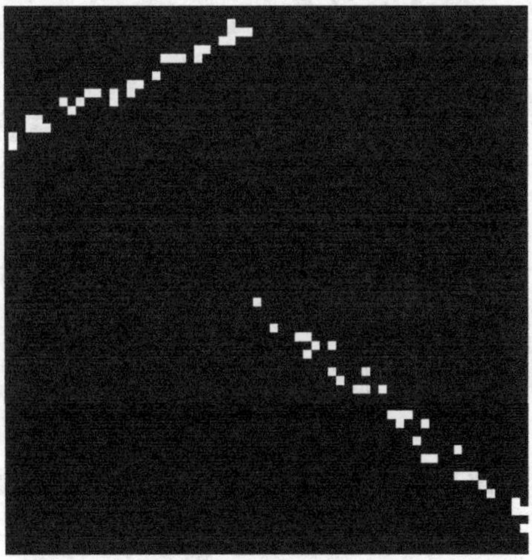

图9.1 边缘检测器输出的图像。人类可以立即辨别出这个边界由两个直线段组成。库名：work.png

在本章中，我们通过思考寻找直线、圆和椭圆的特殊例子开始研究。然后，我们将讨论扩展到寻找任意形状：

- (9.2节)第一种技术是霍夫变换，识别图像中的单条直线。该节还讨论这种方法的计算复杂性问题。参数变换可能需要相当长的时间，因为对于每个目标点，必须绘制函数。然而，可以通过利用诸如图像梯度的图像信息来加速该过程。也就是说，我们可以在图像空间中进行权衡计算，以便在参数空间中进行计算。

- (9.3 节)在有噪声的图像中寻找圆使我们发现具有两个以上参数的函数可以通过多种方式处理，包括简单地增加问题的维数。
- (9.4 节)任意方向的椭圆有六个参数，遵循简单的参数变换原理需要一个六维搜索空间。但是，该节说明如何使用几何关系来使用更小的搜索空间以查找椭圆。
- (9.5 节)广义霍夫变换说明了使用该节的思想来识别不可参数化的形状的方法。
- (9.6 节)本章中的所有方法都在变换空间中定位峰值。仅识别局部最大值是不够的。该节介绍如何可靠地找到这些峰值。

在本章的最后，我们还讨论如何使用基于参数变换的技术在范围图像中找到 3D 形状(见 9.7 节)和立体视觉中的对应关系(见 9.8 节)。

9.2　霍夫变换

首先，让我们证明一个说明性的定理。

200~201 **定义**　给定 $\mathbb{R}^d$ 中的一个点，以及在该空间中定义曲线的参数化表达式，该点的参数变换是将点视为常量而参数作为变量处理的曲线。

例如，式(9.1)的参数变换产生：

$$b = y - xa \tag{9.2}$$

这本身就是二维空间 $\langle a, b\rangle$ 中的直线。给定点 $x=3$，$y=5$，则参数变换是 $\langle a, b\rangle$ 空间中的线 $b=5-3a$。

定理　如果二维空间中的 n 个点是共线的，则使用形式 $b=y-xa$ 的那些点的所有参数变换在空间 $\langle a, b\rangle$ 中的公共点处相交。

证明　假设 n 个点 $\{(x_1, y_1), (x_2, y_2), \cdots\cdots, (x_n, y_n)\}$ 都满足相同的等式

$$y = a_0 x + b_0 \tag{9.3}$$

考虑其中两个点 (x_i, y_i) 和 (x_j, y_j)。这些点的参数变换是曲线(恰好是直线)

$$\begin{aligned} b &= y_i - x_i a \\ b &= y_j - x_j a \end{aligned} \tag{9.4}$$

a，b 中这两条曲线的交点如图 9.2 所示。同时求解式(9.4)的两个方程得到

$$y_j - y_i = (x_j - x_i)a \tag{9.5}$$

因此只要 $x_j \neq x_i$，则有 $a=\dfrac{y_j-y_i}{x_j-x_i}$。我们将 a 替换到式(9.4)中以得出 b，

$$b = y_i - x_i \frac{y_j - y_i}{x_j - x_i} \tag{9.6}$$

我们有两条曲线相交的 a 和 b 值。但是，我们也从式(9.3)中知道所有的 x 和 y 都满足相同的曲线。通过将式(9.3)代入式(9.6)，我们得到了

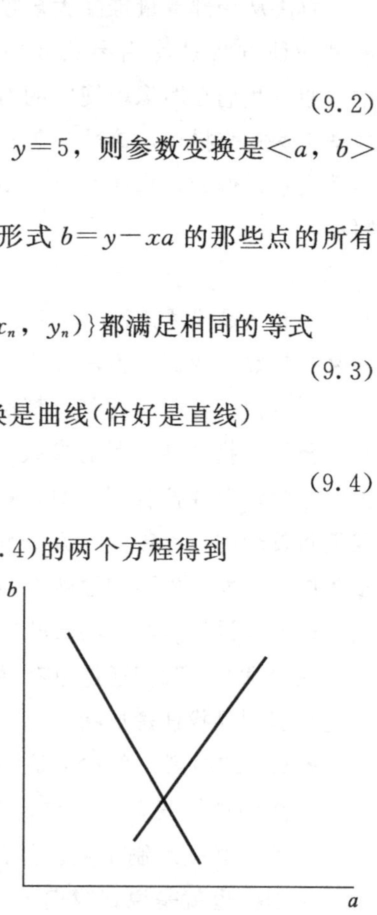

图 9.2　参数空间中两条曲线的交点

$$b=(a_0x_i+b_0)-x_i\frac{(a_0x_j+b_0)-(a_0x_i+b_0)}{x_j-x_i} \tag{9.7}$$ 202

这可以化简为：

$$b=(a_0x_i+b_0)-x_ia_0=b_0 \tag{9.8}$$

同样，

$$a=\frac{y_j-y_i}{x_j-x_i}=\frac{(a_0x_j+b_0)-(a_0x_i+b_0)}{x_j-x_i}=a_0 \tag{9.9}$$

因此，对于沿 a_0 和 b_0 参数化的直线的任意两个点，它们的参数变换在点 $a=a_0$ 和 $b=b_0$ 处相交。由于任意两个点的变换在该点处相交，因此所有这样的变换在该公共点处相交。

概念回顾：图像中的每个 POINT 在参数空间中产生 CURVE(可能是直的)。如果点全部位于图像中的直线上，则相应的曲线将在参数空间中的公共点处相交。现在，谈谈下一个问题。

9.2.1 垂线问题

那么关于垂线有哪些问题呢？参数 a 变为无穷大。这并不好。也许我们需要一个直线方程的新形式。这有一个比较好的：

$$\rho=x\cos\theta+y\sin\theta \tag{9.10}$$

选择 ρ 和 θ 的值，然后可以将满足式(9.10)的点集$\{(x_i, y_i)\}$显示为直线。该方程有几何解释，如图 9.3 所示。

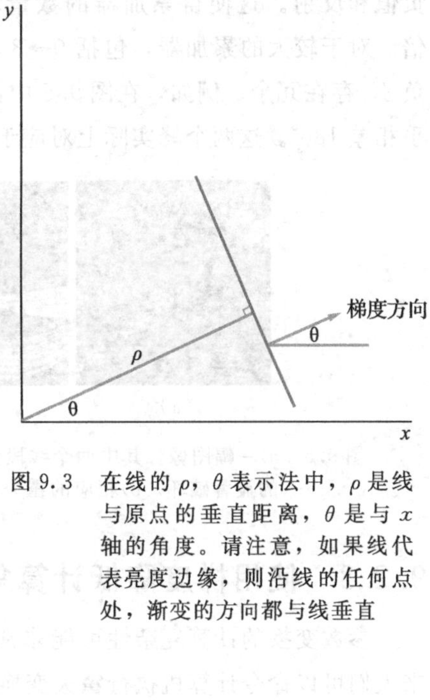

图 9.3 在线的 ρ，θ 表示法中，ρ 是线与原点的垂直距离，θ 是与 x 轴的角度。请注意，如果线代表亮度边缘，则沿线的任何点处，渐变的方向都与线垂直

203

这种直线的表示具有许多缺点。与斜率的使用不同，这两个参数都是有界的；ρ 不能大于图像的最大对角线，θ 不能大于 2π。可以表示任何角度的线而没有奇异性。

使用直线的参数化解决了我们面临的一个问题，即无限斜率的可能性。另一个问题是交点的计算。

9.2.2 如何找到交点——累加器数组

在参数空间中，找到曲线的所有交点然后确定哪些交点彼此靠近是不可行的。相反，我们使用**累加器数组**的概念。为了创建一个累加器数组，我们制作一幅图像，比如 360 列乘 512 行。我们将每个数组元素初始化为零。将此数组视为图像通常很方便，从现在开始，我们将此特殊图像的元素称为累加器。图 9.4 说明了使用以下算法绘制通过非常小的累加器数组的三条直线：

> 对于边缘图像中的每个点(x_i, y_i)：
> 1) 对所有的 θ 计算 ρ。
> 2) 在累加器数组中的点 ρ，θ 处，将该点处的值加 1。

该算法导致对应于交点的那些累加器的多增量更频繁地增加。因此，累加器数组中的峰值对应于多个交点，从而也对应于适当的参数选择。图 9.5 展示了具有两条直边的图像和相应的霍夫变换，其中每个像素的亮度是累加器的值。要理解为什么两条线有四个交点，思考当一个人在改变 θ 时开始计算 ρ，仅允许 ρ 为负将更快找到点，而不是测试负值和反射。这使得累加器的数量增加了一倍。对于较大的累加器，包括 0→350°以及正
204 负 ρ，存在冗余。例如，在图 9.5 中，最左边的峰值位于 66°，第三个峰值位于 247°，几乎相差 180°。这两个峰实际上对应于同一点。

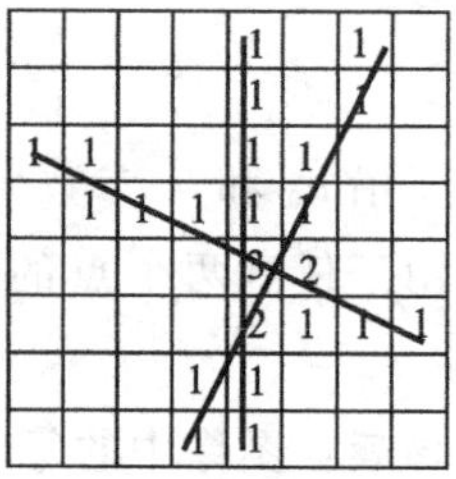

图 9.4　通过累加器数组绘制三条直线。每当一条直线通过该累加器时，每个累加器都会递增。注意，纵轴是 ρ，横轴是 θ

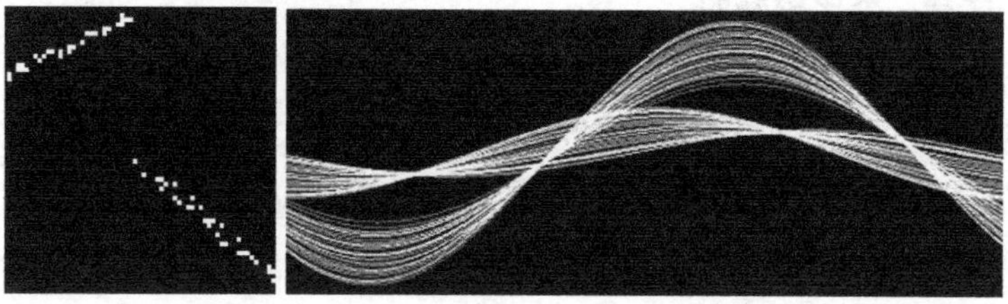

a)　　　　　　　　　　　　　　b)

图 9.5　a)一幅图像，其中两个线段具有截然不同的斜率和截距，但其实际位置受到噪声的显著破坏。b)相应的霍夫变换，纵轴是 ρ，横轴是 θ

9.2.3　使用梯度降低计算复杂度

参数变换的计算复杂性可能非常高。霍夫变换有时被称为“咖啡变换”，因为多年来人们可以命令计算机执行霍夫变换，然后在完成之前喝一整杯咖啡。例如，假设我们正在执行霍夫变换，其中图像的大小为 512×512，并且我们希望角度分辨率为 1°。因此我们的累加器数组是($512\times 2\sqrt{2}$)×360(因为 ρ 可以为正或为负)。迭代包括计算 θ 的每个值的 ρ，因此我们计算并为图像中的每个像素增加 360 个累加器。

减少计算的一种方法是观察到图像中的边缘点通常是某个梯度运算的输出，如果同时具有该梯度的大小和方向，就可以利用该信息来降低计算复杂度。要查看此内容，请参见图 9.3。如果我们知道某点的梯度，知道边的方向，从而我们知道 θ。因此，我们只需计算 θ 这一个值，而不是 360 个值，我们只需增加一个累加器，速度便增加了 360 倍！

当然(你现在应该习惯了注意)，这种方法存在一些问题。首先，大多数梯度运算返回的方向不是特别准确。(回头看看 5.8.1 节。)因此，你正在递增的一个单元格可能无法精确定位。有一个简单的部分解决方案：诀窍是不增加一点，而是增加一个邻域。例如，你可以将计算的点数增加 2，并将该点的邻域增加 1。(是的，这是一种高斯运算。)

你还可以在递增累加器数组的过程中使用渐变的大小。在前面的描述中，我们建议你对渐变图像进行阈值处理，并在与图像中的边缘点对应的点处将累加器数组递增 1。 205
另一种方法是增加梯度的大小，或者与大小成比例的值。当然，这要求你对累加器数组使用浮点表示，但如果使用浮点累加器则应该没有问题。

总之，你可以权衡图像空间中的计算(梯度的大小和方向的计算)以便在参数空间中进行计算，并且这种权衡可以得到显著的加速。你将在本章后面再次看到这一点。其他启发式[9.12]也可以获得加速。

9.3 寻找圆

霍夫变换的推广可用于圆的片段的检测。通过使用低维度累加器数组确保了该技术的实用性。

9.3.1 由任意三个非共线像素表示的圆的位置推导

给定平面中的任意三个非共线点，本节将回顾如何找到通过这三个点的圆的中心和半径。在 9.3.2 节中，该结果将被集成到参数变换中，该变换将识别通过这三个点的圆。

在图 9.6 中，显示了三个点 P0、P1 和 P2。该圆是否穿过这三个点？弦 P0P1 和 P1P2 被展现出来。这些弦的垂直平分线标记为 B01 和 B12。B01 和 B12 的交点是圆的中心，半径是从该交点到三个点 P0、P1 和 P2 中的任意一点的距离。在平分线 B01 和 B12 平行的情况下，它们将不具有有限的交点。任意三个非共线点将位于圆上，其中心通过连接点的线段的垂直平分线的交点找到，并且半径等于从中心到其中一个点的距离。包含 P0、P1 和 P2 的圆由 $x-y$ 平面中的以下等式定义。

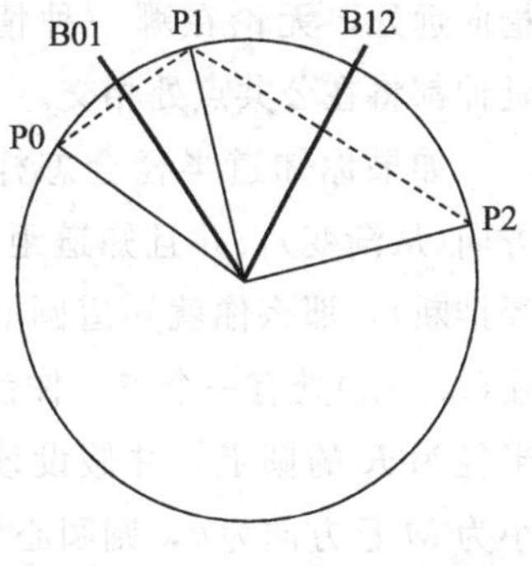

图 9.6 包含 P0、P1 和 P2 的圆，两根弦用虚线表示，两根弦的垂直平分线是 B01 和 B12

$$(x-h)^2+(y-k)^2=R^2 \qquad (9.11)$$ 206

其中 $C=(h, k)$是半径为 R 的圆的中心。但是，我们如何使用参数变换技术来找到参数，因为我们知道有关圆的一些信息？或者，如果我们对圆一无所知怎么办？这些问题将在下一节中讨论。

9.3.2 当原点未知但半径已知时找圆

式(9.11)描述了一个表达式，其中假设 x 和 y 是变量，并假设 h、k 和 R 是参数。和以前一样，让我们重写这个等式，交换参数和变量。

$$(h-x_i)^2+(k-y_i)^2=R^2 \tag{9.12}$$

在空间(h, k)中，这描述了什么样的几何形状？你猜对了，一个圆。图像空间中的每个点(x_i, y_i)在参数空间中产生一条曲线，如果图像空间中的所有这些点都属于同一个圆，那么参数空间中的曲线在哪里相交？你应该能够通过参数空间得出一个交点。现在，如果 R 也不知道怎么办？这是同样的问题。然而，我们现在必须允许 h 和 k 在所有可能的值上取值并计算 R，而不是允许 h 在所有可能的值上取值并计算 k，我们现在具有三维参数空间。允许两个变量变化并计算第三个变量定义了这个三维空间中的曲面。这是什么类型的曲面(椭圆、双曲面、圆锥、抛物面、平面)？

9.3.3 利用梯度信息减少找圆的计算

假设我们知道图像中只有一个圆或一部分圆。我们怎样才能以最少的计算找到中心？有一种方法：在每个边缘点，计算梯度向量。累加器与图像同构。在每个边缘点，沿着渐变向量移动，并且递增累加器。和以前一样，累加器的最大值将指示圆的中
207 心。如果圆的内部比外部更亮，则所有梯度向量将指向大致相同的点，如图 9.7 所示。如果内部较暗，那么梯度向量将全部指向远处，无论在哪一种情况下，向量的延伸都将在公共点处相交。

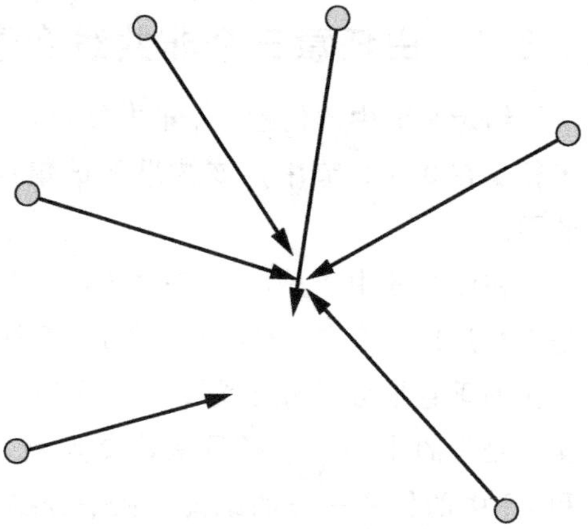

图 9.7　梯度向量的所有延伸都倾向于在一点处相交

如果你知道半径会怎样？如果你知道方向(从渐变)，并且知道距离(根据已知半径推断)，那么你就知道圆心的位置。假设在(x_i, y_i)处有一个点，你认为它可能位于半径为 R 的圆上，并假设该点处的梯度大小为 M 且方向为 θ，则圆心的位置为

$$x_0=x_i-R\cos\theta \quad y_0=y_i-R\sin\theta \tag{9.13}$$

同样，累加器数组应该在邻域而不是单个累加器上递增，并且已证明按与 M 成比例的量递增是有效的。

9.4 寻找椭圆

只有当椭圆的长轴是水平的，椭圆才满足等式

$$\frac{x^2}{\alpha^2}+\frac{y^2}{\beta^2}=1, \quad \alpha>\beta \tag{9.14}$$

其中 α 和 β 是标量常数。如果长轴是垂直的，则产生类似的等式，但是椭圆相对于坐标轴旋转，只有如下形式的等式

$$ax^2+cy^2+bxy+dx+ey+f=0 \tag{9.15}$$

是充分的。但这是一般圆锥曲线的方程，并不限于椭圆。可以添加约束 $b^2-4ac<0$，但添加此约束会将拟合过程转换为更加困难的问题。相反，Xie 和 Ji[9.11]提供了一种简单的算法，用于查找使用基于累加器的理论的椭圆。

该算法通过选择两个点组成椭圆的长轴，然后寻找一致性以确定这对轴实际上是长轴。

图 9.8 说明了椭圆的几何特征。该图表明，知道长轴及其端点也能决定中心和方向，只剩下需要确定短轴的长度。以下算法概述了该方法：

1) 设置参数 Mm 和 MM(即最小和最大长轴长度)以及 mm 和 mM(即最小和最大短轴长度)。
2) 扫描强梯度的图像发现点，并将每个点存储在包含 x、y、m、θ 的数组 P 中，其中 m 是幅度，θ 是梯度的方向。这个数组可能相当大。另外，分配空间以保存短轴长度的一维累加器。 208
3) 扫描 P 并选择一个点 $\boldsymbol{x}_1$，它可能是某个椭圆的长轴的末端。例如，如果梯度的方向会迫使长轴偏离图像，则它不可能是端点。
4) 现在，选择长轴另一端的候选者 $\boldsymbol{x}_2$。可以使用各种探索方法来减少对 $\boldsymbol{x}_2$ 的搜索。例如，另一端必须满足 $\mathrm{Mm}\leqslant|\boldsymbol{x}_1-\boldsymbol{x}_2|\leqslant\mathrm{MM}$；或知道 $\boldsymbol{x}_1$ 处的梯度方向，提供了搜索 $\boldsymbol{x}_2$ 位置的信息。
5) 长轴的半长 a 为 $\dfrac{|\boldsymbol{x}_1-\boldsymbol{x}_2|}{2}$，原点 $\boldsymbol{x}_0$ 在 $\dfrac{(\boldsymbol{x}_1+\boldsymbol{x}_2)}{2}$ 处，椭圆的方向为 $\theta=\tan^{-1}\dfrac{(y_2-y_1)}{(x_2-x_1)}$。
6) 选择一个点 $\boldsymbol{x}$，使得 $|\boldsymbol{x}-\boldsymbol{x}_0|<a$。设 $d=|\boldsymbol{x}-\boldsymbol{x}_0|$，$f=|\boldsymbol{x}_2-\boldsymbol{x}|$。

   (a) 考虑三角形 $\boldsymbol{x}$、$\boldsymbol{x}_0$ 和 x_2，如图 9.8 所示，其内角为 τ。由于 $a^2+d^2-f^2=2ad\cos\tau$，我们可以计算 $\cos\tau$：

   $$\cos\tau=\frac{a^2+d^2-f^2}{2ad}$$

   设 $2b$ 表示短轴的长度，因此 b 是该轴的“半长”，则

   $$b^2=\frac{a^2d^2\sin^2\tau}{2ad}$$

   (b) 为长度 b 增加累加器。

   (c) 如果存在更多满足步骤 6 的条件的像素，则用这些像素重复步骤 6。

7）找到累加器的最大值。如果最大值足够大，则 $\boldsymbol{x}_1$ 和 $\boldsymbol{x}_2$ 是椭圆长轴的端点。保存此信息。如果累加器的最大值太小，请继续使用步骤 3 进行扫描。
8）清除累加器。
9）从 P 中删除此椭圆上找到的所有点。
10）继续执行，直到到达 P 的结尾。

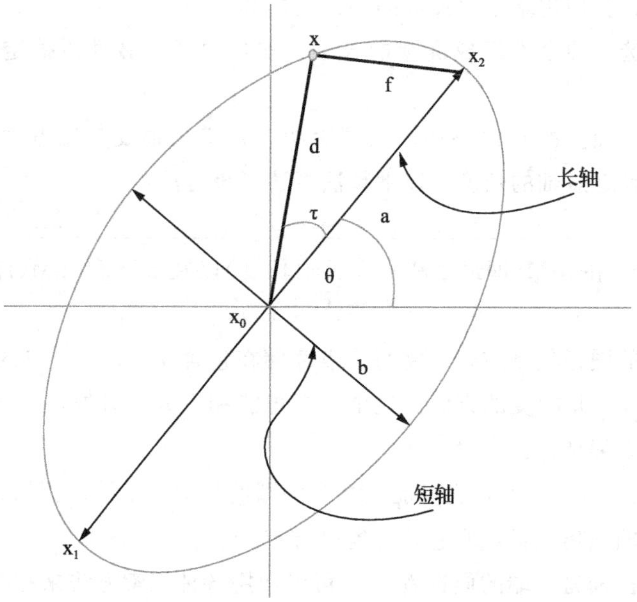

图 9.8　如果知道长轴和短轴，则知道椭圆

该算法快速，高效，并且便于编程和理解。它只有一个问题：如果有一个真正的椭圆，但是一端或另一端被遮挡，算法将不起作用。

9.5　广义霍夫变换

到目前为止，假设我们正在寻找的形状可以用分析函数表示，可以用一组参数表示。我们一直在使用同意“投票”的数据分量的概念可以扩展到通用形状。现在，让该区域可以为任意形状，并假设方向、形状和比例是已知的。我们的第一个问题是弄清楚
209 如何以适合使用霍夫似然的方法表示这个对象。下面是一种这样的方法[9.1]。

首先，定义一些参考点。参考点的选择是任意的，但重心是附近的。将该点称为 O。对于边界上的每个点 P_i，计算该点处的梯度向量和从边界点到参考点的向量 OP_i。将梯度方向量化为例如 n 个值，并创建具有 n 行的表 R。每当边界上的点 P_i 具有值为 $\theta_i(i=1,\cdots,n)$ 的梯度方向时，使用 $T[i,k]=OP_i$ 在第 i 行上填充新列，其中 k 是第 i 行条目的索引。因此，边界上的多个点可能具有相同的梯度方向这一事实可以通过在表

中为每个条目放置一个单独的列来解决。

在图 9.9 中，显示了 R 表中的形状和三个条目。

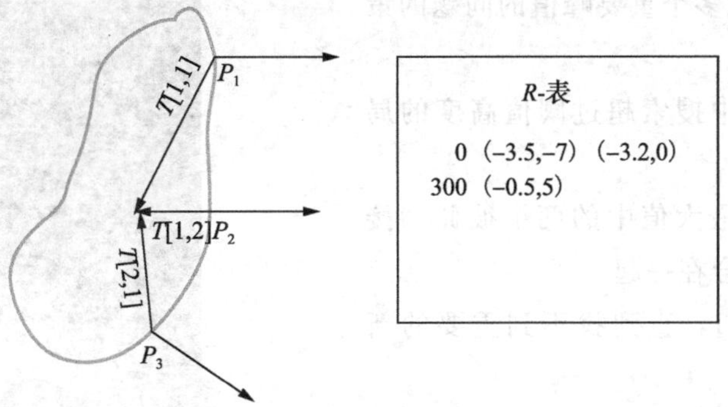

图 9.9　一幅带有三个点的简单图像，以及由此产生的 R 表。$T[i, k]$是 R 表第 i 行上的第 k 个向量。图中的符号和 R 表中的数字可以通过以下公式解析：$T[1, 1]=(-3.5, -7)$，$T[1, 2]=(-3.2, 0)$和 $T[2, 1]=(-0.5, 5)$ 210

为了利用这种形状表示来执行形状匹配和定位，我们使用下面的算法。

广义霍夫变换的算法

1）构造一个 2D 累加器数组，其将用于保存参考点的候选图像位置。将累加器初始化为零。

2）对于每个边缘点 P_i：

(a) 计算梯度方向，并确定 R 表的哪一行对应于该方向。让那一行成为第一行。

(b) 对于第 i 行的每个条目 k，

i. 通过将存储的向量添加到边界点位置来计算候选中心的位置：$\boldsymbol{a}=T[i, k]+P_i$。

ii. 在 $\boldsymbol{a}$ 处增加累加器。

在本章的作业中，讨论了不变性问题。

9.6　寻找峰值

理想情况下，累加器数组的峰值处于或接近真实参数值，但是通常它们可能被原始数据中的噪声所取代。有几种方法可以解决这个问题，包括一些复杂的方法[9.2,9.9]和一些简单的方法。

在可能存在单峰值的简单问题中，通常寻找单个最大值就足够了。但是，正如我们在第 5 章中所学到的，核运算不能非常准确地估计方向。此外，由于采样和噪声，图像点并不是我们认为的精确位置。因此，在累加器中绘制的线不会精确地相交并形成完美的尖峰。这样的峰值倾向于“颠簸”，单峰可能是多峰的。一些简单的模糊通常足以平滑凸起并产生单个局部最大值。但是，平滑并不总能解决问题。图 9.10 显示了典型累加器“峰值”的特写，这里看起来根本不是单峰。

针对可能出现多个重要峰值的问题的策略如下：

1）在累加器中搜索超过阈值高度的局部最大值。

2）如果这些最大值中的两个彼此“接近”，则将它们组合在一起。

3）转到步骤 1，直到找不到重要的新峰值。

一般的多峰值问题基本上是一个聚类问题[9.2]，因此任何能够很好地聚类的算法也能很好地找到峰值。

正如第 8 章所讨论的，聚类是在数据中查找自然分组的过程。显而易见的应用是找到累加器峰值的最佳估计值，然而，这些想法在适用性方面比仅仅找到分布模式要宽得多。图 9.11 说明了如何使用 k 均值聚类在累加器中找到峰值。要找到 n 个峰值，只需启动具有 n 个不同簇中心的聚类，然后让簇中心移动。8.3 节详细讨论了聚类。

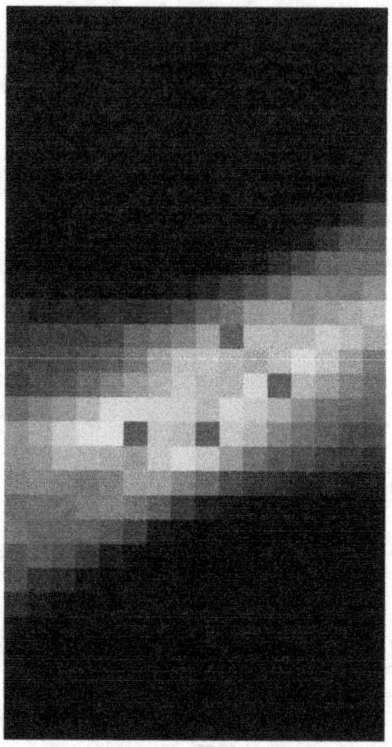

图 9.10　该区域被认为是霍夫累加器中的“峰值”。该明亮区域在累加器的水平轴上覆盖 56°～78°，在垂直轴上覆盖 200～208 个单位的距离。通过红点识别四个单独的局部最大值（见彩插）

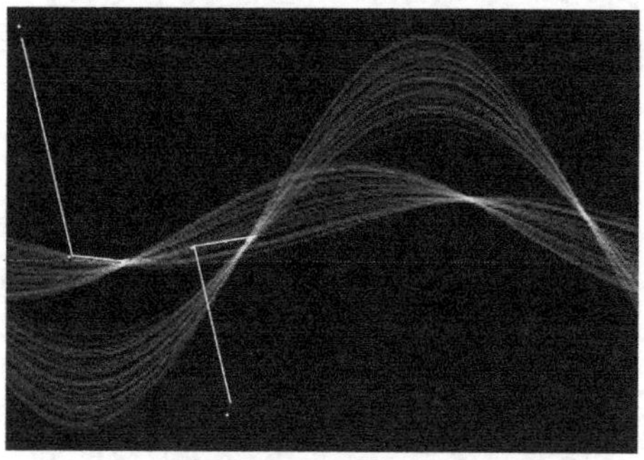

图 9.11　两个簇中心从随机起点到峰值的移动

9.7　寻找三维形状——高斯图

“高斯图”提供了表示范围图像中的操作的有效方式。它在理论上是一种参数变换。211～212 这个概念非常简单：首先，将球体表面细分成你想要的任意尺寸的小片。这个细分曲面将确定图的分辨率。将计数器（累加器）与曲面细分的每个单元相关联。现在考虑一个范围图像。在范围图像中，计算每个像素的曲面法线，并递增具有相同曲面法线的高斯图的累加器。这基本上提供了法向量的直方图，其又可以用于识别范围图像中目标对象的方向。

通过首先识别图中的重要峰值来完成从高斯图确定曲面的方向。图上峰的位置对应于曲面的方向，并且峰很大表明在曲面上存在许多该方向的曲面补片。

图 9.12 显示了一个三维形状、一个圆柱体及其高斯球体表示。

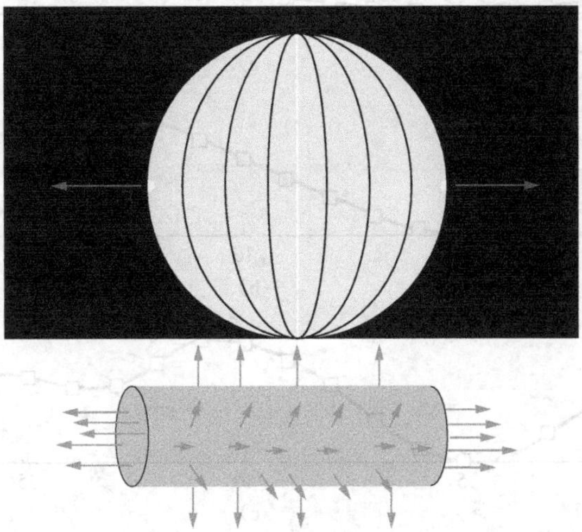

图 9.12　具有两个平端的圆柱体，以及该形状的高斯图表示。圆柱体上的法向量用箭头表示。圆筒略微向观察者旋转，因此观察者可以看到一端。这使得箭头的表观长度不同。高斯球体本身在黑色背景上示出，并且已经增加的区域被指示为白色。在球体旁边绘制了两个大箭头，表示两个峰的法方向

9.8　寻找对应体——立体视觉中的参数一致性

我们现在将简要地解决立体视觉问题，并基于累加器数组提供改进。

虽然在第 12 章之前我们不会看到细节，但是你已经知道当一个人用每只眼睛分别观察同一个物体时，物体似乎在两个视图之间(水平地)移动。该差异是两个对应像素之间的像素距离，计算为

$$d=\frac{BF}{z} \tag{9.16}$$

其中 z 是与这两个像素对应的点的距离，B 是基线(两个相机/眼睛之间的距离)，F 是任意相机的焦距(假设所有相机都相同)。最困难的问题是确定每个相机图像中的哪些像素对应于三维空间中的相同点。假设从最左边的图像中提取一个小窗口，并使用和方差(SSD)与另一幅图像中沿水平线的小窗口进行模板匹配。可以绘制目标函数与视差或反距离 $\left(\frac{1}{z}\right)$ 的关系图。使用反距离很方便，我们通常会发现匹配函数有多个最小值，如图 9.13 所示。如果从相机 3 或相机 4 拍摄图像，并且具有与相机 1 不同的基线，则发现类似的非凸曲线。但是，所有曲线都将在同一点具有最小值，即正确的差异。我们马上就有了一致性！可以形成新函数(累加器)，这些曲线的总和取自多个基线对。我们发现这个新函数(称为反向距离 SSD)在正确答案处具有最小值。Okutomi 和 Kanade[9.8]已经证明，该函数在正确的匹配位置处总是呈现明显的最小值，并且随着基线对数量的增加，测量的不确定性降低。 213

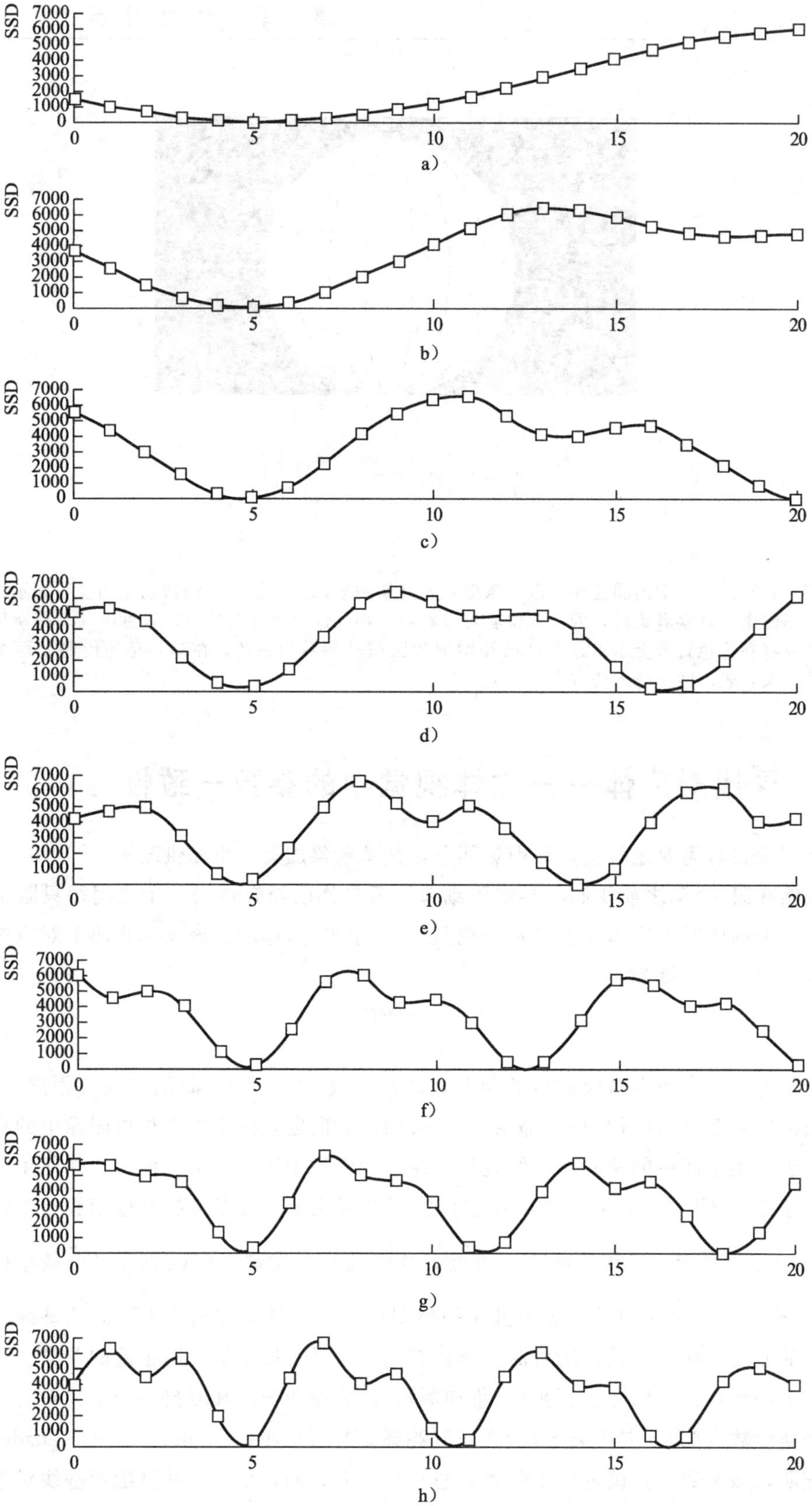

图 9.13　从立体对中的一幅图像提取的模板与第二幅和第三幅图像匹配的结果，作为到匹配点的反距离的位置的函数，该图引自文献[9.8]，经许可使用

9.9 总结

在本章中，参数变换的概念以霍夫变换及其衍生的形式引入，它们都使用累加器数组。累加器数组允许检测一致性，因为一致的“事物”全部添加到相同的累加器单元，或者至少添加到附近的累加器单元。通过添加假设来构建累加器数组，我们还可以获得噪声抗扰度，因为不一致的解决方案往往不会对全局一致的解决方案做出贡献。

当应用于寻找圆、椭圆等形状时，术语“霍夫变换”实际上用词不当。只有霍夫的原始作品[9.4]才能称为“霍夫变换”，其找到的是直线。然而，许多作者在使用术语“霍夫变换”时真正的意思是“参数变换”。这个例外是广义霍夫变换[9.1]，它除了曲线本身的属性外没有任何参数。

由于曲率表示法线方向的变化率，因此高斯图可以与曲率相关。在文献[9.5]中更详细地讨论了高斯映射的可逆性以及在旋转和平移下的不变性。该图还可用于识别图像中的消失点[9.6]。

本章提到的聚类是一种在累加器中找到峰值的方法，在 8.3 节中作为一种分组颜色的方法，是一种通用而强大的工具。例如，McLean 和 Kotturi[9.7]使用一种版本的聚类[9.3]来定位图像中的消失点。

本章列出的主题不包括累加器方法的所有应用。但是，文献提供了各种例子，如寻找抛物线[9.10]。

9.10 作业

9.1：在名为“leadhole”的目录中，有一组通过电路板孔的电线图像。孔大致呈圆形和黑色。使用参数变换方法查找孔的中心。这是一个项目，需要提交正式报告。在报告中，显示图像，缩放到可查看的大小。标记作为孔边界元素的像素和孔的中心。只需将这些像素设置为非常明亮，即可轻松完成此标记过程。处理尽可能多的图像。如果你的方法在某些情况下失败，请讨论原因。 214~215

9.2：你将使用广义霍夫变换方法来表示对象并在图像中搜索该对象。（物体是一个完美的正方形，在白色背景上呈黑色，以原点为中心，边长两个单位。）你只有五个点可以使用：(0，1)，(1，0)，(1，0.5)，(−1，0)，(0，−1)。填写将在此对象的广义霍夫变换中使用的“R 表”。下面的示例表包含四行。你无须填写所有内容，如果需要更多行，则可以添加它们。

p1(x, y)	p2(x, y)

9.3：令 P1＝[x1，y1]＝[3，0]并且 P2＝[x2，y2]＝[2.39，1.42]是两个点，它们大致位

于同一圆盘的边界上。我们不知道圆盘内部是黑暗还是明亮的。P1 和 P2 处的图像梯度为 $5\angle 0$ 和 $4.5\angle\frac{\pi}{4}$（使用极坐标法）。

使用霍夫方法估计圆盘中心的位置和圆盘的半径，并确定圆盘是否比背景更暗或更亮。

9.4：设 P1＝[x1，y1]＝[3，0]、P2＝[x2，y2]＝[2.39，1.42,]和 P3＝[1.1，1.99]是大约位于同一圆盘边界的三个点。我们不知道圆盘内部是黑暗还是明亮的。P1、P2 和 P3 处的图像梯度分别为 $5\angle 0$、$4.5\angle\frac{\pi}{4}$ 和 $4.9\angle\frac{\pi}{2}$（使用极坐标法）。

使用霍夫方法估计圆盘中心的位置和圆盘的半径，并确定圆盘是否比背景更暗或更亮。

9.5：尽管像霍夫这样的参数变换在减少噪声方面做得非常好，但噪声始终存在。你是否可以将我们在第 6 章中学到的概念(如 VCD)应用于累加器以减少累加器中的噪声？请讨论。

9.6：9.5 节中描述的广义霍夫变换(GHT)对于缩放是不变的吗？也就是说，假设你有两个区域 A 和 B，它们是相同的，除了 B 是 A 的缩放版本。该节描述的 GHT 是否会得出结论：它们是相同的形状？如果没有，你将如何修改该算法以使其对于缩放不变？

216 9.7：在图 9.11 中，展现了霍夫累加器。创建一种使用聚类算法查找峰值的方法。（不要仅仅找到最亮点。）建议包括用累加器值的平方加权每个点，用值的平方的指数做一些操作等。

参考文献

[9.1] D. Ballard. Generalizing the Hough transform to detect arbitrary shapes. *Pattern Recognition*, 13(2), 1981.

[9.2] Y. Cheng. Mean shift, mode seeking, and clustering. *IEEE Trans. Pattern Anal. and Machine Intel.*, 17(8), 1995.

[9.3] T. Hofmann and J. Buhmann. Pairwise data clustering by deterministic annealing. *IEEE Trans. Pattern Anal. and Machine Intel.*, 19(1), 1997.

[9.4] P. V. C. Hough. Method and means for recognizing complex patterns. *U.S. Patent*, 3069654, 1962.

[9.5] P. Liang and C. Taubes. Orientation-based differential geometric representations for computer vision applications. *IEEE Trans. Pattern Anal. and Machine Intel.*, 16(3), 1994.

[9.6] E. Lutton, H. Maitre, and J. Lopez-Krahe. Contribution to the determination of vanishing points using the Hough transform. *IEEE Trans. Pattern Anal. and Machine Intel.*, 16(4).

[9.7] G. McLean and D. Kotturi. Vanishing point detection by line clustering. *IEEE Trans. Pattern Anal. and Machine Intel.*, 17(11), 1995.

[9.8] M. Okutomi and T. Kanade. A multiple-baseline stereo. *IEEE Trans. Pattern Anal. and Machine Intel.*, 15(4), 1993.

[9.9] J. Princen, J. Illingworth, and J. Kittler. Hypothesis testing: A framework for analyzing and optimizing Hough transform performance. *IEEE Trans. Pattern Anal. and Machine Intel.*, 16(4), 1994.

[9.10] H. Wechsler and J. Sklansky. Finding the rib cage in chest radiographs. *Pattern Recognition*, 9, 1977.

[9.11] Y. Xie and Q. Ji. A new efficient ellipse detection method. In *ICRA*, 2002.

217 [9.12] Ylä-Jääski and N. Kiryati. Adaptive termination of voting in the probabilistic circular Hough transform. *IEEE Trans. Pattern Anal. and Machine Intel.*, 16(9), 1994.

表示法和形状匹配

当过滤掉与平移、缩放和旋转相关的效果时，剩下的就是形状。

——大卫·肯德尔

10.1 简介

在本章中，我们假设成功分割，并探索所得区域的特征化问题。我们首先考虑由具有值 1 的区域中的每个像素表示的二维区域以及具有值 0 的所有背景像素。我们假设一次仅处理一个区域，因为在研究分割时，我们学过如何实现这些假设。

在考虑形状和形状测量时，重要的是要记住某些测量可能具有不变性。也就是说，如果(例如)旋转对象，则测量可以保持不变。思考一个人在图片中的高度——如果相机旋转，人的表观高度将会改变，当然，除非该人随着相机旋转。

本章中考虑的常见变换是通过对形状矩阵的一些线性操作(见 4.2.3 节)描述的变换。

在本章的其余部分，我们将不断思考展示各种不变性的操作，并可用于匹配区域的形状。

- (10.2 节)为了理解不变性，我们必须首先理解可能发生在区域形状上的变形，其中大部分可以通过矩阵运算来描述。
- (10.3 节)一个特别重要的矩阵是区域中点分布的协方差矩阵，因为该矩阵的特征值和特征向量以非常稳健的方式描述形状。
- (10.4 节)我们将介绍用于描述区域的一些重要特征。我们从一些区域的简单属性开始，如周长、直径和薄度。然后，我们将讨论扩展到一些不变的特征(到各种线性变换)，如矩、链码、傅里叶描述符和中轴。
- (10.5 节)因为在前面的章节中，我们通过称为特征的数字集来表示区域，所以在该节中，我们将讨论如何匹配这些数字集。 218
- (10.6 节)从均匀区域的边界确定形状。该节讨论描述和匹配边界的四种不同方法。这些描述符表示更通用的方法，这些方法用于在更抽象的级别上描述形状。
- (10.7 节)边界可以写成长向量，因此可以被认为是非常高维空间中的一个点。这提供了另一种匹配和插值形状的方法。该节介绍该概念并将其演示为在形状之间进行插值的方法。

10.2 线性变换

本章中的一个重要主题是区域上各种类型的线性变换的不变性。也就是说，考虑边界上的所有像素，就像我们在创建形状矩阵时所做的那样，并将每个像素的 x，y 坐标写为二维向量，然后对该组向量进行运算。一般而言，不需要区分我们是在考虑整个区域还是仅考虑其边界。

10.2.1 刚体变换

第一个变换是正交变换，例如 $\boldsymbol{R}_z=\begin{bmatrix}\cos\theta & -\sin\theta\\ \sin\theta & \cos\theta\end{bmatrix}$，它对区域中像素的坐标进行操作以产生新的坐标对。例如，$\begin{bmatrix}x'\\ y'\end{bmatrix}=\boldsymbol{R}_z\begin{bmatrix}x\\ y\end{bmatrix}$，其中 $\boldsymbol{R}_z$ 如上述定义，表示围绕 Z 轴的旋转，定义为垂直于图像平面的轴。给定区域 s，我们可以很容易地构造其形状矩阵，我们用 $\boldsymbol{S}$ 表示形状矩阵，其中每列包含区域中像素的 x，y 坐标。例如，假设区域 $s=\{(1,2),(3,4),(1,3),(2,3)\}$，则对应的坐标矩阵为 $\boldsymbol{S}=\begin{bmatrix}1 & 3 & 1 & 2\\ 2 & 4 & 3 & 3\end{bmatrix}$。我们可以通过矩阵乘法将诸如旋转的正交变换应用于整个区域

$$\boldsymbol{S}'=\begin{bmatrix}\cos\theta & -\sin\theta\\ \sin\theta & \cos\theta\end{bmatrix}\begin{bmatrix}1 & 3 & 1 & 2\\ 2 & 4 & 3 & 3\end{bmatrix}$$

这对旋转非常有效，但是我们如何在这种形式中包含平移呢？

添加平移的第一种方法是首先旋转，使用 2×2 旋转，然后添加平移，即

$$\boldsymbol{S}'=\boldsymbol{R}_z\boldsymbol{S}+\begin{bmatrix}\mathrm{d}x\\ \mathrm{d}y\end{bmatrix} \tag{10.1}$$

这样可以正常工作，但它需要两个操作，即一个矩阵乘法和一个加法。如果它可以在一
219 个矩阵乘法中完成，那不是很好吗？

这可以通过添加行和列扩大旋转矩阵实现，除了右下角的 1 之外全部为零。使用这个新定义，旋转具有以下形式：

$$\begin{bmatrix}\cos\theta & -\sin\theta & 0\\ \sin\theta & \cos\theta & 0\\ 0 & 0 & 1\end{bmatrix}$$

通过在第三个位置添加 1 来增加点的定义，因此这个新表示法中的坐标对 (x,y) 变为 $\begin{bmatrix}x\\ y\\ 1\end{bmatrix}$。

现在，平移和旋转可以组合成单个矩阵表示(称为均匀变换矩阵)。这是通过更改第

三列以包括平移来实现的。例如，要围绕原点将点旋转 θ 度，然后将其在 x 方向平移 d_x，在 y 方向平移 d_y，我们执行矩阵乘法

$$\boldsymbol{x}' = \begin{bmatrix} \cos\theta & -\sin\theta & d_x \\ \sin\theta & \cos\theta & d_y \\ 0 & 0 & 1 \end{bmatrix} \begin{bmatrix} x \\ y \\ 1 \end{bmatrix} \tag{10.2}$$

因此，可以通过单个矩阵乘法表示观察平面的旋转(围绕 z 轴旋转)和该平面的平移。上面提到的所有变换都是称为**等距变换**的一类变换元素，其特征在于它们可以移动对象，但它们不会改变其形状或大小，有时也称为**刚体变换**。

10.2.2　仿射变换

如果我们稍微概括一下刚体运动的思想，为了让对象也变得更大，我们得到**相似变换**[⊖]。相似变换允许尺度变化(例如，缩放)。

但是，如果有的话，我们可以做些什么来表示相机平面的旋转？要回答这个问题，我们需要定义一个**仿射变换**。二维向量 $\boldsymbol{x}=[x, y]^{\mathrm{T}}$ 的仿射变换产生二维向量 $\boldsymbol{x}=[x', y']^{\mathrm{T}}$ 其中

$$\boldsymbol{x}' = \boldsymbol{A}\boldsymbol{x} + \boldsymbol{b} \tag{10.3}$$

$\boldsymbol{b}$ 同样是一个二维向量。这看起来就像上面提到的相似变换，除了我们不要求矩阵 $\boldsymbol{A}$ 是正交的而只是非奇异的这一点以外。仿射变换可能会扭曲区域的形状。例如，剪切可能来自仿射变换，如图 10.1 所示。正如你可能认识到的，平面物体在视场外的旋转相当于该物体的仿射变换。这给了我们一种(非常有限的)方法来考虑视野之外的旋转。如果一个物体几乎是平面的，并且在视场外的旋转很小，也就是说，没有任何东西被遮挡，那么这个三维运动在视场上的投影可以近似为二维仿射变换。例如，图 10.2 显示了飞机的一些图像，它们几乎都是仿射变换的。实现仿射变换的矩阵(在平移校正之后)可以分解为旋转、剪切和尺度变化：

$$\begin{bmatrix} a_{11} & a_{12} \\ a_{21} & a_{22} \end{bmatrix} = \begin{bmatrix} \cos\theta & -\sin\theta \\ \sin\theta & \cos\theta \end{bmatrix} \begin{bmatrix} \alpha & 0 \\ 0 & \beta \end{bmatrix} \begin{bmatrix} 1 & \delta \\ 0 & 1 \end{bmatrix} \tag{10.4}$$

和以前一样，我们可以使用齐次坐标来联合仿

图 10.1　仿射变换可以缩放坐标轴。如果轴的缩放比例不同，则图像会发生剪切变形。这里展现了第 8 章中提到的“斑点”图像在旋转 0.4 弧度后的图像，在列方向上剪切为 0.7，在行方向上剪切为 1.5

⊖ 是的，它和相似三角形来自同一个根。

射变换和平移

$$\begin{bmatrix} \boldsymbol{y} \\ 1 \end{bmatrix} = \begin{bmatrix} \boldsymbol{A} & \boldsymbol{b} \\ 0,0,0 & 1 \end{bmatrix} \begin{bmatrix} \boldsymbol{x} \\ 1 \end{bmatrix} \tag{10.5}$$

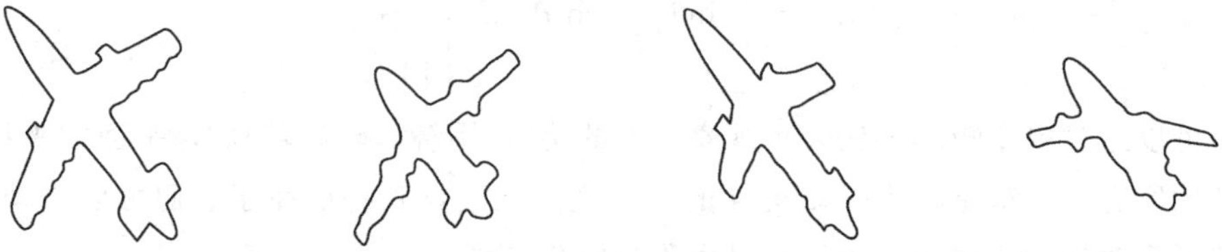

图 10.2 彼此仿射变换的飞机图像。来自文献[10.3]，经许可使用

现在，人们如何处理这些变换概念？人们可以通过逆变换来校正变换并将对象对齐，以帮助进行形状分析。例如，可以通过移位来校正平移，使质心位于原点。校正旋转即旋转图像直到图像的主轴对象与坐标轴对齐。

寻找主轴是通过线性变换完成的，该变换将对象(或其边界)的协方差矩阵变换为单位矩阵。该变换与白化变换及 K-L 变换有关。不幸的是，一旦完成这样的转变，该区

220~221 域各点之间的欧几里得距离就会发生变化[10.41]。

10.2.3 规范和指标

在前一段中，出现了“距离”一词。虽然人们通常认为“距离”在本书中意为“欧几里得距离”，但这个词多次使用并且有多种形式。出于这个原因，我们应该以更加严谨的态度对待这个概念的确切含义。例如，欧几里得距离是一种称为“度量”的测量方法。

d 维空间中的任何度量 $m(a, b)$，m：$\mathbb{R}^d \times \mathbb{R}^d \rightarrow \mathbb{R}$ 具有以下属性：

$$\begin{aligned} &\forall_{a,b} m(a,b) \geqslant 0 \quad \text{非负性} \\ &\forall_{a} m(a,a) = 0 \quad \text{恒等性} \\ &\forall_{a,b} m(a,b) = m(b,a) \quad \text{对称性} \\ &\forall_{a,b,c} m(a,b) + m(b,c) \geqslant m(a,c) \quad \text{三角不等性} \end{aligned} \tag{10.6}$$

我们将有机会在后面的章节中研究度量。

我们也会发现自己使用术语——范数，通常是在向量或矩阵的范数的上下文中。通常，范数运算由向量加上两边各有两条竖线表示，如$\|\boldsymbol{x}\|$。但是，你可能会遇到用单条竖线表示范数(类似绝对值符号)。如果$\|\cdot\|$是一个向量的标量度量，如果它具有以下属性，对于任意向量 $\boldsymbol{x}$ 和 $\boldsymbol{y}$ 以及任意标量α，它都是一个范数：

$$\text{如果 } \boldsymbol{x} \neq 0, \quad \text{则 } \|\boldsymbol{x}\| > 0$$

$$\|\boldsymbol{x} + \boldsymbol{y}\| \leqslant \|\boldsymbol{x}\| + \|\boldsymbol{y}\|$$

我们经常使用术语 p-范数，其中 p 是某个整数。向量 x 的 p-范数由$\left(\sum_i |x_i|^p\right)^{\frac{1}{p}}$定义。下面有几个例子。

L_0 **范数**：这只是向量中元素的数量。

L_1 **范数**：$\sum_i |x_i|$ 。$|x_i|$是元素 i 的绝对值。如果向量是由两个向量的差产生的，那么这个范数称为街道距离，因为如果你不能越过一个街区，它就是你要走的距离。它(也是出于同样的原因)有时被称为曼哈顿距离。图 10.3 说明了曼哈顿距离的应用。

L_2 **范数**：$\sqrt{\sum_i |x_i|^2}$ 。这是向量幅度的通常定义，等于 $\sqrt{\boldsymbol{x}^{\mathrm{T}}\boldsymbol{x}}$。如果向量是由两个向量的差产生的，则该范数称为欧几里得距离。

L_∞ **范数**：$\left(\sum_i |x_i|^\infty\right)^{\frac{1}{\infty}}$ 。显然，你不能把它变成无穷大，但随着 p 变大，$|x_i|^p$ 成为最大的元素。因此，L_∞ 范数只是最大值。

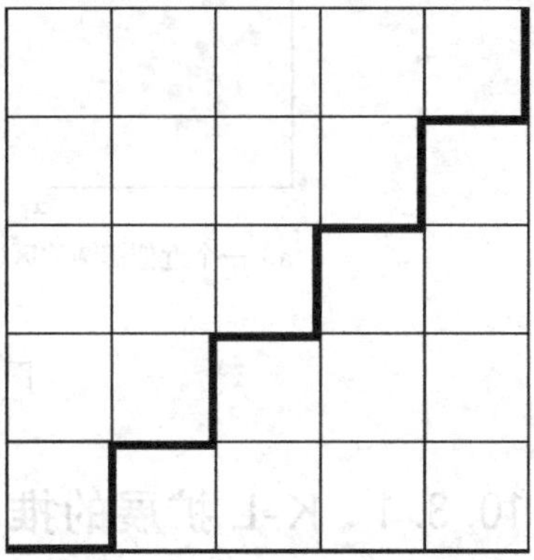

图 10.3　从 5×5 平方的一角到另一角的曼哈顿距离为 10，而不是 $5\sqrt{2}$

222

作为鼓励，思考范数的一个例子，考虑一组正实数，记为 $\mathbb{R}\geqslant 0$，并考虑由正实数构成的向量。现在，通过以下方式定义可能是范数的运算：

$$L_s(\boldsymbol{a}) = \frac{1}{n}\sum_{i=1}^{n} a_i \tag{10.7}$$

思考 $L_s(\boldsymbol{a})$。当然，如果 $\boldsymbol{a}$ 是零向量，则这只能为零。其次，考虑 $L_s(\boldsymbol{a}+\boldsymbol{b})$。有

$$\frac{1}{n}\sum_{i=1}^{n} a_i + \frac{1}{n}\sum_{i=1}^{n} b_i = \frac{1}{n}\sum_{i=1}^{n}(a_i + b_i) \tag{10.8}$$

我们看到这个运算符合上述两个要求，因此它似乎是一个范数。至少当应用于 $\mathbb{R}\geqslant 0$ 的向量时符合。事实上，它几乎是 L_1 范数。

但是，这真的是一个范数还是仅仅是向量元素的平均值呢？上一段中有什么东西是棘手的吗？

是的，确实有点。上面给出的范数的形式定义假设它应用的向量集是向量空间，而 $\mathbb{R}\geqslant 0$ 不是向量空间(除非我们也愿意改变该定义)，因为它不包含加法的逆。

尽管如此，L_s 可能是有用的。当寻找彩色像素的灰度表示时，它肯定比 $\sqrt{r\times r+g\times g+b\times b}$ 更简单。

10.3　协方差矩阵

思考图 10.4a 中所示的点的分布。每个点可以通过其位置(有序对(x_1, x_2))来精确地表征，但是 x_1 和 x_2 本身都不足以描述该点。现在考虑图 10.4b，它显示了两个新轴 u_1 和 u_2。同样，有序对(u_1, u_2)足以准确描述该点，但 u_2(与 u_1 相比)在大多数情况下几乎为零。因此，如果我们简单地丢弃 u_2 并使用标量 u_1 来描述每个点，这将会丢失很少信息。我们在本节中的目标是学习如何以最佳方式确定 u_1 和 u_2 以获得任意点的分布。 223

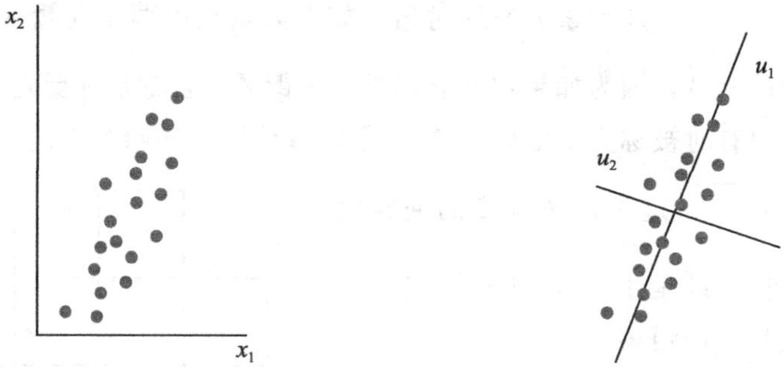

a）一个近似椭圆的区域　　b）通过原始坐标的旋转导出的一组新坐标，其中一个坐标很好地表示数据

图 10.4　两种表示相同形状的方法

10.3.1　K-L 扩展的推导

设 $\boldsymbol{x}$ 是 d 维随机向量。我们将根据一组基向量描述 $\boldsymbol{x}$。也就是说，通过以下公式表示 $\boldsymbol{x}$：

$$\boldsymbol{x}=\sum_{i=1}^{d} y_i \boldsymbol{b}_i \tag{10.9}$$

这里，向量 $\boldsymbol{b}_i$ 是确定的(并且通常可以预先指定)。如果任意随机向量 $\boldsymbol{x}$ 可以用相同的 d 个向量 $\boldsymbol{b}_i(i=1,\cdots,d)$表示，我们说向量 $\boldsymbol{b}_i$ 跨越包含 $\boldsymbol{x}$ 的空间，并将它们称为所有 $\boldsymbol{x}$ 的基集。为了进一步使用基集，我们要求⊖：

1）$\boldsymbol{b}_i$ 向量是线性无关的。

2）$\boldsymbol{b}_i$ 向量是正交的，即

$$\boldsymbol{b}_i^{\mathrm{T}}\boldsymbol{b}_j=\begin{cases}0, & i=j\\ 1, & i\neq j\end{cases} \tag{10.10}$$

在这些条件下，式(10.9)的 y_i 可以通过以下公式确定

$$y_i=\boldsymbol{b}_i^{\mathrm{T}}\boldsymbol{x}(i=1,\cdots,d) \tag{10.11}$$

这里，我们说标量 y_i 是通过将 $\boldsymbol{x}$ 投影到基向量 $\boldsymbol{b}_i$ 上而得到的，我们定义

$$\boldsymbol{y}=[y_1,\cdots,y_d]^{\mathrm{T}} \tag{10.12}$$

224 假设我们希望忽略 $\boldsymbol{y}$ 的所有 $m(m<d)$个分量，它们被表示为主要分量，但我们仍希望仍然表示 $\boldsymbol{x}$，尽管有一些错误。因此，我们将计算(通过投影到基向量上)$\boldsymbol{y}$ 的前 m 个元素，并用常数替换其他元素，得到估计。

$$\hat{\boldsymbol{x}}=\sum_{i=1}^{m} y_i\boldsymbol{b}_i+\sum_{i=m+1}^{d}\alpha_i\boldsymbol{b}_i \tag{10.13}$$

使用常数会引入误差，如式(10.13)的 α 误差，而不是由于 $\boldsymbol{y}$ 的元素，$\boldsymbol{y}$ 的元素由下式给出：

⊖ 作为一个基，这些向量不必是正交的，只要不是平行的；然而，在这里推导中，我们需要正交性。

$$\Delta \boldsymbol{x}=\boldsymbol{x}-\hat{\boldsymbol{x}}=\boldsymbol{x}-\sum_{i=1}^{m} y_i \boldsymbol{b}_i-\sum_{i=m+1}^{d} \alpha_i \boldsymbol{b}_i \tag{10.14}$$

但是由于

$$\boldsymbol{x}=\sum_{i=1}^{m} y_i \boldsymbol{b}_i+\sum_{m+1}^{d} y_i \boldsymbol{b}_i \tag{10.15}$$

我们得到

$$\Delta \boldsymbol{x}=\sum_{i=m+1}^{d}(y_i-\alpha_i) \boldsymbol{b}_i \tag{10.16}$$

如果思考 $\boldsymbol{x}$，将 $\Delta \boldsymbol{x}$ 视为随机向量，我们可以使用 $\Delta \boldsymbol{x}$ 的预期大小来量化表示法的效果。

$$\varepsilon(m)=E\left\{\sum_{i=m+1}^{d} \sum_{j=m+1}^{d}(y_j-\alpha_i) \boldsymbol{b}_i^{\mathrm{T}}(y_i-\alpha_j) \boldsymbol{b}_j\right\} \tag{10.17}$$

$$=E\left\{\sum_{i=m+1}^{d} \sum_{j=m+1}^{d}(y_i-\alpha_i)(y_j-\alpha_j) \boldsymbol{b}_i^{\mathrm{T}} \boldsymbol{b}_j\right\} \tag{10.18}$$

注意，y_i 是一个标量，并且回想一下式(10.10)，这就变成了

$$\varepsilon(m)=\sum_{m+1}^{d} E\{(y_i-\alpha_i)^2\} \tag{10.19}$$

为了找到最佳 α_i，最小化 α_i

$$\frac{\partial \varepsilon}{\partial \alpha_i}=\frac{\partial}{\partial \alpha_i} E\{(y_i-\alpha_i)^2\}=E\{-2(y_i-\alpha_i)\} \tag{10.20}$$

可以将上式设置为零，从而产生

$$\alpha_i=E\{y_i\}=\boldsymbol{b}_i^{\mathrm{T}} E\{\boldsymbol{x}\} \tag{10.21}$$

因此，我们应该用预期值来替换那些我们没有测量过的 $\boldsymbol{y}$ 的元素。这是在数学上和直觉上都有吸引力的东西。将式(10.21)代入式(10.19)，我们得到了 225

$$\varepsilon(m)=\sum_{i=m+1}^{d} E\{(y_i+E\{y_i\})^2 \tag{10.22}$$

将式(10.11)代入式(10.22)：

$$\varepsilon(m)=\sum_{i=m+1}^{d} E\{(\boldsymbol{b}_i^{\mathrm{T}} \boldsymbol{x}-E\{\boldsymbol{b}_i^{\mathrm{T}} \boldsymbol{x}\})^2\} \tag{10.23}$$

$$=\sum_{i=m+1}^{d} E\{(\boldsymbol{b}_i^{\mathrm{T}} \boldsymbol{x}-E\{\boldsymbol{b}_i^{\mathrm{T}} \boldsymbol{x}\})(\boldsymbol{b}_i^{\mathrm{T}} \boldsymbol{x}-E\{\boldsymbol{b}_i^{\mathrm{T}} \boldsymbol{x}\})\} \tag{10.24}$$

$$=\sum_i E\{\boldsymbol{b}_i^{\mathrm{T}}(\boldsymbol{x}-E\{\boldsymbol{x}\})(\boldsymbol{x}^{\mathrm{T}}-E\{\boldsymbol{x}^{\mathrm{T}}\}) \boldsymbol{b}_i\} \tag{10.25}$$

$$=\sum_i \boldsymbol{b}_i^{\mathrm{T}}(E\{(\boldsymbol{x}-E\{\boldsymbol{x}\})(\boldsymbol{x}-E\{\boldsymbol{x}\})^{\mathrm{T}}\}) \boldsymbol{b}_i \tag{10.26}$$

我们现在认识到式(10.26)中的 $\boldsymbol{b}$ 之间的项是 $\boldsymbol{x}$ 的协方差：

$$\varepsilon(m)=\sum_{i=m+1}^{d} \boldsymbol{b}_i^{\mathrm{T}} \boldsymbol{K}_x \boldsymbol{b}_i \tag{10.27}$$

我们可以微分式(10.27)，将结果设置为零，并尝试找到向量 $\boldsymbol{b}_i$，但它不起作用，

因为最小化函数的 $\boldsymbol{b}_i$ 是零向量。我们必须利用它们是单位向量这一事实。这是针对每个 i，$\boldsymbol{b}_i^{\mathrm{T}}\boldsymbol{b}_i=1$。我们通过使用拉格朗日乘数来制定约束。

回想一下，通过添加等于零的项，乘以标量拉格朗日乘数，可以根据约束最小化目标函数。在本例中，目标函数变为

$$\sum_i [\boldsymbol{b}_i^{\mathrm{T}} K_x \boldsymbol{b}_i - \lambda(\boldsymbol{b}_i^{\mathrm{T}}\boldsymbol{b}_i - 1)] \tag{10.28}$$

为了避免与求和的索引混淆，取相对于任意某个 $\boldsymbol{b}$ 的导数，比如 $\boldsymbol{b}_k$。这样，人们意识到，对于非零的 i 求和中唯一的项是涉及 k 的项，所以总和消失了，我们有

$$\nabla_{\boldsymbol{b}_i}\varepsilon = 2\boldsymbol{K}_x\boldsymbol{b}_k - 2\lambda_k \boldsymbol{I}\boldsymbol{b}_k \tag{10.29}$$

重新排列，这变成了

$$\boldsymbol{K}_x\boldsymbol{b}_k = \lambda_k\boldsymbol{b}_k \tag{10.30}$$

也就是说，最佳基向量是 K_x 的特征向量。

$\boldsymbol{y}$ 的协方差可以很容易地与 $\boldsymbol{K}_x$ 相关：

$$\boldsymbol{K}_y = E\{(\boldsymbol{y}-E\{y\})(\boldsymbol{y}-E\{y\})^{\mathrm{T}}\} = \boldsymbol{B}^{\mathrm{T}}\boldsymbol{K}_x\boldsymbol{B} \tag{10.31}$$

226 其中矩阵 $\boldsymbol{B}$ 具有由基向量构成的列 $\{\boldsymbol{b}_1, \boldsymbol{b}_2, \cdots, \boldsymbol{b}_d\}$。

此外，在 $\boldsymbol{B}$ 的列是 $\boldsymbol{K}_x$ 的特征向量的情况下，$\boldsymbol{B}$ 将是对角化 $\boldsymbol{K}_x$ 的变换，得到

$$\boldsymbol{K}_y = \begin{bmatrix} \lambda_1 & 0 & \cdots & 0 \\ 0 & \lambda_2 & \cdots & 0 \\ \cdots & \cdots & & \cdots \\ 0 & 0 & \cdots & \lambda_d \end{bmatrix} \tag{10.32}$$

将式(10.32)代入式(10.27)，我们发现

$$\varepsilon(m) = \sum_{i=m+1}^{d} \boldsymbol{b}_i^{\mathrm{T}}\lambda_i\boldsymbol{b}_i \tag{10.33}$$

由于 λ_i 是标量，

$$\varepsilon(m) = \sum_{i=m+1}^{d} \lambda_i\boldsymbol{b}_i^{\mathrm{T}}\boldsymbol{b}_i \tag{10.34}$$

再次记住 $\boldsymbol{b}_i$ 的正交条件，

$$\varepsilon(m) = \sum_{i=m+1}^{d} \lambda_i \tag{10.35}$$

因此，我们用 m 维向量 $\boldsymbol{y}$ 表示 d 维度量 $\boldsymbol{x}$，其中 $m<d$，

$$y_i = \boldsymbol{b}_i^{\mathrm{T}}\boldsymbol{x} \tag{10.36}$$

并且 $\boldsymbol{b}_i$ 是 $\boldsymbol{x}$ 的协方差的特征向量。根据协方差矩阵的特征向量对随机向量的这种扩展称为 Karhunen-Loève 扩展或 K-L 扩展。

10.3.2 K-L 扩展的特性

在不失一般性的情况下，可以根据其对应的特征值对特征向量 $\boldsymbol{b}_i$ 进行排序。也就是说，将下标分配给特征值，使得

$$\lambda_1 > \lambda_2 > \cdots > \lambda_d \tag{10.37}$$

然后，我们将对应于 λ_1 的 $\boldsymbol{b}_1$ 称为“主要特征向量”。

思考二维高斯函数：

$$G(x,y)=\frac{1}{2\pi|\boldsymbol{K}|}\exp\left(-\frac{[x\quad y]\boldsymbol{K}^{-1}\begin{bmatrix}x\\y\end{bmatrix}}{2}\right) \tag{10.38}$$

并考虑该高斯函数的水平集 C，$G(x,\ y)=C$。 227

现在，等式的两边同时取对数，我们得到

$$\ln C=\ln\left(\frac{1}{2\pi|\boldsymbol{K}|}\right)-\frac{[x\quad y]\boldsymbol{K}^{-1}\begin{bmatrix}x\\y\end{bmatrix}}{2} \tag{10.39}$$

$|\boldsymbol{K}|$ 是一个标量常数，我们将所有常数组合成一个新的常量 $C'=\ln C-\ln\left(\frac{1}{2\pi|\boldsymbol{K}|}\right)$，并得到

$$C'=[x\quad y]\boldsymbol{K}^{-1}\begin{bmatrix}x\\y\end{bmatrix} \tag{10.40}$$

现在，使用 $\boldsymbol{K}^{-1}=\begin{bmatrix}k_{11} & k_{12}\\k_{21} & k_{22}\end{bmatrix}$ 展开逆协方差矩阵，我们得到以下等式

$$C'=k_{11}x^2+2k_{12}xy+k_{22}y^2 \tag{10.41}$$

为了表明式(10.41)表示的是椭圆而不是其他二阶函数，我们必须更仔细地检查协方差矩阵。我们对 $\boldsymbol{K}^{-1}=\boldsymbol{E\Lambda E}^{\mathrm{T}}$ 进行特征值分解。在该分解中，$\boldsymbol{\Lambda}$ 与对角线上的特征值成对角线。如果特征值都是正的，则这将表示椭圆。由于协方差矩阵将始终具有正特征值，因此式(10.41)表示椭圆。

在更高的维度中，相同的论证得出结论：高斯函数的水平集将是椭圆体或超椭圆体。

如果我们考虑点 $\boldsymbol{x}$ 的分布，由超椭圆体表示，该椭球的主轴将穿过数据的重心，并且在与 $\boldsymbol{K}_x$ 的最大特征值对应的特征向量的方向上。如图 10.5 所示。因此，K-L 变换将椭圆拟合为二维数据，将椭球拟合为三维数据，并将超椭球拟合为更高维数据。

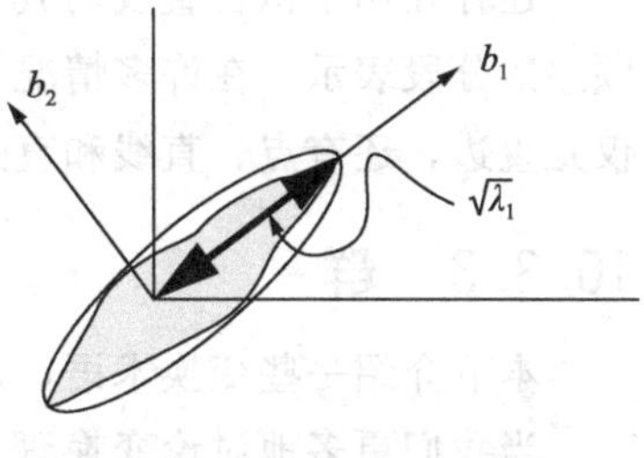

图 10.5 可以将协方差矩阵视为表示在特征向量的方向上定向的超椭圆体，并且在那些方向上的范围等于相应特征值的平方根

用于直线拟合

思考一组随机向量 $\boldsymbol{x}$ 的实例 $\{\boldsymbol{x}_i\}i=1,\ \cdots,\ m$。我们希望找到最适合这组数据的直线。将原点移动到集合的重心。然后，通过其单位法向量 $\boldsymbol{n}$ 来表示(当前未知的)最佳拟合线。接着，对于每个点 $\boldsymbol{x}_i$，从 $\boldsymbol{x}_i$ 到最佳拟合线的垂直距离将等于该点到 $\boldsymbol{n}$ 的投影，如图 10.6 所示。用 $d_i(\boldsymbol{n})$ 表示这个距离： 228

$$d_n(\boldsymbol{n}) = \boldsymbol{n}^{\mathrm{T}}\boldsymbol{x}_i \tag{10.42}$$

要找到最佳拟合直线，请尽量减小平方垂直距离的总和：

$$\varepsilon = \sum_{i=1}^{m} \mathrm{d}_i^2(\boldsymbol{n}) = \sum_{i=1}^{m} (\boldsymbol{n}^{\mathrm{T}}\boldsymbol{x}_i)^2 = \sum_{i=1}^{m} (\boldsymbol{n}^{\mathrm{T}}\boldsymbol{x}_i)(\boldsymbol{x}_i^{\mathrm{T}}\boldsymbol{n})$$

$$= \boldsymbol{n}^{\mathrm{T}}\left(\sum_{i=1}^{m} \boldsymbol{x}_i\boldsymbol{x}_i^{\mathrm{T}}\right)\boldsymbol{n} \tag{10.43}$$

受制于 $\boldsymbol{n}$ 是单位向量这一约束，

$$\boldsymbol{n}^{\mathrm{T}}\boldsymbol{n} = 1 \tag{10.44}$$

使用拉格朗日乘数执行约束最小化需要最小化

$$\boldsymbol{n}^{\mathrm{T}}\left(\sum_{i=1}^{m} \boldsymbol{x}_i\boldsymbol{x}_i^{\mathrm{T}}\right)\boldsymbol{n} - \lambda(\boldsymbol{n}^{\mathrm{T}}\boldsymbol{n} - 1) \tag{10.45}$$

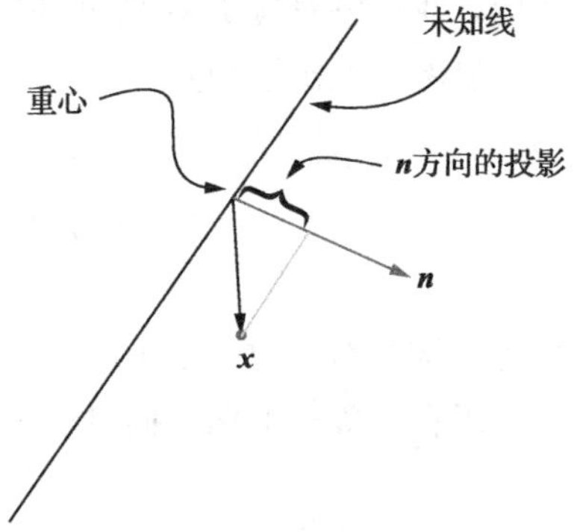

图 10.6 最小化投影到法线的总和

定义 $S = \sum_{i=1}^{m} \boldsymbol{x}_i\boldsymbol{x}_i^{\mathrm{T}}$，微分为

$$\frac{\partial \varepsilon}{\partial \boldsymbol{n}}(\boldsymbol{n}^{\mathrm{T}}S\boldsymbol{n} - \lambda(\boldsymbol{n}^{\mathrm{T}}\boldsymbol{n} - 1)) \tag{10.46}$$

微分二次型 $\boldsymbol{n}^{\mathrm{T}}S\boldsymbol{n}$，我们得到 $2S\boldsymbol{n}$，并将导数设置为零：

$$2S\boldsymbol{n} - 2\lambda\boldsymbol{n} = 0 \tag{10.47}$$

这是前面提到的相同的特征值问题。因此，我们可以说：最佳拟合直线通过该组数据点的平均值，并且位于与该组的协方差的主要特征向量相对应的方向上。

我们现在已经看到了两种不同的方法来找到能最好拟合数据的直线：5.4.2 节中描述的最小二乘法，如果应用于拟合线而不是平面，可以将数据点到直线的垂直距离最小
229 化。本节中描述的方法最小化了式(10.43)描述的垂直距离。这里介绍的方法适用于任意维度的线，并且当最佳拟合线恰好是垂直时不会失败。

还存在用于拟合直线的其他方法。例如，文献[10.26]描述了将矩保留到任意指定顺序的分段表示。在许多情况下，将函数拟合到数据。例如，Gorman[10.28]研究的不仅是直边，还有点、直线和直边区域。通过这样做，可以获得子像素精度。

10.3.3 群

本节介绍一些变换术语，从线性变换到更一般的变换。

当我们更多地讨论变换理论时，一个特定的变换(即平面中的旋转)将作为一个例子，因为它的性质很容易可视化。从 10.2 节开始，在二维空间中旋转一个点可以通过 2×2 矩阵计算。这种进行旋转的 2×2 矩阵的集合称为 SO(2)，即二维的特殊正交群。当作为向量时，这些矩阵的列是正交的，并且行列式是 1.0。

数学中的群是一组满足四个属性的变换：

- **恒等**。将集合中的任何成员变换为自身的变换必须在集合中。在 SO(2)中，变换 $\begin{bmatrix}1 & 0\\ 0 & 1\end{bmatrix}$ 执行此运算。

- **可逆**。如果变换在集合中，则其逆也必须在集合中。例如，如果$\begin{bmatrix} 0.866 & 0.5 \\ -0.5 & 0.866 \end{bmatrix}$在变换集中，那么$\begin{bmatrix} 0.866 & -0.5 \\ 0.5 & 0.866 \end{bmatrix}$也必须在集合中。
- **关联**。设 A、B 和 C 为集合中的变换，让 D 为组合 $D=B\circ C$，$E=A\circ B$，其中 $\circ$ 表示矩阵乘法。那么必须保持以下关系：

$$A\circ D=E\circ C$$

换句话说，$A\circ(B\circ C)=(A\circ B)\circ C$，具有常见的关联属性的形式。这里，由于 SO(2)是线性群，因此可以通过简单矩阵乘法 $\circ$ 来计算变换的组合。
- **闭包**。如果 A 和 B 在集合中，则 $A\circ B$ 在该组中。例如，如果 $A=\begin{bmatrix} 0.866 & 0.5 \\ -0.5 & 0.866 \end{bmatrix}$且 $B=\begin{bmatrix} 0.9397 & -0.3420 \\ -0.3420 & 0.9397 \end{bmatrix}$，则 $A\circ B=\begin{bmatrix} 0.9848 & 0.1737 \\ -0.1737 & 0.9848 \end{bmatrix}$，而 $A\circ B$ 也是该群中的元素。

10.4　区域特征

在本节中，我们将介绍用于描述区域的一些重要特征。我们从一些区域的简单属性开始，如周长、直径和薄度。然后，我们将讨论扩展到一些不变的特征，如矩、链码、傅里叶描述符和中轴。 230

10.4.1　简单特征

在本节中，我们将介绍几个可用于描述补丁形状的简单特征-分段过程的输出。其中许多特征可以作为分段过程本身的一部分进行计算。例如，由于连接组件标记程序必须触摸该区域中的每个像素，因此可以轻松跟踪该区域。以下是同样易于计算的简单特征列表。

- **平均灰度值**。在黑白“轮廓”图片的情况下，这很容易计算。
- **最大灰度值**。这很容易计算。
- **最小灰度值**。这很容易计算。
- **面积**(A)。该区域中所有像素的计数。
- **周长**(P)。存在几种不同的定义。最简单的可能是该区域中与不在该区域中的像素相邻的所有像素的计数。
- **直径**(D)。直径是最大弦长，在相互距离最大的区域内两点之间的距离[10.33,10.35]。
- **薄度**(也称为紧凑性㊀)(T)。存在两个紧凑性的定义：$T_a=\frac{P^2}{A}$测量平方周长与面

㊀ 一些作者[10.34]不愿将紧凑的数学定义与这个定义混淆，因此将这个度量称为 3 等参数测量。

积的比率；$T_b=\frac{D^2}{A}$测量平方直径与面积的比率。图 10.7 比较了示例区域的这两个测量值。

- **重心(CG)**。对于一个区域中的 N 个点，重心可以由以下式子确定：

231
$$\hat{\boldsymbol{x}}=\frac{1}{N}\sum_{i=1}^{N}\boldsymbol{x}_i \tag{10.48}$$

- **X-Y 纵横比**。见图 10.8。纵横比是该区域的边界矩形的长宽比。这很容易计算。
- **最小纵横比**。见图 10.8。这又是一个长宽比，但是需要更多的计算来找到最小的这样的矩形，也称为边界框[⊖]。最小纵横比可能计算比较困难，因为它需要搜索极值点。

如果我们将区域视为由椭圆形点分布表示，则通常可以获得对最小纵横比的非常好的近似。在这种情况下，如图 10.5 所示，点的协方差的特征值是沿主要和次要正交轴的点分布的度量。这些特征值的比率是最小纵横比的非常好的近似值。此外，协方差的特征向量对于旋转和平移是不变的，并且对噪声具有鲁棒性。

图 10.7 对不同地区采用两种不同的紧凑性测量方法的结果。由于圆具有给定区域的最小周长，因此最小化 T_a。另一方面，海星在同一区域有一个很大的周长

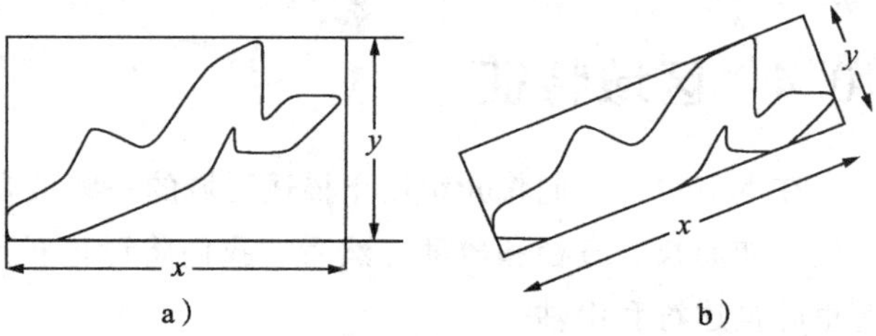

图 10.8 a) $\frac{y}{x}$是使用一个定义的纵横比，边界矩形的水平边和垂直边之比。b) $\frac{y}{x}$是最小纵横比

- **孔数**。一个非常具有描述性且相当容易计算的特征是区域中的孔数。连通分量将以最小的计算量产生答案。
- **三角相似**。考虑一个区域边界上的三个点 P_1、P_2 和 P_3，令 $d(P_i, P_j)$表示这两个点之间的欧几里得距离，并且令 $S=d(P_1, P_2)+d(P_2, P_3)+d(P_3, P_1)$是该三角形的周长。二维向量

$$\left[\frac{d(P_1,P_2)}{S}\quad\frac{d(P_2,P_3)}{S}\right] \tag{10.49}$$

只是边长与周长的比率。它对旋转、平移和尺度变化是不变的[10.7]。

- **对称**。维度为二维时，如果在一些线的反射下区域是不变的，则称该区域是“镜像对称的”。该线被称为对称轴。如果一个区域在大约点(通常是该区域的重心)

⊖ 10.3.2 节中的方法给出了一种简单的估算纵横比的方法。

的旋转下是不变的，则称该区域具有 n 阶旋转对称性。确定区域的对称性存在两个挑战。一个挑战是简单地确定轴。另一个挑战是回答“它是如何对称的?”1995 年以前，分析计算机视觉应用中区域对称性的大多数论文将对称性视为谓词：要么区域是对称的，要么不对称。Zabrodsky 等人[10.19，10.43]提出了一种称为对称距离的度量，它量化了一个区域的对称性。 232

- **凸形偏差**。如果要在给定区域周围拉伸橡皮筋，那么产生的区域将是凸包(见图 10.9)。区域与其凸包之间的面积差异是凸形偏差。有关计算凸包的快速算法，请参阅 Shamos[10.33]；有关并行机器的此类算法，请参见文献[10.14]。

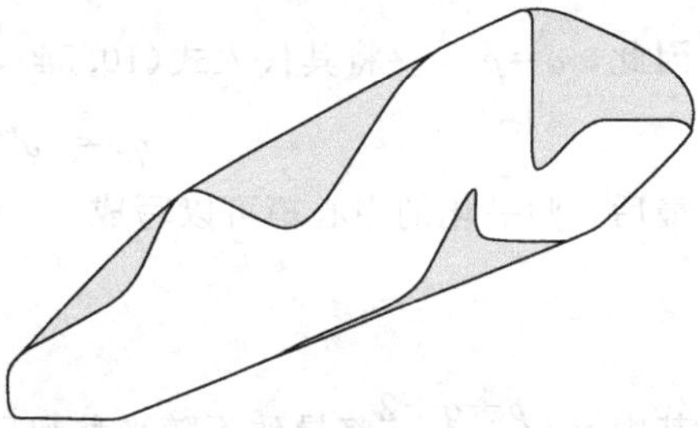

图 10.9 一个区域的凸包，阴影区域是凸形偏差

如果我们有幸对一个凸区域进行分析，通过首先找到凸包，我们可以在 $O(n \log n)$ 时间内找到直径。此外，找到凸包为我们提供了另一个简单的特征——凸形偏差，如图 10.9 所示。

10.4.2 矩

形状的矩可以很容易地计算出来，正如我们将要看到的，可以使相似变换具有鲁棒性。$p+q$ 阶矩可以在区域上定义为

$$m_{pq} = \int x^p y^q f(x,y)\mathrm{d}x\mathrm{d}y \tag{10.50}$$

在整个区域积分，而不仅仅是边界。如果函数 f 在区域内为 1 且在外部为 0，则区域的面积为 m_{00}，我们发现重心是

$$m_x = \frac{m_{10}}{m_{00}},\quad m_y = \frac{m_{01}}{m_{00}} \tag{10.51}$$

1. 变换的不变性

虽然式(10.50)和式(10.51)的结果完全取决于进行测量的坐标系，但是可以通过将原点移动到重心来导出一组对于平移不变的矩形测量(moment-like measurement)。

$$\mu_{pq} = \int (x-m_x)^p (y-m_y)^q f(x,y)\mathrm{d}x\mathrm{d}y \tag{10.52}$$

这些被称为*中心矩*。

由于中心矩是相对于区域中心计算的，因此中心矩对变换显然是不变的。 233

我们几乎总是对区域形状而不是亮度分布感兴趣，所以我们通常设置 $f=1$。

2. 尺度变化的不变性

假设一个区域通过将其移动到相机附近而被放大。如 5.4.6 节所讨论的，这种变化称为*尺度变化*。那么变化后的点(假设 x、y 方向上的尺度变化相同)与变化前的点之间存在相关关系。

$$\begin{bmatrix} x' \\ y' \end{bmatrix} = \begin{bmatrix} \alpha & 0 \\ 0 & \alpha \end{bmatrix} \begin{bmatrix} x \\ y \end{bmatrix} \tag{10.53}$$

尺度不变性可以通过如下归一化来实现：当一个图像缩放 α，中心矩变成

$$\eta_{pq} = \int (\alpha x)^p (\alpha y)^q \mathrm{d}(\alpha x)\mathrm{d}(\alpha y) = \alpha^{p+q+2}\mu_{pq} \tag{10.54}$$

为了找到 α，我们要求缩放区域的面积(即 η_{00})总是为 1。在那种情况下，$\eta_{00}=\alpha^2\mu_{00}=1$，因此，$\alpha=\mu_{00}^{-\frac{1}{2}}$。将其代入式(10.54)，

$$\eta_{pq} = \alpha^{p+q+2}\mu_{pq} = (\mu_{00}^{-\frac{1}{2}})^{p+q+2}\mu_{pq} \tag{10.55}$$

最后，归一化的中心矩可以写成

$$\eta_{pq} = \frac{\mu_{pq}}{\mu_{00}^{\gamma}} \tag{10.56}$$

其中 $\gamma=\dfrac{p+q+2}{2}$将导致不随平移和尺度变化而变化的矩。

Hu 矩[10.15]还结合了旋转来寻找一组阶数不大于 3 且对平移、旋转和尺度变化不变的矩，这意味着即使图像可能被移动、旋转或缩放，我们得到的矩是相同的。它们列在表 10.1 中。

表 10.1　Hu 不变矩

$\phi_1=\eta_{20}+\eta_{02}$

$\phi_2=(\eta_{20}-\eta_{02})^2+4\eta_{11}^2$

$\phi_3=(\eta_{30}-3\eta_{12})^2+(3\eta_{21}-\eta_{03})^2$

$\phi_4=(\eta_{30}-\eta_{12})^2+(\eta_{21}-\eta_{03})^2$

$\phi_5=(\eta_{30}-3\eta_{12})(\eta_{30}+\eta_{12})[(\eta_{30}+\eta_{12})^2-3(\eta_{03}+\eta_{21})^2]+(3\eta_{21}-\eta_{03})(\eta_{03}+\eta_{21})[3(\eta_{30}+\eta_{12})^2-(\eta_{03}+\eta_{21})^2]$

$\phi_6=(\eta_{20}-\eta_{02})[(\eta_{30}+\eta_{12})^2-(\eta_{03}+\eta_{21})^2]+4\eta_{11}(\eta_{30}+\eta_{12})(\eta_{03}+\eta_{21})$

$\phi_7=(3\eta_{12}-\eta_{30})(\eta_{30}+\eta_{12})[(\eta_{30}+\eta_{12})^2-(\eta_{03}+\eta_{21})^2]+(3\eta_{12}-\eta_{03})(\eta_{21}+\eta_{03})[3(\eta_{30}+\eta_{12})^2-(\eta_{03}+\eta_{21})^2]$

有趣的是，虽然不变矩是由 Hu 在 1962 年提出的，但在 1977 年 Gonzalez 和 Wintz 的著作[10.12]中，不变矩得到了最广泛的应用。

自 Hu[10.15]首次提出后，Rothe 等人将该概念推广到仿射变换不变矩[10.30]。尽管基于矩的策略很有吸引力，但也存在问题，尤其是对量化和采样的敏感性[10.24]。(参见
234 本章的作业。)

矩的使用实际上是一种更为通用的图像匹配方法的特例[10.30]，这种方法称为*归一化方法*。在这种方法中，我们首先通过对所有点执行(通常是线性的)变换将区域转换为规范框架。最简单的变换是从所有像素中减去重心坐标(CG)，从而将坐标原点移动到该区域的重心。在更一般的情况下，这种变换可以是一般仿射变换，包括平移、旋转和剪切。然后，我们在变换域中进行匹配，其中相同类的所有对象(例如三角形)看起来都一样。

如果要用灰度图像计算矩，也需要进行一些改进，即当式(10.50)的 f 不只是 1 或 0 时，所有的不变性仍然适用，但是 Gruber 和 Hsu[10.13]指出，噪声以一种依赖于数据的方式破坏矩特征。

一旦程序提取了一组特征，就可以使用这组特征来匹配两个观察值，或者将观察值

与模型匹配。在匹配中简单特性的使用详见 10.5.1 节。

10.4.3　链码

链码是描述区域边界的特征。在链码中，围绕区域的遍历由一系列数字表示，所有数字都在 0 到 7 之间(如果使用 8 个方向)或 0 到 3 之间(如果使用 4 个方向)，指定每个步骤的方向。8 个和 4 个基本方向的定义如图 10.10 所示。然后，区域的边界可以由单个数字串表示。更紧凑的表示在重复某个方向时使用上标。例如，0012112776660 可以写成 $0^{2}121^{2}27^{2}26^{3}0$，并说明图 10.11 中所示的边界。用符号序列描述边界的能力在称为语法模式识别的学科中起着重要作用，并且出现在计算机视觉文献中。这种表示允许使用编译原理中的理论识别形状。

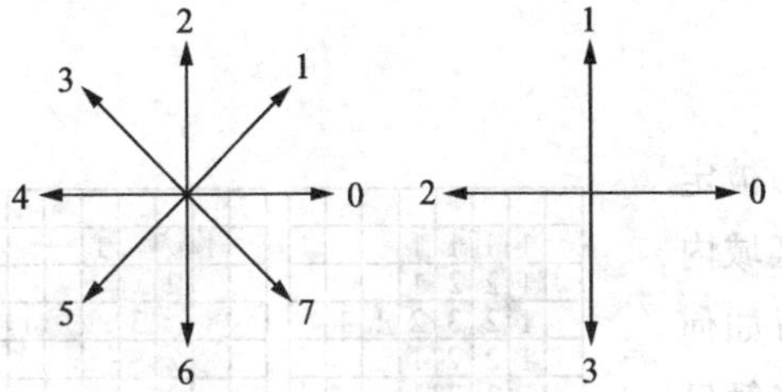

图 10.10　8 个方向(用于 8-邻居)和 4 个方向(用于 4-邻居)，其中一个方向可以沿着边界从一个像素移动到另一个像素

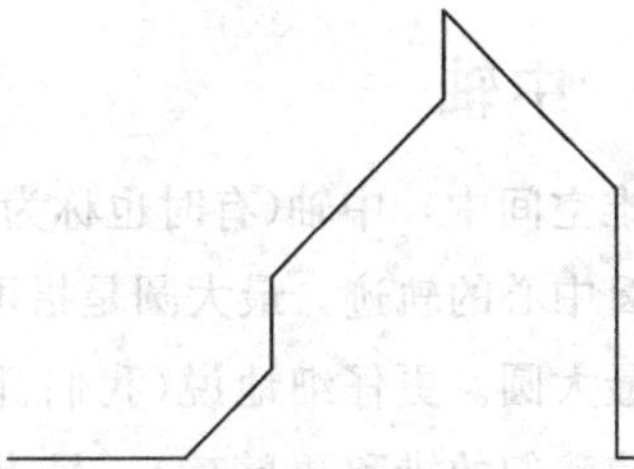

图 10.11　由链代码 001211277660 表示的边界段(这段代码的有效性是一个家庭作业问题，它要么是正确的，要么接近正确)

10.4.4　傅里叶描述符

在本节中，我们将讨论形状的频域表示。出于历史原因，标题为“傅里叶描述符”。 235
但是，根据本书的定义，该算法是一种形状表示方法，而不是第 11 章中定义的描述符。

给定一个区域的边界，我们假设该区域画在复平面上，每个点的 x 坐标表示沿实轴的距离。y 坐标表示沿虚轴的距离。因此，每个边界点都被视为一个复数。穿过一个封闭的边界会得到一个复数(循环)序列。

对这个序列进行傅里叶变换会得到另一个复数序列，这个复数序列具有不变性，如表 10.2 所示。下面的例子以一种过于简化的方式说明了这些思想：假设我们有两个边界的傅里叶描述符：

```
f1 =0.7, 0.505, 0.304, 0.211, ···
f2 =0.87, 0.505, 0.304, 0.211, ···
```

表 10.2　图像中运动与变换域之间的等价性

在图像上	在变换上
尺寸上的改变	乘以一个常数
绕原点旋转	相移(每一项的相位差)
一个变换	DC 项的变化

我们看到这两个序列只在第一项(DC 项)中有所不同。因此，它们表示同一边界的

两个编码，只是在翻译时有所不同。这个例子过于简化了，因为在现实中，序列将是一组复数，而不是如上所示的实数，但是概念是相同的。

使用傅里叶描述符时实际需要考虑的方面

我们如何表示从一个边界点到另一个边界点的运动是至关重要的。仅仅使用4-邻居链码就会产生糟糕的结果。使用8-邻居链码可以减少40%～80%的错误，但是仍然没有人们希望的那么好。一种更好的方法是重新采样边界(见10.6节)，使沿边界的像
236 素间距相等。

还有其他复杂的情况，包括边界(弧长)的常用参数化对于仿射变换不是不变的[10.2,10.42]。实验[10.20]比较了仿射不变傅里叶描述符和自动回归方法。有关傅里叶描述符的详细信息，请参见文献[10.3]和作业10.5。

10.4.5　中轴

在二维空间中，中轴(有时也称为区域骨架)被定义为最大圆中心的轨迹。最大圆是指可以位于区域内给定点的最大圆。更仔细地说(我们都需要学习如何使用数学使我们的措辞更精确)：最大圆至少接触区域边界上的2个点，这样区域外就没有圆点了。

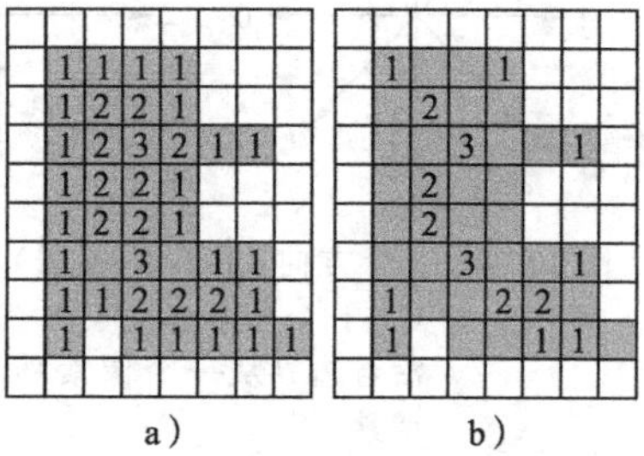

图10.12　a)示例区域，它的DT是用4-邻域计算的。b)形态骨架，由DT的局部极大值组成

中轴上的任何点都可以表示为距离变换(DT)的局部最大值。如果它的相邻点都没有更大的值，DT值为k的点是局部最大值。图10.12a重现图7.13。这个距离变换的局部极大值集如图10.12b所示。

使用中轴的例子如图10.13所示。另一种考虑中轴的方法是静电势场的最小值。如果边界恰好是直线或三维平面，则这种方法相对容易开发[10.8]。参见文献[10.11]以获得高效计算中轴的其他算法。

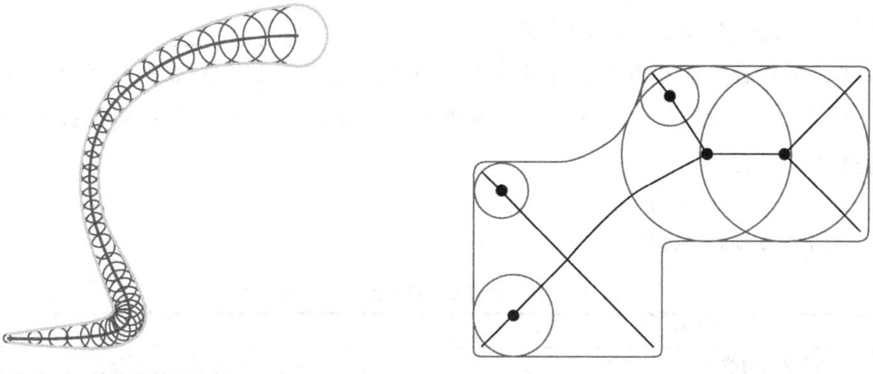

a）弯曲的平面管状物体的中轴（红色）。来自F.E.Wolter（http://welfenlab.de/archive/mirror/brown00/figs.html），经许可使用

b）中轴用于为建筑物的屋顶生成脊线。来自http://spacesymmetrystructure.wordpress.com/2009/10/05/media-laxes-voronoi-skeletons，经许可使用

图10.13　示例形状及其中轴(见彩插)

关于中轴和脊

中轴的定义仅适用于二值图像，或者至少适用于每个区域都可以由其边界表示的图像。然而，脊(回忆 4.3.3 节)是为灰度图像定义的。我们可以使用以下策略将这两种描述联系起来：使用图像的尺度空间表示。也就是说，模糊二值图像。这个过程将二值图像转换成灰度图像。现在找到脊。从高比例的脊开始(大量模糊)。这是你对中轴的初步估计。现在，稍微缩小比例，看看会出现什么新的脊。把它们加到你的估计中。在不同的规模上继续这个过程。参见 Pizer 等人的文章[10.29]以了解这种被称为对称强度轴理论的更多细节。

10.5 匹配特征向量

假设对一个区域进行了一组测量，例如面积、周长、颜色，如我们在 10.4.1 节中所讨论的。如果这些测量数据被收集到一个向量中，那么“特征向量”就可以用来表示区域形状。然后，通过计算两个区域特征向量之间的距离度量，可以比较两个区域。因此，如果 $\boldsymbol{g}$ 是典型垫圈图像产生的特征向量，$\boldsymbol{f}$ 是典型法兰的特征向量，$\boldsymbol{x}$ 是未知的向量，我们可以通过 $\|\boldsymbol{x}-\boldsymbol{f}\|<\|\boldsymbol{x}-\boldsymbol{g}\|$ 确定 $\boldsymbol{x}$ 是垫圈还是法兰。

10.5.1 匹配简单特征

使用 10.4.1 节中描述的简单特征的最直接的方法是在模式分类器中使用它们。为此，我们将提取模型和对象的统计表示并匹配这些表示。策略如下。

1) 决定你希望使用哪种尺寸来描述形状。例如，在将未知形状标识为法兰或垫圈的系统中，可以构建一个系统，该系统可测量七个不变矩和纵横比，总共有 8 个“特征”。特征的最佳集合取决于应用程序，并包括优化选择超出本书范围的特征集的方法(见文献[10.10，10.36]，这只是统计方法中的一小部分)，将这 8 个特征组织成一个向量 $\boldsymbol{x}=[x_1, x_2, \cdots, x_8]^{\mathrm{T}}$。 237~238

2) 使用一组示例图像(称为“训练集”)描述“模型”对象，从中提取特征向量。继续看这个具有 8 个特征的例子，我们将收集一组有 n 个法兰的图像，并测量每个法兰的特征向量。然后，计算法兰的平均特征向量。

垫圈的特征类似于一组样品垫圈的平均值。

3) 现在，给定一个未知区域，以其特征向量 $\boldsymbol{x}$ 为特征，形状匹配包括找到在某种意义上与观测区域“最近”的模型。我们根据这些距离中哪一个更小来决定。

在下一节中，我们将讨论如何匹配两个向量。在这一部分中，将一个未知的测量向量与在训练集上进行的这些测量向量的平均值进行比较。

10.5.2 匹配向量

假设向量 $\boldsymbol{a}$ 和向量 $\boldsymbol{b}$ 维度相同，那么在两幅图像中寻找匹配描述符的问题(对应问题)中，减去它们是有意义的。

$$\boldsymbol{d}=\boldsymbol{a}-\boldsymbol{b}$$

然而，一个更普遍的问题是找到向量所属的类。在这种情况下，我们需要为类提出一个表示法，这个表示法将是统计性的。

10.5.3 将向量与类匹配

如果 $\boldsymbol{d}=\boldsymbol{a}-\boldsymbol{b}$，则 $\boldsymbol{a}$ 到 $\boldsymbol{b}$ 的欧几里得距离为 $\sqrt{\boldsymbol{d}^{\mathrm{T}}\boldsymbol{d}}$。在下面的描述中，我们经常使用单词类(class)。用这个术语，我们的意思是，我们试图决定一个未知的特征向量是否是几个可能类中的一个类的成员。例如，我们可能会试图确定图像中的形状是垫圈或法兰的轮廓。如果我们有一大组法兰示例和一大组垫圈，并且这两个类都可以用特征向量表示，我们可以用它们的统计来描述这些类。例如，样本平均值

$$\boldsymbol{m}_i=\frac{1}{n_i}\sum_{j=1}^{n_i}\boldsymbol{x}_{ij} \tag{10.57}$$

表示类 i 的均值，包含 n_i 个示例向量 $\boldsymbol{x}_{ij}$，当从高斯分布中提取点集时，

$$\frac{1}{(2\pi)^{\frac{d}{2}}|K|^{\frac{1}{2}}}\exp\left(-\frac{(\boldsymbol{x}-\mu)^{\mathrm{T}}K^{-1}(\boldsymbol{x}-\mu)}{2}\right) \tag{10.58}$$

不难证明这些点的样本平均值是 μ。

给定一个未知向量 $\boldsymbol{x}$ 和一组类，每个类
239 都用其平均值 $\{\boldsymbol{m}_1, \cdots, \boldsymbol{m}_i, \cdots, \boldsymbol{m}_c\}$ 表示，其中 c 是类的个数，我们可以计算 $\boldsymbol{x}$ 到 $\boldsymbol{m}_i$ 的欧几里得距离，并决定 $\boldsymbol{x}$ 属于最近的类，也就是说，其平均值最接近 $\boldsymbol{x}$ 的类，如图 10.14 所示。

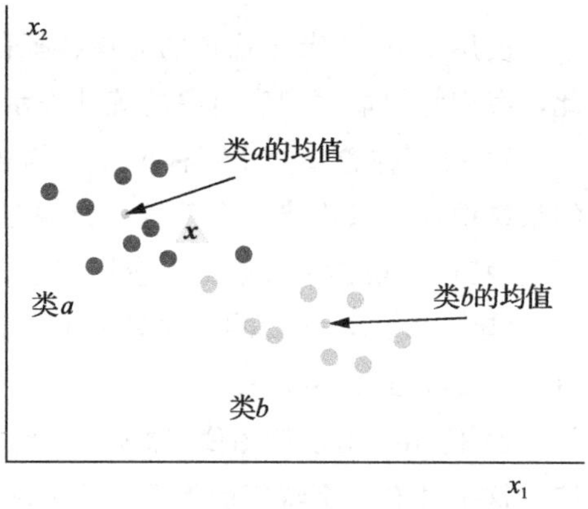

图 10.14 有两个类和它们的均值，一个类用红色表示，另一个类用蓝色表示。未知向量 $\boldsymbol{x}$ 被分配到类 a，因为与类 b 的均值相比，它更接近类 a 的均值(见彩插)

没有任何理由计算平方根，因为平方是单调的：$\boldsymbol{x}^{\mathrm{T}}\boldsymbol{x}>\boldsymbol{y}^{\mathrm{T}}\boldsymbol{y}\Rightarrow\sqrt{\boldsymbol{x}^{\mathrm{T}}\boldsymbol{x}}>\sqrt{\boldsymbol{y}^{\mathrm{T}}\boldsymbol{y}}$。

这种技术称为最近均值分类，可能是许多统计模式识别方法中最简单的一种。

如图 10.15 所示，需要扩展使用最近均值的概念，其中显示了两个高斯概率，说明了除非考虑(协)方差，否则最近均值算法将失败。由于需要考虑我们决策过程中的方差，而不是平均值的距离 $(\boldsymbol{x}-\mu_i)^{\mathrm{T}}(\boldsymbol{x}-\mu_i)$，我们利用马哈拉诺比距离 $(\boldsymbol{x}-\mu_i)^{\mathrm{T}}K_i^{-1}(\boldsymbol{x}-\mu_i)$。

使用马哈拉诺比距离只是统计模式识别学科中众多方法中的一种，建议每一个学生读这本书之前都应该上过相关课程。

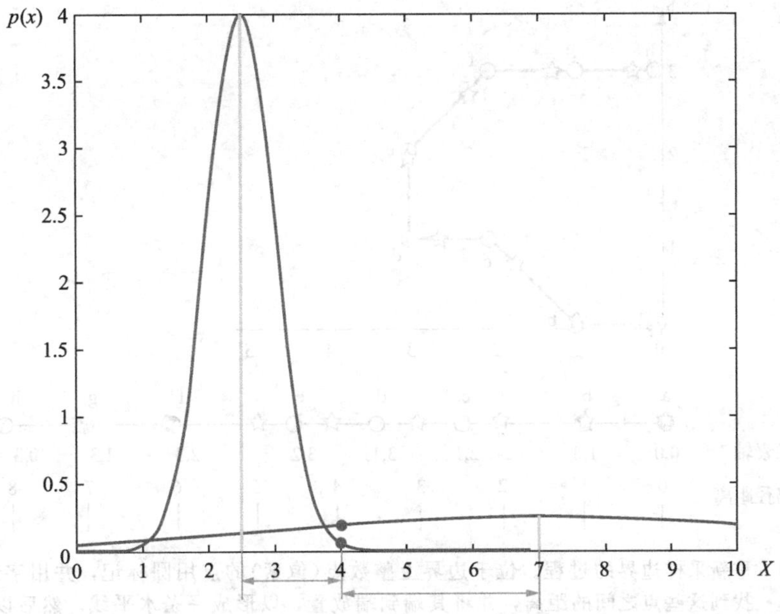

图 10.15 给出了两个高斯分布，一个平均值为 2.5，另一个平均值为 7。这两种分布有显著差异。点 $x=4$ 更接近于类 1(距离为 1.5)的平均值，而不是类 2(距离为 3)的平均值，但在 x 处，x 在类 2 中的概率更高

10.6 使用边界描述形状

到目前为止，我们已经看到了许多形状的例子和表示它们的技术。你应该很好地理解什么是形状。现在，让我们试着抽象一下我们的理解，看看对于一般的形状可以做些什么研究。

首先，我们需要描述一个在讨论边界、弧长时会多次出现的概念。想象你在 x，y 平面上画的数字轮廓周围行走。当你从一个像素走到另一个像素时，有时你的行程是 1.0，有时是 1.414。当使用连续数学来思考曲线时，我们将曲线视为单个参数的向量值函数：

$$X(s)=\begin{bmatrix}x(s)\\y(s)\end{bmatrix}$$

式中，s 是从某个定义的起点沿曲线的距离(“弧长”)。我们可能需要执行积分或其他假定参数的操作，s 是均匀采样的。这需要对边界重新采样，这反过来又会阻止边界点恰好落在像素边界上。图 10.16 说明了对边界重新采样的简单方法。

如果重采样间隔为 1.0，则新采样点的数量将等于该区域的周长。弧长参数化除了使周长测量一致外，还提供了大量曲线表示的能力，当你上微分几何课程时，你会学到这一点(这是计算机视觉高年级学生必修的另一门课程)。

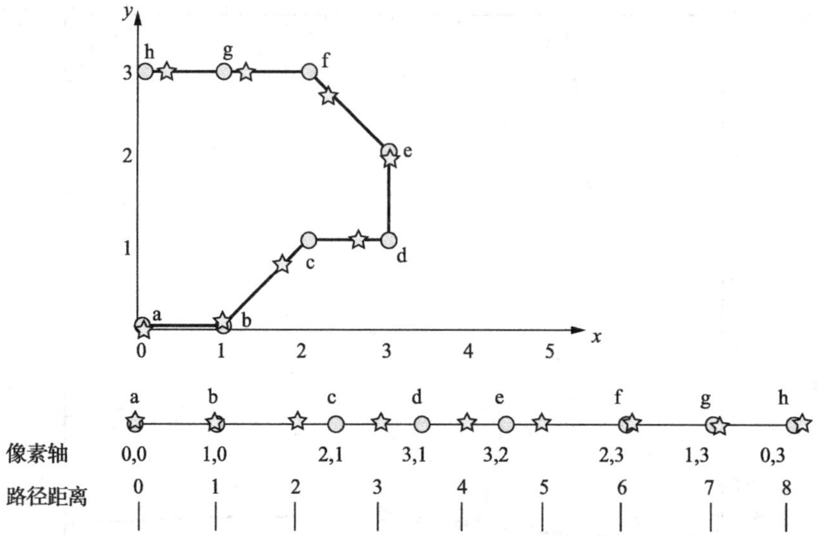

图 10.16 重新采样边界的过程。位于边界上整数点(像素)的点用圆标记，并用字母标注。找到这些点之间的距离，并将其端到端放置，以形成一条水平线。然后以相等的间隔对水平线重新采样，并用星号标记采样点

10.6.1 形状矩阵

思考图像中某个区域的边界。把边界上的每一点写成$\begin{bmatrix} x \\ y \end{bmatrix}$形式的二维向量。假设边界包含 n 个点，整个边界可以写成这些向量的矩阵

$$\boldsymbol{X}=\begin{bmatrix} x_1 & \cdots & x_i & \cdots & x_n \\ y_1 & \cdots & y_i & \cdots & y_n \end{bmatrix} \tag{10.59}$$

现在，忘记这是某个区域的边界，把它看作形状 $\boldsymbol{X}$ 的矩阵表示。

有多少可能的形状与 $\boldsymbol{X}$ 相同？当然，这取决于你所说的“相同”的意思。如果两个形状被描述为相同的，即使它们是在纸上的不同点上绘制的，那么 $\boldsymbol{X}$ 由于平移有无限多的“孪生”。如果唯一的区别是旋转或比例变化，则会出现另外两个无穷大。无限集的集合称为*形状空间*。

当然，在计算机视觉中，我们的问题是相反的。我们在形状空间中得到了一些点，需要寻求原始形状。所以我们只想把这些无穷大减少到一个。问题的组成部分分解如下。

- **平移**。我们对平移进行补偿，如下所示：找到 $\boldsymbol{X}$ 的重心$[\hat{x}, \hat{y}]^{\mathrm{T}}$，然后从 $\boldsymbol{X}$ 的每一列中减去向量$[\hat{x}, \hat{y}]^{\mathrm{T}}$。这将生成一个矩阵 $\boldsymbol{X}_t$，不管它在哪里绘制，它都是相同的。
- **尺度变化**。在没有遮挡的情况下，我们通过计算$\sqrt{\mathrm{Tr}(\boldsymbol{X}\boldsymbol{X}^{\mathrm{T}})}$来补偿尺度变化。然后，我们将 $\boldsymbol{X}_t$ 的每个元素除以这个标量以生成矩阵 $\boldsymbol{X}_{ts}$，这个矩阵是相同的，不管它在哪里绘制，也不管它缩放多少。

如果形状可以被部分遮挡，那么这种简单的归一化就不够了。在 10.6.4 节中，我们将讨论可以补偿部分闭合的 SKS。

- **旋转**。旋转变得更具挑战性，以一个简单但非常普遍的方式处理。见文献[10.21]。然而，如果只使用距离和曲率等对旋转不变的特征，旋转就可以很容易地处理。 240~242

10.6.2 形状上下文

形状上下文[10.5,10.6]匹配二维形状的算法由 Belongie 等人在文献[10.4]中介绍。如图 10.17 所示，给出一个轮廓 C，表示为一组有序的点 $C=\{C_1, C_2, \cdots, C_n\}$，设 $P\in C$。对于 C 的任何元素，我们可以计算从该点到 P 的向量，因此可以构造一个有序的向量集 $\Delta_P=\{P-C_1, P-C_2, \cdots, P-C_N\}$。$\Delta_P$ 的元素被转换为对数极坐标并粗量化[⊖]，然后构造二维柱状图。定义点 P 的形状上下文：

$$h(P,\theta,r) = \sum_j \delta(\theta-\theta_j, r-r_j), \quad j = 1,\cdots,N \tag{10.60}$$

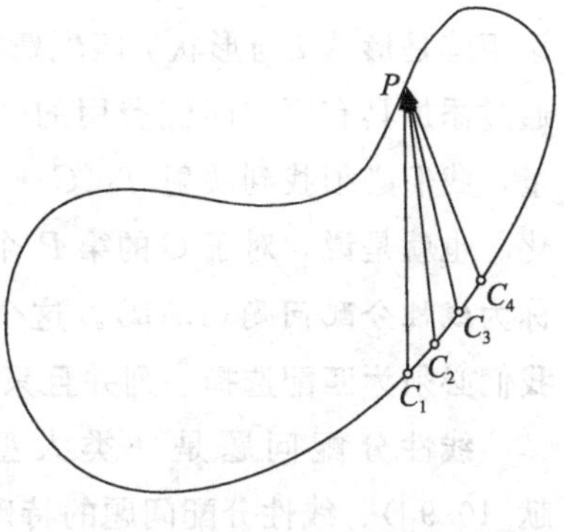

图 10.17　形状边界上的所有点都用 $\{C_1, C_2, \cdots, C_N\}$ 表示。计算从所有这些点到单个形状上下文点的有序向量集，并用于确定形状上下文

其中，δ 表示克罗内克符号：

$$\delta(x,y) = \begin{cases} 1, & x=0 \text{ 且 } y=0 \\ 0, & \text{其他} \end{cases}$$

柱状图只是这个轮廓上每个特定(角度、对数距离)对出现的次数的计数。由于柱状图的大小是固定的，在 60 个箱的情况下，我们可以用单个索引对其进行索引，并用 $h(P, k)$表示。我们将 $h(P, k)$称为曲线 C 中点 P 的形状上下文。

显然，直方图合理分辨率的选择取决于 N。

特定轮廓的形状上下文是该轮廓中所有点的形状上下文的集合。

在没有遮挡的情况下，可以使形状上下文对相似变换保持不变[10.4]。由于形状上下文只使用相对距离和角度，因此平移不变性是自动的。尺度不变性是通过将所有距离 Δ_P 除以形状中所有此类距离的中位数来实现的。由于使用了对数极坐标系，因此所用的计算实际上是对数的减法。 243

使用形状上下文匹配轮廓

为了匹配区域形状，在形状上下文中，我们将使用它来找到一个度量，它将描述曲线 C 与其他曲线的匹配程度，即 ^jC。设 P 表示曲线 C 上的点，令 $Q\in {}^jC$。将相应的柱状图表示为 $h(P, k)$和 $h(Q, k)$。对于任何特定的 P 和 Q，我们可以通过沿着两条曲线匹配单个点来匹配它们的形状上下文。因为 P 和 Q 表示特定曲线上的点，它们可以被

⊖ 在文献[10.6]中，直方图有 12 个等距的角度箱和 5 个等距的对数半径箱。

认为是指数。由于 P 指标曲线 C，Q 是 ${}^{j}C$ 的指数，我们可以构造一个匹配成本矩阵。具体地说，如果我们认为曲线 C 中的点 P 与曲线 ${}^{j}C$ 中的点 Q 相同，我们定义了分配 P 与 Q 对应的费用。这个“分配费用”是

$$\gamma_{PQ} = \frac{1}{2}\sum_{k=i}^{K}\frac{(h(P,k)-h(Q,k))^2}{h(P,k)+h(Q,k)} \tag{10.61}$$

所有这些分配费用都可以计算并输入矩阵。

$$\Gamma_{ij} = [\gamma_{PQ}],\quad P \in C, Q \in {}^{j}C \tag{10.62}$$

该矩阵是形状 i 与形状 j 匹配费用的表示。如果 $N_i = N_j$，Γ_{ij} 是正方形；否则，Γ_{ij} 可以通过添加具有恒定匹配费用的“虚拟”节点而变为正方形。要提取这个费用的标量度量，我们必须找到映射 f：$C \to {}^{j}C$，它是一个双射（1∶1 映射），并且它将总成本最小化。也就是说，对于 C 的第 P 个元素，我们必须找到分配给它的 ${}^{j}C$ 的一个元素。这被称为线性分配问题(LAP)。这个问题可以用矩阵 Γ_{ij} 来描述，通过观察，对于每一行，我们必须为匹配选择一列并且只有一列，并且该列必须依次与其他行不匹配。

线性分配问题是一类大型的线性规划问题，可以用单纯形算法求解（见文献[10.9]）。线性分配问题的特殊情况可以在 $O(n^3)$ 时间内解决，有几种策略，其中最著名的是“匈牙利算法”[10.23]。我们使用了 Jonker 和 Volgenant 的实现[10.17]。

假设未知曲线 ${}^{i}C$ 与模型的数据库 B 相匹配，则 LAP 的解产生一个数 $\hat{\Gamma}_{ij} = \min_j(\Gamma_{ij})$，${}^{j}C \in B$，这是这两条曲线的最佳分配。因此，最佳匹配的索引 $m = \arg\min_j(\hat{\Gamma}_{ij})$。

10.6.3 曲率尺度空间

曲率尺度空间(CSS)是 Mokhtarian 和 Macworth[10.25] 提出的一种形状表示方法。在 MPEG-7 标准中，CSS 也用作轮廓形状描述符[10.44]。CSS 表示法是平面曲线曲率过零点的多尺度组织。该表示法在连续域中定义，然后进行采样。考虑用弧长 s 参数化的曲线，s 设置在 $0 \leqslant s \leqslant 1$ 的范围内，以提供尺度不变性，然后

244

$$C(s) = [x(s), y(s)]^{\mathrm{T}} \tag{10.63}$$

此类曲线的曲率由以下公式给出：

$$\kappa(s) = \frac{(\dot{x}(s)\,\ddot{y}(s) - \ddot{x}(s)\,\dot{y}(s))}{(\dot{x}(s)^2 + \dot{y}(s)^2)^{\frac{3}{2}}} \tag{10.64}$$

其中 $\dot{x}$ 表示 $\frac{\partial x}{\partial s}$。

上面的轮廓可以通过将其与宽度为 σ 的一维高斯核卷积来连续模糊，其中，在每个模糊级别上，尺度(σ)都会增加。让这个轮廓模糊的版本由 C：$\mathbb{R}\times\mathbb{R} \to \mathbb{R}\times\mathbb{R}$ 给出

$$C(s,\sigma) = (x(s) * G(s,\sigma), y(s) * G(s,\sigma)) \tag{10.65}$$

曲线在每个尺度 σ 处的一阶和二阶导数可如下估算：

$$x_s(s,\sigma) = x(s) * G_s(s,\sigma)$$

$$y_s(s,\sigma) = y(s) * G_s(s,\sigma)$$

$$x_{ss}(s,\sigma)=x(s)*G_{ss}(s,\sigma)$$
$$y_{ss}(s,\sigma)=y(s)*G_{ss}(s,\sigma) \tag{10.66}$$

其中下标表示偏微分。

每个尺度 σ 处的曲率可以通过比例依赖明确表示为：

$$\kappa(s,\sigma)=\frac{(x_s(s,\sigma)y_{ss}(s,\sigma)-x_{ss}(s,\sigma)y_s(s,\sigma))}{(x_s(s,\sigma)^2+y_s(s,\sigma)^2)^{\frac{3}{2}}} \tag{10.67}$$

曲率过零点是轮廓上曲率变化标志的点。CSS 表示法计算每个尺度处的曲率过零点，并在(s，σ)平面中表示它们。如图 10.18 所示，弧长沿水平轴，尺度(σ)沿垂直轴。这被称为 CSS 图像。从 SQUID 数据库[⊖] 中获取了鱼的轮廓。我们实现了一个 CSS 版本，并应用它以获得右侧图形。

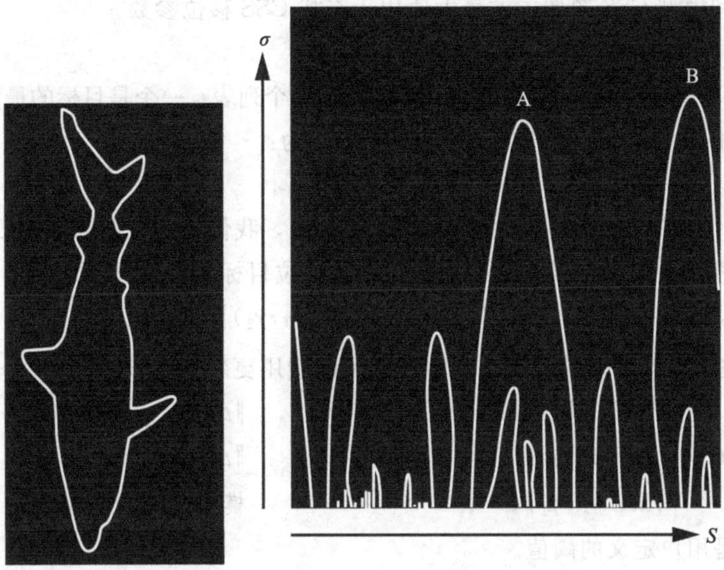

图 10.18 SQUID 数据库[10.1,10.25]中的鱼轮廓和相应的 CSS 图像。右侧图像中的垂直轴是尺度轴

CSS 图像的最大值集用作给定轮廓的形状签名。CSS 图像中具有低尺度值的最大值与曲线中的噪声有关并且被忽略。根据 Mokhtarian[10.1]，我们假设低于$\frac{\sigma_{max}}{6}$的值被认为是噪声，不用于匹配过程，其中 σ_{max}是 CSS 图像中的最大值。

由于使用了曲率，CSS 描述符是不变的。尺度不变性是通过将曲线重采样到固定数量[⊜]的边界点来获得的。旋转和起点更改会导致 CSS 图像中的循环移位，并在匹配过程中进行补偿，这将在本节后面介绍。

用曲率尺度空间匹配轮廓

在本节前面，定义了曲率尺度空间。在这里，我们讨论这种表示法在匹配平面曲线

⊖ http://www.ee.surrey.ac.uk/CVSSP/demos/css/demo.html。

⊜ 我们建议将轮廓重采样到 200 个点。

中的应用。

图 10.18 右侧的图显示了一个曲率尺度空间，有两个高峰，用字母标记。横轴 s 表示曲线经过时 0 到 1 之间的弧长。纵轴是尺度。用 B 标记的峰值表明，在靠近轮廓末端的某个地方，曲率以高比例改变信号。

曲率尺度空间匹配算法在文献[10.1，10.25]中有详细描述。数据库中的每条曲线都由一组成对的$\{(s, \sigma)\}$表示，每一对表示 CSS 图像中最大值[⊖]的弧长和尺度。匹配过程包括寻找两个轮廓的最大值之间的对应关系。我们将这两幅图像作为目标和模型。

设 $M_{\text{target}}=\{(t_1, \gamma_1), (t_2, \gamma_2), \cdots, (t_L, \gamma_L)\}$为目标的最大值，用弧长 t 参数化，按尺度 γ 的降序排列。同样，让 $M_{\text{model}}=\{(s_1, \sigma_1), (s_2, \sigma_2), \cdots, (s_N, \sigma_N)\}$为模型的最大值，用弧长 s 参数化，按尺度 σ 的降序排列。匹配算法如下所示。

1）目标和模型 CSS 图像中的最大值用于查找 CSS 移位参数。

$$\alpha = s_1 - t_1 \tag{10.68}$$

这将补偿轮廓起点和方向的任何变化。初始化两个列表：一个是目标的最大对(t_1, γ_1)，另一个是模型的最大对(s_1, σ_1)。匹配的费用初始化为：

245～246

$$\mathrm{MC} = |\sigma_1 - \gamma_1| \tag{10.69}$$

2）现在，对于目标中的下一个最大值(t_2, γ_2)，我们应用先前计算的 CSS 移位参数(α)。我们在模型中找到与模型列表中不存在的移位目标最大值最接近的最大值。

$$(s_m, \sigma_m) = \underset{i=1,\cdots,N}{\arg\min} \|(s_i, \sigma_i) - (t_2 + \alpha, \gamma_2)\|, (s_i, \sigma_i) \notin M_{\text{model}} \tag{10.70}$$

两个最大值被添加到它们各自的列表中。匹配的费用更新如下：

$$\mathrm{MC} = \begin{cases} \mathrm{MC} + \|(s_m, \sigma_m) - (t_2 + \alpha, \gamma_2)\|, & \|t_2 + \alpha - s_m\| < T \\ \mathrm{MC} + \|\gamma_2\|, & \|t_2 - s_m\| > T \\ \mathrm{MC} + \|\gamma_2\|, & \text{模型中没有其他最大值} \end{cases}$$

其中 T 是用户定义的阈值。

3）对目标中的所有元素重复步骤 2。

4）使用目标和模型中的第二大的最大值(t_2, γ_2)和(s_2, σ_2)计算 CSS 移位参数，还使用模型中接近目标的最大值计算最大值（在 80%的范围内的最大尺度值）。重复步骤 1～3，使用这些 CSS 移位参数并计算匹配费用。

5）通过交换目标位置和模型重复步骤 1～4。

6）所有这些匹配的最低费用被视为最佳匹配值。

文献[10.1]中所述方法的修改涉及使用形状的全局参数，如偏心率和圆度，用于在匹配过程之前消除某些形状。它还克服了原始方法的一些问题，如浅凹陷。

10.6.4　SKS 模型

从一组局部测量数据中做出全局决策的问题被认为是机器智能的基本问题之一，尤

⊖　这里的最大值表示尺度最大的点。

其是计算机视觉。本节提供了图像分析领域问题的一般方法[10.22]，描述了识别图像中形状的一般方法。该策略首先在图像的突出点进行局部测量。然后，使用类似于霍夫变换的策略，融合来自这些局部测量的信息。

该方法称为 SKS(简单 K 空间)算法，可以显示出相对于相机平面中的旋转、平移和尺度变化是不变的，并且对于部分遮挡和图像亮度的局部变化非常鲁棒。

该算法是在有约束的情况下开发的，该约束为所有操作必须由生物神经网络合理计算，其特征为：

1）记忆多。

2）计算简单。

3）运算的准确性低。

4）并行能力强。 247

该算法使用累加数组来搜索形状识别的一致性。

我们从一些定义开始。

- **对象**。一个目标，对于 SKS 来说，目标是图像中任何我们需要识别的东西。如果是识别物体轮廓的应用，它可以是轮廓的形状或区域的边界。如果是寻找如 SIFT(参见 11.4 节)或一个点在本节所述的边界曲线上的对应关系的应用，也可以是一个兴趣点的邻域。它甚至可以是一个由许多特征组成的复杂场景(如雕像)。在这一章中，我们将描述确定和匹配区域边界的应用。
- **特征点**。每个对象由一个或多个特征点组成。轮廓的边界是由点构成的。但并不是每个点都一定是一个特征点，那些不是特征点的就不归入算法计算。图像中的特征点可以是兴趣点，如 11.5 节所述，也可以是边界上符号发生改变的点。
- **属性列表**。每个特征点都有一个属性列表。在剪影的轮廓上，属性可以是轮廓在特征点处的曲率。在区域图像中，属性列表可能包括该点曲线的曲率和色调。在图像分析应用程序中，特征点的属性可能与邻域的特征相同。我们使用的 ν 代表属性列表，写作一个向量。一种例外是当属性列表中只有一个元素时，通常只有曲率 κ，在这种情况下使用标量的符号(例如 κ)而不是 ν。
- **参考点**。识别的目标通常只有一个参考点⊖。离参考点的距离用 ρ 表征。参考点通常被选为该区域的重心。

在 SKS 中，基本原理如下所述。

- **创建一个模型**。构建一个具有如下形式的模型：

$$m(\rho,\nu)=\frac{1}{Z}\sum_{i=1}^{n}\delta(\rho-\rho_i)\delta(\|\nu-\nu_i\|) \tag{10.71}$$

其中克罗内克符号 $\delta(x)=\begin{cases}1, & x=0\\ 0, & \text{其他}\end{cases}$。这样一个模型简单统计有着属性 ν 的点出

⊖ 如果出现局部遮挡，则可以使用多个参考点。

现在离参考点的距离为ρ的次数。经过适当的归一化，这个计数可以近似于一个概率。考虑到测量中的噪声和误差，可以对模型方程进行修正，用高斯函数代替δ函数，其中Z为归一化项，后面会讲到。

248

$$m(\rho,\nu)=\frac{1}{Z}\sum_{i=1}^{n}\exp\Big(-\frac{(\rho-\rho_i)^2}{2\sigma_\rho^2}\Big)\exp\Big(-\frac{\|\nu-\nu_i\|^2}{2\sigma_\nu^2}\Big) \tag{10.72}$$

- **利用模型对图像进行匹配**。通过对图像的扫描，找出与模型最一致的点。这个点将是这个模型的参考点的最佳匹配点。这是通过计算下式实现的：

$$A_C(\boldsymbol{x})=\frac{1}{Z}\sum_k m(\|\boldsymbol{x}-\boldsymbol{x}_k\|,\boldsymbol{v}_k) \tag{10.73}$$

在每个点$\boldsymbol{x}$处，$\boldsymbol{v}_k$是描述一个点的特征向量。

在本书中，SKS以两种形式出现。在本节中，我们将为区域的轮廓构建一个模型，在11.5节中，我们将使用相同的原理为兴趣点周围的局部区域构建描述符。

使用SKS进行轮廓建模

我们考虑一个以轮廓为特征的二维形状。事实上，由于被识别的目标实际上只是嵌入平面的一维曲线，所以它实际上是一个一维问题。

使用平面上的一个曲线来定义形状$\alpha(s)=[x(s), y(s)]^{\mathrm{T}}$由弧长$s$参数化。然后，我们构造一个函数用作形状模型：

$$m(\rho,\kappa)=\int_s\delta(\rho-\rho(s))\delta(\kappa-\kappa(s))\mathrm{d}s \tag{10.74}$$

ρ表示在曲线上点s到一个称为Ω的特定参考点的欧几里得距离。$\Omega=[\Omega_x, \Omega_y]^{\mathrm{T}}$是平面上的任意一点。一旦选择，$\Omega$必须在模型构建过程中保持不变。

$\kappa(s)$原则上表示在曲线上点s处的任何测度或向量的测度。这里建议使用曲率，因为平移和旋转后它不会发生变化。

实际上，使用高斯函数来近似δ函数，

$$\delta(\zeta)\approx\frac{1}{\sqrt{2\pi}\sigma}\exp\Big(-\frac{\zeta^2}{2\sigma^2}\Big) \tag{10.75}$$

但这将产生额外的平均噪声。

因此，点a，b是对在这个模型中找到曲率为b且离参考点的距离为a的点的可能性的度量。

为了真正实现对式(10.74)的积分，积分当然必须被求和所代替，但这要求对结果进行归一化。暂时推迟描述归一化常数的实际定义，我们用高斯函数代替式(10.74)的函数来求

$$m(\rho,\kappa)=\frac{1}{Z}\sum_i\frac{1}{\sigma_\rho}\exp\Big(-\frac{(\rho-\rho_i)^2}{2\sigma_\rho^2}\Big)\frac{1}{\sigma_\kappa}\exp\Big(-\frac{(\kappa-\kappa_i)^2}{2\sigma_\kappa^2}\Big) \tag{10.76}$$

这里的归一化项是Z。

关于式(10.74)的一项观察是相关的。积分提供了观测到某个(ρ，κ)对的次数的计数。因此，可以将其视为概率的估计——观测到特定值对的概率。

我们在式(10.76)中有幸使用了最大值而不是总和。

模型的定义：

$$m(\rho,\kappa)=\frac{1}{Z}\sum\delta(|\rho-\rho_i|)\delta(|\kappa-\kappa_i|)$$

可以认为是在曲线 c 上找到一个点的次数的计数，该点离原点的距离为 ρ 并且具有局部曲率 κ。在 ρ 和 κ 的可能值上，所有这些和的集合仅仅是直方图。通过除以实例的总数，将直方图转换为概率密度函数的估计值，这实际上只是沿曲线的点数。

这种对模型简单的认知通过用指数代替 Δ 略微复杂化了，但直方图的意义依然存在。当这样思考时，Z 应该只是 n，即曲线上的点数。但是，在将曲线与 SKS 模型匹配时，需要进行另一次归一化。出于这个原因，让我们将归一化问题推迟几节介绍。

使用 SKS 匹配轮廓。在上面，描述了一种构建二维形状模型的算法。该模型被称为 m，m：$U\times\mathbb{R}^d\rightarrow\mathbb{R}$，$U=(0,\text{maxdist})$，且它是一个有着两个参数的函数，第一个参数是距离，第二个参数是一个 d 维的特征向量，要使用此模型匹配未知的离散形状，比如说 C 对于模型 m_j，我们计算以下函数

$$A_C(\boldsymbol{x})=\frac{1}{Z}\sum_k m(\|\boldsymbol{x}-\boldsymbol{x}_k\|,\boldsymbol{v}_k) \tag{10.77}$$

$\boldsymbol{x}$ 是一个在图像平面上的点，$\boldsymbol{x}_k$ 是曲线 C 上的第 k 个点，且 $\boldsymbol{v}_k$ 是在第 k 个点处的特征向量。如果 $\boldsymbol{v}_k$ 是一个标量，该曲率是一个好的选择。

函数 A 在 M 的演变中选择的参考点处将陡峭地达到峰值，并且(在完全匹配的限制下)等于 1.0。

图 10.19 说明了形状与自身匹配和与其他形状匹配之间的区别，类似地，对象在同一个类(坦克)中。通过适当的归一化，可以将 $A(\boldsymbol{x})$ 的最大值强制为 1.0，并定位在正确的 $\boldsymbol{x}$ 值上，然后将分类简化为一个简单的阈值问题。

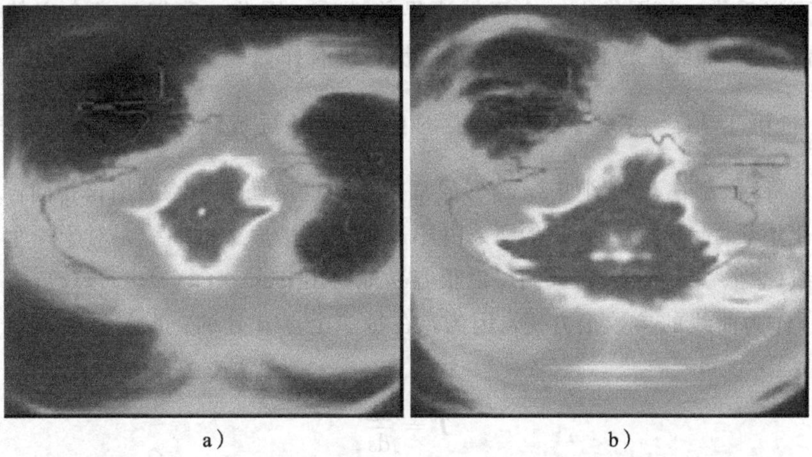

a)　　b)

图 10.19　a)伪彩色图像，显示了累加器数组，以便进行良好的匹配(实际上，将一个图像与旋转和缩放后的图像进行匹配)，亮点定义了参考点的估计位置，并急剧达到峰值。b)两个不同但相似的坦克的匹配结果，亮点/区域呈弥漫性(见彩插)

归一化实现如下：模型与自身匹配，记录匹配的质量。由于与自身匹配是可能的最佳值，因此将该值用作模型的归一化项。

图 10.20 显示了部分被锤子遮挡的手枪的轮廓。SKS 可以从这个图像中识别这两个对象。神经网络能够以相似的性能解决同样的问题[10.16]。实验上，在绘制图 10.18 的鱼的轮廓集合上，SKS 的轮廓匹配版本比 CSS 或形状上下文稍好一些。

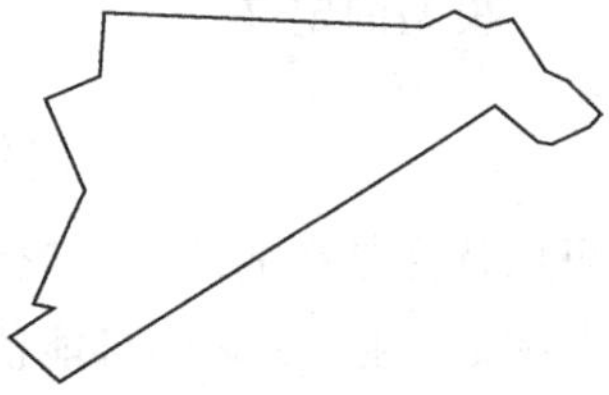

图 10.20 部分被锤子挡住的手枪的轮廓，根据文献[10.16]重绘

10.7 形状空间中的测地线

流形是一组被解释为曲面的点，其中每个点都有一个欧几里得邻域。也就是说，你在高中学过的几何可以应用在流形上，但仅限于局部。例如欧几里得[10.27]指出两条平行线永不相交。这在平面上成立，但在球面上不成立。地球表面的经线在赤道处平行，但在两极相交。同样，球面上的三角形也没有 180°的内角(见图 10.23)。因此，球面上的几何图形必须是非欧几里得的。这是考虑一般曲面的一种好方法。

流形使得我们可以优雅地表示曲线和曲面，熟悉流形上投影的基本概念以及流形上两点之间的最短路径(测地线)对计算机视觉专业的学生有帮助。

我们再次考虑两个形状的匹配，但是用不同的方式，将形状作为高维空间中的一个点。此外，这两个点之间的距离将以不同的方式定义——它将是沿着称为测地线的特定
250~251 路径测量的距离。流形的概念是形状描述的基础，但与本书的许多其他章节相比，它确实需要更高层次的抽象。

10.7.1 二维形状

形状可以看作一幅图像中一个区域边界的性质。因此，我们经常会交替使用“轮廓”“边界”和“曲线”等词。二维中的形状可以看作弧长 s 的向量值函数，因此，在我们熟悉的笛卡儿坐标系中，平面中的曲线可以写成向量函数 $\boldsymbol{\alpha}(s)=\begin{bmatrix}x(s)\\y(s)\end{bmatrix}$，$0\leqslant s<2\pi$。将 s 限制在 0 和例如 2π 这样的常数之间迫使任何形状的周长相同，因此提供了尺度变化不变性。我们要介绍的概念并不局限于在平面上的曲线，对于一个在三维空间中的曲线(想象一下衣架)，我们可以很容易地写出 $\boldsymbol{\alpha}(s)=[x(s)\,y(s)\,z(s)]^{\mathrm{T}}$。

使用 s 作为曲线的参数很方便，因为，在每一个点 $\boldsymbol{\alpha}$ 处的一阶导数是曲线在该点的切线。

$$\boldsymbol{T}=\frac{\mathrm{d}\boldsymbol{\alpha}}{\mathrm{d}s} \tag{10.78}$$

二阶向量是法向量，法向量通常定义为单位向量：

$$N = \frac{\frac{\mathrm{d}\boldsymbol{T}}{\mathrm{d}s}}{\left\| \frac{\mathrm{d}T}{\mathrm{d}s} \right\|} \tag{10.79}$$

最后，两者的叉积是一个副法线

$$\boldsymbol{B} = \boldsymbol{T} \times \boldsymbol{N} \tag{10.80}$$

因为这三个向量(切线、法线和副法线)都是相互正交的，它们定义了一个特定的坐标系——Frenet 坐标系。这三个向量及其导数也是成比例相关的，通过

$$\frac{\mathrm{d}\boldsymbol{T}}{\mathrm{d}s} = \kappa \boldsymbol{N} \tag{10.81}$$

$$\frac{\mathrm{d}\boldsymbol{N}}{\mathrm{d}s} = -\kappa \boldsymbol{T} + \tau \boldsymbol{B} \tag{10.82}$$

$$\frac{\mathrm{d}\boldsymbol{B}}{\mathrm{d}s} = -\tau \boldsymbol{N} \tag{10.83}$$

其中 κ 是曲率(是的，这是我们之前提到的相同的曲率)，τ 是扭曲。当它为非平面曲线时，你可以将扭曲视为 Frenet 坐标系的扭转。

也可以使用曲线的其他表示：例如，正如 10.4.4 节中讨论的那样，我们可以将每个点视为复数 $x+\mathrm{i}y$，而不是坐标对的有序列表，这使我们能够将点视作标量。或者，我们可以考虑切线的方向——切线与 x 轴的角度，或法线的方向。切角 $\theta_n(s)$ 在这里使用起来特别方便，因为它易于可视化，并且因为在单位圆上，该方向与弧长有关，仅仅是弧长加一个常数， 252

$$\begin{cases} \theta_n(s) = s + \frac{\pi}{2}, & 0 \leqslant s < \frac{3\pi}{2} \\ \theta_n(s) = s - \frac{3\pi}{2}, & \frac{3\pi}{2} \leqslant s < 2\pi \end{cases}$$

如图 10.21 所示。当然单位圆不是一个特别让人感兴趣的形状。但是，观察到 θ 的平均值是由 $\frac{1}{2\pi}\int_0^{2\pi}\theta(s)\mathrm{d}s = \pi$ 定义的。

在本节的其余部分中，切线方向的形式将使用 $\theta(s)$(连续)或 $[\theta_1, \theta_2, \cdots, \theta_n]^{\mathrm{T}}$(离散)中的一种表示，因为向量的每个元素都是实数标量。

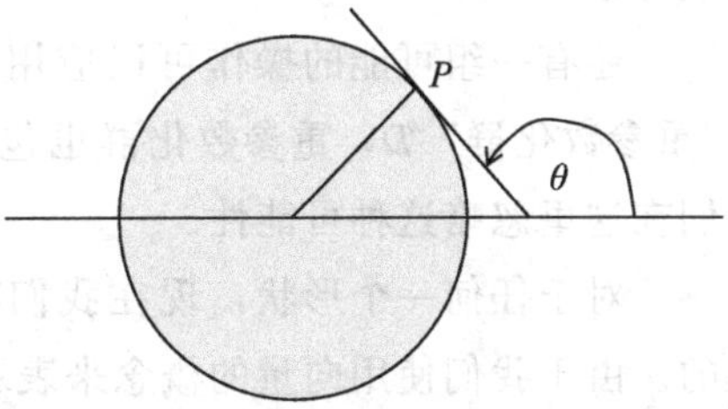

图 10.21　在单位圆上，曲线在点 P 的切线方向是一个简单的标量 θ

再次提出函数的平均值等于 π 的要求。

另一个我们可以用 s 参数化来描述曲线的特征是曲率。我们不会在这里描述这种方法，但是你应该学习这个重要的定理：**任何非零曲率的正则曲线，其形状(和大小)完全由其曲率和扭曲决定。**这是曲线的基本定理，将来可能会有用。

10.7.2　一个封闭的边界作为向量

一个有100个样本的采样边界，可以写成一个100维的向量。图10.22展示了一个包含9个点的边界。那么100个点，得到100维向量。没有问题。1000个点呢？仍然没有问题。如果我们认为边界是连续的而不是采样的呢？完全可以继续把它看作一个向量，但随着 s 范围从0到 2π，需要无穷多个不同的值和曲线的表示，使之成为一个无限维的向量。我们称之为“函数”。我们不能将其写成一个表，但我们可能也不想写出1000维的那种向量。正如我们在第3章中所做的，我们只是简单地使用函数符号。

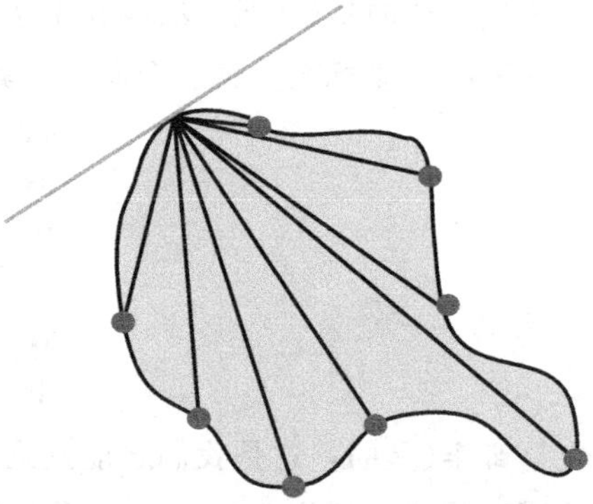

图10.22　只有9个点的边界。点可能被列为有序对，使用笛卡儿 (x, y) 或者极坐标 (ρ, θ)。如果采样点是等距的弧长（在这幅图中，它们不是）。遵循“走一步”（距离为1.0），将转过角 θ_i，并继续。按照这个约定，坐标的列表就是旋转角度、标量的列表

但我们面对的不止一个无穷大。不仅每个等高线都由一个无穷大的向量表示，而且可能有无穷多个项。考虑一条曲线，如图10.22所示。你可以将曲线旋转到某个兴趣点（例如，它的重心），这样就可以创建无数条新的曲线，每条曲线都对应一个可能的旋转。

253

正如在10.2节中讨论的，在2D中的旋转是通过对每个点乘以一个旋转矩阵得到的。

$$\begin{bmatrix} x'(s) \\ y'(s) \end{bmatrix} = \begin{bmatrix} \cos\theta & -\sin\theta \\ \sin\theta & \cos\theta \end{bmatrix} \begin{bmatrix} x(s) \\ y(s) \end{bmatrix} \tag{10.84}$$

像这样的旋转矩阵具有列为正交向量的性质，它们被称为“正交变换”，我们将这些旋转集合称为“特殊正交群”SO(n)，其中 n 表示运算的维数。在本节描述的情况中，我们考虑 $n=2$。

还有一组可能的操作可以应用到边界而不改变形状。这包括移动起始点，且称为“重参数化群” $\mathcal{D}$，重参数化群也包括了参数在曲线上移动时速度变化的可能性，但我们在这里忽略这种可能性。

对于任何一个形状，现在我们有无穷多个可能的版本，它们在某种意义上是等价的。由于我们使用向量的概念来表示每个形状，并且由于3.2.2节的条件很容易证明是正确的，因此我们定义了一个向量空间。

10.7.3　向量空间

记住，在3.2.2节中，向量空间是满足以下条件的向量的集合：如果两个向量属于相同的空间，它们的和也在相同的集合中。此外，如果 ω 是一个标量，且 V 是向量集

合中的一个元素，则 ωV 也是集合的元素。为了真正完整地进行定义，我们必须要明确 254
向量加法的性质(结合律、分配律等)，但是我们现在不管这些。

因为我们可以把一个形状写成一个向量，我们可以把这些向量相加和相乘得到新的向量，我们可以把它们解释成形状，一个形状是向量空间的一个元素。

这里有两个特殊的向量空间很重要：第一个是所有平方可积的函数空间 $\mathbb{L}^2$，即，所有的函数 f 都有 $\int_a^b f^2(t)\mathrm{d}t < \infty$；第二个是所有可能的闭合形状的空间，我们称之为 $\mathcal{C}$。在后面的部分中，我们将展示定义 $\mathcal{C}$ 的属性。

10.7.4 流形

上面定义的特殊空间 $\mathcal{C}$ 具有局部欧几里得性质。为了理解这意味着什么，我们来看看球面。三角形的内角之和不等于 180°时，三角形是画在一个球面上的(见图 10.23)，然而，如果范围足够大，或者是足够小，三角形内角之和与 180°之间的区别就低到可以忽略不计。此外，它逐渐变小的过程是平滑的。因此，球面具有“局部欧几里得”几何性。任何具有这种性质的曲面都称为“流形”。因此，我们称 $\mathcal{C}$ 为可能的闭曲线的流形，这里不打算证明流形的欧几里得性质。

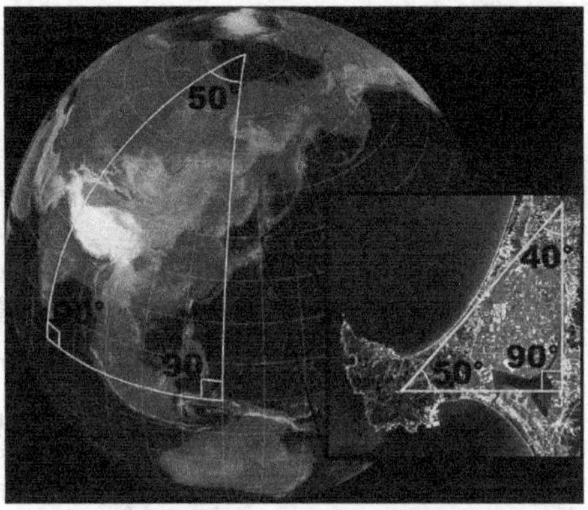

图 10.23 画在球面上的三角形没有 180°，所以球面不是全局欧几里得的，而是局部欧几里得的(图来自 https://en.wikipedia.org/wiki/Spherical_geometry)

在地球表面的例子中，流形是一个 2 维流形，即任何点都由经纬度两个参数唯一标识。此外，流形中有无穷多个点。它是连续可微的。仅有两个参数时，我们无法谈论地球内部的点，但我们讨论“嵌入”在更高维 255
度空间中的流形时，有必要使用这样的术语。例如，我们认为地球表面是嵌入在一个三维空间中的。

*流形*仅仅是一些具有连续性约束的点的集合。大多数时候，我们认为它是一个连续的曲面，但这真的没什么大不了的。将流形描述为曲面通常很方便，所以你将看到类似“流形上”这样的术语。回想一下 8.4.2 节，我们讲过等价关系吗？在这里，我们定义一个不同的等价关系：如果两个向量 $\boldsymbol{v}_1$ 和 $\boldsymbol{v}_2$ 都表示相同的形状，且不依赖于旋转和参数化，则它们是等价的。根据这个定义，$\mathcal{C}$ 被划分成等价类，每个不同的形状对应一个等价类。由于存在无穷多个具有特定周长的二维闭合形状，等价类的数量仍然是无穷的。$\mathcal{C}$ 的所有不同元素对应于一个特定的形状(也就是说，一个特定等价类的所有元素)定义了一个*轨道*。你还可以看到一组等价类，称为“商集”。

令 I 表示区间 $I=[0, 2\pi]$，并让 β：$I\rightarrow\mathbb{R}^2$ 为平面上的一条曲线。如果 $s\in I$ 是弧长，那么我们不仅可以用它们的坐标来刻画曲线，还可以用它们的方向来描述曲线

$\theta(s)$，如上所述，或使用它们的速度向量，

$$q(s)=\frac{\dot{\beta}(s)}{\sqrt{\|\dot{\beta}(s)\|}} \tag{10.85}$$

我们观察这个函数，在任何特定 s 来看，其为 β 的切线，此外，$\frac{q(s)}{\|q(s)\|}$是在 s 处的单位切向量。

10.7.5 投影到闭合曲线上的流形

在这一节中，将对文献[10.18]中提出的原理进行说明。我们会把曲线描述成连续函数，也会把它描述成很长的向量，我们会讨论(就像我们之前做的)如何在这些表示之间来回变换。

有两种表示曲线的方法。

- **在函数空间**。一个函数 $\theta(s)$，s 通常是弧长，θ 是曲线的切线与 x 轴的夹角。
- **在离散向量空间**。曲线是曲线周围所有点的列表。在这种离散形式下，s 是均匀采样的，所以 $\theta(s_i)$表示在方向 θ 上运动距离为 Δs 的操作。现在，曲线不再是一个连续函数，这条曲线是一个高维(例如，256 个元素，但不是无穷大)的向量。

当将一条曲线视作一个函数，我们使用 $\theta(s)$表示曲线，θ 是在点 s 处的切线方向。

当我们将曲线设置为一个向量，我们用黑斜体来表示，例如 $\boldsymbol{\theta}$。因为这些向量都有着无穷多个元素(数不清)，这两个表示形式是相同的。

256 我们从使用连续形式开始。

我们要求你在上另一门数学课之前，凭信心算出下面三个方程。任何闭合曲线 $\theta(s)$必须满足以下三个方程：

$$\begin{aligned}\boldsymbol{\Phi}_1(\theta) &\equiv \frac{1}{2\pi}\int_0^{2\pi}\theta(s)\mathrm{d}s=\pi \\ \boldsymbol{\Phi}_2(\theta) &\equiv \int_0^{2\pi}\sin\theta(s)\mathrm{d}s=0 \\ \boldsymbol{\Phi}_3(\theta) &\equiv \int_0^{2\pi}\cos\theta(s)\mathrm{d}s=0\end{aligned} \tag{10.86}$$

我们现在开始认为平面中的闭合曲线集合是一个流形，并开始使用术语“流形”，其实我们实际上是指平面中闭合曲线的流形。

假设我们有两条闭合曲线 $a(s)$和 $b(s)$，如果我们将它们视作向量，那么根据定义，它们就位于流形上。其中每一条曲线有无穷多个点，并且我们始终将它们视为有序的标量列表，即向量。在任意两点间可以画一条直线。请问：每个中间点也是一条闭合的曲线吗？要在两点⊖之间的直线上找到点非常简单，如下所示。

将第一个向量称为 $\boldsymbol{A}$，第二个向量称为 $\boldsymbol{B}$，假设 s 是精确采样的，这些向量的维度

⊖　因为一个 d 维向量代表了在 d 维空间中的单个点，我们在这里互换使用向量和点。

可能在 1000 左右，点

$$C = \alpha A + (1 - \alpha) B \tag{10.87}$$

如果 $0 \leqslant \alpha \leqslant 1$，则是 $\boldsymbol{A}$ 和 $\boldsymbol{B}$ 之间的直线(欧几里得直线)上的一个点。因此，令 α 的范围为 0 到 1，你将生成位于 $\boldsymbol{A}$ 和 $\boldsymbol{B}$ 之间的直线上的中间向量。图 10.24b 中的曲线组说明了这一点，显然，中间点不是闭合曲线。给定其中一个中间点，比如说 $\boldsymbol{\theta}$，我们需要找到该点在流形上的投影。这里，"投影"仅意味着找到最接近兴趣点的流形上的点。我们通过在流形方向上走一小步来实现。将这一步称为 $h(s)$，并且我们在每一个 s 值上将它和 $\theta(s)$ 相加。

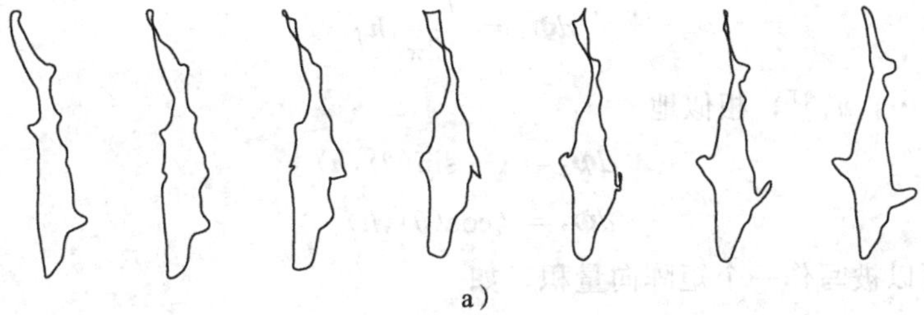

a)

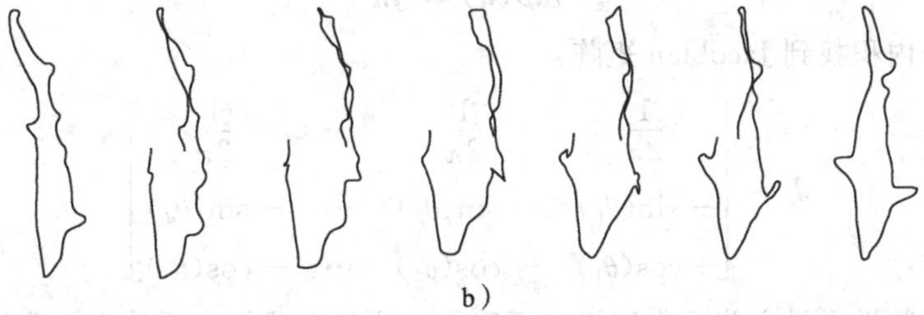

b)

图 10.24 从左往右，从代表一种鲨鱼流形上的一个点移动到另一种鲨鱼流形上。a)曲线组是向量，所有这些都是流形上测地线的一部分。b)曲线组通过在 256 维欧几里得空间以直线移动。显然，第二组向量并非都是闭合曲线

$$\boldsymbol{\Phi}_1(\theta + h) = \frac{1}{2\pi}\int_0^{2\pi} (\theta(s) + h(s)) \mathrm{d}s = \boldsymbol{\Phi}_1 + \frac{1}{2\pi}\int_0^{2\pi} h(s) \mathrm{d}s \tag{10.88}$$

$$\boldsymbol{\Phi}_2(\theta + h) = \int_0^{2\pi} (\cos(\theta(s) + h(s)) \mathrm{d}s \tag{10.89}$$

$$\boldsymbol{\Phi}_3(\theta + h) = \int_0^{2\pi} (\sin(\theta(s) + h(s)) \mathrm{d}s \tag{10.90}$$ 257

根据式(10.89)和式(10.90)，可以做一些涉及正弦和余弦的代数和以及小数的正弦和余弦的属性来找到

$$\begin{aligned} \boldsymbol{\Phi}_1(\theta + h) &= \boldsymbol{\Phi}_1 + \frac{1}{2\pi}\int_0^{2\pi} h(s) \mathrm{d}s \\ \boldsymbol{\Phi}_2(\theta + h) &= \boldsymbol{\Phi}_2 - \int_0^{2\pi} \sin(\theta(s)) h(s) \mathrm{d}s \\ \boldsymbol{\Phi}_3(\theta + h) &= \boldsymbol{\Phi}_3 + \int_0^{2\pi} \cos(\theta(s)) h(s) \mathrm{d}s \end{aligned} \tag{10.91}$$

将细微的移动定义为

$$
\begin{aligned}
d\boldsymbol{\Phi}_1 &\equiv \frac{1}{2\pi}\int_0^{2\pi} h(s)\,\mathrm{d}s \\
d\boldsymbol{\Phi}_2 &\equiv -\int_0^{2\pi} \sin(\theta(s))h(s)\,\mathrm{d}s \\
d\boldsymbol{\Phi}_3 &\equiv \int_0^{2\pi} \cos(\theta(s))h(s)\,\mathrm{d}s
\end{aligned}
\tag{10.92}
$$

在这一点上，让我们从函数空间的无限长度向量切换到带有 d 个元素的非常长的向量，其中 d 可能是 1000。这没有太多实际的区别，但它将令符号表示更方便。

观察到 $d\boldsymbol{\Phi}_1$ 可以被写作内积：

258

$$d\boldsymbol{\Phi}_1 = \left\langle \frac{1}{2\pi}, \boldsymbol{h} \right\rangle \tag{10.93}$$

$\boldsymbol{h}=[h_1, h_2, \cdots, h_d]^{\mathrm{T}}$，相似地

$$
\begin{aligned}
d\boldsymbol{\Phi}_2 &= \langle -\sin(\theta), \boldsymbol{h} \rangle \\
d\boldsymbol{\Phi}_3 &= \langle \cos(\theta), \boldsymbol{h} \rangle
\end{aligned}
$$

这三个等式可以被写作一个矩阵向量积，如

$$d\boldsymbol{\Phi}(\boldsymbol{h}) = \boldsymbol{J}\boldsymbol{h} \tag{10.94}$$

通过扩展三个内积找到 Jacobian 矩阵：

$$
\boldsymbol{J} = \begin{bmatrix}
\frac{1}{2\pi} & \frac{1}{2\pi} & \cdots & \frac{1}{2\pi} \\
-\sin(\theta_1) & -\sin(\theta_2) & \cdots & -\sin(\theta_d) \\
-\cos(\theta_1) & -\cos(\theta_2) & \cdots & -\cos(\theta_d)
\end{bmatrix}
\tag{10.95}
$$

在我们被数学弄晕之前，来回忆一下我们在哪里和我们在干什么。我们在 d 维空间中的 $\boldsymbol{\theta}$ 处。在这一点，我们可以评价向量 $\boldsymbol{\Phi}$，并且如果它不等于$[\pi, 0, 0]^{\mathrm{T}}$，则我们不在流形上，通过将 $\boldsymbol{h}$ 加到 $\boldsymbol{\theta}$ 上(记住，$\boldsymbol{h}$ 是一个向量)，我们采取这一小步，我们希望这一步能够让我们更接近流形；但是我们不知道这一小步 $\boldsymbol{h}$ 能做到什么。

定义*残差*，即我们想要的位置和我们所处的位置之间的差值，即 $\boldsymbol{r}$，

$$\boldsymbol{r} = \begin{bmatrix} \pi \\ 0 \\ 0 \end{bmatrix} - \boldsymbol{\Phi} \tag{10.96}$$

并且尝试找到 $\boldsymbol{h}$ 的值，其中 $\boldsymbol{J}\boldsymbol{h}$ 将接近 $\boldsymbol{r}$。另外，我们想要用最小的 $\boldsymbol{h}$ 来完成这项工作。

就像我们之前看到的那样，简单地将 $\boldsymbol{J}\boldsymbol{h}-\boldsymbol{r}$ 最小化是行不通的，因为它可以通过无用的东西(例如 $\boldsymbol{h}=0$)最小化。因此，让我们坚持使 $\boldsymbol{h}$ 满足 $\boldsymbol{J}\boldsymbol{h}-\boldsymbol{r}=0$，然后定义拉格朗日系数：

$$L = \frac{1}{2}\boldsymbol{h}^{\mathrm{T}}\boldsymbol{h} + \Lambda^{\mathrm{T}}(\boldsymbol{J}\boldsymbol{h} - \boldsymbol{r}) = \frac{1}{2}\boldsymbol{h}^{\mathrm{T}}\boldsymbol{h} + \Lambda^{\mathrm{T}}\boldsymbol{J}\boldsymbol{h} - \Lambda^{\mathrm{T}}\boldsymbol{r} \tag{10.97}$$

通过对 $\boldsymbol{h}$ 最小化此式，我们将采取这一步，使我们至少接近流形。对 $\boldsymbol{h}$ 求导，并设置为 0：

$$\boldsymbol{h} = -\boldsymbol{J}^{\mathrm{T}}\Lambda \tag{10.98}$$

现在我们有两个涉及 $\boldsymbol{J}$ 和 $\boldsymbol{h}$ 的等式：

$$\boldsymbol{J}\boldsymbol{h}=\boldsymbol{r} \tag{10.99}$$

$$\boldsymbol{h}=-\boldsymbol{J}^{\mathrm{T}}\Lambda \tag{10.100}$$

求解 $\boldsymbol{h}$ 非常简单：只需使用式(10.99)并使用伪逆(见 12.6.4 节)来求 $\boldsymbol{h}$，如下所示：

$$\boldsymbol{J}\boldsymbol{h}=\boldsymbol{r}$$

$$\boldsymbol{J}^{\mathrm{T}}\boldsymbol{J}\boldsymbol{h}=\boldsymbol{J}^{\mathrm{T}}\boldsymbol{r}$$

$$\boldsymbol{h}=(\boldsymbol{J}^{\mathrm{T}}\boldsymbol{J})^{-1}\boldsymbol{J}^{\mathrm{T}}\boldsymbol{r}$$

我们完成了！这很容易，不是吗？ 259

等等：$\boldsymbol{J}$ 有 3 行，大约 1000 列。所以($\boldsymbol{J}^{\mathrm{T}}\boldsymbol{J}$)大约是 1000×1000 的可计算但可能不可逆的矩阵。

我们需要做的是执行代数运算直到我们找到一些涉及$(\boldsymbol{J}\boldsymbol{J}^{\mathrm{T}})^{-1}$的项，其大小为 3×3 但不是$(\boldsymbol{J}^{\mathrm{T}}\boldsymbol{J})^{-1}$。$\Lambda$ 从求解式(10.100)开始，再用伪逆来求

$$\Lambda=-(\boldsymbol{J}\boldsymbol{J}^{\mathrm{T}})^{-1}\boldsymbol{J}\boldsymbol{h} \tag{10.101}$$

现在，方程两边同时乘以$-\boldsymbol{J}^{\mathrm{T}}$：

$$-\boldsymbol{J}^{\mathrm{T}}\Lambda=\boldsymbol{J}^{\mathrm{T}}(\boldsymbol{J}\boldsymbol{J}^{\mathrm{T}})^{-1}\boldsymbol{J}\boldsymbol{h} \tag{10.102}$$

从式(10.100)中可以看出，左边是 $\boldsymbol{h}$，右边最后两项是 $\boldsymbol{r}$，我们得到最终的可计算的答案：

$$\boldsymbol{h}=\boldsymbol{J}^{\mathrm{T}}(\boldsymbol{J}\boldsymbol{J}^{\mathrm{T}})^{-1}\boldsymbol{r} \tag{10.103}$$

因此，给出一个 d 维空间中的点 $\boldsymbol{\theta}$，我们可以通过如下方式找到这个点的投影到接近形状的流形：

1）计算 $\boldsymbol{r}$ 和 J。

2）计算 $\boldsymbol{h}$。

3）将 $\boldsymbol{h}$ 加到 $\boldsymbol{\theta}$ 上。

4）迭代。是的，迭代。这个推导是从一阶泰勒级数开始的，所以它只让我们更接近解。这种投影算法通常只需要 2～3 次迭代就能收敛到一个有用的解。

现在我们有一个方法可以从 d 维空间的一点到流形上的一点，但这不是我们想要的。我们想要这两点之间的测地线。

10.7.6 找到一条测地线

曲面两点之间的测地线是曲面上长度最小的一条路径。在平面上，测地线是唯一的，然而在其他曲面上，它们可能不是唯一的。例如，在地球上，从北极到南极的最短路径是无穷多的。有趣的是，球面上的每一条测地线都是一个以地球为中心的圆(称为大圆)的一部分。

如果我们能找到一组点，它们从第一个点到第二个点，在流形上保持不变，我们就有了最小化路径长度的方法，我们就得到了测地线⊖。也就是说，测地线是流形上最短

⊖ 作者感谢 Lyle Noakes 在推导这一公式时给予的帮助。

的曲线。

假设我们有两个点 $\boldsymbol{\theta}_i$ 和 $\boldsymbol{\theta}_f$(起点和终点)，已知这两点都在流形上，我们寻找它们之间的测地线。

首先定义一个将 $\boldsymbol{\theta}$ 映射到闭合形状的流形上的运算符 $P(\boldsymbol{\theta})$。这就是我们刚刚推导出的投影运算符。

260 1）使用式(10.87)，找到 n 个等距的点，$\boldsymbol{d}_i$ 沿着 $\boldsymbol{\theta}_i$ 和 $\boldsymbol{\theta}_f$ 间(包括 $\boldsymbol{\theta}_i$ 和 $\boldsymbol{\theta}_f$)的欧几里得线，如图 10.25 所述，将这些点命名为 $\boldsymbol{d}_1-\boldsymbol{d}_n$。找到所有这些点在流形上的映射，并表示为$\boldsymbol{\theta}_1-\boldsymbol{\theta}_n$。因为 $\boldsymbol{\theta}_i=\boldsymbol{\theta}_1$ 且 $\boldsymbol{\theta}_f=\boldsymbol{\theta}_n$ 已经在流形上了，所以没有必要在去映射。

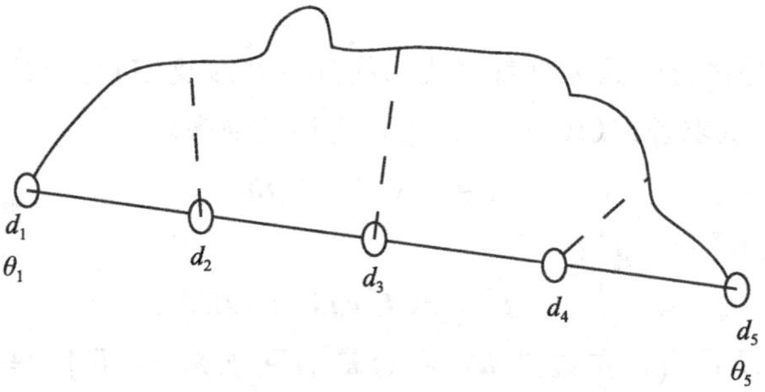

图 10.25　$\boldsymbol{\theta}_i$ 和 $\boldsymbol{\theta}_f$ 直线上有 n 个点，每个点被投影到流形上并找到新的 $\boldsymbol{\theta}$ 值

2）计算 $\boldsymbol{d}$ 的新值，如图 12.26 所示。

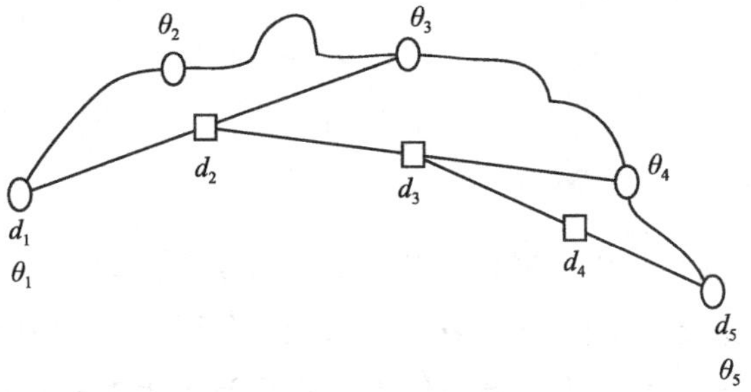

图 10.26　计算了 $\boldsymbol{d}$ 的新值，这些值更接近流形，例如，$\boldsymbol{d}_3=\frac{(\boldsymbol{d}_2+\boldsymbol{\theta}_4)}{2}$

$$\boldsymbol{d}_i=\frac{(\boldsymbol{d}_{i-1}+\boldsymbol{\theta}_{i+1})}{2},\quad i=2,\cdots,n-1 \tag{10.104}$$

根据 $\boldsymbol{d}_k-1$ 和 $\boldsymbol{\theta}_{k+1}$估算 $\boldsymbol{d}_k$ 的这个过程称为超越。$\boldsymbol{d}_i$ 定义的点集定义了折线，即一组端到端的直线段。将折线重新采样到 n 个等距(沿折线)的小段。

这是点 $\boldsymbol{d}_i$ 的新估计值。

3）将这些 $\boldsymbol{d}$ 投影到上面，然后迭代直到收敛。因此，通常只需要几次迭代。

收敛后，每个点都位于闭合流形的测地线上。这个过程如图 10.24 所示。在图 10.24a 的左右两边显示了两种不同的鲨鱼流形，它们都是闭合曲线。通过使用本节
261 中描述的方法，可以计算中间值，同样是闭合曲线，这与图 10.24b 中的部分不同。

10.8 总结

在本章中，我们定义了一些可以用来量化区域形状的特征。有些(比如矩)很容易测量。有些(如直径或凸差)则需要开发相当复杂的算法来避免长时间的计算。在形状描述符的自动学习方面也有一些成果[10.40]。

在设计鲁棒形状描述符时，各种线性变换的不变性是必不可少的。哺乳动物视觉皮层信号处理的研究[10.32]表明，图像在经历对数极坐标变换后，在皮层中呈现，可能通过这种方式提供其不变性[10.31][10.39]。其他变换[10.37]可在计算机应用程序中提供等效或更优秀的表示形式。

本章没有涉及的一个重要主题是形状如何随时间变化。例如，分析一个人走路的步态。这不仅需要对形状进行分析，还需要对形状如何变化进行分析。Veeraraghaven 等人的一篇论文[10.38]清楚而全面地阐述了这个主题。

优化方法在本章中多次出现：

- 在 10.3.2 节中，我们推导出一条直线，在垂直距离之和最小的情况下，它最拟合于一组点。为了实现这一点，我们需要使用拉格朗日乘数的约束最小化。
- 再次利用约束优化法求主成分时的最佳基向量。
- 形状上下文需要线性赋值问题的解。
- CSS 和 SKS 都在相对较小的搜索空间中搜索最大值。

10.9 作业

10.1：说明 $\boldsymbol{x}'=R\boldsymbol{x}+\boldsymbol{b}$ 不是旋转 R 并平移向量 $\boldsymbol{b}$ 的线性运算。

10.2：对于 10.4.1 节中描述的每个特征，确定该特征是否与观察平面中的旋转、该平面中的平移、该平面外的旋转(如果对象是平面的，则为仿射变换)和缩放无关。

10.3：用运算符 $d(P_1, P_2)$ 表示两点间的欧几里得距离。(你可以在下一题中使用。)设计一个将所有的距离映射到 0 和 1 之间的单调测度 $R(P_1, P_2)$。也就是说，如果 $d(P_1, P_2)=\infty$，则 $R(P_1, P_2)=1$；如果 $d(P_1, P_2)=0$，则 $R(P_1, P_2)=0$。

对于你构建的度量，展示你将如何证明你的度量是一个正式的度量。只需要设置问题。如果你真的做了证明，就会得到额外的加分。

10.4：以下是区域边界上的五点：(1，1)，(2，1)，(2，2)，(2，2)，(2，4)，(3，2)。利用特征向量方法将直线拟合到这组点上，从而求出区域的主轴。找到主轴后，再估计区域的纵横比。 262

10.5：在线图像数据库中有一个名为 blob.ifs 的图像，它有黑色的前景和白色的背景。

(1) 计算前景区域的前三个不变矩。

(2) 将前景区域围绕其重心旋转 10°、20°、40°，计算得到的图像的不变矩。通过这些旋转后的图像，你得到什么结论？

10.6：讨论以下假设：假设 P_1 和 P_2 是一个区域中的两个点，这决定了区域的直径。那么 P_1 和 P_2 在这个区域的边界上。

10.7：从式(10.31)的第一部分开始，证明第二部分。

10.8：对称强度轴和中轴的区别是什么？

10.9：证明式(10.56)。

10.10：在表 10.1 中，证明不变的矩 ϕ_1 与旋转无关。

10.11：你的老师将指定一张包含单一区域的图像，具有统一亮度，背景为零。

(1) 计算前景区域的 7 个不变矩。

(2) 将前景区域围绕其重心旋转 10°、20°、40°，计算得到的图像的不变矩。你的结论是什么？

10.12：证明式(10.49)对平移、旋转、缩放是不变的。

10.13：图 10.11 的说明正确吗？

10.14：测量两个轮廓 A 和 B，并对它们的边界进行编码。然后，计算傅里叶描述符。表 10.3 列出了描述符。这两个物体为各自的等距变换，这是可能的吗？

表 10.3 傅里叶描述符的复数

物体 A	物体 B
5.00+i0.00	5.83+i0.0
4.2+i2.0	3.69+i3.15
3.86+i1.00	3.48+i2.00
2.95+i2.05	2.30+i2.77
263 3.19+i1.47	2.70+i2.24

它们是彼此的相似变换吗？

它们是彼此的仿射变换吗？仿射变换是一种线性变换，它不仅包括刚体运动，还包括坐标轴缩放的可能性。如果两个轴(在 2D 中)的比例相同，就会得到缩放。如果按不同的比例缩放，就会得到剪切。

如果你认为这两组描述符代表相同的形状，可能是转换过来的，那么请描述并说明将 A 转换成 B 的操作类型。如果它们不是相同的形状，请解释原因。

10.15：一个具有单位半径且高度为 10 的圆柱体垂直于原点，已知其表面为朗伯反射面。即反射亮度不依赖于观察角度，而依赖于跟入射角的关系：$f=aI\cos\theta_i$，其中 a 是反射率，I 是源的亮度。在这个圆柱体上，反射率是恒定的。

相机位于 $x=0$，$y=-2$，$z=0$ 处，相机的光轴是水平的，并指向原点。

已知光源距原点 4 个单位，并且已知光源是向各个方向均匀辐射的点光源。圆柱体图像中最亮的点是 29°角，这个角度是从相机的视轴在水平面上测量的。

光源在哪里？

参考文献

[10.1] S. Abbasi, F. Mokhtarian, and J. Kittler. Curvature scale space image in shape similarity retrieval. *Multimedia Syst.*, 7(6), 1999.

[10.2] V. Anh, J. Shi, and H. Tsai. Scaling theorems for zero crossings of bandlimited signals. *IEEE Trans. Pattern Anal. and Machine Intel.*, 18(3), 1996.

[10.3] H. Arbter, W. Snyder, H. Burkhardt, and G. Hirzinger. Application of affine-invariant fourier descriptors to recognition of 3-d objects. *IEEE Trans. Pattern Anal. and Machine Intel.*, 12(7), July 1990.

[10.4] S. Belongie and J. Malik. Matching with shape context. In *IEEE Workshop on Content-based Access of Image and Video Libraries (CBAIVL-2000)*, 2000.

[10.5] S. Belongie, J. Malik, and J. Puzicha. Shape matching and object recognition using shape contexts. In *Technical Report UCB//CSD00 -1128*. UC Berkeley, January 2001.

[10.6] S. Belongie, J. Malik, and J. Puzicha. Shape matching and object recognition using shape contexts. *IEEE Trans. Pattern Anal. and Machine Intel.*, 24(4), April 2002.

[10.7] A. Califano and R. Mohan. Multidimensional indexing for recognizing visual shapes. *IEEE Trans. Pattern Anal. and Machine Intel.*, 16(4), April 1994.

[10.8] J. Chuang, C. Tsai, and M. Ko. Skeletonization of three-dimensional object using generalized potential field. *IEEE Trans. Pattern Anal. and Machine Intel.*, 22(11), November 2000.

[10.9] G. Dantzig. *Origins of the simplex method A history of scientific computing*. Systems Optimization Laboratory, Stanford University, 1987.

[10.10] R. O. Duda, P. E. Hart, and D. G. Stork. *Pattern Classification*. Wiley Interscience, 2nd edition, 2000.

[10.11] A. Ferreira and S. Ubeda. Computing the medial axis transform in parallel with eight scan operations. *IEEE Trans. Pattern Anal. and Machine Intel.*, 21(3), March 1999. 264

[10.12] R. Gonzalez and P. Wintz. *Digital Image Processing*. Pearson, 1977.

[10.13] M. Gruber and K. Hsu. Moment-based image normalization with high noise-tolerance. *IEEE Trans. Pattern Anal. and Machine Intel.*, 19(2), February 1997.

[10.14] D. Helman and J. JáJá. Efficient image processing algorithms on the scan line array processor. *IEEE Trans. Pattern Anal. and Machine Intel.*, 17(1), January 1995.

[10.15] M. Hu. Visual pattern recognition by moment invariants. *IRE Trans. Information Theory*, 8, 1962.

[10.16] K. Sohn, J. Kim, and S. Yoon. A robust boundary-based object recognition in occlusion environment by hybrid hopfield neural networks. *Pattern Recognition*, 29(12), December 1996.

[10.17] R. Jonker and A. Volgenant. A shortest augmenting path algorithm for dense and sparse linear assignment problems. *Computing*, 38, 1987.

[10.18] S. Joshi, E. Klassen, A. Srivastava, and I. Jermyn. A novel representation for Riemannian analysis of elastic curves in Rn. In *Computer Vision and Pattern Recognition, CVPR07*, June 2007.

[10.19] K. Kanatani. Comments on symmetry as a continuous feature. *IEEE Trans. Pattern Anal. and Machine Intel.*, 19(3), March 1997.

[10.20] H. Kauppinen, T. Seppnen, and M. Pietikinen. An experimental comparison of autoregressive and Fourier-based descriptors in 2d shape classification. *IEEE Trans. Pattern Anal. and Machine Intel.*, 17(2), February 1995.

[10.21] D. G. Kendall, D. Barden, T. K. Carne, and H. Le. *Shape and Shape Theory*. Wiley, 1999.

[10.22] K. Krish, S. Heinrich, W. Snyder, H. Cakir, and S. Khorram. A new feature based image registration algorithm. In *ASPRS 2008 Annual Conference*, April 2008.

[10.23] Harold W. Kuhn. The Hungarian method for the assignment problem. *Naval Research Logistic Quarterly*, 2, 1955.

[10.24] S. Liao and M. Pawlak. On image analysis by moments. *IEEE Trans. Pattern Anal. and Machine Intel.*, 18(3), March 1996.

[10.25] F Mokhtarian, S Abbasi, and J Kittler. Efficient and robust retrieval by shape through curvature scale space. In *Proceedings of the First International Workshop on Image Databases and Multi-Media Search*, pages 35–42, August 1996.

[10.26] T. Nguyen and B. Oommen. Moment-preserving piecewise linear approximations of signals and images. *IEEE Trans. Pattern Anal. and Machine Intel.*, 19(1), January 1997.

[10.27] Euclid of Alexandria. *Elements*. Unknown, 300 BC.

[10.28] L. O'Gorman. Subpixel precision of straight-edged shapes for registration and measurement. *IEEE Trans. Pattern Anal. and Machine Intel.*, 18(7), 1996.

[10.29] S. Pizer, C. Burbeck, J. Coggins, D. Fritsch, and B. Morse. Object shape before boundary shape: Scale space medial axis. *J. Math. Imaging and Vision*, 4, 1994.

[10.30] I. Rothe, H. Süsse, and K. Voss. The method of normalization to determine invariants. *IEEE Trans. Pattern Anal. and Machine Intel.*, 18(4), 1996.

[10.31] G. Sandini and V. Tagliasco. An anthropomorphic retina-like structure for scene analysis. *Computer Graphics and Image Processing*, 14, 1980.

[10.32] E. Schwartz. Computational anatomy and functional architecture of the striate cortex: a spatial mapping approach to perceptual coding. *Vision Res.*, 20, 1980.

[10.33] M. Shamos. Geometric complexity. In *7th Annual ACM Symposium on Theory of Computation*, 1975.

[10.34] D. Sinclair and A. Blake. Isoperimetric normalization of planar curves. *IEEE Trans. Pattern Anal. and Machine Intel.*, 16(8), August 1994.

[10.35] W. Snyder and I. Tang. Finding the extrema of a region. *IEEE Transactions on Pattern Analysis and Machine Intelligence*, 1980.

[10.36] C. Therrien. *Decision, Estimation, and Classification*. Wiley, 1989.

[10.37] F. Tong and Z. Li. Reciprocal-wedge transform for space-variant sensing. *IEEE Trans. Pattern Anal. and Machine Intel.*, 17(5), May 1995.

[10.38] A. Veeraraghavan, A. Roy-Chowhury, and R. Chellappa. Matching shape sequences in video with applications in human movement analysis. *IEEE Trans. on Pattern Analy. and Machine Intel.*, 27(12), 2005.

[10.39] C. Weiman and G. Chaikin. Logarithmic spiral grids for image processing and display. *Computer Graphics and Image Processing*, 11, 1979.

[10.40] D. Weinshall and C. Tomasi. Linear and incremental acquisition of invariant shape models from image sequences. *IEEE Trans. Pattern Anal. and Machine Intel.*, 17(5), May 1995.

[10.41] M. Werman and D. Weinshall. Similarity and affine invariant distances between 2d point sets. *IEEE Trans. Pattern Anal. and Machine Intel.*, 17(8), August 1995.

[10.42] R. Yip, P. Tam, and D. Leung. Application of elliptic Fourier descriptors to symmetry detection under parallel projection. *IEEE Trans. Pattern Anal. and Machine Intel.*, 16(3), March 1994.

[10.43] H. Zabrodsky, S. Peleg, and D. Avnir. Symmetry as a continuous feature. *IEEE Trans. Pattern Anal. and Machine Intel.*, 17(12), December 1995.

265~266 [10.44] D. Zhang and G. Lu. A comparative study of curvature scale space and fourier descriptors for shape-based image retrieval. *Journal of Visual Communication and Image Representation*, 14(1), March 2002.

第 11 章

Fundamentals of Computer Vision

场景表示和匹配

这些东西中有一样是不同的。

——芝麻街

11.1 简介

不同于之前在第 10 章中讨论的区域匹配问题，在本章中，我们考虑的是与场景匹配相关的问题。

这个级别的匹配建立了一种解释方式，也就是说，它将两种表示对应起来。

- (11.2 节)两种表示可能具有相同的形式。例如，一种被称为模板匹配的方法就是利用相关性来匹配观察到的图像与模板。特征图像也是一种使用主成分概念来匹配图像的图的表示。
- (11.3 节)在进行场景匹配的过程中，我们不是真的想去对每一个像素进行匹配，只是匹配“兴趣点”。这需要定义兴趣点是什么。
- (11.4 节、11.5 节和 11.6 节)一旦确定了兴趣点，这几节将开发三种方法(SIFT、SKS 和 HoG)，使用描述符描述兴趣点的邻域，然后匹配这些描述符。
- (11.7 节)如果使用图中的节点来抽象化表示场景，那么可以使用图匹配方法来做场景匹配。
- (11.8 节和 11.9 节)在这两节中，我们介绍包含可变形模板的另外两种匹配方法。

当我们研究匹配的场景或场景的组成部分时，会引入一个新词——描述符，这个词表示场景中局部邻域的表示，该邻域带下大概为 200 个像素，比我们想的核的大小要大但比模板要小。这些术语：核，模板和描述符虽然在某种程度上意味着大小，但正如读者即将看到的，实际上描述了怎么这些局部表示是怎么使用的。 267

11.2 匹配的标志性表示

11.2.1 将模板匹配到场景

回想一下，一张图片的标识性表示还是一张图片，例如，一张更小的图片、一张不模糊的图片等。在这一节中，我们需要匹配两张图片。

一个模板是一幅图像(或子图像)的表示，且其自身就为一幅图像。但是在大多数情况下，要比原始图像小一些。通常围绕目标图像移动模板，直到找到使某些匹配函数最大化的位置。最明显的此类函数是求和平方误差，有时也称为求和方差(SSD)。

$$\mathrm{SSD}(x,y)=\left(\sum_{u=1}^{N}\sum_{v=1}^{N}f(x+u,y+v)-T(u,v)\right)^2 \tag{11.1}$$

这给出了评价模板(T)和图像(f)匹配度的方法，假设模板是 $N\times N$ 的。如果我们展开平方项并求和，可以得到[⊖]：

$$\mathrm{SSD}(x,y)=\sum_{u,v}f^2(x+u,y+v)-2\sum_{u,v}f(x+u,y+v)T(u,v)+\sum_{u,v}T^2(u,v) \tag{11.2}$$

在该等式中，模板索引被表示为从 1 到 N，然而，模板的原点可以任意定义为位于模板的中心，在那种情况下，模板索引可以有负值且不会丧失一般性。

让我们看看这些项：第一项是应用点处的图像亮度值的平方和。它说明图像和模板的匹配程度的好坏(尽管它取决于图像)。不管模板应用在哪里，包含模板和图像的第二项是匹配的重点，该项表示两者之间的相关性。

在本书中，我们多次看到相关性这个词。例如，一个边缘检测器实际上看起来就像一条边，事实上是一个使用相关性的核运算。相关性出现了一次又一次。由于式(11.2)中的第一项的图像依赖性，在匹配上使用最大化相关系数和最小化和方差不太一样，这会导致问题，需要归一化。

归一化相关系数

为了使相关性对光照变化不那么敏感，可以通过以下方式来修改图像和模板以对它们进行归一化：

- 计算模板下区域中图像的平均值，表示为 $\hat{f}(x, y)$。
268
- 计算模板中所有点的平均值，表示为 $\hat{T}$。
- 计算方差

$$S_1=\sum_{x,y}[f(x,y)-\hat{f}]^2 \tag{11.3}$$

$$S_2=\sum_{u,v}[T(u,v)-\hat{T}]^2 \tag{11.4}$$

  其中总和超过了模板的面积，注意，因为 $\hat{f}$ 跟随模板位置改变而改变，所以可以由(x, y)参数化。
- 于是，归一化相关系数变成如下形式

$$\frac{\sum_{u,v}[f(x+u,y+v)-\hat{f}][T(u,v)-\hat{T}]}{S_1S_2}$$

11.2.2 点匹配

如果一幅图像仅被视为一个已知任意点间距离的点集，一种解决问题的方法是假

⊖ 相关性与平方误差的关系。

设一个 3 维的物体模型，并且找到从 3 维到 2 维转换的最佳观测设计。这些技巧已经超出了本书的范畴，但是需要这些信息的读者可以参阅文献[11.3，11.51]。但是，点云匹配的应用可能会包含比对两个从稀疏相机中得到的形状，我们会在第 12 章谈到这些。

11.2.3　特征图像

假设你有一个大小为 p 的图像集 $\boldsymbol{f}_1$，$\boldsymbol{f}_2$，…，$\boldsymbol{f}_p$，并且你面临这个问题：这些图像中的哪一幅最能代表这个集合？你可以使用 10.3.1 节中的数学知识来完成如下步骤。

1）构建一个向量集$\{\boldsymbol{g}_1, \boldsymbol{g}_2, \cdots, \boldsymbol{g}_p\}$，每个 $\boldsymbol{g}_i=\boldsymbol{f}_i-\hat{\boldsymbol{f}}$是相应图像减去平均图像的词典表示。

2）使用和你从 10.3.1 节中了解到的同样的方法计算协方差矩阵 $\boldsymbol{K}$。

3）使用特征值技术来获得特征向量和 $\boldsymbol{K}$ 的特征值。

4）假设在这些特征值中，前 k 个值远远大于其他值，则相应的特征向量(特征图像)$\boldsymbol{e}_i$，$i=1$，…，k，作为主成分。它们中的一小部分可能会满足从中不丢失太多信息以重建原始图像。

这些想法可以拓展到如下所示的图像匹配中。

5）通过构建一个以这些特征向量作为列的矩阵$[\boldsymbol{e}_1, \boldsymbol{e}_2, \cdots, \boldsymbol{e}_k]$将每幅图像映射到主要的特征向量上。

$$\boldsymbol{w}_i^{\mathrm{T}} = \boldsymbol{g}_i^{\mathrm{T}}[\boldsymbol{e}_1, \boldsymbol{e}_2, \cdots, \boldsymbol{e}_k] \tag{11.5}$$

那么，$\boldsymbol{e}_j$ 是第 j 个特征图像，$\boldsymbol{w}_i^{\mathrm{T}}$ 是一个 k 维向量，包含了原始图像在每个特征图像上的投影协方差。 269

6）给定一幅未知的图像，称为 $\boldsymbol{g}_{\text{test}}$，设定 $\boldsymbol{g}_{\text{test}}$投影到每一个特征向量上，产生一个类似于从式(11.5)产生的投影向量。

$$\boldsymbol{w}_{\text{test}}^{\mathrm{T}} = \boldsymbol{g}_{\text{test}}^{\mathrm{T}}[\boldsymbol{e}_1, \boldsymbol{e}_2, \cdots, \boldsymbol{e}_k] \tag{11.6}$$

7）比较向量 $\boldsymbol{w}_{\text{test}}$和每一个投影向量 $\boldsymbol{w}_i$，(通过计算欧几里得距离或者其他相似的度量方法)，然后将未知图像归类到离得最近的那一类中。

以下，我们展示了一个有趣的在人脸识别上应用特征图像方法的例子[11.48]。我们在数据库中有三幅图像(Face、Einstein 和 Clock)，将要被比较的图像是 Monalisa。每幅图像大小为 256×256，按照上述的 7 步进行，我们首先计算特征图像，表 11.1 展示了 270 三幅原始图像和两幅从最主要的两个特征向量提取的特征图像。因为 $\sum_{i=1}^{p}\lambda_i$ 和 $\lambda_1+\lambda_2$ 接近，我们推断这两幅特征图像已经充分描述了特征。表 11.1 也展示了使用式(11.5)计算出的投影协方差，基于一个简单的欧几里得距离计算，表明最接近 Monalisa 的匹配是 Face。直观地看来，我们认为 Monalisa 的姿势在这些图片中，更接近于 Face 而不是 Einstein，所以这个判断是有意义的。

表 11.1　顶部显示原始图像，第二行显示主要的特征图像，w_i 是第 i 幅图像在两幅主要的特征图像上的投影向量。测试图像的投影也同样显示，w_{test} 和 w_1 最接近。库名为：facegray.png，monalisa.jpg，clock.jpg，einstein.jpg

原始图像	 $\boldsymbol{g}_1$ $\boldsymbol{w}_1=\begin{bmatrix}-5.863\\-10.869\end{bmatrix}$	 $\boldsymbol{g}_2$ $\boldsymbol{w}_w=\begin{bmatrix}18.185\\-8.937\end{bmatrix}$	 $\boldsymbol{g}_3$ $\boldsymbol{w}_3=\begin{bmatrix}-12.321\\19.806\end{bmatrix}$
主成分	 $\boldsymbol{e}_1$	 $\boldsymbol{e}_2$	
测试图像	 $\boldsymbol{w}_{\text{test}}=\begin{bmatrix}20.23\\44.28\end{bmatrix}$		
距离	d(Face, Test)=20.2　d(Einsten, Test)=44.3		

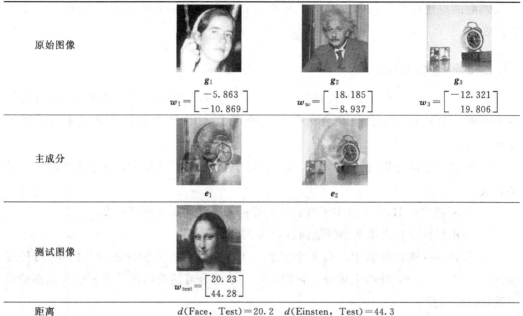

降低计算复杂度

尽管特征图像的方法在图像匹配领域有潜力，如上述所示，我们可以看到最耗时的步骤是推导出特征系统，当图像的大小很大时，协方差矩阵的计算($mn\times mn$)会占用很多计算资源或者完全不可行。

我们通过例子解释一个降低计算复杂度的方法，如下所示，假设每幅图像只有四个像素点并且在集合中只有三幅这样的图像，即 $mn=4$ 和 $p=3$，设置这些图像为：

$$\boldsymbol{f}_1=\begin{bmatrix}1\\2\\3\\4\end{bmatrix}\quad \boldsymbol{f}_2=\begin{bmatrix}4\\1\\3\\2\end{bmatrix}\quad \boldsymbol{f}_3=\begin{bmatrix}4\\3\\0\\3\end{bmatrix}$$

则均值$\hat{\boldsymbol{f}}=[3,\ 2,\ 2,\ 3]^{\mathrm{T}}$，减去均值得到

$$\boldsymbol{g}_1=\begin{bmatrix}-2\\0\\1\\1\end{bmatrix}\quad \boldsymbol{g}_2=\begin{bmatrix}1\\-1\\1\\-1\end{bmatrix}\quad \boldsymbol{g}_3=\begin{bmatrix}1\\1\\-2\\0\end{bmatrix}$$

构建矩阵 $\boldsymbol{G}$，$\boldsymbol{G}$ 的第 i 列为 $\boldsymbol{g}_i$ 中的某一幅图像。并计算乘积 $\boldsymbol{S}=\boldsymbol{G}\boldsymbol{G}^{\mathrm{T}}$。在这个例子中，

$$\boldsymbol{G}=\begin{bmatrix}-2 & 1 & 1\\0 & -1 & 1\\1 & 1 & -2\\1 & -1 & 0\end{bmatrix}$$

且

$$
\boldsymbol{S}=\begin{bmatrix} 6 & 0 & -3 & -3 \\ 0 & 2 & -3 & 1 \\ -3 & -3 & 6 & 0 \\ -3 & 1 & 0 & 2 \end{bmatrix}
$$

观察到 $\boldsymbol{S}$ 是一个对称矩阵，除了乘法比例因子外，与协方差相同，一般来说，$\boldsymbol{S}$ 很大——如果图像是 256×256 的，那么 S 是 $256^2 \times 256^2$ 的。

然而，如果集合中只有三幅图像，那么 $\boldsymbol{G}$ 是 $256^2 \times 3$ 的。观察到内积 $\boldsymbol{S}_2=\boldsymbol{G}^{\mathrm{T}}\boldsymbol{G}$ 仅为 3×3 的。在这个例子中，

$$
\boldsymbol{S}_2=\boldsymbol{G}^{\mathrm{T}}\boldsymbol{G}=\begin{bmatrix} 6 & -2 & -4 \\ -2 & 4 & -2 \\ -4 & -2 & 6 \end{bmatrix}
$$

271

$\boldsymbol{S}_2$ 的特征值为 0.0、6.0 和 10，主特征向量为 $[-0.707 \quad 0.0 \quad 0.707]^{\mathrm{T}}$

假设 $\boldsymbol{\mu}$ 是 $\boldsymbol{G}^{\mathrm{T}}\boldsymbol{G}$ 的一个特征向量，即，$\boldsymbol{\mu}$ 是一个满足下式的向量

$$
\boldsymbol{G}^{\mathrm{T}}\boldsymbol{G}\boldsymbol{\mu}=\lambda\boldsymbol{\mu} \tag{11.7}
$$

这里有一个小技巧：在式(11.7)左右两边同乘 $\boldsymbol{G}$ 得到

$$
\boldsymbol{G}\boldsymbol{G}^{\mathrm{T}}(\boldsymbol{G}\boldsymbol{\mu})=\lambda(\boldsymbol{G}\boldsymbol{\mu}) \tag{11.8}
$$

对于一些常量 λ，我们注意到 $\boldsymbol{G}\boldsymbol{\mu}_i$ 是 $\boldsymbol{G}\boldsymbol{G}^{\mathrm{T}}$ 的一个特征向量。由于 $\boldsymbol{G}\boldsymbol{G}^{\mathrm{T}}$ 的大小远远大于 $\boldsymbol{G}^{\mathrm{T}}\boldsymbol{G}$ 的大小，因此我们在确定特征向量的过程中获得了类似的显著复杂度降低。

继续该示例，将 $\boldsymbol{G}$ 乘以主特征向量产生

$$
\boldsymbol{G}\boldsymbol{\mu}=\begin{bmatrix} -2 & 1 & 1 \\ 0 & -1 & 1 \\ 1 & 1 & -2 \\ 1 & -1 & 0 \end{bmatrix}\begin{bmatrix} -0.707 \\ 0.0 \\ 0.707 \end{bmatrix}=\begin{bmatrix} 2.12 \\ 0.707 \\ -2.121 \\ -0.707 \end{bmatrix}
$$

将该向量归一化使其成为单位向量 $[0.6708 \quad 0.2336 \quad -0.6708 \quad -0.2336]^{\mathrm{T}}$

现在，如果你还没有这样做，请启动 MATLAB 并查看 $\boldsymbol{G}\boldsymbol{G}^{\mathrm{T}}$ 的特征向量是什么。

因此，如果 $\boldsymbol{e}_i$ 是 $\boldsymbol{S}$ 的特征向量，我们可以使用简单的线性代数来获得它们。当然，我们找不到所有项。因为 $\boldsymbol{G}$ 是 $mn \times p$ 并且 $p \ll mn$，$\boldsymbol{G}\boldsymbol{G}^{\mathrm{T}}$ 的秩最大为 p，并且只有 p 个特征值为非零值。

所以，你有了一个可以评价图像集的工具，并且可以将图像和它们的特征图像匹配，现在，我们继续定义和匹配图像的“兴趣”区域。

11.3 兴趣运算

一个*兴趣运算*是一个能够返回一幅图像中那些值很高的“兴趣”点的运算。这里有很多这样的运算，追溯到 Moravec 在 1980 年的工作[11.34]。这里我们只学习两个运

算：Harris-Laplace 运算和 SIFT 兴趣运算。

11.3.1 Harris-Laplace 运算

在一幅图像中，什么是兴趣点？它一定不是一个在任何方向上都没有变化的点！那么一个在一条线或者边缘上的点呢？在这一点上，局部地存在亮度最大变化的特定方向和最小变化的另一方向——更有趣。但是边角呢？如图 11.1c 所示，在很多方向上都
272 有很强的亮度变化。

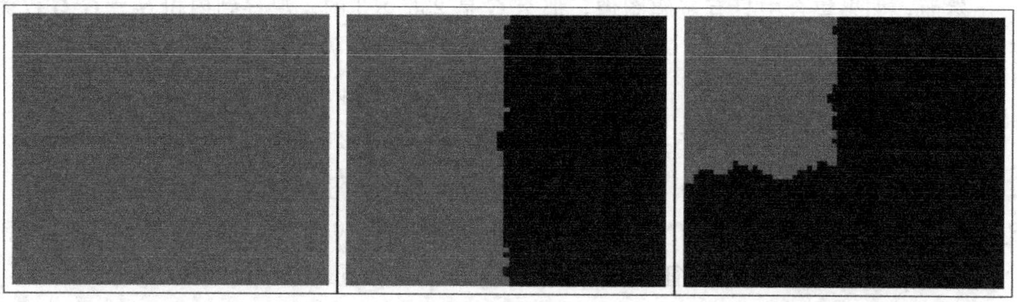

a）均匀或噪声区域　　b）带有边缘的区域　　c）带有角的区域

图 11.1 Harris 兴趣运算将边角定义为兴趣点。竖直边缘和拐角从远处看起来仅是竖直边缘和拐角，近距离才能看到额外的细节，这是尺度属性的问题，将在接下来进行讨论

所以边缘可以是兴趣点。但是我们怎么把这些观察到的信息转化成切实可行的算法呢？上面提到的 Moravec 用一个小的(例如 3×3 的)平方窗口做到了，并且提取这 9 个像素。然后他通过上下左右滑动提取来比较这个 3×3 的窗口。在兴趣点，差异会最大。这种方法非常有用，但是还可以改进。为了实现这一目标，我们把 Moravec 的想法用等式表达。

首先，用函数 $w(x, y)$替换词组“提取一个小的平方窗口”，该函数是一个在选定点小邻域之外全为 0 的窗口函数。这种函数可以是一个简单的全 1 函数或者一个类似高斯函数的中心加权函数。然后，定义由$(\Delta x, \Delta y)$移动产生的强度变化：

$$E(\Delta x,\Delta y) = \sum_{x,y} w(x,y)[f(x+\Delta x, y+\Delta y) - f(x,y)]^2 \tag{11.9}$$

有点类似于 $f(x+\Delta x)-f(x)$，立即可以展开为泰勒级数：

$$E(\Delta x,\Delta y) = \sum_{x,y} w(x,y)\left\{\left[f(x,y) + \frac{\partial f}{\partial x}\Delta x + \frac{\partial f}{\partial y}\Delta y + \text{更高次幂的项}\right] - f(x,y)\right\}^2 \tag{11.10}$$

扩展平方项，将求和项移动为独立的项，并且丢弃更高次幂的项，我们可以将这个目标函数写为矩阵形式

$$\boldsymbol{E} = [\Delta x \quad \Delta y]\boldsymbol{M}\begin{bmatrix}\Delta x \\ \Delta y\end{bmatrix} \tag{11.11}$$

然后，使用下标表示偏导数，

$$M = \sum w(x,y)\begin{bmatrix} f_x^2 & f_x f_y \\ f_y f_x & f_y^2 \end{bmatrix} \tag{11.12}$$

在这一点，我们观察到 $\boldsymbol{M}$ 具有协方差矩阵的形式，提示我们去思考这可能意味着什么。通常的协方差矩阵衡量了点簇 x 和 y 的分布，然而在这里，我们描述了 Δx 和 Δy 的变化分布。请记住，协方差的特征值的大小告诉我们数据在特征向量的方向上是如何分布 273
的。这里也类似，但是这里表示的是数据的变化。所以，

- 所有的特征值都很小：平滑区域到非兴趣区。
- 一个特征值比其他的大得多：一条边。
- 所有的特征值都很大并且有大致相同的大小：一个边角到兴趣区。

找到 2×2 矩阵的特征值并不是特别困难；它涉及求解二次方，而二次方又涉及平方根。

现在这里有一个很有趣的观察结果，看看这个函数

$$R = \det(\boldsymbol{M}) - \alpha(\mathrm{Tr}(\boldsymbol{M}))^2 \tag{11.13}$$

其中 α 是一个很小的常数值，如 0.05。

如果我们将 R 作为两个特征值的图形化函数，当特征值都相似并且很大时，我们选取大的值；当两个特征值一个大一个小时，我们选取平均值；当特征值都很小时，我们选取小的值——这正是我们想从运算里得到的。如果你回忆起行列式和矩阵的迹，你会意识到这里没有平方根和测试可以用。大的 R 意味着边缘。在图 11.2 中解释了函数 R。我们确定 R 被视作 Harris 运算。

所以我们明显有了一个找到边缘的方法，但是一个重要的细节被忽略了——尺度。

1. 尺度问题

图 11.3 展示了这个问题：一条线包含了一段曲线。至少，在某个尺度下包含了一段曲线。如果我们构建了一个大圆大小的 Harris 运算，它视野中只有有限的边缘。如果我们的运算只以一个很小的圆运动，它视野中几乎都是完美的直线，所以，我们必须找到一种方法将尺度也考虑进去，下面的算法有非常好的表现。

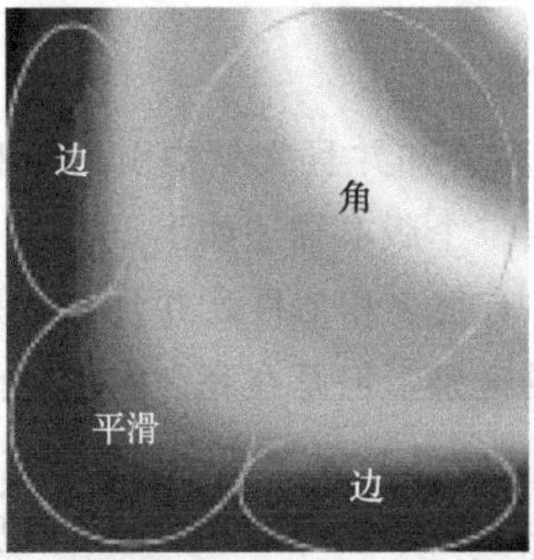

图 11.2　Harris 兴趣运算 R，横轴和纵轴是 $\boldsymbol{M}$ 的特征值，原点在左下方的边角处(见彩插)

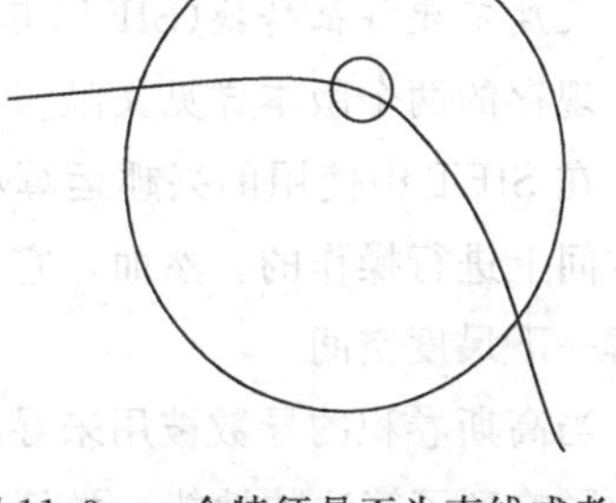

图 11.3　一个特征是否为直线或者边角依赖于测量的尺度

看看式(11.12)，我们观察到这个问题实际上有两个不同的尺度。首先是导数本身

的规模。如果我们使用高斯导数方法，高斯的 σ 会影响特征的尺度，从而对边缘检测器
274 产生强烈的响应。而后，函数 w(窗口函数)限制了定义的 R 的区域，并且有一个关联尺度。这些观察引出了一个算法：

1) 构建一个尺度空间，如 5.6 节中所述，尺度空间的每一层是使用不同尺度模糊产生的。经验[11.31]显示以下值表现很好：$\sigma_0=1.6$，$k=\sqrt{2}$，其中 σ_0 是尺度的初始值，k 是乘数，用于确定后续空间各层的尺度，例如 $\sigma_i=k\sigma_{i-1}$。

2) 对该空间中的每个点应用 Harris 运算。人们可能会认为，在规模和空间上都是 Harris 局部最大值的一个点将是一个兴趣点，但 Harris 在定位尺度方面并不十分精确。相反，如果尺度空间 $R(x, y, \sigma)$中的任意点是局部最大值，则将记住其空间坐标(x, y)。也就是说，如果 R 足够大并且对于(x, y)的所有邻居(x', y')满足 $R(x, y, \sigma)>R(x', y', \sigma)$，则将记住$(x, y)$。

3) 在每个作为 Harris 局部最大值的点已经被记为(x, y)，跨尺度寻找导数的最大值(即拉普拉斯运算)。

4) 用这种方法找到的具有拉普拉斯运算或 Harris 运算的独特的最大值的任意点都是兴趣点。

2. 拉普拉斯运算

在实现拉普拉斯运算之前，理解拉普拉斯运算的一些重要特征非常重要。拉普拉斯运算是二阶导数的和，但正如我们经常提到的那样，我们实际上不能得到一个导数，我们只能估计一个导数。通常，我们与高斯采样的二阶导数卷积，并且高斯的尺度是重要的。使用高斯拉普拉斯运算来创建核的过程被称为高斯算子的拉普拉斯运算(LoG)。回想一下 5.4.6 节，用于表示核的高斯分布的标度(标准差)、以像素为单位的核的大小以及所寻求的特征的尺度都是相关的。

因此，应使用所考虑的特定尺度空间水平的标度来计算拉普拉斯运算。如果特征的尺度未知，则拉普拉斯运算可以应用于尺度空间的每个级别。正如人们在每个点上做的
275 那样，LoG 的极端值将指示该图像中该点的最佳尺度。

11.3.2 SIFT 兴趣运算

尺度不变特征转换(SIFT)是计算机视觉最广为人知并且文献中引用最高的算法之一。现存的两个版本详见文献[11.31，11.32]，第二个版本描述如下。

在 SIFT 中使用的兴趣运算和 Harris-Laplace 有很多相似性，并且它也是在高斯尺度空间上进行操作的。然而，它们有一些很重要的区别，但是在我们探索之前，需要先了解一下尺度空间。

当高斯卷积的导数被用来寻找图像边缘时，用户必须意识到高斯的形式所涉及的变量 σ 影响到了算法的性能。举例来说，图 11.4 说明了同一幅图像从不同尺度看的情况，为了找到物体在不同尺度下的边缘，对应于尺度 σ 的边缘探测器必须合适。

图 11.4　同一场景不同尺度视角，在这些图像上使用任何运算都必须选择合适的尺度

可以使用尺度空间，SIFT[11.31]中使用的尺度空间是金字塔和块尺度空间（如图 5.13 所示）之间的折衷。这种新的配置使用了八度空间的概念，一组不同尺度但大小一致的图像，一旦尺度加倍，原始图像就被降采样了，各方向变为 2∶1，这个操作等同于尺度加倍，另一个八度空间计算在减小的尺度上进行，如图 11.5 所示，这种方法的优点是计算的高效性。即，在降采样之后，处理下一个八度空间只需要$\frac{1}{4}$的时间。在图 11.5 的例子中，这个八度空间包含了以 0.707、1.0、1.414、2.0 和 2.83 尺度模糊的图像，伴随着尺度从 1 到 2，插入一幅尺度更小的图像和一幅尺度更大的图像。这些多余的图像是有必要的，因为它们将被用作计算高斯尺度空间的差分。

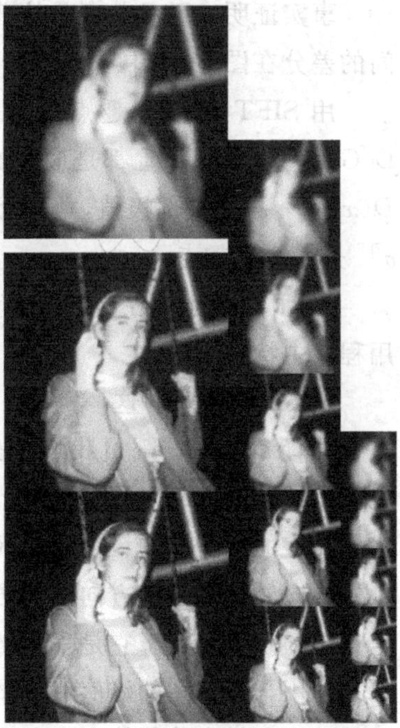

图 11.5　三个尺度空间的八度空间，为了解释更低的尺度（最左边那列），五分之二的图像被忽略了

276~277

SIFT 使用 LoG 来寻找兴趣点，但是通过高斯尺度空间的差分来估计 LoG，如图 11.7 所示。对于每一级尺度空间，逐个像素地减去下一级，产生一个“DoG”（高斯差分）㊀。这是，如果高斯尺度空间被表示为 $f(x, y, \sigma)$，则高斯差分 D 被定义为㊁

$$D(x,y,\sigma) = f(x,y,k\sigma) - f(x,y,\sigma) \quad (11.14)$$

在本章的每一种情况下，尺度的比例为$\sqrt{2}$。在

㊀ 注意：依赖于上下文，这里的 DoG 可以是高斯差分，或者和前面一样，是高斯的导数。

㊁ 正如 Lowe[11.31]所说，我们使用概念 $f(x, y, k\sigma)$而不是 $L(x, y, k\sigma)$，因为我们观察到有学生把 L 和拉普拉斯算子混淆了。

图 11.6 中，将尺度为 1.2 的拉普拉斯计算的图像与尺度为 1.0 和尺度为 1.414 的两幅高斯模糊图像的差分相比较。

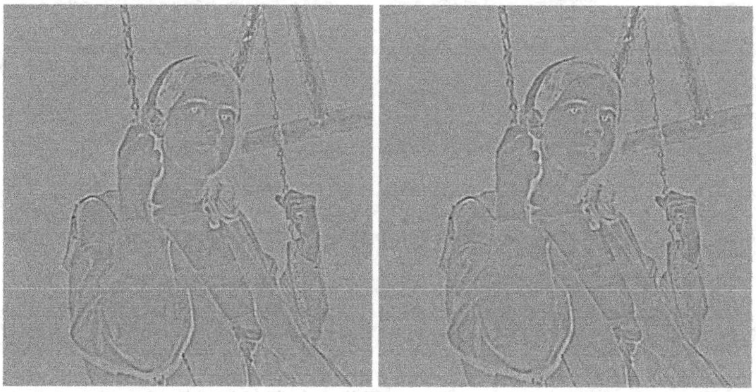

a) b)

图 11.6 a)通过添加两个偏导数计算出的拉普拉斯图像，两幅图像都使用 1.2 的尺度。b)由两幅高斯模糊图像差分得到的图像，一幅尺度为 1.0，另一幅尺度为 1.414

事实证明，DoG[11.30]是拉普拉斯运算的极佳近似，在一个八度空间中的高斯尺度空间的差分在图 11.7 中进行了说明。

用 SIFT 解决兴趣点的方法是找到该处 DoG 在空间和尺度上都是最大的点，即，如果 $D(x, y, \sigma)$是局部极值，则三元组 $I=[x, y, \sigma]^{T}$ 是一个兴趣点。

SIFT 兴趣运算在必须计算 DoG 空间的应用程序中特别有效。

在 SIFT 处理的这一点上，我们知道兴趣点的位置和尺度，既然我们已经知道了尺度，就可以计算出兴趣点周围邻接点的梯度，使用我们决定的差分核的尺度作为尺度。确定这些点的方向并计算梯度方向的直方图。该直方图是方向的一维函数。它是平滑的且峰值可以找到。使用与直方图的峰值对应的方向作为主方向并且为兴趣点的邻接点定义一个坐标系。

观察到几乎所有事情都是用各种梯度来完成的。回想一下，基于梯度做出的决策对光照变化的敏感性远远低于纯粹基于亮度的决策。此时，兴趣运算已经识别出图像中兴趣点的位置、尺度和主方向。在下一节中，这些信息用做兴趣点的邻域描述符的研发。

278～279

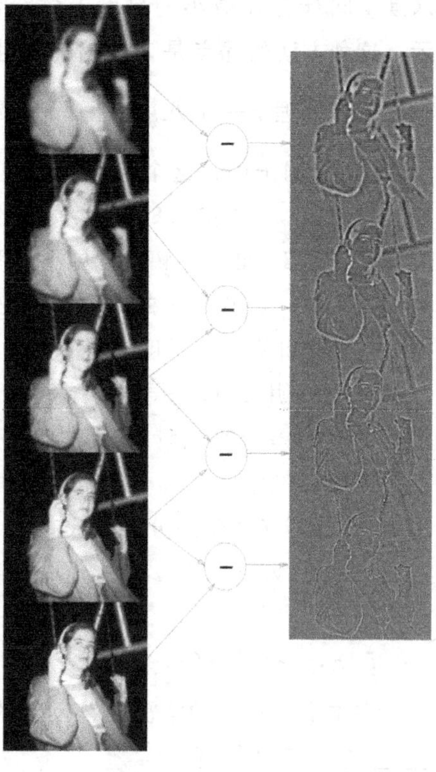

图 11.7 SIFT 尺度空间的一个八度空间，说明 DoG 尺度空间从一个亮度尺度空间的八度空间产生

11.4　SIFT

SIFT 描述符是一个描述了兴趣点邻域的向量。它基于梯度，因此保持了对光照变化更低的敏感度。此外，描述符是在尺度空间操作的。

11.4.1　SIFT 描述符

在兴趣点邻域对梯度和方向进行采样并且以兴趣点为中心，以主尺度 σ 进行高斯加权。一个 16×16 的采样序列被提取出来，256 个方向中的每一个都减去主方向来构建一个由主方向定义的局部坐标系相对的方向测量集合。

对于每个 4×4 子区域，构建方向直方图，如图 11.8 所示。每个直方图被构造成具有 8 个区间(见 8.2.2 节)。然后对直方图进行平滑处理。最后，对于 16 个子区域中的每一个，使用一个直方图，描述符包含 4×4×8 个元素。

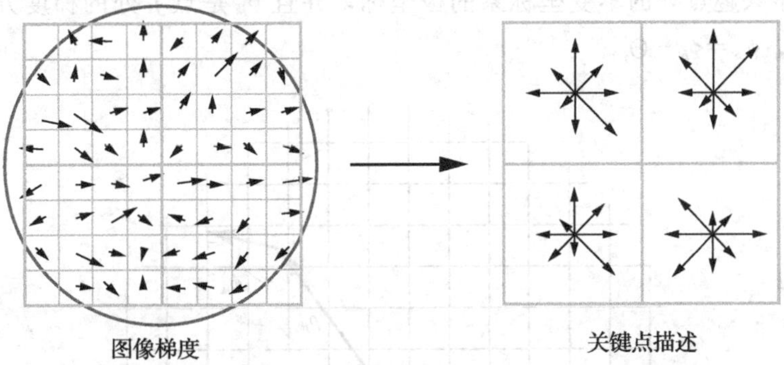

图 11.8　兴趣点的邻接点被降采样为一个 16×16 的点数组，且每个点的梯度权值和方向都已确定。则在任意 4×4 的子数组中，梯度构成直方图，且直方图是平滑的，这构建了一个具有 128 个数字的数组。为了简化这幅图像，只有一个 4×4 子数组的 2×2 数组展示出来

11.4.2　使用 SIFT 描述符匹配邻域

SIFT 描述符是长度为 128 的单个向量，其描述了兴趣点附近的小区域。该描述符由梯度构成，因此对于光照变化的敏感性低于仅基于亮度的描述符。此外，描述符对于缩放、平移和旋转是不变的。

由于描述符是长度为 128 的简单向量，因此将一幅图像中的区域与另一幅图像中的区域进行匹配可以简单通过比较两个向量——最小距离分类(如 10.5.2 节所述)。 280

11.5　SKS

正如 SIFT 找到一组以具有许多不变性的方式描述邻域的特征，有一个版本的 SKS[11.24,11.25] 执行类似的功能。主要区别在于，在 SKS 中，匹配与描述符一样重要，而

在 SIFT 中，匹配过程可以像计算向量之间的最小距离一样简单。

11.5.1 SKS 描述符

首先，检测兴趣点。可以使用任何兴趣点检测器。Harris-Laplace 曾被用于我们所参考的作品，但其他的可能也同样有效。兴趣运算符的确定返回每个兴趣点邻域的特征尺度。

关于兴趣点邻域的选择，例如点 j，一般是选择大小与特征尺度成比例的。兴趣点检测器也会返回半径为 σ_j 的圆形邻域中的主方向 Θ_j，其中 σ_j 是找到的兴趣点的尺度。

对主方向的认知允许构建以兴趣点为中心的“不变坐标系”，并且与相机方向无关。

现在使用相对于主方向的方向为每个兴趣点的邻域建立模型，如下所示。

在兴趣点 j 周围的圆形半径 σ_j 内的每个点 k 处，提取有序对(ρ_{jk}，ϕ_{jk})。在式(10.12)中，ρ_{jk}是从第 k 个点到兴趣点的距离，如图 11.9 所示。在该图中，(ρ_{jk}，θ_{jk})是点 k 相对于兴趣点处的不变坐标系的极坐标，并且 ϕ_{jk} 是点 j 处的梯度方向与主方向 Θ_j 之间的差，$\phi_{jk}=\phi_k-\Theta_j$。

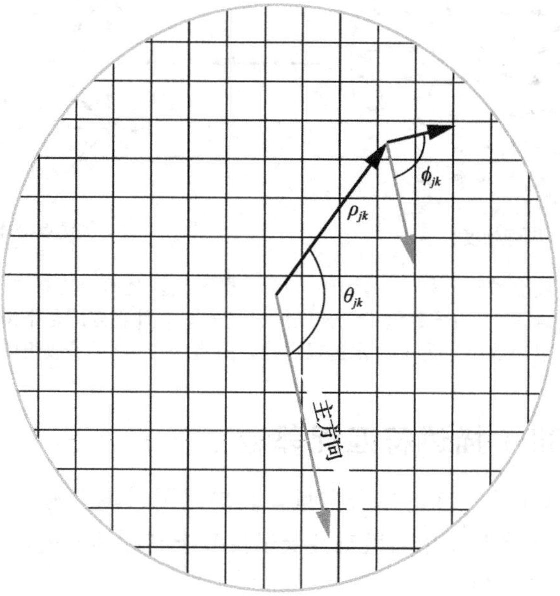

281 图 11.9 点 k 在兴趣点 j 的邻域中，离兴趣点的距离为 ρ，ϕ_{jk}是相对于主方向的梯度方向

请注意，这些特征是方向的差分并且这些差分对于旋转是不变的(假设主方向是正确计算的)。

使用到参照点的距离 ρ 和局部梯度的方向 ϕ 作为参数，邻域的 SKS 模型(比如邻域 j)是

$$m_j(\rho,\phi)=\sum_{k=1}^{K}\left[\exp\left(-\frac{(\rho-\rho_{jk})^2}{2\sigma_\rho^2}\right)\exp\left(\frac{(\phi-\phi_{jk})^2}{2\sigma_\phi^2}\right)\right] \tag{11.15}$$

总和取自邻域内的所有点。可以观察到这几乎与式(10.12)中区域边界的表示里使用的形式相同。

这里对 SKS 算法的描述仅呈现两个测量值 ρ 和 ϕ_{jk}。然而，可以容易地设想进行其他测量以对邻域中的点进行特征化(例如颜色)。通过允许标量 ϕ_{jk} 被向量 $\boldsymbol{v}_{jk}$ 替换，可以很容易地添加额外的测量。因此，特征点 j 处的模型通常由下式给出：

$$m_j(\rho,\boldsymbol{v})=\sum_{k=1}^{K}\left[\exp\left(-\frac{(\rho-\rho_{jk})^2}{2\sigma_\rho^2}\right)\exp\left(-\frac{\|\boldsymbol{v}-\boldsymbol{v}_{jk}\|^2}{2\sigma_{\boldsymbol{v}}^2}\right)\right] \tag{11.16}$$

在式(11.16)中，公式中的总和可能在某些情况下被最大值替换。虽然这改变了模型的直观含义，但它同样有效，有时甚至比求和更好。

邻域 j 的模型 $m_j(\rho, \boldsymbol{v})$ 可以被视为估计给定特征向量 $\boldsymbol{v}$ 与兴趣点 j 周围的所有特征向量的接近度的函数。模型函数也可以预先计算并存储为查找表，从而大大加快匹配过程。

式(11.16)仍然有些简化，因为向量 $\boldsymbol{v}$ 的元素几乎总是具有不同的方差。因此，通常需要协方差表示，例如：

$$m_j(\rho,\boldsymbol{v})=\sum_{k=1}^{\boldsymbol{K}}\left[\exp\left(-\frac{(\rho-\rho_{jk})^2}{2\sigma_\rho^2}\right)\exp\left(\frac{\boldsymbol{v}^{\mathrm{T}}\boldsymbol{K}^{-1}\boldsymbol{v}}{2\sigma_{\boldsymbol{v}}^2}\right)\right] \tag{11.17}$$

其中 $\boldsymbol{K}$ 是测量向量 $\boldsymbol{v}$ 的协方差。

11.5.2　使用 SKS 描述符匹配邻域

为了使邻域与 SKS 模型匹配，我们使用式(10.77)(此处为了方便而重复说明)，与第 10 章中使用的几乎相同。

$$A_C(\boldsymbol{x})=\frac{1}{Z}\sum_k m(\|\boldsymbol{x}-\boldsymbol{x}_k\|,v_k) \tag{11.18}$$ 282

由于我们现在是匹配邻域而不是边界，因此是对邻域中所有兴趣点的像素而不是沿着线的像素求和。这里，兴趣的通常特征是角度 Φ_{jk} 的差，而不是我们在考虑边界时使用曲率。但除了这些差异之外，匹配等式的其他含义相同。

使用 SKS 理念匹配航拍图像中的区域如图 11.10 所示，该图显示了采用不同方向、高度和云层覆盖的同一区域的两幅图像。一切都是用梯度而不是像素完成的事实提供了几乎完美的维持亮度不变的因素，如云层覆盖。局部不变坐标系的确定和使用保证了旋转和平移的恒定。实验表明，SKS 在处理此类问题方面比 SIFT 略胜一筹。图 11.11 说明了相同匹配策略在通过以红色显示对应数来查找对应关系时的适用性。由于很难看清图 11.11 中的对应数字，因此我们在图 11.12 中放大了两幅图像上栈道周围的区域。

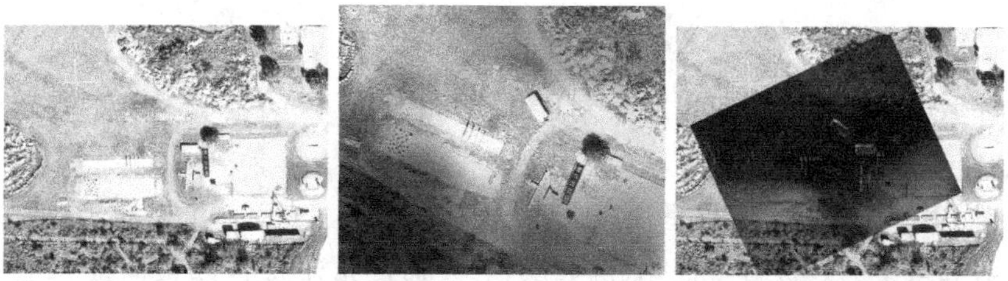

图 11.10 左侧的图像(库名：003a.png)和中间的图像(库名：003d.png)取自相同的地面区域。右边的图是通过定位前两个然后相减而产生的。定位基本上是完美的。如果光照相同，暗区将是完全黑色，但由于云层的变化，它们不相同，因此相减不会产生零

图 11.11 从不同位置拍摄的同一条船的两幅图像，具有不同的变焦和不同的相机
283 角度。红色数字表示由本节中描述的 SKS 算法确定的对应关系

图 11.12 放大图 11.11 中的两幅图上的相同区域，展示两个对应点，即点 42 和 69(见彩插)

11.6 方向梯度直方图

方向梯度直方图(HoG)描述符[11.8]将 SIFT 中梯度方向的直方图的使用扩展到分布更加密集的梯度直方图。这种方法已被证明特别擅长识别交通场景中的行人。

11.6.1　方向梯度直方图描述符

Dalal 和 Triggs[11.8]在他们对 HoG 概念的描述中首先将图像划分为 8×8 的像素“单元”。在单元中的每个像素处，计算梯度幅度和方向。每个单元被分组为两块，或者一侧 16 个像素。如此定义的每个单元包含 64 个像素并且每个块有 256 个像素。为每个单元创建梯度方向的直方图，并且每个这样的直方图被划分为 180°的 9 个区间。

对每个块中的直方图进行归一化，以校正由于光照差异引起的对比度变化(有关归一化的详细信息，请参见文献[11.8])。堆叠块用于构建最终描述符，最终描述符是一个向量直方图。

方向梯度直方图描述符可以如图 11.13 所示，显示将方向梯度直方图描述符应用于一个坐着的人的结果。

图 11.13　这是一个坐着的人的方向梯度直方图描述符。每个单元的直方图由穿过每个单元的中心的九条线表示，每一条线表示每个直方图的一列。每条线的亮度与列的高度成比例，并且每条线的角度是每个单元所表示的方向。请注意，线条在梯度方向上，这是亮度变化最快的方向。通常，仅显示一条线的时候表明该单元由单个方向支配

11.6.2　匹配方向梯度直方图描述符

由于方向梯度直方图描述符是相当长的向量，它们通常使用支持向量机(SVM)进行匹配，支持向量机是模式识别系统中的一种先进方法。如果问题满足它的架构，它将拥有出色的性能。它非常适合回答“我正在看 X 还是 Y?”这类问题。但是，SVM 并不是真正意图解决“我看到的是 A 吗?”之类的问题。在后一种情况下，由于 SVM 架构实际上只能区分两个类，我们必须将第二个问题改为“我正在看 X 还是其他的?”的形

式。这需要找到“其他”的例子，这是一项具有挑战性的任务。

SVM 也不容易确定相似性，相似性在将点与两个以上类中的一个匹配中是必需的。

由于 SVM 是模式分类算法而不是(根据我们的定义)计算机视觉算法，因此我们在附录 A 中仅对它们进行简要描述。

11.7　图匹配

284~285 在本节中，我们考虑匹配基本上基于图的图像表示的问题。但是，我们允许存储在图中的节点数据包含图像或模板。

子图同构是最直接的匹配方法。首先，我们定义同构。令 $G_1=<V_1, E_1>$是由一组顶点 V_1 和一组边 E_1 组成的图。另外，令 $G_2=<V_2, E_2>$是由一组顶点 V_2 和一组边 E_2 组成的图。如果存在一个函数 $f(\nu)$能够将 G_1 中的点映射到 G_2 中，则 G_1 和 G_2 是同构的。即，如果 $\nu'=f(\nu)$，则有 $\nu\in G_1$，$\nu'\in G_2$，并且 f 将是单射的(一对一)。此外，如果 $\text{edge}(\nu_1, \nu_2)\in E_1$，则 $\text{edge}(f(\nu_1), f(\nu_2))\in E_2$。

子图同构问题是这样的：给定一对非同构图 G_1 和 G_2，是否存在与 G_2 同构的 G_1 的子图 $S=\langle s, e\rangle$？

不巧的是，子图同构问题是一个 NP 问题，解决它的所有已知算法都具有数复杂度。尽管如此，对于小问题，子图同构也是一个强大的工具。

这里描述了另外三种方法：关联图、松弛标记和附有弹簧的模板。这些方法将产生混合表示的匹配，即基本上基于图但包含图像信息的表示。

匹配通常与标签化相同。也就是说，我们希望将同组元素进行批量匹配。这就是这里要说明的内容。

假设我们有一组对象。对象可以是图像中的区域、街道上的汽车或其他任何东西。但是，标记每个对象很重要。对象的标签可以是它所在的类(轮缘和垫圈)，可以是模型与图像中最匹配的对象区域，或者任何其他类似的问题。但是，在大多数标签问题中，我们希望同时标记一组对象。

让我们来考虑一下标签的一致性。例如，标记对象 1(狮子)与标记对象 2(羚羊)的一致性。如果我们拥有的唯一信息是对象 1 和对象 2 之间的距离，我们可以说如果对象 1 和对象 2 相距很远，则标记是一致的。然而，如果两个物体靠得很近，我们会推测标记对象 1(狮子)与标记对象 2(羚羊)是不一致的，原因很简单，狮子和羚羊很少被发现在一起(除了少数通常对羚羊来说不利的情况)。

为了形式化，假设我们有一组对象 A、一组标签 Λ 和一组一致性函数 r：$A\times\Lambda\times A\times\Lambda\rightarrow[-1, 1]$。当 r 的值接近 1.0 时，标记为一致，当值为 -1 时，标记为不一致。零被解释为仅仅意味着没有可用的信息。因此一致性函数的值为

$$r(x,\lambda_1,y,\lambda_2) \tag{11.19}$$

在示例应用中可能是

$$r(x,1,y,2)=0.98 \tag{11.20}$$

这意味着我们可以高度确信标记为 x 的区域 1 和标记为 y 的区域 2 一致。

一组对象的“标记”是为该组对象的每个成员分配标签。 286

11.7.1 关联图

关联图是一种非常容易可视化的标记技术。

关联图体现了一种比同构限制更少的方法，并且可以更快地收敛。它将聚集到一致但不一定是最优的解决方案(当然，取决于任何特定应用中使用的最优标准)。

该方法将模型中的一组节点与从图像中提取的一组节点进行匹配。

定义：关联图表示为 $G=\langle V, P, R\rangle$，其中 V 表示一组节点，P 表示节点上的一组一元断言，R 表示节点之间的二元关系。

断言是仅接受值 TRUE 或 FALSE 的语句。例如，让 x 表示范围图像中的区域。然后，根据 x 中的所有像素是否位于同一圆柱面上，CYLINDRICAL(x)是一个真或假的断言。

二元关系描述了一对节点拥有的属性，例如 ABOVE(a, b)。给定两个图 $G_1=\langle V_1, P, R\rangle$ 和 $G_2=\langle V_2, P, R\rangle$，我们通过以下方式构造关联图 $G=\langle V_A, R\rangle$：

- 对每一个 $v_1\in V_1$ 和 $v_2\in V_2$，如果 v_1 和 v_2 有相同的属性，则构建 G 的一个节点，表示为(v_1, v_2)。
- 如果 $\lambda\in R$ 并且 $\lambda(v_1, v_1')\Rightarrow\lambda(v_2, v_2')$，添加一条边到 R_A 连接(v_1, v_1')到(v_2, v_2')。这里，符号⇒意味着“是一致的”。

G_1 到 G_2 的最佳匹配是通过找到 G 的最大团来确定的。图 11.14b 说明了关联图的节点。

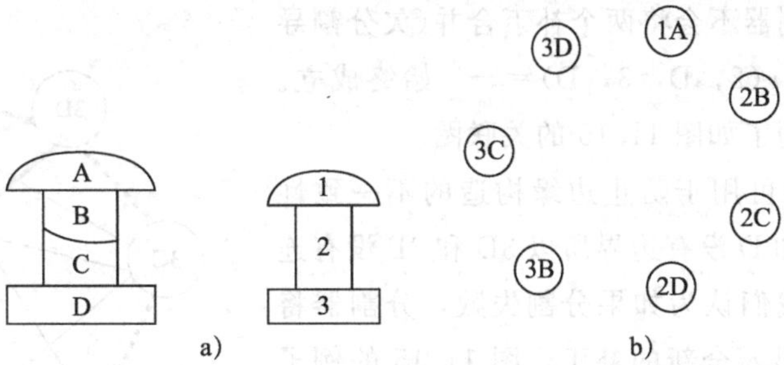

图 11.14 a)范围相机观察到一个场景并将其分割成满足相同方程的段，但是发生了错误。b)结果关联图的节点

像计算机视觉中的其他技术一样，我们需要问：“这种方法有多好？”在尝试回答这个问题时会出现一些问题。

问题 1：最大的团是最匹配的吗？

最大的团是最大的一致性匹配。这真的是最好的匹配吗？ 287

问题 2：计算复杂性。像子图同构问题一样，找到最大团的问题是 NP 完全问题。也就是说，没有已知的算法可以在不到指数的时间内解决这个问题。有其他捷径吗？

遗憾的是，我们对这些问题没有普遍的答案，但是关联图仍然是求解小的一致标签问题的有用工具。

使用关联图匹配场景与模型的示例

在图 11.14 中，我们举例说明了一个现象，其中发生了分割错误——过度分割。也就是说，区域 B 和 C 实际上是同一区域的不同部分，但是由于某些测量或算法误差，已被标记为两个单独的区域。在该示例中，一元断言的标签为球形、圆柱形和平面。区域 A 和 1 是球形的，而 B、C、D、2 和 3 是圆柱形的。匹配的唯一候选者是具有相同断言的候选者。因此，只有 A 可以匹配 1，并且包含 A 的关联图的唯一节点将是(A，1)。

我们现在构造一个图，其中所有候选匹配都是节点。然后我们拥有关联图的节点，如图 11.14 所示。要填充关联图的边缘，需要使用一致性的概念。

挑战是：确定一致意味着什么——确定 $r(i, \lambda, j, \lambda')$，或者在这个例子中，确定 $r(1, A, 2, B)$，其中兼容性函数 r 具有相同的含义，如式(11.19)所示。这总是一个依赖于问题的决策，通过确定哪些不一致更容易做到。在这里，如果它们不涉及相同的区域，我们将两个标签定义为一致。这个例子的一些示例一致性是

$$
\begin{aligned}
r(1,A,2,B) &= 1 \\
r(2,B,2,C) &= -1 \\
r(2,B,3,B) &= -1
\end{aligned}
\tag{11.21}
$$

式(11.22)的第二行表示图像中的补丁 B 不能是模型中的区域 2，同时，图像中的补丁 C 是相同的区域。在这两个示例中，不一致性实际上是基于分割器正常工作的假设。

然而，我们可能会允许分割器失败，在这种情况下，因为新的边被添加到关联图中，所以新的关系现在一致了。举例来说，我们现在可以添加 $r(3, C, 3, D)=1$，既然我们确信两个补丁 C、D 可以是相同区域的部分(分割器会因为过度分割失败)。然而，因为我们始终确信分割器不会将两个补丁合并(欠分割导致的失败)，所以 $r(2, D, 3, D)=-1$ 始终成立。允许过度分割得到了如图 11.15 的关联图。

注意[⊖]另一种可用于防止边缘构造的不一致性的途径：因为 B 和 D 没有边界所以 3D 和 3B 没有连接。也就是说，我们认为如果分割失败，分割器将不会在两者之间引入全新的补丁。图 11.15 的例子没有考虑这种可能性。我们必须强调，你如何制定

288 这些规则完全取决于问题！

一旦你有了允许的一致性，匹配就很简单了。只需找到所有的最大团。最大团并不是唯一的，因为可能有几个相同大小的团。在这种情况下，至少有两个最大团，其中两个是：{(1，A)(2，B)(2，C)(3，D)}和{(1，A)(3，B)(2，C)(2，D)}。

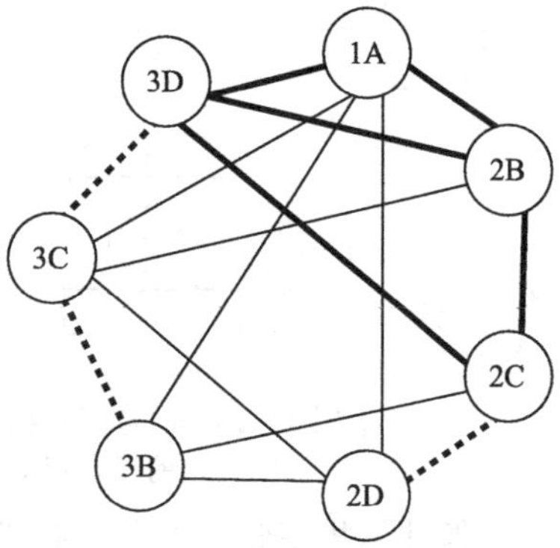

图 11.15　如果我们假设分割器没有失败，用实线表示存在的边缘。如果我们认为分割器可能因过度分割而失败，则添加虚线。粗线表示大小为 4 的最大团

⊖ 关联图是一种一致性标记。

11.7.2　松弛标记

使用关联图，一个被约束到整数的 r 函数，对应于"与……一致"和"与……不一致"的值。在这一节中，我们产生了提供持续性一致性程度的想法。因为使用了迭代算法，这种形式的一致性标记被称为*松弛标记*。从头开始，定义标记中的置信度为 $P_x(\lambda)$，P：$\mathbb{R}\Rightarrow[0, 1]$，这里，置信度被解释为表示标签 λ 对于对象 x 是正确的置信度。

现在给定一个对象集合 $X=\{x_1, x_2, \cdots, x_n\}$，和对应这些对象的标记集合 $\Lambda=\{\lambda_1, \lambda_2, \cdots, \lambda_m\}$，定义了标签更新操作

$$P_i^{k+1}(\lambda)=\frac{P_i^k[1+q_i^k(\lambda)]}{\sum_j P_i^k(\lambda_j)[1+q_i^k(\lambda_j)]} \tag{11.22}$$

其中 k 是迭代次数。总和超过了对象 x_i 的所有可能标签。q_i 衡量标记 x_i 的一致性，因为 λ 是所有对象的所有可能标记。分母是一个标准化项以确保 P 保持在 0 和 1 之间。

$q(\cdot)$的公式是

$$q_i^{k+1}(\lambda)=\sum_j C_{ij}\Big[\sum_l r(i,\lambda,j,\lambda_l)P_j^k(\lambda_l)\Big] \tag{11.23}$$

注意，式(11.23)为一致性函数 r 乘以所考虑的标记的强度。因此，低置信度的标记不会对结果产生太大影响，尽管它可能非常一致。术语 C_{ij} 量化了对象 i 对对象 j 的影响。289
也就是说，假设这两个对象在图像中相距很远，则可能是对象 i 的标记对于对象 j 的标记完全没有影响，并且该信息可以简单地通过使 C_{ij} 很小来表示。

迭代 k 次将生成一个解决方案，该解决方案将为该组对象找到最佳标签。图 11.16 说明了一个有七个对象的系统，当系统进行交互时，重复应用式(11.22)和式(11.23)。每个标记在迭代时收敛到 0 或 1，从而产生最佳的一致标记。

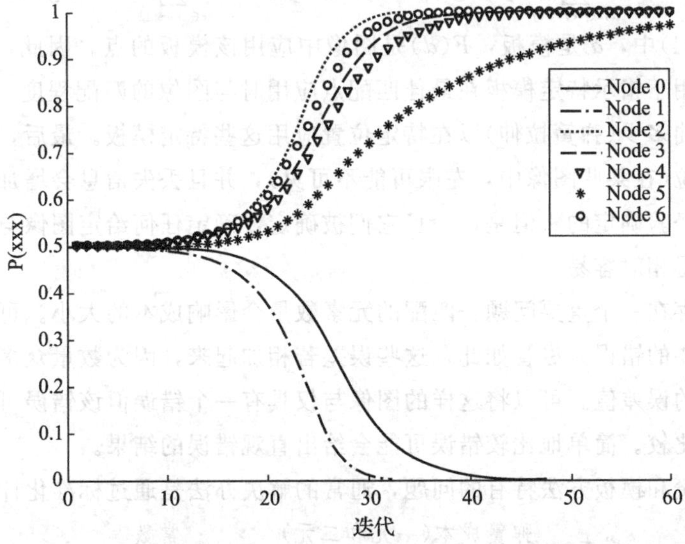

图 11.16　将一组传感器节点一致标记为"恶意"或"非恶意"的示例。在迭代中，每个标记的置信度会收敛到 1 或 0

11.7.3 弹簧与模板

弹簧和模板原理[11.14]提供了匹配问题的另一种方法。这是一种混合模型匹配范例，涉及图形结构匹配和模板匹配。该模型是一组刚性的“连接”，它们表示必须对模型施加多少变形才能使其与图像匹配。图 11.17 使用简单的人脸模型说明了这个概念。眼睛等特定特征可通过模板匹配等标志性方法进行匹配。然而，为了匹配整个面部，还需记录模板的最佳匹配位置之间的距离。然后基于如下所述的最小化成本进行匹配。

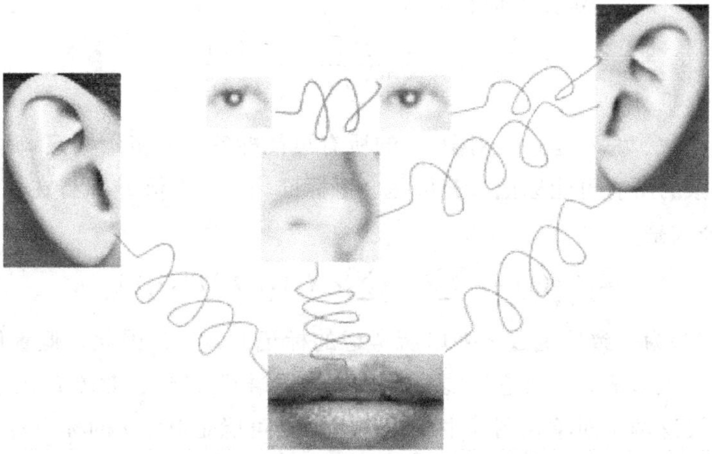

图 11.17 面部的弹簧和模板模型。弹簧的拉伸或压缩程度量化了模板的错位程度。并非所有弹簧都显示在该图中

$$\text{Cost} = \sum_{d \in \text{templates}} \text{TemplateCose}(d, F(d)) + \sum_{d,e \in ref \times ref} \text{SpringCost}(F(d), F(e)) + \sum_{c \in \text{missing}} \text{MissingCost}(c) \tag{11.24}$$

290

在式(11.24)中，d 是模板，$F(d)$是图像中应用该模板的点。因此，TemplateCost 是一个函数，用于指示特定模板在最佳匹配点应用时与图像的匹配程度。SpringCost 衡量模型必须扭曲多少(弹簧拉伸)以在特定位置应用这些特定模板。最后，可能不是每个模板都可以定位(在某些图像中，左眼可能不可见)，并且丢失信息会增加成本。所有这些成本都是凭经验确定的。但是，一旦它们被确定，确定任何给定图像与任何给定模型的匹配程度变得相对容易。

弹簧匹配存在一个重要问题：匹配的元素数量会影响成本的大小。可能有许多小而真实的无关紧要的错误。尽管如此，这些误差若相加起来，因为数量众多，可能总和会达到一个很大的误差值。可以将这样的图像与仅具有一个错误但该错误可能是巨大而明显的图像进行比较。简单地比较错误可能会给出直观错误的结果。

这不是弹簧和模板方法特有的问题，通常的解决办法是通过标准化计算，例如

$$\text{成本} = \frac{\text{弹簧成本(一元和二元)}}{\text{弹簧的总数}} + \frac{\text{常数}}{\text{匹配的参考总数}} \tag{11.25}$$

虽然弹簧和模板是说明归一化和组合方法的一个很好的例子，但它已被其他更复杂的方

法所取代，这些方法将在下面的章节中提到。

11.8 再论弹簧和模板

为了解决对应问题，我们可以使用基于一致性的原理。在本节中，我们通过一个例子来描述这个原理，在第 12 章讨论随机样本共识(RANSAC)时我们将再次使用它。 291

第一步是确定相对独特的特征点。然后算法将利用这些点之间的关系。在区域边界上的有边界曲率变化的点满足此要求，如图 11.18 所示。

图 11.18 对象的边界。标记了曲率变化的点。从[11.22]重新绘制

Shapiro 和 Brady[11.46]首次描述了这个例子的推导，他们使用如下的特征向量方法。

与原始的弹簧和模板方式一样，我们寻找最能匹配一个特定集合的特征点集合。令 d_{ij} 为特征点 x_i 和 x_j 之间的欧几里得距离，并构造权重矩阵。

$$\boldsymbol{H} = \boldsymbol{H}_{ij}，\text{其中 } \boldsymbol{H}_{ij} = \exp\left(-\frac{d_{ij}}{2\sigma^2}\right) \quad (11.26)$$

使用特征分解将矩阵 $\boldsymbol{H}$ 对角化为三个矩阵的乘积

$$\boldsymbol{H} = \boldsymbol{E}\boldsymbol{\Lambda}\boldsymbol{E}^{\mathrm{T}} \quad (11.27)$$

让我们假设 $\boldsymbol{E}$ 的行和列已经排好序了，使特征值沿着对角线减小的大小排序。我们将 $\boldsymbol{E}$ 的每一行都视为特征向量，表示为 $\boldsymbol{F}_i$，则 $\boldsymbol{E}=\begin{bmatrix}\boldsymbol{F}_1\\ \cdots \\ \boldsymbol{F}_m\end{bmatrix}$。

假设我们有两幅图像 f_1 和 f_2，并且假设 f_1 有 m 个特征点，f_2 有 n 个特征点，且假设 $m<n$。然后通过独立地处理每组特征点，对于图像 f_1 我们具有 $\boldsymbol{H}_1=\boldsymbol{E}_1\boldsymbol{\Lambda}_1\boldsymbol{E}_1^{\mathrm{T}}$，并且对于图像 f_2 具有 $\boldsymbol{H}_2=\boldsymbol{E}_2\boldsymbol{\Lambda}_2\boldsymbol{E}_2^{\mathrm{T}}$。由于图像具有不同的点数，因此矩阵 $\boldsymbol{H}_1$ 和 $\boldsymbol{H}_2$ 具有不同数量的特征值。因此，我们选择仅使用最重要的 k 个特征进行比较。

重要的是，要进行匹配的特征向量的方向是一致的，但改变符号不会影响正交性。我们选择 $\boldsymbol{E}_1$ 作为参考，然后通过选择两组与特征向量的方向最佳对齐的方向来决定 $\boldsymbol{E}_2$ 的轴。详见文献[11.46]。在对齐轴之后，定义表征图像 1 和图像 2 之间的匹配的矩阵 $\boldsymbol{Z}$。

$$\boldsymbol{Z}_{ij} = (\boldsymbol{F}_{i1} - \boldsymbol{F}_{j2})^{\mathrm{T}}(\boldsymbol{F}_{i1} - \boldsymbol{F}_{j2}) \quad (11.28)$$

最佳匹配由 $\boldsymbol{Z}$ 行和列中最小的元素表示。

关于类似算法的更多文献，请参见 Sclaroff 和 Pentland[11.44]以及 Wu[11.50]。 292

11.9 可变形模板

回忆 8.5 节中的可变形轮廓(蛇)。如果我们考虑被 snake 包围的区域而不是 snake

本身，我们意识到我们有一个形状可以变形的区域，因此发明了“可变形模板”。可以利用允许模板变形[11.52]的原理来跟踪对象。此外，可变形模板的概念在图像数据库访问中可能是有用的。例如，Bimbo 和 Pala[11.5]将图像中的形状与用户绘制的草图(“图标索引”)进行比较，后者就是一种可变形模板。

最佳匹配模板被写作

$$\Phi(s)=\tau(s)+\theta(s) \tag{11.29}$$

其中 s 是(归一化的)弧长，τ 是存储在数据库中的模板，$\theta(s)$是使该特定模板与正被访问的图像中的边界点序列匹配所需的变形。我们强调 $\theta(s)$是原始模板和变形模板之间的差异。数据库中与模板最匹配的图像是最小化“原始模板和变形模板之间差异”的图像。这可以通过最小化下式来实现：

$$E=\int_0^1\left(\alpha\left[\left(\frac{\mathrm{d}\theta_x}{\mathrm{d}s}\right)^2+\left(\frac{\mathrm{d}\theta_y}{\mathrm{d}s}\right)^2\right]+\beta\left[\left(\frac{\mathrm{d}^2\theta_x}{\mathrm{d}s^2}\right)^2+\left(\frac{\mathrm{d}^2\theta_y}{\mathrm{d}s^2}\right)^2\right]-I_e(\phi(s))\right)\mathrm{d}s \tag{11.30}$$

其中，第一项表示模板需要拉紧以适应对象的程度，第二项表示弯曲模板所花费的能量，第三项表示在点 $\phi(s)$处图像的梯度(不是模板)的度量。因此，这是一个可变形模板问题。优化问题可以用数值来求解[11.5]。

11.10 总结

在本章中，学生已经看到了一些表示和匹配的方法，并且足够深入地了解它们以便掌握每种方法对特定类问题的适用性。但是，这里介绍的方法清单远非详尽无遗。在下文中，我们提供了与本章讨论的主题相关的其他参考资料。

特征图像是原始图像的较低维度表示，其中通过最小化原始数据和投影数据之间的误差来选择投影。为了更有效地计算使用特征图像，读者可以参考文献[11.35，11.36]。

293 在兴趣点检测器方面，我们的讨论仅关注 2D 技术。为了处理视频序列，还开发了 3D 兴趣运算，包括 Harris3D 探测器[11.27]、长方体探测器[11.12]、Hessian 探测器[11.49]以及简单的密集采样[11.13,11.23]。Wang 等人[11.47]在行动确认的背景下对各种探测器进行了全面评估。

除了 HoG、SIFT 和 SKS 之外，2D 和 3D 应用中其他常用的特征描述符包括 Cuboid[11.12]、加速鲁棒特征(SURF)[11.2,11.1]、HoG3D[11.45]和局部二进制模式(LBP)[11.37]及其许多变体。

在 11.7.2 节中，我们仅简要介绍一种称为一致性标记的规则，该规则假设最一致的标记/匹配最有可能是最佳标记/匹配。一致性标记已用于视觉中的许多应用以及传感器网络等其他应用[11.7]，其中的问题是识别来自传感器节点收集器的最不一致的响应。关联图的原始论文是文献[11.40]。有关一致性标记的进一步文献，请参见文献[11.21，11.39，11.42]，这里仅举几例。

同样，可变形模型[11.10,11.11]也有变种，特别是对于范围图像[11.20]。

在我们结束本章的讨论时，学生可能会问一个问题："我应该使用什么模型?"对于图 11.19，你应该将它与圆形或六边形相匹配吗？显然，这个问题没有简单的答案。如果你具有先验的、特定于该问题的知识，而你一直处理的是圆形对象，则可以选择使用圆形模型，该模型肯定不如多边形复杂。

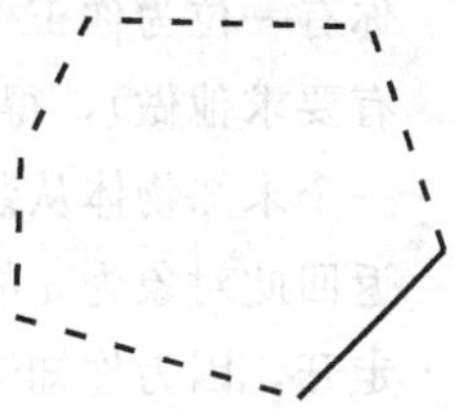

图 11.19 边缘检测器产生的一组点，可能来自圆形或多边形

最小描述长度(MDL)范例指出可以通过最小化表示的编码和残差的组合长度来确定给定图像的最佳表示。有趣的是，文献[11.9，11.28]介绍的 MAP 表示等同于 MDL 表示，其中先验真实地表示信号。Schweitzer[11.43]使用 MDL 原理开发用于计算光流的算法，Lanterman[11.26]用它来表征 ATR 应用中的红外场景，并指出"如果有几个描述与观察数据兼容，我们选择最简约的"。

Rissanen[11.41]在 MDL 背景下思考信息理论，认为对象/模型匹配的质量可以用下式来表示：

$$L(x,\boldsymbol{\theta}) = -\log_2 P(x|\boldsymbol{\theta}) + L(\boldsymbol{\theta}) \tag{11.31}$$

其中 x 是被观察物体，$\boldsymbol{\theta}$ 是模型，表示为参数向量，$P(x|\boldsymbol{\theta})$是给定模型进行该特定测量的条件概率，$L(\boldsymbol{\theta})$是表示模型所需的位数。然后，条件概率的对数是衡量数据与模型拟合程度的指标。因此，我们可以通过更简单模型的精确拟合来更精确地拟合更复杂的模型[11.6]。 294

最终，计算机视觉问题不会通过一个程序、一个算法或一组数学概念来解决。最终，其解决方案将取决于构建集成一系列专业程序的系统的能力。评价体系仍然没有考虑如何做到这一点，只有少数几篇论文承担了这项艰巨的任务。例如，Grosso 和 Tistarelli[11.18]将立体视觉和动作结合起来。Bilbro 和 Snyder[11.4]融合了亮度和范围，以提高范围图像的质量，Pankanti 和 Jain[11.38]融合了立体、阴影和松弛标记。Zhu 和 Yuille[11.53]将 MDL 方法(包括活动轮廓和区域增长)纳入统一的分割视图。

本书省略了对人工神经网络(ANN)的讨论，因为人工神经网络的学科范围很广，不适合在这里介绍。强烈建议学生通过参加统计模式识别(首先)和人工神经网络课程来加深自身对计算机视觉的理解。有许多教科书讨论使用神经网络进行匹配应用[11.17,11.19]。

最近深度学习的发展在很大程度上推动了表示和识别的最新技术。与使用第 10 章和本章中讨论的技术提取的"工程"特征相比，深度学习网络从原始输入自动导出一组特征。Gonzalez 和 Woods 在他们最新一期的数字图像处理书[11.15]中就此问题进行了深入的讨论。LeCun、Bengio 和 Hinton 在 *Nature Magazine*[11.29]上发表的最新论文以及 Goodfellow、Bengio 和 Courville[11.16]的最新着作都是研究深度学习的良好起点。

11.11 作业

11.1：你是一家小型制造公司的产品质量经理。你的公司制造 α 和 β。每个部件可以通过其长度来描述。你已经进行了大量测量，并确定 α 的平均长度为 10 米，而 β 的平均长度为 8 米。

你有一位为你工作的烦人的工程师，也为你计算了 α 和 β 长度的方差信息(并没有要求他做)，得到的 α 的方差 σ^2 为 0.4，得到 β 的方差 σ^2 为 2。

一个未知物体从装配线上下来。传感器测量它并返回 8.6 米的值。计算机会立即返回此对象为 α 的决定，因为 8.6 接近 8 而不是 10. 你会看到结果，微笑，然后走开，因为你知道系统正在返回一个看似合理的答案。烦人的工程师摔下帽子(以公司费用购买)并愤怒地向另一个方向走开。

295 **11.2**：在本书的其他章节，你也见过式(11.30)，这两次出现有什么关系吗？

11.3：SIFT 称为尺度不变特征变换。是否存在 SIFT 描述符不变或几乎不变的其他任何内容？考虑图像亮度、平移、旋转以及可能的其他变化。

如果你认为 SIFT 对这些变形之一是不变的，请解释原因。

11.4：两个版本的 SKS 似乎对翻转都不变，因为所有距离都相对于固定参考点。还有其他使 SKS 描述符不变或几乎不变的东西吗？

考虑图像光照、平移、旋转以及可能的其他变化。

如果你认为 SKS 描述符对这些变形之一是不变的，请解释原因。

11.5：在本章中，我们指出最大团问题是 NP 完全的。那么它的真实含义是什么？假设你有包含 10 个节点的关联图，它们与 20 条边相互连接。你必须执行多少次测试才能找到所有团(你必须做哪些操作才能确定最大的那些团)？允许(鼓励)你在图论文章中寻找团查找算法。

11.6：在 11.7.1 节中，提出了一个示例问题，其中涉及允许分割错误的关联图。该图的结果是两个最大团，其(可能)意味着对场景的两种不同解释。用语言描述这两种解释。

11.7：以下是不完整的引文：

C. Olson，“最大似然模板匹配”

首先，找到本文的副本。你可以使用搜索引擎、网络、图书馆或你希望的任何其他资源。在那篇论文中，作者以不同的方式进行模板匹配：使用二值(边缘)图像和类似的模板，他没有问，“此时模板是否与图像匹配？”相反，他问，“在这个点，它到底离最近的边缘点有多远？”

他如何有效地执行这个显然是一次搜索的行为？

一旦他知道到最近边缘点的距离，如何利用相关信息来计算度量匹配的质量？

11.8：在一个图像匹配问题中，我们有两种对象——狮子和羚羊(各占一个像素)。

- 一个场景可能只包含狮子或只包含羚羊。
- 狮子群体狩猎，所以当你看见一只狮子，通常也会在距其 5 个像素的地方看见(最少)另外一只狮子。
- 羚羊之间靠得尽可能紧密。

● 除了特定比例和(对于羚羊来说)不幸的事件，狮子和羚羊分开得很远。

我们希望使用松弛标记来解决此分配问题。除了一致性 $r(a,\lambda_1,b,\lambda_2)$ 的公式之外，所有的公式都在书中，其中 a 和 b 是图像中的兴趣点，λ_i 是“羚羊”或“狮子”的标签。为此问题创建一个 r 函数。也就是说，告知如何计算值

● r(a，狮子，b，羚羊)

● r(a，狮子，b，狮子) 296

● r(a，羚羊，b，狮子)

● r(a，羚羊，b，羚羊)

11.9：你觉得弹簧与模板的概念是否适用于作业 11.8？讨论一下。

11.10：请你观察下列场景，继续思考狮子和羚羊的问题。

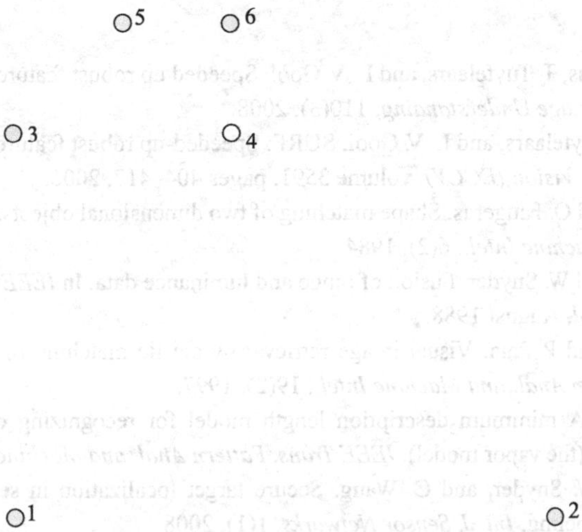

表 11.2　成对动物之间的距离以及一些说明(P 表示最终可以转为 C——一致)

对		距离	AA	AL	LA	LL
1	2	5	P	P	P	C
1	3	4	P	X	X	P
1	4	4.47	P	X	X	P
1	5	5.09	P	P	P	P
1	6	5.38				
2	3	6.4	P	P	P	P
2	4	5	P	P	P	P
2	5	6.4	P	P	P	P
2	6	5.83	P	P	P	P
3	4	2	C	X	X	X
3	5	1.4	C	X	X	X
3	6	2.2	C	X	X	X
4	5	1.4	C	X	X	X
4	6	1				
5	6	1				

297

为方便起见，我们在表 11.2 中列出了每对动物之间的距离。狮子是黄色的（用灰色圆圈表示）或棕色（用黑色圆圈表示——这是正确的，这里没有）。羚羊是白色的（用白色圆圈表示）或黄色。希望你使用关联图方法来解决此问题。

因为这种技术没有非线性松弛那么强大，所以你和一位给你一些改进信息的植物学家[⊖]交谈过：狮子之间的距离永远不会比 3 个像素更小，并且羚羊之间的距离永远不会比 3 个像素更大。

绘制此问题的关联图。（通过成对表示关联图中的节点：例如，1L 表示“将节点 1 解释为狮子”。）通过圈选该团中的节点来指示最大团。

参考文献

[11.1] H. Bay, A. Ess, T. Tuytelaars, and L. V. Gool. Speeded up robust features (SURF). *Computer Vision and Image Understanding*, 110(3), 2008.

[11.2] H. Bay, T. Tuytelaars, and L. V. Gool. SURF: Speeded-up robust features. In *European Conf. on Computer Vision (ECCV)*, volume 3591, pages 404–417, 2006.

[11.3] B. Bhanu and O. Faugeras. Shape matching of two dimensional objects. *IEEE Trans. Pattern Anal. and Machine Intel.*, 6(2), 1984.

[11.4] G. Bilbro and W. Snyder. Fusion of range and luminance data. In *IEEE Symposium on Intelligent Control*, August 1988.

[11.5] A. Bimbo and P. Pala. Visual image retrieval by elastic matching of user sketches. *IEEE Trans. Pattern Anal. and Machine Intel.*, 19(2), 1997.

[11.6] J. Canning. A minimum description length model for recognizing objects with variable appearances (the vapor model). *IEEE Trans. Pattern Anal. and Machine Intel.*, 16(10), 1994.

[11.7] C. Chang, W. Snyder, and C. Wang. Secure target localization in sensor networks using relaxation labeling. *Int. J. Sensor Networks*, 1(1), 2008.

[11.8] N. Dalal and B. Triggs. Histograms of oriented gradients for human detection. In *International Conference on Computer Vision and Pattern Recognition (CVPR '05)*, 2005.

[11.9] T. Darrell and A. Pentland. Cooperative robust estimation using layers of support. *IEEE Trans. Pattern Anal. and Machine Intel.*, 17(5), 1995.

[11.10] D. DeCarlo and D. Metaxas. Blended deformable models. *IEEE Trans. Pattern Anal. and Machine Intel.*, 18(4), 1996.

[11.11] S. Dickinson, D. Metaxas, and A. Pentland. The role of model-based segmentation in the recovery of volumetric parts from range data. *IEEE Trans. Pattern Anal. and Machine Intel.*, 19(3), 1997.

[11.12] P. Dollar, V. Rabaud, G. Cottrell, and S. Belongie. Behavior recognition via sparse spatio-temporal features. In *IEEE Int. Visual Surveillance and Performance Evaluation of Tracking and Surveillance*, pages 65–82, 2005.

[11.13] L. FeiFei and P. Perona. A Bayesian hierarchical model for learning natural scene categories. In *IEEE Int. Conf. on Computer Vision and Pattern Recognition (CVPR)*, 2005.

[11.14] M. Fischler and R. Elschlager. The representation and matching of pictoral structures. *IEEE Transactions on Computers*, 22(1), Jan 1973.

298 [11.15] R. Gonzalez and R. Woods. *Digital Image Processing*. Pearson, 4th edition, 2018.

⊖ 是的，植物学家，他超出了他的领域范围。

[11.16] I. Goodfellow, Y. Bengio, and A. Courville. *Deep Learning*. MIT Press, 2016.
[11.17] D. Graupe. *Principles of Artificial Neural Networks*. World Scientific, 2007.
[11.18] E. Grosso and M. Tistarelli. Active/dynamic stereo vision. *IEEE Trans. Pattern Anal. and Machine Intel.*, 17(9), 1995.
[11.19] S. Haykin. *Neural Networks and Learning Machines*. Prentice-Hall, 2009.
[11.20] M. Hebert, K. Ikeuchi, and H. Delingette. Spherical representation for recognition of free-form surfaces. *IEEE Trans. Pattern Anal. and Machine Intel.*, 17(7), 1995.
[11.21] R. Hummel and S. Zucker. On the foundations of relaxation labeling processes. *IEEE Trans. Pattern Anal. and Machine Intel.*, 5(5), 1983.
[11.22] K. Sohn, J. Kim, and S. Yoon. A robust boundary-based object recognition in occlusion environment by hybrid Hopfield neural networks. *Pattern Recognition*, 29(12), December 1996.
[11.23] F. Jurie and B. Triggs. Creating efficient codebooks for visual recognition. In *Int. Conf. on Computer Vision (ICCV)*, 2005.
[11.24] K. Krish, S. Heinrich, W. Snyder, H. Cakir, and S. Khorram. A new feature based image registration algorithm. In *ASPRS 2008 Annual Conference*, April 2008.
[11.25] K. Krish, S. Heinrich, W. Snyder, H. Cakir, and S. Khorram. Global registration of overlapping images using accumulative image features. *Pattern Recognition Letters*, 31(2), January 2010.
[11.26] A. Lanterman. Minimum description length understanding of infrared scenes. *Automatic Target Recognition VIII, SPIE*, 3371, April 1998.
[11.27] I. Laptev and T. Lindeberg. On space-time interest points. *International Journal of Computer Vision*, 64(2/3), 2005.
[11.28] Y. Leclerc. Constructing simple stable descriptions for image partitioning. *Inter-national Journal of Computer Vision*, 3, 1989.
[11.29] Y. LeCun, Y. Bengio, and G. Hinton. Deep learning. *Nature*, 521(7553), 2015.
[11.30] T. Lindeberg. Image matching using generalized scale-space interest points. *Journal of Mathematical Imaging and Vision*, 52(1), 2015.
[11.31] D. Lowe. Distinctive image features from scale-invariant keypoints. *International Journal of Computer Vision*, 20, 2004.
[11.32] D. G. Lowe. Object recognition from local scale-invariant features. In *Proc. of the International Conference on Computer Vision ICCV*, 1999.
[11.33] C. Mikolajczyk and K. Schmidt. Indexing based on scale invariant interest points. In *Eighth IEEE International Conference on Computer Vision*. IEEE, 2001.
[11.34] H. Moravec. Rover visual obstacle avoidance. In *Proceedings of the International Joint Conference on Artificial Intelligence*, 1981.
[11.35] H. Murakami and B. Kumar. Efficient calculation of primary images from a set of images. *IEEE Transactions on Pattern Analysis and Machine Intelligence*, 4(5):511–515, September 1982.
[11.36] H. Murase and M. Lindenbaum. Partial eigenvalue decomposition of large images using the spatial temporal adaptive method. *IEEE Transactions on Image Processing*, 4(5), May 1995.
[11.37] T. Ojala, M. Pietikainen, and T. Maenpaa. Multiresolution gray-scale and rotation invariant texture classification with local binary patterns. *IEEE Trans. Pattern Analysis and Machine Intelligence*, 24, 2002.
[11.38] S. Pankanti and A. Jain. Integrating vision modules: Stereo, shading, grouping, and line labeling. *IEEE Trans. Pattern Anal. and Machine Intel.*, 17(9), 1995.
[11.39] M. Pelillo and M. Refice. Learning compatibility coefficients for relaxation labeling processes. *IEEE Trans. Pattern Anal. and Machine Intel.*, 16(9), 1994.

[11.40] R. Bolles. Robust feature matching through maximal cliques. *Proc. Soc. Photo-opt. Instrum. Engrs.*, 182, April 1979.

[11.41] J. Rissanen. A universal prior for integers and estimation by minimum description length. *Ann. Statistics*, 11, 1983.

[11.42] P. Sastry and M. Thathachar. Analysis of stochastic automata algorithm for relaxation labeling. *IEEE Trans. Pattern Anal. and Machine Intel.*, 16(5), 1994.

[11.43] H. Schweitzer. Occam algorithms for computing visual motion. *IEEE Trans. Pattern Anal. and Machine Intel.*, 17(11), 1995.

[11.44] S. Sclaroff and A. Pentland. Model matching for correspondence and recognition. *IEEE Trans. Pattern Anal. and Machine Intel.*, 17(6), 1995.

[11.45] P. Scovanner and M. Shah. A 3-dimensional SIFT descriptor and its application to action recognition. In *ACM Int. Conf. on Multimedia*, 2007.

[11.46] L. Shapiro and J. M. Brady. Feature-based correspondence: An eigenvector approach. *Image and Vision Computing*, 10(5), June 1992.

[11.47] H. Wang, M. M. Ullah, A. Klaser, I. Laptev, and C. Schmid. Evaluation of local spatio-temporal features for action recognition. In *British Machine Vision Conf. (BMVC)*, 2009.

[11.48] X. Wang and H. Qi. Face recognition using optimal non-orthogonal wavelet basis evaluated by information complexity. In *International Conference on Pattern Recognition*, volume 1, pages 164–167, August 2002.

[11.49] G. Willems, T. Tuytelaars, and L. V. Gool. An efficient dense and scale-invariant spatio-temporal interest point detector. In *European Conf. on Computer Vision (ECCV)*, 2008.

[11.50] Q. Wu. A correlation-relaxation-labeling framework for computing optical flow – template matching from a new perspective. *IEEE Trans. Pattern Anal. and Machine Intel.*, 17(9), 1995.

[11.51] M. Yang and J. Lee. Object identification from multiple images based on point matching under a general transformation. *IEEE Trans. Pattern Anal. and Machine Intel.*, 16(7), 1994.

[11.52] Y. Zhong, A. Jain, and M. Dubuisson-Jolly. Object tracking using deformable templates. *IEEE Trans. Pattern Anal. and Machine Intel.*, 22(5), May 2000.

299 ~ 300 [11.53] S. Zhu and A. Yuille. Region competition: Unifying snakes, region growing, and Bayes/MDL for multiband image segmentation. *IEEE Trans. Pattern Anal. and Machine Intel.*, 18(9), 1996.

| 第四部分 |

Fundamentals of Computer Vision

在三维世界中的二维图像

我们人类和我们的电脑都存在于三维世界中，但是我们的眼睛只能看到三维世界在二维屏幕上的投影。我们用立体视觉来校正投影。不知何故我们的眼-脑系统能够同时使用两幅图像来获知深度。

当然，我们的眼-脑系统也会被欺骗。

在这个部分，我们为学生提供一些基本的工具和对这些现象的理解。

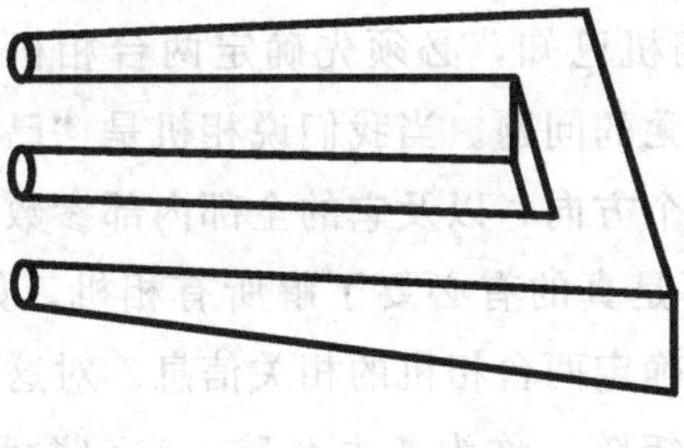

第 12 章

Fundamentals of Computer Vision

三 维 相 关

我一直对几何学和三维形式的研究充满热情。

——厄尔诺·鲁比克

12.1 简介

我们看到的大多数图像都是周围三维世界中的表面投影。它们由 3D 世界中的表面反射出来的光线，穿过相机的镜头，并与相机的焦平面相交形成。由这种方式反射的光产生的图像在本书中称为“亮度”图像。

我们之前并没有在本书中描述三维世界和二维图像之间的关系，包括它们之间的匹配。我们首先回顾一个简单的投影相机的几何形状并将它与三维空间中的点联系起来。我们真正想要的是从场景得来的范围图像，但这并不总是可行的，所以我们来看一下 2D-3D 关系的几个方面。

- (12.2 节)假设两台相机已知，必须先确定两台相机看到的空间点的三维位置。这是通常称为*立体视觉*的问题。当我们说相机是“已知的”时，意思是我们知道它在哪里，它指向哪个方向，以及它的全部内部参数等。
- (12.3 节)实际上并不是真的有必要了解所有相机。如果每个相机视图中有多个点可以对应，则可以确定两台相机的相关信息。对这个问题的一个完备解决方案引出了一个奇妙的小矩阵，称为*基本矩阵*，它包含我们需要知道的双摄像头问题。这项工作的基础是对应问题，即识别一幅图像中的哪个点对应于另一幅图像中的哪个点的问题。找到对应问题的可靠解决方案可能很困难。
- (12.4 节)一旦找到对应问题的方法，我们就可以对图像和图像拼接进行部分匹配。

301~303

- (12.5 节)如果我们有一台相机和一个可控光源，而不是两台相机，仍然可以找到空间中点的三维位置。我们致力于在可控照明背景下实现范围成像。
- (12.6 节)只有一台相机，我们有时可以看到图像中的事物(如阴影、纹理、焦点等)如何变化并获取 3D 信息。该节介绍了这些“塑形”的方法。
- (12.7 节)最后，我们研究了三维表面的数学知识。

应该强调的是，在本书中，我们只向学生介绍这些方法。有多种方式可以组合来自多台相机的信息、同一相机的多个视图，以及针对这些问题的各种其他相关方法。面对现场问题的学生可能需要对本章的基本方法进行扩展，并参考更详细的参考文献，如文献[12.15]。

在进入下一节之前，我们首先明确一些定义：

- **范围图像**是你习惯使用的形如 $f(x, y)$的数据结构，但是不同之处在于，f 并不代表亮度，而是代表从相机到物体表面的一些距离度量。在第 4 章中，我们区分了范围图像和深度图像。区别在于坐标系的性质。为了完全正确，我们说范围图像是从单个点(激光)到感兴趣的表面上的各个点的距离的集合，因此采用 $r(\theta, \phi)$的形式，其中 θ 和 ϕ 是激光的指向角。该图像可以转换为 $z(x, y)$形式，我们称之为深度图像。

  从这里开始，我们不再区分深度图像和范围图像，而是将两者都称为范围图像。这便于我们的讨论并与大多数文献保持一致。所以从这里开始，当你读到"范围"时，要知道它可以是两种度量方式中的一种。
- **密集范围图像**是对于每个坐标对(x, y)给定 f 的值的图像。在密集范围图像中，邻居的概念是有意义的(当然，除非 f 是不连续的)。
- **稀疏范围图像**是 f 仅在相对较少的点(x, y)处测量的图像。
- **点云**只是一组三元组$\{(x_1, y_1, z_1), \cdots\}$。在点云中，不指明邻域信息，但可以计算哪些点是邻居。

在文献中，术语"范围图像"通常表示"密集范围图像"。所以，如果它很重要(而且通常不重要)，在解释这个术语时请小心谨慎。

再次强调：范围图像是到表面的距离。我们测量三维空间的距离，但是当我们遇到表面时测量停止。我们不看内部的对象。如果有一个传感器可以看到物体内部(例如，计算机断层扫描、正电子发射断层扫描、磁共振成像)，可以用 $d(x, y, z)$形式表示物体，其中 d 表示密度或某些材料的其他属性。这种图像在医学成像中很常见。但是，我们不会在本书中介绍 3D 图像。 304

12.2 几何相机——两个已知相机的范围(立体视觉)

在这一节中，我们将讨论两个问题：首先我们考虑相机，并将图像中的点(二维空间)与正在成像的三维空间物体关联起来。然后，我们找到将一幅图像和另外一幅图像关联起来的转换方式。当然，我们也想教你如何使用计算机视觉领域的几个基础但非常重要的数学运算。你将了解投影变换和相关的线性代数，以及如何最小化向量的二次函数。这将涉及一些矩阵操作和划分。

首先，我们来考虑一下投影。

12.2.1 投影

我们生活在三维空间中，即一个有三个空间维度的空间——我们不把时间视为一个维度

(这里)。我们能将信息从三维空间“投影”到任何无限的二维空间，我们称之为“图片”。

1. 正交投影

我们考虑的第一种投影叫作*正交投影*，最简单的正交投影将一些三维空间的点映射到平面 $z=0$。给定空间中的点$[x, y, z]^T$，在平面 $z=0$ 上的正交投影仅为$[x, y]^T$。这很简单，对吧？当然，当你意识到具有相同 x 和 y 坐标的所有点映射到相机平面上的相同点，并且相对于真实世界，你的相机非常小时，你会意识到正交投影过程最后会以丢失大量数据结束。

正交投影常用于胸部 X 射线，其中从胶片或传感装置获得的图像几乎与被成像物体的尺寸完全相同。

我们无法用正交投影做很多事情，因为其需要非常大的焦平面。然而，我们可以考虑这样的投影：感兴趣的对象非常小并且离相机很远(假设是有规则的投影相机模型)。在这种情况下，光线几乎是平行的，并且这种投影(至少是单个小物体的投影)非常接近正交。此时，我们可能会考虑使用正交投影，因为在数学上会更容易一点。

但是，我们继续思考更逼真的相机。要了解相机，请注意有两个感兴趣的坐标系：代表了世界中的相机的*世界坐标系*，以及代表了相机焦平面上像素位置的*相机坐标系*。我们通常使用小写黑斜体字母来表示焦平面上的点，使用大写黑斜体字母来表示空间中的点。

2. 投影

305 通常的三维空间在这里指的是*欧几里得空间*。我们将在更高维度的空间(称为“投影空间”)里进行数学运算，投影的四维空间是一个有着三维子空间的四维空间。对于一些标量 w，在三维空间中的点与投影四维空间的相应点对应：

$$\begin{bmatrix} X \\ Y \\ Z \end{bmatrix} \Leftrightarrow \begin{bmatrix} Xw \\ Yw \\ Zw \\ w \end{bmatrix} \tag{12.1}$$

从三维空间到四维空间的映射是一对多的，但是有两种情况特别有趣：如果 $w=1$，我们有一个特别简单的情况，即投影空间的前三个元素等于欧几里得表示；另一个特别有趣的情况是 $w=0$ 的(无限)点集合。这些被称为“无穷远处的点”。投影表示的一种功能就是可以方便地表示这些无穷远点。正如我们在第 10 章中所看到的，使用由 1 增强的三维向量通常用术语“齐次坐标”来表示。

12.2.2 投影相机

大多数相机都可以用一个相当简单的模型建模，即“投影相机”，如图 12.1 所示。世界上的一些特定点 $\boldsymbol{X}=[X \quad Y \quad Z \quad 1]^T$ 通过穿过成像平面的光线投影到焦平面[㊀]上，

㊀ 我们通常将焦平面作为图像平面。

并在相机中心 O 处相遇，也称为焦点。来自垂直于焦平面的焦点的光线是主轴，并且主轴在主点处与焦平面相交，该主点通常被选为二维相机坐标系的原点。从焦点到主点的距离是焦距 f。

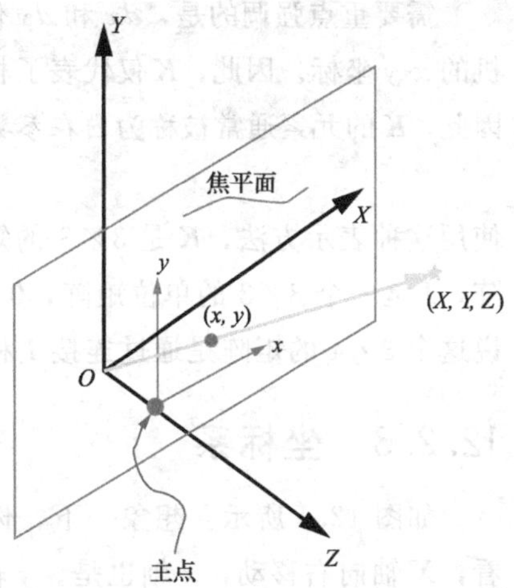

图 12.1　世界坐标的原点位于焦点 O，焦平面的原点位于主点。注意，焦平面的 x 轴平行于世界的 X 轴，y 轴和 Y 轴也是如此。在投影相机的模型中，具有坐标 (X, Y, Z) 的空间中的点被投影到具有坐标 (x, y) 的图像平面的点上。反过来，相机原点通过投影矩阵与世界原点联系起来，投影矩阵描述了相机、相机的位置以及相机的方向

从 $\boldsymbol{X}$ 到 O 的光线与成像平面相交的点具有坐标 $\boldsymbol{x}=[x \quad y \quad 1]$，可以通过使用相似三角形根据焦距 f 和 $\boldsymbol{X}$ 确定(见图 12.2)。在该图中，我们注意到

$$\frac{y}{f}=\frac{Y}{Z} \Rightarrow y=\frac{fY}{Z} \tag{12.2}$$

$$\frac{x}{f}=\frac{X}{Z} \Rightarrow x=\frac{fX}{Z} \tag{12.3}$$

我们已经提到，在齐次坐标中，$\begin{bmatrix}\alpha x\\ \alpha y\\ \alpha\end{bmatrix}=\begin{bmatrix}x\\ y\\ 1\end{bmatrix}$。我们可以定义一个矩阵将二维和三维联系起来，使用

$$\begin{bmatrix}x\\ y\\ 1\end{bmatrix}=\begin{bmatrix}\dfrac{fX}{Z}\\ \dfrac{fY}{Z}\\ 1\end{bmatrix}=\begin{bmatrix}fX\\ fY\\ Z\end{bmatrix}=\begin{bmatrix}f & 0 & 0 & 0\\ 0 & f & 0 & 0\\ 0 & 0 & 1 & 0\end{bmatrix}\begin{bmatrix}X\\ Y\\ Z\\ 1\end{bmatrix} \tag{12.4}$$

由于我们使用齐次坐标，向量 $[fX \quad fY \quad Z]^{\mathrm{T}}$ 可以除以其第三个元素，以找到投影到图像平面上的三维空间点的实际坐标 $\boldsymbol{x}=\left[\dfrac{fX}{Z} \quad \dfrac{fY}{Z} \quad 1\right]^{\mathrm{T}}$。这导致图像中的点与现实世界中的点之间的简单线性关系：

$$\boldsymbol{x}=\boldsymbol{P}\boldsymbol{X} \tag{12.5}$$

式(12.5)也被定义为“投影矩阵”$\boldsymbol{P}$。

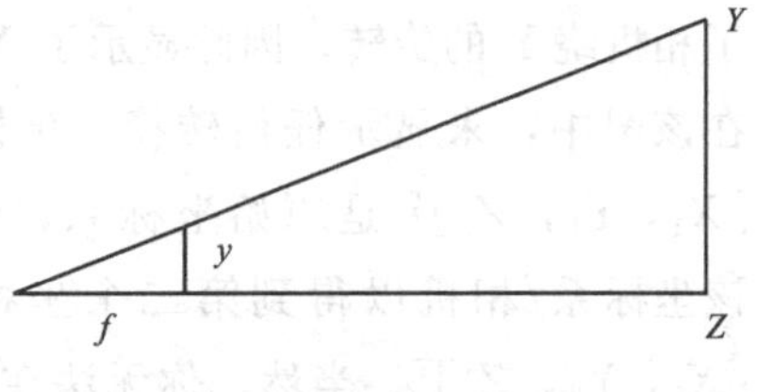

图 12.2　y 是焦平面上的高度，f 是从焦平面到焦点的距离。Y 是被拍摄物体的高度，Z 是相机的距离

可以选择焦平面上的其他点作为成像坐标系的原点。例如，许多系统选择图像的左上角作为原点，并将 y 轴的正方向定义为向下。如果原点不在主点，那么将该信息转换后添加到投影矩阵中：

$$\begin{bmatrix}f & 0 & dx & 0\\ 0 & f & dy & 0\\ 0 & 0 & 1 & 0\end{bmatrix} \tag{12.6}$$

306～307

通常定义一个投影矩阵的子矩阵作为相机的唯一属性，并将其称为相机校准矩阵 $\boldsymbol{K}$。

$$\boldsymbol{K}=\begin{bmatrix} f & 0 & dx \\ 0 & f & dy \\ 0 & 0 & 1 \end{bmatrix} \tag{12.7}$$

需要重点强调的是，dx 和 dy 仅指图像原点相对于主点的位置⊖。它们不是空间中相机的 x-y 坐标。因此，$\boldsymbol{K}$ 仅代表了相机本身的属性，而不是它所在的位置或指向的方向。因此，$\boldsymbol{K}$ 的元素通常被称为内在参数。根据 $\boldsymbol{K}$ 的定义，我们可以将式(12.5)改写成

$$\boldsymbol{x}=\boldsymbol{K}[\boldsymbol{I}\,|\,\boldsymbol{0}]\boldsymbol{X} \tag{12.8}$$

使用这种表示方法，$\boldsymbol{K}$ 是 3×3 的矩阵，$[\boldsymbol{I}\,|\,\boldsymbol{0}]$ 是由一个矩阵 $\boldsymbol{I}$ 和向量 $\boldsymbol{0}$ 组成的3×4矩阵，$\boldsymbol{I}$ 是一个 3×3 的单位矩阵，$\boldsymbol{0}$ 是全零的 3×1 向量，它们组成了 3×4 的矩阵。我们说这个 3×4 的矩阵是通过连接 $\boldsymbol{I}$ 和 $\boldsymbol{0}$ 产生的。

12.2.3　坐标系

如图 12.1 所示。想象一下，你正站在相机前面的 Z 轴上看着相机。从这个角度来看，X 轴向右移动，x 轴也是。y 轴向上，Z 轴向右穿过。(不是很舒服，对吗?)将右手的手指从 X 轴卷曲到 Y 轴。请注意，右手拇指指向 Z 轴方向，你会发现这是一个右手坐标系。如果你走到相机后面看看这些坐标，会发现 X 向左移动，但这些仍然是正确的坐标。不要因为想到是站在镜头后面就觉得困惑。

1. 移动相机

矩阵 $\boldsymbol{P}=\boldsymbol{K}[\boldsymbol{I}\,|\,\boldsymbol{0}]$ 告诉我们如何原始地将空间中的点与相机平面中的点关联起来。但是假如相机会移动呢？假设它在三维空间中旋转并且它的原点被转换了，我们可以在投影矩阵中包含该信息。

在我们得出修改后的投影矩阵之前，需要了解有关相机旋转的问题。图 12.3 说明了相机绕 Y 的旋转，因此显示了 X-Z 平面。在该图中，未显示任何转换。坐标系 $\psi_1=[X_1,Y_1,Z_1]^{\mathrm{T}}$ 是原始坐标系，然后旋转该坐标系/相机以得到第二个坐标系 $\psi_2=[X_2,Y_2,Z_2]^{\mathrm{T}}$。当然，你无法在图中看到 Y 轴，因为它朝向纸内的一端。

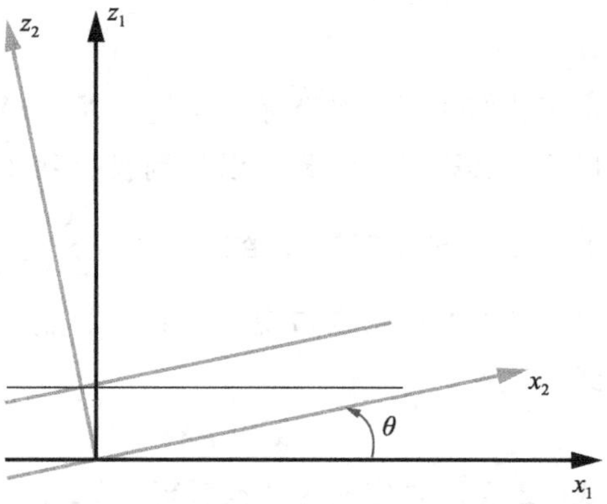

图 12.3　给出了两个坐标系，它们的原点相同，黑色的是原始坐标系，表示为 ψ_1，灰色的是旋转后的结果，表示为 ψ_2。同时，展示了黑色和灰色的焦平面

在图 12.3 中，相机明显被旋转了，并
308 且绕 Y 轴旋转，但是以哪种方式旋转的呢？

记住叉积，特别是叉积的一个版本 $X\times Y=Z$，这个规则在图 12.3 中的应用表明：

⊖　记住：现在，相机的原点和世界的原点是一样的，这称为中心投影。但这即将改变。

得到右手坐标系的唯一方法是让 Y 指向纸的另一端。Y 的正方向是向下的，这取决于观察者的位置。如果是这样，那么图中所示的旋转角是负的，实际上是 $-20°$，这个数字将在介绍旋转矩阵后使用。

在三维空间中，绕 Y 轴做正旋转的旋转矩阵[⊖]为

$$\boldsymbol{R}_Y=\begin{bmatrix}\cos\theta & 0 & \sin\theta\\ 0 & 1 & 0\\ -\sin\theta & 0 & \cos\theta\end{bmatrix}\tag{12.9}$$

2. 构建投影矩阵

假设第二个相机由旋转矩阵 $\widetilde{\boldsymbol{R}}$ 控制旋转，并且定位在点 $\boldsymbol{c}_2\neq\boldsymbol{0}$ 处。我们寻找一个投影矩阵 $\boldsymbol{P}_2$，它将三维空间中的一个点投射到相机的焦平面上。矩阵 $\widetilde{\boldsymbol{R}}$ 移动相机。记住我们需要的不是“相机在哪里”，而是“像相机看到的那样，世界在哪里”。记住，在某种意义上，观察者是在相机里的，世界是旋转的。考虑到这一点，我们需要的是转置。

$$\boldsymbol{R}=\widetilde{\boldsymbol{R}}^{\mathrm{T}}\tag{12.10}$$

通过观察，我们可以构建如下的投影矩阵。

1）将旋转矩阵与 3×3 的单位矩阵和位移向量的连接相乘以构造矩阵 $\boldsymbol{M}$。位移向量描述了相机的原始坐标（并不是相机原点）——$\boldsymbol{c}_2$，构成了一个 3×4 的矩阵，用 $\boldsymbol{M}$ 来表示。 309

$$\boldsymbol{M}=\boldsymbol{R}[\boldsymbol{I}\,|-\boldsymbol{c}_2]$$

$\boldsymbol{M}$ 包含了相机 2 的位置和朝向信息，它的元素被称为相机的外在参数。

2）最后，通过预乘矩阵的内在参数来构造投影矩阵。

$$\boldsymbol{P}_{3\times4}=\boldsymbol{K}_{3\times3}\boldsymbol{M}_{3\times4}\tag{12.11}$$

这里为了更清晰，标明了矩阵维度。

现在相机 $\boldsymbol{X}$ 视野中的点依据以下公式（重复式(12.5)）投影到了一个相机焦平面 $\boldsymbol{x}$ 上的点。

$$\boldsymbol{x}=P\boldsymbol{X}\tag{12.12}$$

3. 没有旋转的例子

在图 12.4 中，两台相机照向同一物体，它们具有相同的焦距 10，并且没有其他内部失真。因此对于这两台相机来说，内在矩阵为

$$\boldsymbol{K}=\begin{bmatrix}10 & 0 & 0\\ 0 & 10 & 0\\ 0 & 0 & 1\end{bmatrix}$$

假设相机 1 在原点（$\boldsymbol{c}_1=\boldsymbol{0}$），且指向全局坐标系的 Z 轴，则它的投影矩阵为

$$\boldsymbol{P}_1=\boldsymbol{K}\begin{bmatrix}1 & 0 & 0 & 0\\ 0 & 1 & 0 & 0\\ 0 & 0 & 1 & 0\end{bmatrix}=\begin{bmatrix}10 & 0 & 0 & 0\\ 0 & 10 & 0 & 0\\ 0 & 0 & 1 & 0\end{bmatrix}$$ 310

⊖ 其他旋转矩阵及其性质详见第 3 章。

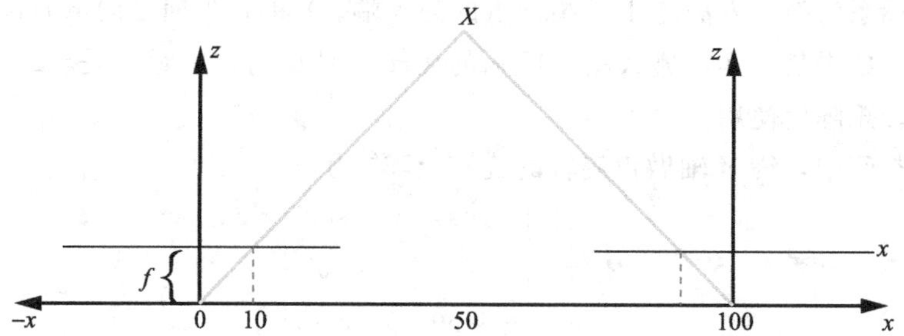

图 12.4　两台相机观察同一物体，它们都没有旋转，以 Y 轴正向指向纸内部的角度观察

给定一个在三维空间中的点 $\boldsymbol{X}=[50\quad 0\quad 50\quad 1]^{\mathrm{T}}$，我们对其进行乘法操作：

$$\boldsymbol{x}_1=\begin{bmatrix}10 & 0 & 0 & 0\\ 0 & 10 & 0 & 0\\ 0 & 0 & 1 & 0\end{bmatrix}\begin{bmatrix}50\\ 0\\ 50\\ 1\end{bmatrix}=\begin{bmatrix}500\\ 0\\ 50\end{bmatrix}$$

记住，这个齐次的三维向量实际上代表了二维相机平面空间中的一个点。除以 50，得到焦平面上点的坐标为 $\boldsymbol{x}_1=[10\quad 0\quad 1]^{\mathrm{T}}$。

将第二台相机定位到相对于第一台相机的 $\boldsymbol{c}_2=[100\quad 0\quad 0]^{\mathrm{T}}$ 的位置上，也指向同一个方向。第二个投影矩阵可以通过构造如下矩阵得到：

$$\boldsymbol{P}_2=\boldsymbol{K}\boldsymbol{R}_2[\boldsymbol{I}\mid-\boldsymbol{c}_2] \tag{12.13}$$

由于这里没有任何旋转，$\boldsymbol{R}_2=\begin{bmatrix}1 & 0 & 0\\ 0 & 1 & 0\\ 0 & 0 & 1\end{bmatrix}$。代入到式(12.13)中，

$$\boldsymbol{P}_2=\begin{bmatrix}10 & 0 & 0\\ 0 & 10 & 0\\ 0 & 0 & 1\end{bmatrix}\begin{bmatrix}1 & 0 & 0 & -100\\ 0 & 1 & 0 & 0\\ 0 & 0 & 1 & 0\end{bmatrix} \tag{12.14}$$

即

$$\boldsymbol{P}_2=\begin{bmatrix}10 & 0 & 0 & -1000\\ 0 & 10 & 0 & 0\\ 0 & 0 & 1 & 0\end{bmatrix} \tag{12.15}$$

将该矩阵应用于相同点 $\boldsymbol{X}=[50\quad 0\quad 50\quad 1]^{\mathrm{T}}$，我们发现 $\boldsymbol{X}$ 在相机 2 的焦平面上位于 $\boldsymbol{x}_2=[-10\quad 0\quad 1]^{\mathrm{T}}$。

这个例子在图 12.4 中进行了说明。图的横轴用世界坐标标记。但是，投影矩阵返回的值相对于每台相机的主点位于焦平面上。从物体 $\boldsymbol{X}$ 到第二台相机的光线在 $x=-10$ 而不是 $X=90$ 处穿透相机 2 的焦平面。

4. 旋转第二台相机的例子

如上所述，第二台相机将围绕正 Y 轴旋转角度 θ，旋转被描述为

$$\widetilde{\boldsymbol{R}} = \begin{bmatrix} \cos\theta & 0 & \sin\theta \\ 0 & 1 & 0 \\ -\sin\theta & 0 & \cos\theta \end{bmatrix} \tag{12.16}$$

$\widetilde{\boldsymbol{R}}$是移动第二台相机的旋转矩阵，为了了解第二台相机如何观测世界，我们需要$\widetilde{\boldsymbol{R}}$的转置，仅表示为$\boldsymbol{R}$：

$$\boldsymbol{R} = \begin{bmatrix} \cos\theta & 0 & -\sin\theta \\ 0 & 1 & 0 \\ \sin\theta & 0 & \cos\theta \end{bmatrix} \tag{12.17}$$

现在我们有了正确版本的$\boldsymbol{R}$。 311

在下文中，为了便于表示，$\sin\theta$和$\cos\theta$分别由s和c代替。

现在我们需要将单位矩阵和向量连接到原点，如上述所示，并且预乘$\boldsymbol{K}$：

$$\boldsymbol{P}_2 = \begin{bmatrix} 10 & 0 & 0 \\ 0 & 10 & 0 \\ 0 & 0 & 1 \end{bmatrix} \begin{bmatrix} c & 0 & -s \\ 0 & 1 & 0 \\ s & 0 & c \end{bmatrix} \begin{bmatrix} 1 & 0 & 0 \\ 0 & 1 & 0 \\ 0 & 0 & 1 \end{bmatrix} \begin{bmatrix} -100 \\ 0 \\ 0 \end{bmatrix} \tag{12.18}$$

则有

$$\boldsymbol{P}_2 = \begin{bmatrix} 10 & 0 & 0 \\ 0 & 10 & 0 \\ 0 & 0 & 1 \end{bmatrix} \begin{bmatrix} c & 0 & -s & -100c \\ 0 & 1 & 0 & 0 \\ s & 0 & c & -100s \end{bmatrix}$$

$$\boldsymbol{P}_2 = \begin{bmatrix} 10c & 0 & -10s & -1000c \\ 0 & 10 & 0 & 0 \\ s & 0 & c & -100s \end{bmatrix}$$

将此矩阵乘以我们之前使用的点$\boldsymbol{X}$，得到

$$\boldsymbol{x} = \begin{bmatrix} 10c & 0 & -10s & -1000c \\ 0 & 10 & 0 & 0 \\ s & 0 & c & -100s \end{bmatrix} \begin{bmatrix} 50 \\ 0 \\ 50 \\ 1 \end{bmatrix} = \begin{bmatrix} 500c - 500s - 1000c \\ 0 \\ 50s + 50c - 100s \end{bmatrix} = \begin{bmatrix} -500(s+c) \\ 0 \\ 50(c-s) \end{bmatrix}$$

现在来看一看图 12.5。

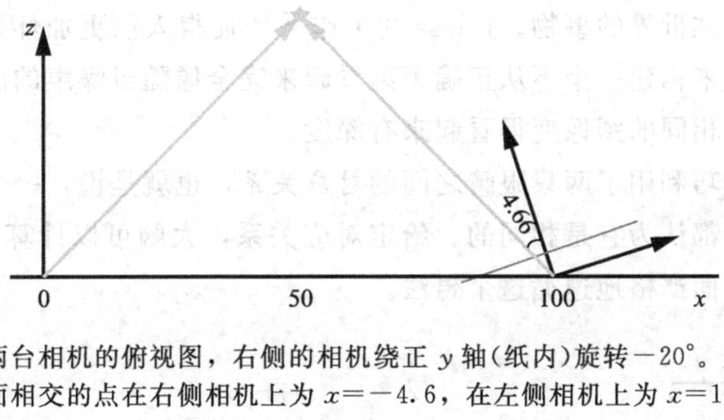

图 12.5　两台相机的俯视图，右侧的相机绕正 y 轴(纸内)旋转$-20°$。光线与焦平面相交的点在右侧相机上为$x=-4.6$，在左侧相机上为$x=10$ 312

在该图中，

$$c=\cos(-20°)=0.939$$
$$s=\sin(-20°)=-0.342$$
$$c-s=1.281$$
$$c+s=0.597$$

将这些值代入式(12.19)的右侧，我们发现

$$\boldsymbol{x}_2=\begin{bmatrix}-500(s+c)\\0\\50(c-s)\end{bmatrix}=\begin{bmatrix}-298.5\\0\\64.05\end{bmatrix}$$

除以齐次向量中的第三个元素，得到

$$\boldsymbol{x}_2=\begin{bmatrix}-4.66\\0\\1\end{bmatrix}$$

所以现在，我们看到空间中的点与焦平面上的点之间存在确定的关系。现在应该很容易弄清楚如何解决立体视觉问题⊖：只需取两个相应的点并找到三维空间中与相机的光线相交的点。

啊哈，但是稍等!

在图 12.6 中，从点 $\mathcal{O}_r$ 到点 x_r 间有一条线，并继续朝向三维空间中的点 $\boldsymbol{X}$，类似
313 地，线($\mathcal{O}_l$，x_l)也继续朝向 $\boldsymbol{X}$，但要记住，这些是三维空间的线，与平面上的线不同，它们不必相交。事实上，它们几乎从不相交。此外，“神奇”对应关系发现者告诉我们，x_l 的邻域看起来有点像 x_r 的邻域。确实如此，但并非所有提出的对应关系都是正确的。在下一节中，将解决对应的问题且不需要相机矩阵，并允许有微小的偏差。

12.3　从运动中恢复形状——两个未知相机的范围

在上一节中，我们知道相机的位置以及它们的指向方式。在本节中，我们放宽了这些要求，并将其替换为合理数量的良好对应关系要求。

请注意，大多数哺乳动物都有两只眼睛，因此，人们会怀疑它们正在使用这种双重信息来推断有关三维世界的事物。Julesz 的工作[12.20]使得人们更加怀疑，他们表示可以使用随机点立体图来构建一个不从正确距离看起来完全像随机噪声的图像，但是如果从正确的距离观看，相同的图像变得看起来有深度。

这种感知的技巧利用了两只眼睛之间的对应关系，也就是说，一个区域看起来与双眼非常相似，两者都认为它是相同的。给定对应关系，大脑可以计算该区域的 3D 位置的估计。我们在下面严格地遵循这个想法。

⊖　但这确实不容易。

12.3.1 立体视觉与对应问题

假设我们用两台相机观察相同的场景，我们不知道相机的姿势㊀。但是，我们确实有一个运算符能够断定“图像1中的这一点看起来像图像2中的那个点”。也就是说，我们有一个可以解决对应问题的运算符，但并不总是正确的。

与前一节一样，使用齐次坐标解决此问题。也就是说，二维向量$[x \quad y]^T$由三维向量$[x \quad y \quad 1]^T$表示。此外，我们将处理具有参数a、b、c的平面中的线，使得线的等式变为：

$$\boldsymbol{l}^T\boldsymbol{x}=0 \tag{12.19}$$

这里的$\boldsymbol{l}=[a \quad b \quad c]^T$且$\boldsymbol{x}=[x, y, 1]^T$。

现在这里有一个有趣的事实：如果在左侧图像中的点$\boldsymbol{x}_l$与在右侧图像中的点$\boldsymbol{x}_r$确实对应，那么存在满足下列条件的矩阵$\boldsymbol{F}$

$$\boldsymbol{x}_l^T\boldsymbol{F}\boldsymbol{x}_r=0 \tag{12.20}$$

此外，如果在左侧图像$\boldsymbol{x}_{li}$中存在很多点，并且在右侧图像中存在很多对应点$\boldsymbol{x}_{ri}$，则对于所有i，相同的矩阵$\boldsymbol{F}$满足$\boldsymbol{x}_{li}\boldsymbol{F}\boldsymbol{x}_{ri}=0$。因此，对应问题似乎很容易：如果我们认为两点可能对应，则将它们替换成式(12.20)。如果结果为0，则两点对应。 314

我们希望你了解在上一段中遇到的挑战：我们不知道$\boldsymbol{F}$，且我们不知道哪些对应是正确的。

如图12.6所示，一张图片中的单个点可以对应于另一张图片中位于直线上的一组点中的任何一个点。该线被称为$\boldsymbol{x}$的极线，如图12.7所示。

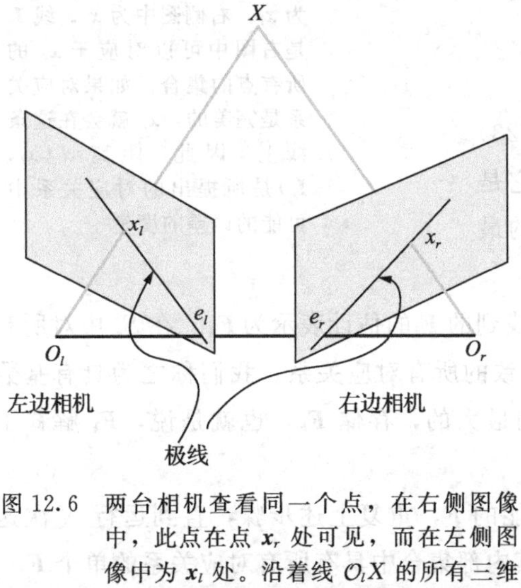

图12.6 两台相机查看同一个点，在右侧图像中，此点在点$\boldsymbol{x}_r$处可见，而在左侧图像中为$\boldsymbol{x}_l$处。沿着线O_lX的所有三维点投影到左侧图像中的相同点$\boldsymbol{x}_l$处

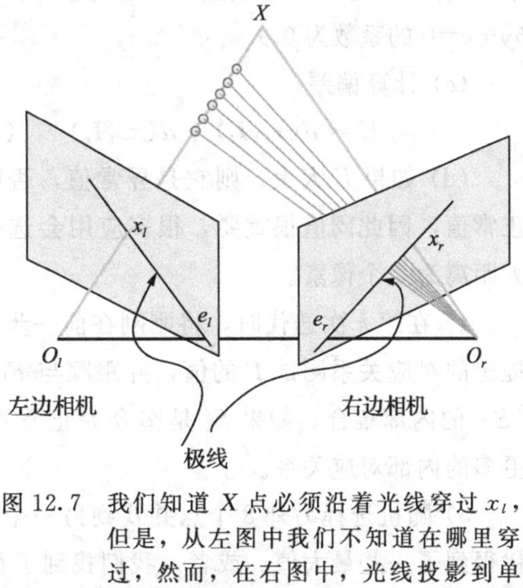

图12.7 我们知道X点必须沿着光线穿过x_l，但是，从左图中我们不知道在哪里穿过，然而，在右图中，光线投影到单条线，即极线

$\boldsymbol{F}$被称为基本矩阵，可以使用“8点算法”[12.1]进行估计，这将在下一节中简要讨

㊀ “姿势”是一个由6个数字组成的集合，包含三维空间中的位置(x, y, z)和朝向(滚动，俯仰，偏航)。

论。但是，存在一个问题：估计 $\boldsymbol{F}$ 需要 8 个对应关系。如果我们随机选取 8 个，那就是公平的，虽然可能其中一个是错误的。但如果一个估计是错误的，那么 F 也可能是错误的，所以我们不能用它来测试哪些对应关系是真的。听起来我们注定要失败，不是吗？

以下是一种方法：首先找到一组大的(明显多于 8 个)可能的对应关系，(记住，对应关系是两个有序坐标三元组，即左侧图像三元组 $\boldsymbol{x}_l=[x_l,\ y_l,\ 1]^{\mathrm{T}}$ 和右侧图像三元组 $\boldsymbol{x}_r=[x_r,\ y_r,\ 1]^{\mathrm{T}}$)。表示可能的对应关系集合 S_c。

1) 从 S_c 中随机挑选 8 个可能的对应关系。

2) 从这 8 个对应关系中，计算出 $\boldsymbol{F}$ 的估计值(见 12.3.2 节)。

3) 识别内点。内点是非常近似满足式(12.20)的对应关系。我们通过以下方式来进行确定：

(a) 找到两条极线。对应于 $\boldsymbol{x}_r$ 的极线我们表示为 $\boldsymbol{I}_l$，且对应于 $\boldsymbol{x}_l$ 的极线表示为 $\boldsymbol{I}_r$ 从式(12.19)回忆起一条线是一个三维向量。我们可以轻松地使用以下方式找到极线：

$$\boldsymbol{I}_l = F\boldsymbol{x}_r \tag{12.21}$$

$$\boldsymbol{I}_r = F\boldsymbol{x}_l \tag{12.22}$$

(b) 找到极线距离，如图 12.8 所示，这个距离在左图中为 $d(\boldsymbol{x}_l,\ \boldsymbol{I}_l)=\dfrac{|\boldsymbol{x}_l^{\mathrm{T}}\boldsymbol{I}_l|}{(a_l^2+b_l^2)^{\frac{1}{2}}}$，在右图中也相似。(记住 $\boldsymbol{I}$ 是向量$[a\quad b\quad c]^{\mathrm{T}}$，等式 $ax+by+c=0$ 的系数为 0。)

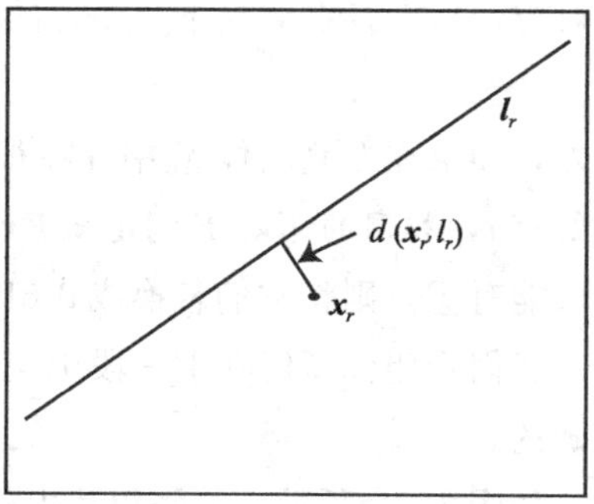

图 12.8　一对图片的右侧图包含了一对可能的对应点：左侧图中为 $\boldsymbol{x}_l$，右侧图中为 $\boldsymbol{x}_r$。线 $\boldsymbol{I}_r$ 是右图中可以对应于 $\boldsymbol{x}_l$ 的所有点的集合。如果对应关系是完美的，$\boldsymbol{x}_r$ 就会在这条线上。因此，距离 $d(\boldsymbol{x}_l,\ \boldsymbol{I}_r)$是所提出的对应关系中可能的误差的度量

(c) 计算偏差

$$E = d(\boldsymbol{x}_l,\boldsymbol{I}_l) + d(\boldsymbol{x}_r,\boldsymbol{I}_r) \tag{12.23}$$

(d) 如果 E 太大，则它是异常值，否则它是正常值，因此阈值很重要，很多应用会选择的最大距离为 1 个像素。

4) 在第 k 次迭代时，将刚刚在前一步中找到的 $\boldsymbol{F}$ 的估计表示为 $\boldsymbol{F}_k$。在 S_c 中对所有提出的对应关系测试 $\boldsymbol{F}$ 的值，并跟踪与 $\boldsymbol{F}_k$ 一致的所有对应关系。我们称之为具有基数 $|S_k|$ 的内部集合。如果 S_k 是迄今为止看到的最大的，存储 $\boldsymbol{F}_k$，也就是说，$\boldsymbol{F}_k$ 解释了更多的内部对应关系。

5) 随机选择另外 8 个点并找到另一个可能的 $\boldsymbol{F}$，重复上述步骤，直到运行 N 次迭代得到了一些最大值。或者，我们找到了在其内部集合中具有所有对应关系的单个 $\boldsymbol{F}$。

上述算法是非常通用的方法的特定版本，随机样本共识(RANSAC)[12.8,12.52]用于在存在可能包含异常值的噪声的情况下寻找模型。在确定一个点是否来自特定的高斯概率分布的背景下，可能最容易看到异常值的概念：如果该点远离均值超过三个标准偏差，我们通常将该点称为异常值。在这个应用程序中，我们不使用概率模型，但原理是相同的。

是的，我们还没有告诉你如何在空间中找到三维的位置。

12.3.2 8 点算法

315~316

在继续之前，我们应该讨论正在处理的数字的范围。使用像素坐标，典型图像具有 0 到 1000 左右的坐标。因此算法必须处理涉及范围超过三个数量级的数字的算术运算。在应对这样的系统时，可能需要双精度，并且得到的数字可能仍然很大。(考虑计算 20×20 的矩阵，其中每个元素是在 0 到 1000 范围内的数字，中间结果在 1000^{20} 量级，不可行。)以下规范[12.28]提供了重大改进：

- 将坐标系的原点移动到图像中心。
- 缩放坐标，使点与原点之间的平均距离为$\sqrt{2}$。

这项技术至关重要。它有时被称为*预处理数据*。

8 点算法有很多变种。在本节中，我们将描述一个简单的版本，以便学生掌握基本原理。当然，这不是绝对最优的版本，但我们还将为需要在鲁棒的软件中实现这些概念的同学提供文献指南。

从重复书写式(12.20)开始：

$$\begin{bmatrix} x_l & y_l & 1 \end{bmatrix} \begin{bmatrix} f_{11} & f_{12} & f_{13} \\ f_{21} & f_{22} & f_{23} \\ f_{31} & f_{32} & f_{33} \end{bmatrix} \begin{bmatrix} x_r \\ y_r \\ 1 \end{bmatrix} \tag{12.24}$$

将矩阵相乘，我们得到：

$$x_l x_r f_{11} + y_l x_r f_{21} + x_r f_{31} + x_l y_r f_{12} + y_l y_r f_{22} + y_r f_{32} + x_l f_{13} + y_l f_{23} + f_{33} = 0 \tag{12.25}$$

我们可以通过定义来重新表述：

$$\boldsymbol{a} = [x_l x_r \quad y_l x_r \quad x_r \quad x_l y_r \quad y_l y_r \quad y_r \quad x_l \quad y_l \quad 1]^{\mathrm{T}} \tag{12.26}$$

且

$$\boldsymbol{f} = [f_{11} \quad f_{21} \quad f_{31} \quad f_{12} \quad f_{22} \quad f_{32} \quad f_{13} \quad f_{23} \quad f_{33}]^{\mathrm{T}} \tag{12.27}$$

这将式(12.24)转化成了

$$\boldsymbol{a}^{\mathrm{T}} \boldsymbol{f} = 0 \tag{12.28}$$

式(12.24)重写成了式(12.28)，仅表示单一的对应关系。如果有一些这样的公式，我们可以使用如下方式堆叠它们：

$$\begin{gathered} \boldsymbol{a}_1^{\mathrm{T}} \boldsymbol{f} = 0 \\ \boldsymbol{a}_2^{\mathrm{T}} \boldsymbol{f} = 0 \\ \cdots \\ \boldsymbol{a}_8^{\mathrm{T}} \boldsymbol{f} = 0 \end{gathered} \tag{12.29}$$

并使用单个矩阵方程重写此系统：

$$\boldsymbol{A} \boldsymbol{f} = \boldsymbol{0} \tag{12.30}$$ 317

可以使用奇异值分解(SVD)来求解式(12.30)(参见 3.2.9 节)。SVD 将找到的是三个矩

阵 $\boldsymbol{U}$、$\boldsymbol{D}$ 和 $\boldsymbol{V}$，使得 $\boldsymbol{A}=\boldsymbol{UDV}^{\mathrm{T}}$。对应于最小奇异值的 $\boldsymbol{V}$ 列将是 $\boldsymbol{f}$ 的最小二乘估计。

然后，使用式(12.27)从 $\boldsymbol{f}$ 重建 $\boldsymbol{F}$。

仍然存在一个问题：$\boldsymbol{F}$ 是奇异的非常重要；特别是秩 2。再次使用 SVD，写成 $\boldsymbol{F}=\boldsymbol{UDV}^{\mathrm{T}}$，$\boldsymbol{D}$ 的对角线上的三个奇异值将代表 $\boldsymbol{D}$。

$$\boldsymbol{F}=\boldsymbol{U}\begin{bmatrix}D_{11} & 0 & 0\\ 0 & D_{22} & 0\\ 0 & 0 & D_{33}\end{bmatrix}\boldsymbol{V}^{\mathrm{T}}$$

根据实现，最小的奇异值将是 D_{11} 或 D_{33}。我们需要将最小的奇异值设置为零。现在假设最小的奇异值是 D_{33}。

最接近 $\boldsymbol{D}$ 的秩为 2 的对角矩阵将是：

$$\boldsymbol{D}'=\begin{bmatrix}D_{11} & 0 & 0\\ 0 & D_{22} & 0\\ 0 & 0 & 0\end{bmatrix}$$

然后构建新的 $\boldsymbol{F}$ 的估计

$$\boldsymbol{F}=\boldsymbol{UD}'\boldsymbol{V}^{\mathrm{T}} \tag{12.31}$$

根据需要，此估计值秩为 2。

因此，给定对应关系，可以消除错误的对应关系，找到基本矩阵。在下一节中，我们找到了 $\boldsymbol{F}$ 的相机矩阵

12.3.3　寻找相机矩阵

你可以尝试取出卷尺和量角器，并测量两个相机的位置和方向。原则上，你可以通过这种方式找到相机矩阵。但是，让我们考虑一下：假设你的数码相机在 1cm×1cm 的芯片上有 1000×1000 的像素阵列，这意味着像素间隔 10 微米。一个十微米的测量误差将你的相机原点移动一个像素。你的卷尺究竟有多精确？我们可以使用相机本身来计算相机矩阵，而不是测量。

在 12.3.1 节中，你学习了如何找到基本矩阵。这一小节提出了一种根据基本矩阵找到两个相机矩阵的方法。

给定基本矩阵 $\boldsymbol{F}$，可以选择两个相机矩阵

$$\boldsymbol{P}_l=\begin{bmatrix}1 & 0 & 0 & 0\\ 0 & 1 & 0 & 0\\ 0 & 0 & 1 & 0\end{bmatrix},\quad \boldsymbol{P}_r=[[\boldsymbol{e}']_{\times}\boldsymbol{F}|\boldsymbol{e}'] \tag{12.32}$$

318 这里，$\boldsymbol{e}'$ 是满足 $\boldsymbol{e}'^{\mathrm{T}}\boldsymbol{F}=0$ 的极。

为了找到这个极，我们只是观察 $\boldsymbol{e}'$ 位于 $\boldsymbol{F}$ 的左零空间。直到你意识到 $\boldsymbol{F}$ 的秩为 2，可能会想到这会出现问题。因此，当你找到 $\boldsymbol{F}^{\mathrm{T}}$ 的零空间时(见 3.2.3 节)并使用 $\boldsymbol{e}'$ 的第三个元素等于 1 的观测值，你会发现零空间中只有一个元素，当然除了零向量和 $\boldsymbol{e}'$ 的所有标量倍数。因此我们可以从 $\boldsymbol{F}$ 的左空间找到 $\boldsymbol{e}'$，而且我们可以从这里获取相机矩阵。

12.3.4 相机矩阵的立体视觉

给定两个具有相机矩阵 $\boldsymbol{P}_l$ 和 $\boldsymbol{P}_r$ 的相机，这些矩阵提供两个向量等式：

$$\boldsymbol{x}_l = \boldsymbol{P}_l\boldsymbol{X}, \quad \boldsymbol{x}_r = \boldsymbol{P}_r\boldsymbol{X}$$

对于矩阵 $\boldsymbol{P}$，写出其中一个矩阵

$$\begin{bmatrix} x \\ y \\ z \end{bmatrix} = \begin{bmatrix} P_{11} & P_{12} & P_{13} & P_{14} \\ P_{21} & P_{22} & P_{23} & P_{24} \\ P_{31} & P_{32} & P_{33} & P_{34} \end{bmatrix} \begin{bmatrix} X \\ Y \\ Z \\ 1 \end{bmatrix} \tag{12.33}$$

回想一下式(3.3)向量与其自身的叉积为 0。我们利用这个事实，观察到 $\boldsymbol{x}=\boldsymbol{P}\boldsymbol{X}$ 意味着 $\boldsymbol{x}\times\boldsymbol{P}\boldsymbol{X}=0$。

将 $\boldsymbol{P}_i$ 定义为 $\boldsymbol{P}$ 的第 i 行。则得到一个元素个数为 3 的行向量。在下一个等式中，将在矩阵 $\boldsymbol{P}$ 的每一个行向量和 $\boldsymbol{X}$ 之间执行内积操作。既然这些向量是行向量，则不需要进行转置。

内积操作得到

$$\begin{aligned} [y\boldsymbol{P}_3 - \boldsymbol{P}_2]\boldsymbol{X} &= 0 \\ [-(x\boldsymbol{P}_3 - \boldsymbol{P}_1)]\boldsymbol{X} &= 0 \\ [x\boldsymbol{P}_2 - y\boldsymbol{P}_1]\boldsymbol{X} &= 0 \end{aligned} \tag{12.34}$$

为了帮助学生理解符号，我们将式(12.34)展开。

$$(yP_{31} - P_{21})X + (yP_{32} - P_{22})Y + (yP_{33} - P_{23})Z + yP_{34} - P_{24} = 0$$

因为它等于 0，我们可能会翻转式(12.34)中间项的符号。

考虑式(12.34)中三个方程的线性无关性，第一个等式乘以 x，第二个等式乘以 y，再相加，即得到第三个等式，我们注意到这些等式不是线性独立的。由于它没有提供额外的信息，所以放弃第三个等式，留下两个等式：

$$\begin{aligned} [y\boldsymbol{P}_3 - \boldsymbol{P}_2]\boldsymbol{X} &= 0 \\ [x\boldsymbol{P}_3 - \boldsymbol{P}_1]\boldsymbol{X} &= 0 \end{aligned} \tag{12.35}$$

319

上面的推导提到了任意矩阵 $\boldsymbol{P}$。为了做立体视觉，我们使用式(12.35)，用 $\boldsymbol{P}_l$ 代替 $\boldsymbol{P}$，并且对 $\boldsymbol{P}_r$ 做同样的操作，得到一个有四个等式的系统：

$$\begin{aligned} [y\boldsymbol{P}_{l3} - \boldsymbol{P}_{l2}]\boldsymbol{X} &= 0 \\ [x\boldsymbol{P}_{l3} - \boldsymbol{P}_{l1}]\boldsymbol{X} &= 0 \\ [y\boldsymbol{P}_{r3} - \boldsymbol{P}_{r2}]\boldsymbol{X} &= 0 \\ [x\boldsymbol{P}_{r3} - \boldsymbol{P}_{r1}]\boldsymbol{X} &= 0 \end{aligned} \tag{12.36}$$

现在我们有了具有三个未知数的等式，而式(12.36)可以改写成矩阵向量积的形式：

$$\boldsymbol{A}\boldsymbol{X} = 0 \tag{12.37}$$

可以找到 $\boldsymbol{X}$(参见文献[12.15])作为对应于 $\boldsymbol{A}^{\mathrm{T}}\boldsymbol{A}$ 的最小特征值的特征向量。

12.3.5　基本歧义

我们自 12.3 节以来在本章中所做的一切都是基于这样的观察，即难以根据想要的精度测量相机姿态。所以我们使用对应关系来找到投影矩阵和三维空间的点。我们实际上没有测量任何东西。要想看看这是否可能让我们遇到麻烦，请考虑以下你已经看过的基本等式：

$$\boldsymbol{x} = \boldsymbol{P}\boldsymbol{X} \tag{12.38}$$

通过找到对应关系，我们找到了一个矩阵 $\boldsymbol{P}$，并且，对于图像中的许多有趣点 $\boldsymbol{x}_i$，我们已经找到了很多对应的空间中的点 $\boldsymbol{X}_i$，我们可以把式(12.38)写成

$$\boldsymbol{x} = \boldsymbol{P}\boldsymbol{I}\boldsymbol{X} \tag{12.39}$$

其中 $\boldsymbol{I}$ 为 4×4 的单位矩阵。

现在令 $\boldsymbol{H}$ 为任意可逆的 4×4 矩阵，我们将 $\boldsymbol{I}$ 代替为 $\boldsymbol{H}\boldsymbol{H}^{-1}$，得到

$$\boldsymbol{x} = \boldsymbol{P}\boldsymbol{H}\boldsymbol{H}^{-1}\boldsymbol{X} = (\boldsymbol{P}\boldsymbol{H})(\boldsymbol{H}^{-1}\boldsymbol{X}) \tag{12.40}$$

我们现在注意到可以认为 $\boldsymbol{PH}$ 是相机矩阵，并且 $\boldsymbol{H}^{-1}\boldsymbol{X}$ 可以视作一个空间点。这些也同样满足式(12.38)的条件。

实际上有无数个矩阵/点对可以满足条件。要真正解决运动物体塑形的问题，我们需要一些实际的测量；否则，我们无法区分近距离的玩具坦克和真正的坦克之间的区别。

有几种方法可以解决这种三角测量问题。已经讨论过的解决方案也适用于该问题。
320 读者可以参考文献[12.15]获取更多细节。

12.4　图像拼接和单应性

这一节讨论两幅图像中点之间的单应性。使用的坐标表示是单应性坐标。即，让图像 1 中的一个点为 $\begin{bmatrix} x \\ y \\ 1 \end{bmatrix}$ 并且假设在图像 2 中的对应点为 $\begin{bmatrix} x' \\ y' \\ 1 \end{bmatrix}$。则 3×3 的矩阵 $\boldsymbol{H}$ 有性质

$$\begin{bmatrix} w'x' \\ w'y' \\ w' \end{bmatrix} = \boldsymbol{H}\begin{bmatrix} x \\ y \\ 1 \end{bmatrix} \tag{12.41}$$

根据 $\begin{bmatrix} w'x' \\ w'y' \\ w' \end{bmatrix}$，我们通过除以第三个元素可以找到在焦平面上的点 w'。

展开上面的等式，我们发现

$$\begin{bmatrix} wx' \\ wy' \\ w' \end{bmatrix} = \begin{bmatrix} h_{11}x + h_{12}y + h_{13}w \\ h_{21}x + h_{22}y + h_{23}w \\ h_{31}x + h_{32}y + h_{33}w \end{bmatrix} \tag{12.42}$$

由于这些是向量的同质表示，因此它们代表投影操作。

当你跟随 $\boldsymbol{H}$ 的推导时，你会发现找到单应性的过程类似于找到基本矩阵。两者都基于查找对应关系，并利用叉积，而不是简单地指出和 $\boldsymbol{F}$ 的差异，找到 $\boldsymbol{H}$ 的推导在这里以完整的形式呈现。

该算法需要尽可能多的对应关系(在两幅图像之间找到的越多，它的工作效果越好……至少十个)。显然，这些必须位于两幅图像的重叠区域中。

给定对应关系 $\boldsymbol{x}'=\boldsymbol{H}\boldsymbol{x}$，我们使用与在 12.3.4 节中所做的相同的观测结果，即如果两个向量相等，则它们的叉积为零。

给定两个向量 $\boldsymbol{u}$ 和 $\boldsymbol{v}$，叉积的第一个元素是 $u_2v_3-u_3v_2$，并且在本问题中

$$\boldsymbol{u} = \begin{bmatrix} wx' \\ wy' \\ w' \end{bmatrix}, \quad \boldsymbol{v} = \begin{bmatrix} h_{11}x + h_{12}y + h_{13}w \\ h_{21}x + h_{22}y + h_{23}w \\ h_{31}x + h_{32}y + h_{33}w \end{bmatrix} \tag{12.43}$$

并且叉积的第一个元素为

$$c_1 = u_2v_3 - u_3v_2 = y'(h_{31}x + h_{32}y + h_{33}w) - w'(h_{21}x + h_{22}y + h_{23}w) \tag{12.44}$$

由于我们需要把 $\boldsymbol{H}$ 写成一个向量 $\boldsymbol{h}$，定义 $h_1=h_{11}$，$h_2=h_{12}$，$h_3=h_{13}$，$h_4=h_{21}$，…，$h_9=h_{33}$，并且将式(12.44)按照 h 的下标排序，因此我们得到了等式 321

$$c_1 = u_2v_3 - u_3v_2 = 0+0+0-w'xh_4 - w'yh_5 - w'wh_6 + y'xh_7 + y'yh_8 + y'wh_9 \tag{12.45}$$

一旦以这种形式书写，我们会认识到叉积的第一个元素可以写成内积，并且设置成零，我们得到一个等式

$$c_1 = [0\ 0\ 0 - w'x - w'y - w'w\ y'x\ y'y\ y'w] \cdot \boldsymbol{h} = 0 \tag{12.46}$$

然而，在这个问题上，我们实际上没有九个自由度，因为无论我们如何缩放图像，相同的等式都将成立。这使我们可以自由选择 $\boldsymbol{h}$ 的一个元素的值。通常的惯例是选择 $h_9=1$。这样做会给我们一个恒定的值放在右边，得到

$$[0\ 0\ 0 - w'x - w'y - w'w\ y'x\ y'y] \cdot \boldsymbol{h} = -y'w \tag{12.47}$$

类似地，叉积的第二个元素产生一个等式

$$[xw'\ yw'\ ww'\ 0\ 0\ 0 - xx' - yx'] \cdot \boldsymbol{h} = -wx'$$

从这两个方程式，我们可以得到以下算法。

对于每个对应关系 x_i，$y_i \Leftrightarrow x_i'$，y_i'，构造一个 2×8 的矩阵，称作矩阵 $\boldsymbol{A}$。

$$\begin{bmatrix} 0 & 0 & 0 & -x_i & -y_i & -1 & x_iy_i' & y_iy_i' \\ x_i & y_i & 1 & 0 & 0 & 0 & -x_ix_i' & -y_ix_i' \end{bmatrix}$$

对于每一个对应关系，构建 2×1 的向量

$$\begin{bmatrix} -y'_i \\ x'_i \end{bmatrix}$$

堆叠这些向量得到一个 $2n\times1$ 的向量 $\boldsymbol{D}$，满足

$$\boldsymbol{A}^{\mathrm{T}}\boldsymbol{h}=\boldsymbol{D} \tag{12.48}$$

使用下式计算向量 $\boldsymbol{h}$

$$\boldsymbol{h}=(\boldsymbol{A}^{\mathrm{T}}\boldsymbol{A})^{-1}\boldsymbol{A}^{\mathrm{T}}\boldsymbol{D}$$

重写前面的等式，显示矩阵/向量大小：

$$\boldsymbol{h}_{8\times1}=(\boldsymbol{A}^{\mathrm{T}}_{8\times2n}\boldsymbol{A}_{2n\times8})^{-1}_{8\times8}\boldsymbol{A}^{\mathrm{T}}_{8\times2n}\boldsymbol{D}_{2n\times1}$$

322 注意这需要反转一个 8×8 的矩阵。

现在你有一个具有 8 个元素的向量

$$\boldsymbol{h}=\begin{bmatrix} h_1 \\ h_2 \\ h_3 \\ h_4 \\ h_5 \\ h_6 \\ h_7 \\ h_8 \end{bmatrix}$$

构建了 3×3 的矩阵

$$\boldsymbol{H}=\begin{bmatrix} h_1 & h_2 & h_3 \\ h_4 & h_5 & h_6 \\ h_7 & h_8 & 1.0 \end{bmatrix}$$

矩阵 $\boldsymbol{H}$ 满足 $\boldsymbol{x}'=\boldsymbol{Hx}$。因此，对于图像 i_l 中的任意点 $\boldsymbol{x}$，$\boldsymbol{Hx}$ 将是图像 i_r 中的对应点。

一旦有了 $\boldsymbol{H}$，就可以将图像复制到另一个图像的坐标中。因此，对于 $\boldsymbol{I}_l$ 中的每个点，在 $\boldsymbol{I}_r$ 中找到其坐标并将像素从 $\boldsymbol{I}_l$ 复制到 $\boldsymbol{I}_r$。请注意，你需要使 $\boldsymbol{I}_r$ 更大，因为 $\boldsymbol{I}_l$ 的许多点将落在原始 $\boldsymbol{I}_r$ 之外。

如右手图像所示，你很可能在之前的作业中遇到了与黑点(我们称之为“反向插值”)相同的问题。如果这是一个问题，而不是使用 $\boldsymbol{H}$ 从 $\boldsymbol{I}_l$ 复制到 $\boldsymbol{I}_r$，即扫描输入图像，并确定它在输出中的位置，从 $\boldsymbol{I}_r$ 复制到 $\boldsymbol{I}_l$，使用 $\boldsymbol{H}^{-1}$ 在输出图像上使用扫描，并确定它在输入中的来源。

如果你的两幅图像相当合适，恭喜你！你现在可以做图像拼接。

图 12.9 和图 12.10 中给出了图像拼接的一个例子

图 12.9 两幅图像，取自同一点，但绕 Y 轴旋转，绕 Z 轴轻微旋转。作者感谢 JunYi Liu 提供的这一图片

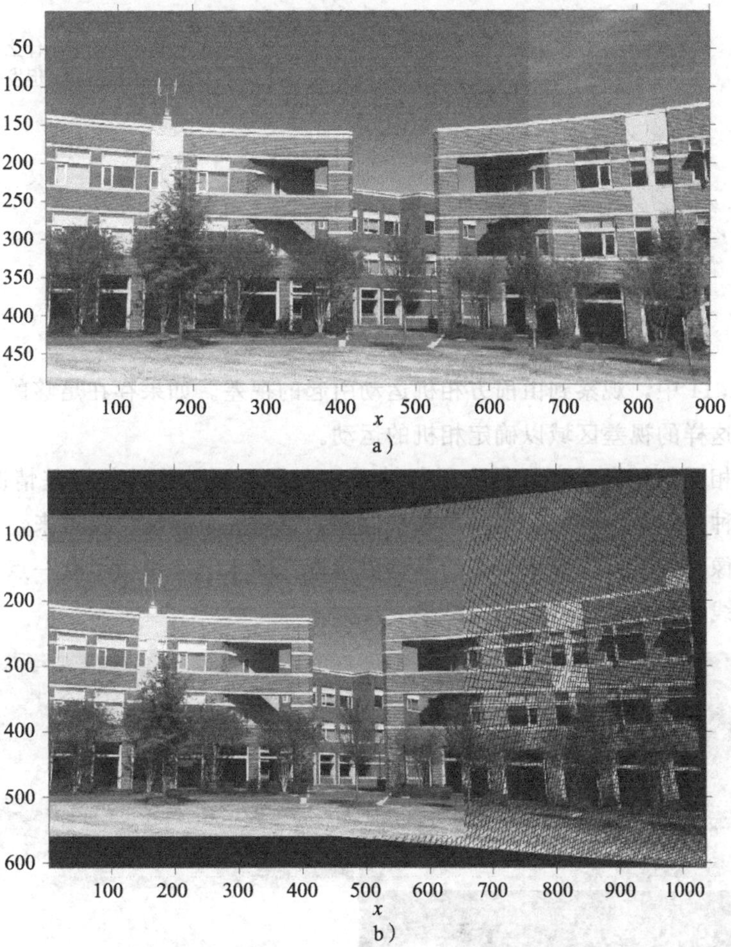

图 12.10 a）图 12.9 中两幅图像的自动拼接。缝合的右半边可能看起来比左边亮一些。这是由于相机上的自动增益控制（AGC）。相机通过图像中的平均亮度设置增益。出于这个原因，我们建议任何进行计算机视觉工作的人都使用允许用户禁用 AGC 的摄像头。b）拼接相同的图像，但反向插值，导致右侧出现伪像。感谢 JunYi Liu 提供的这些图片 323~324

12.4.1 视差

假设我们只有一台相机，但是场景中的某些东西会移动，或者单台相机会移动。根据

两幅图像中的信息，我们可以识别移动物体，随时间跟踪它，并可能识别它。如果相机本身正在移动，则可以预测碰撞时间或相机运动。从固定相机和单个移动物体的情况开始。

假设该数据存在对应问题的解决方案。收集在不同时间拍摄的两幅图像 f_1 和 f_2。在第二幅图像中的每个像素 $\boldsymbol{x}_2=[x_2, y_2]^T$ 处，如果它具有一个对应点，则确定第一幅图像中的对应点 $\boldsymbol{x}_1=[x, y_1]^T$。然后，视差向量是 $\boldsymbol{x}_2-\boldsymbol{x}_1$。如果找到一组对应关系，并且将视差向量绘制为箭头，则可以获得如图 12.11 所示的图像。

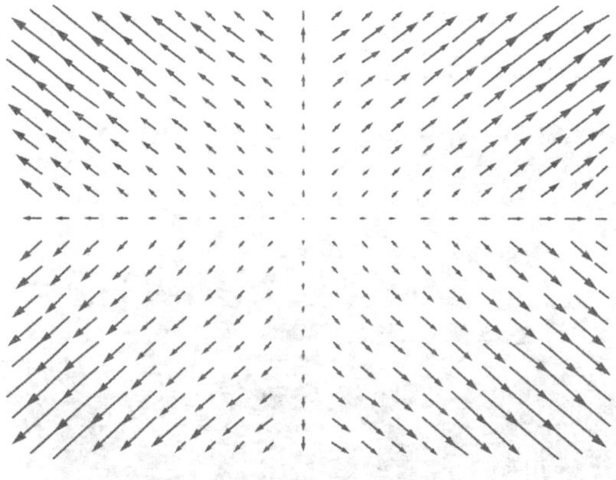

这个运动表示什么？这是相机运动，但发生了什么？

图 12.11　两幅图像之间的视差，从移动的相机中获取的结果

在图 12.11 中，观察到由前方相机运动引起的视差。如果存在足够的对应关系，则可以分析像这样的视差区域以确定相机的运动。

当两个相同的相机对齐以具有平行轴时，会出现一种特殊的视差情况，如图 12.4 所示。在这种情况下，唯一的运动是水平位移，这是一个标量。反过来，该标量可以被视为视差图像中的亮度，其中较亮的事物更接近。图 12.12 说明了这一点。沿着垂直于相机轴的直线移动相机获得类似的结果。

图 12.12　运动后拍摄的两幅图像。当物体离得更远时，它们在图像中移动较少，因此水平视差可以被转换为距离，如底部的范围图像所示。库名：left_10. png，right_10. png

12.4.2 匹配几何不变量

本节介绍一种特殊的匹配案例，它展示了行列式的力量，这种行为对图像运动具有显著的不变性。我们将说明决定因素的力量及其不变性。

不变量是属性、度量或运算，如果输入经历某种转换，其输出不会改变。例如，考虑一个包含三列的矩阵，每列都是二维空间中的齐次坐标：

$$\boldsymbol{M}=\begin{bmatrix}1 & 2 & 3\\4 & 1 & 3\\1 & 1 & 1\end{bmatrix}$$

矩阵 $\boldsymbol{M}$ 具有行列式 $|\boldsymbol{M}|=5.0$。

现在，通过围绕 z 轴将所有三个点旋转 $\frac{\pi}{4}$，然后使用一个齐次转置矩阵翻转所有点：

$$\boldsymbol{M}'=\begin{bmatrix}0.7071 & -0.7071 & 2\\0.7071 & 0.7071 & 4\\0 & 0 & 1\end{bmatrix}\begin{bmatrix}1 & 2 & 3\\4 & 1 & 3\\1 & 1 & 1\end{bmatrix}$$

并且 $\boldsymbol{M}'$ 的行列式将是 5.0，就像在运动之前一样。这是决定因素的属性，并且演示了行列式对等距不变的一个示例。

显然，2D 图像中的测量与 3D 空间中的点之间存在关系，我们应该寻求不变量的关系。

本节介绍使用 Weiss 和 Ray 的工作[12.56]中不变量的概念，它将三维不变量与二维不变量相关联。

我们首先简单地找到一组不变的数字。该方法将在 3D 模型中找到五个点，并从中计算出一些以不变方式唯一表征它们的属性。然后，我们将在图像中找到五个点并确定它们最匹配的模型。 325~326

从 3D 模型中选择一组五个特征点 $\{\boldsymbol{X}_1, \boldsymbol{X}_2, \boldsymbol{X}_3, \boldsymbol{X}_4, \boldsymbol{X}_5\}$，其中至少有四个是非共面的。它只需要四个线性独立的向量来跨越四维空间㊀。因此，由于五个点不能线性独立，因此其中一个点可以写成其他点的线性组合。选择第 5 个点。

$$\boldsymbol{X}_5=a\boldsymbol{X}_1+b\boldsymbol{X}_2+c\boldsymbol{X}_3+d\boldsymbol{X}_4 \tag{12.49}$$

对于五个点中的每一个，我们构造具有四列的矩阵，使用点作为列，并使用我们省略的点的索引作为下标。由于点矩阵的行列式对刚体运动㊁是不变的，我们将使用行列式，并使用相同的下标符号写出根据五个点中的任意四个点构造的行列式：

$$M_1=|\boldsymbol{X}_2\boldsymbol{X}_3\boldsymbol{X}_4\boldsymbol{X}_5| \tag{12.50}$$

㊀ 在 10.3.1 节中查看跨越空间。

㊁ 实际上，线性形式的绝对不变量总是决定因素的幂的比率[12.14]。

使用根据式(12.49)得到的展开式代替 X_5。

$$M_1 = |X_2 X_3 X_4 (aX_1 + bX_2 + cX_3 + dX_4)| \tag{12.51}$$

利用经常被遗忘的一个决定因素属性称为"列的分配规则"，以及将一个矩阵的单个列乘以一个标量将该行列式乘以相同的量这一事实，我们将根据式(12.49)得到的 $\boldsymbol{X}_5$ 的形式代入式(12.50)，得到

$$M_1 = a|\boldsymbol{X}_2\boldsymbol{X}_3\boldsymbol{X}_4\boldsymbol{X}_1| + b|\boldsymbol{X}_2\boldsymbol{X}_3\boldsymbol{X}_4\boldsymbol{X}_2| + c|\boldsymbol{X}_2\boldsymbol{X}_3\boldsymbol{X}_4\boldsymbol{X}_3| + d|\boldsymbol{X}_2\boldsymbol{X}_3\boldsymbol{X}_4\boldsymbol{X}_4| \tag{12.52}$$

可以通过观察具有两个相同的矩阵的行列式来将列简化为零：

$$M_1 = a|\boldsymbol{X}_2\boldsymbol{X}_3\boldsymbol{X}_4\boldsymbol{X}_1| \tag{12.53}$$

如果你互换两列，翻转行列式的符号，可以进一步简化。

$$M_1 = (-a)|\boldsymbol{X}_1\boldsymbol{X}_3\boldsymbol{X}_4\boldsymbol{X}_2| = (a)|\boldsymbol{X}_1\boldsymbol{X}_3\boldsymbol{X}_2\boldsymbol{X}_4| = (-a)|\boldsymbol{X}_1\boldsymbol{X}_2\boldsymbol{X}_3\boldsymbol{X}_4| \tag{12.54}$$

则

$$M_1 = -aM_5 \tag{12.55}$$

类似地，

$$M_2 = bM_5 \tag{12.56}$$

$$M_3 = -cM_5 \tag{12.57}$$

$$M_4 = dM_5 \tag{12.58}$$

由此，我们可以为方程式中的系数写一个表达式。

327

$$a = -\frac{M_1}{M_5}, \quad b = \frac{M_2}{M_5}, \quad c = -\frac{M_3}{M_5}, \quad d = \frac{M_4}{M_5} \tag{12.59}$$

在二维中，相同的五个点投射到一组三维向量(再次使用齐次坐标)，

$$\boldsymbol{x}_5 = a\boldsymbol{x}_1 + b\boldsymbol{x}_2 + c\boldsymbol{x}_3 + d\boldsymbol{x}_4 \tag{12.60}$$

我们通过省略两个指数来构造矩阵，并用下标表示遗漏的指数

$$m_{12} = |\boldsymbol{x}_3\ \boldsymbol{x}_4\ \boldsymbol{x}_5| \tag{12.61}$$

此时，我们简化了符号[⊖]，除去了 $\boldsymbol{x}$ 并且只是跟踪下标，重写 m_{12} 的定义：

$$m_{12} = |3\ 4\ 5| \tag{12.62}$$

如上所述，我们可以使用代数来关联决定因素和系数，例如，

$$m_{12} = a|3\ 4\ 1| + b|3\ 4\ 2| \tag{12.63}$$

$$= a|1\ 3\ 4| + b|2\ 3\ 4| \tag{12.64}$$

$$= am_{25} + bm_{15} \tag{12.65}$$

且

$$m_{13} = am_{35} - cm_{15} \tag{12.66}$$

$$m_{14} = am_{45} + dm_{15} \tag{12.67}$$

式(12.59)给出了 M_i 的系数形式，并将这些关系加到式(12.65)～式(12.67)中。

$$M_5 m_{12} + M_1 m_{25} - M_2 m_{15} = 0$$

⊖ 注意这里的符号改变。

$$M_5 m_{13} + M_1 m_{35} - M_3 m_{15} = 0 \tag{12.68}$$
$$M_5 m_{14} + M_1 m_{45} - M_4 m_{15} = 0$$

除了影响所有 M_i 相同的乘法尺度之外，这些关系对三维和二维运动都是不变的。我们可以通过使用比率和定义三维不变量来消除这种依赖性。

$$I_1 = \frac{M_1}{M_5}, \quad I_2 = \frac{M_2}{M_5}, \quad I_3 = \frac{M_3}{M_5} \tag{12.69}$$

和二维不变量

$$i_{12} = \frac{m_{12}}{m_{15}}, \quad i_{13} = \frac{m_{13}}{m_{15}}, \quad i_{25} = \frac{m_{25}}{m_{15}}, \quad i_{35} = \frac{m_{35}}{m_{15}} \tag{12.70}$$

分母不能为零，因为它们是我们所知的矩阵是非奇异的的决定因素。看看式(12.68)并将两边同除 M_5：

$$m_{12} + \frac{M_1}{M_5} m_{25} - \frac{M_2}{M_5} m_{15} = 0 \tag{12.71}$$ 328

这简化为

$$m_{12} + I_1 m_{25} - I_2 m_{15} = 0 \tag{12.72}$$

类似地，将其除 m_{15} 并得到两个独立的等式：

$$i_{12} + I_1 i_{25} - I_2 = 0$$
$$i_{13} + I_1 i_{35} - I_3 = 0 \tag{12.73}$$

如果我们有二维不变量，我们有两个三维不变量等式。不幸的是，式(12.73)的两个等式没有完全确定三个三维不变量。这两个等式仍然确定了 I 的三维空间中的空间线。

我们如何使用这样的想法？给定一个物体的 3D 模型以及任意五个点，其中四个不是共面的，我们可以找到具有标量 I_1、I_2 和 I_3 的集合，它们定义了 3D 空间中的一个点，我们称之为“模型空间”，为了进行识别，我们首先从二维图像中提取(通常是几个个)5 元组的特征点，然后从中构建二维不变量。每个 5 元组在 I_1、I_2 和 I_3(式(12.73))空间中得到两个等式，即三维不变空间中的直线。如果 2D 图像中的 5 元组是三维中的一些 5 元组的投影，则如此获得的线将通过表示模型的单个点。如果对这五个点有不同的投影，我们得到一条不同的直线，但它仍然通过模型点。

对于逼真的场景，实现这一点比上述描述稍微复杂一些，因为实际上必须使用投影几何而不是假设正交投影。在确定选择 5 元组的合适方式时会出现其他复杂情况，以及处理线路可能“几乎”通过该点的事实。Weiss 和 Ray[12.56]解决了这些问题。我们可能会指出，这种方法也为对应问题提供了解决方案。

12.5 控制照明——一个摄像头和一个光源的范围

通过控制亮度来获取密集范围图像有两种主要方式：使用飞行时间和使用结构化照明。

飞行时间 如果可以快速调制激光或其他光源，并且快速电子设备可以测量光脉冲从源激光器获取，从远处的目标反弹，然后返回探测器的时间，并且可以轻松计算到远程对象的距离。这种方法非常适用于创建像月亮这样的远距离物体的范围图像。然而，光速相对较快，我们没有足够快的电子设备来处理电路板上的元件等小物体。对于非常短的距离，获取范围图像将需要结构化照明度。

飞行时间系统的设计需要仪器设计的技能，这超出了本书的范围。

结构化照明 用光源替换一台相机(例如，通过柱
329 面镜的激光束产生光平面)。要了解其工作原理，请考虑常规的双相机立体视觉问题，并用一个能够在场景中照射非常窄且非常明亮的狭缝的投影仪替换其中一台相机，如图 12.13 所示。

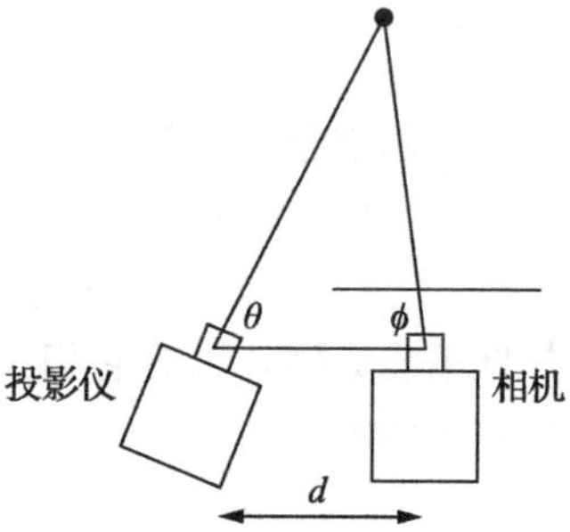

图 12.13 结构化照明

现在，从投影仪中可以知道一个角度 θ；另一个角度 ϕ 是通过找到相机图像中的亮点，对像素进行计数，并且知道像素和角度之间的关系来测量的。最后，相机之间的距离 d 的信息使得这个三角形可解。当使用结构化照明来观察诸如金属表面的镜面反射器时，会出现一个有趣的问题。对于镜面反射器，要么反射不够，要么反射了太多光(极化滤波器有所帮助[12.35])。

示例：结构化照明

进行结构化照明的关键是认识到通过控制照明，可以消除立体视觉问题中的一个或多个未知数。让我们更详细地看一个例子，看看它是如何工作的。

要解决的问题是机器人视觉中的应用：机器人从推车上拾取闪亮的金属涡轮叶片并将它们放入机器中进行进一步处理。为了定位叶片，使激光束通过柱面透镜将水平的光切口投射到场景上。结果图像的几何形状如图 12.14 所示。
330 如果图像中没有叶片，则激光的光条纹会从推车反射时在图像中形成水平线。叶片的存在导致光条纹的垂直平移。垂直位移量与产生角度 ϕ 的角度差成正比。知道相机和投影仪之间的两个角度和距离 d，可以简单地计算距离 z。

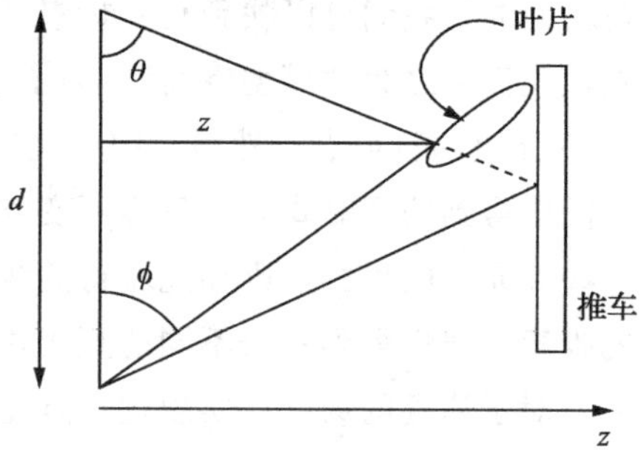

图 12.14 在需要结构化照明来定位涡轮叶片的应用中，叶片的存在导致光条纹的位置在图像中垂直地平移(摘自文献[12.35])

$$z=\frac{d\tan\theta\tan\phi}{\tan\theta+\tan\phi} \tag{12.74}$$

虽然这种关系相对简单，但只需保留 z 与行位移的查找表就更简单了。

在该问题中出现的一个实际问题是来自镜面反射器(例如涡轮叶片)的反射的镜面性质；亮点可能比图像的其他部分亮得多。这通过使光束通过偏振滤光器来处理。通过在相机镜头上放置另一个这样的滤光器，镜面光斑的幅度显著减小。

在使用结构化照明的例子中，一次只投射一个光条纹，因此没有关于哪个投影仪产生哪个亮点的模糊性。然而，在更一般的情况下，可能有多个光源，需要一些消除歧义的方法[12.7,12.31]。

12.6 从 x 中恢复形状——单个相机的范围

在本节中，形状定义为深度函数 $z(x, y)$。然而，如何在没有特殊硬件的情况下将亮度 $f(x, y)$的测量结果转换为深度并不明确。为实现这一目标，已经开发了许多方法，这些方法在 12.6.1 节中描述。

12.6.1 从阴影中恢复形状

从阴影中恢复形状首先由 Horn[12.18]引入，他认为对光的产生、反射和观察的一些了解可以大大提高计算机视觉系统的性能。考虑图 12.15，假设你知道：

- 一种控制光散射的法则。
- 表面的反照率(表面如何涂漆/着色)。
- 光源的方向。
- 观察者的方向。
- 测量的像素亮度。

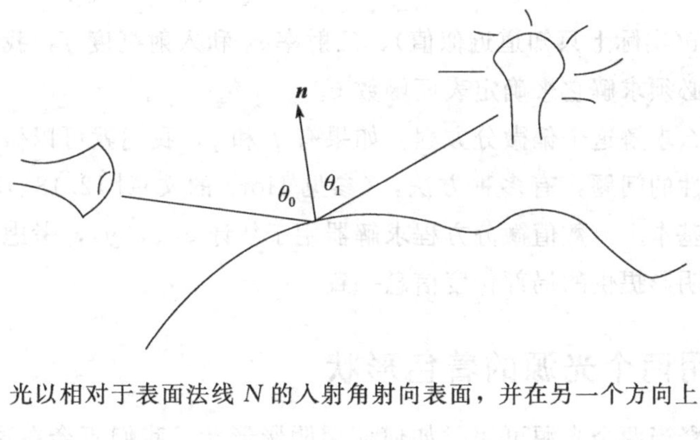

图 12.15 光以相对于表面法线 N 的入射角射向表面，并在另一个方向上反射/散射

然后，第一个目标是获得表面法线。一旦表面法线已知，就可以实际确定表面 $z(x, y)$。

表面法向量可以写作 $\boldsymbol{n}=\frac{\boldsymbol{r}}{|\boldsymbol{r}|}$，方向向量 $\boldsymbol{r}=\left[\frac{\partial z}{\partial x}, \frac{\partial z}{\partial y}, 1\right]^{\mathrm{T}}$。在大多数阴影塑形文件中，偏导数的缩写使用：$p=\frac{\partial z}{\partial x}$，$q=\frac{\partial z}{\partial y}$。

尽管我们经常使用术语“亮度”，但它实际上并没有严格的物理定义。Horn[12.18]提醒我们，我们应该将辐照强度定义为落在表面上的每单位面积的功率，以瓦/平方米为单位。即，辐照率定义为每单位立体角的每单位缩短面积的功率。这种对缩短区域的依赖清楚地标明，观察角度和入射角都可能在场景“亮度”中起重要作用。

在某一点上，表面的反射率模型将表面法线、光源方向和观察者方向联系起来。例如，反射亮度可能与入射亮度有关，

$$R(x,y)=r_0 f(x,y)\cos(\theta_I) \tag{12.75}$$

因此，如果我们知道入射亮度 f，反射率(如何绘制表面)r_0 和反射亮度 R，我们可能希望求解 θ_I，并由此推断表面法线，式(12.75)的反射率函数被称为 Lambertian 模型。请注意，观察角度不在 Lambertian 模型中，想想看：观察一下白色发泡胶杯，你会发现无论你如何在眼前转动它，亮度都不会改变，因此明显看出反射光与观察角度无关。但是，将其靠近单个光源，你会发现入射角对于表面出现的亮度很重要。

另一个熟悉的反射函数是镜面反射模型

$$R(x,y)=r_0 f(x,y)\delta(\theta_I-\theta_o) \tag{12.76}$$

它描述了镜子——如果照明角度等于入射角，你只能得到反射。当然，大多数表面，甚至是“有光泽的”表面不是完美的镜面反射器，而混合表面更逼真的模型可能是

$$R(x,y)=r_0 f(x,y)\cos^4(\theta_I-\theta_o) \tag{12.77}$$

虽然使用反射率函数需要对相机进行辐射校准[12.16]，但这一要求本身并不是主要的难
331~332 点。为了发现问题的复杂性[12.33]，让我们基于单位入射向量 $\boldsymbol{I}=[I_x, I_y, I_z]^{\mathrm{T}}$ 和法向量 $\boldsymbol{n}$ 来扩展式(12.75)，回忆起这两个向量的内积为 $\cos\theta_I$。

$$R(x,y)=r_0 f(x,y)\boldsymbol{I}\cdot\boldsymbol{n}=r_0 f(x,y)\left(I_x\frac{\partial z}{\partial x}+I_y\frac{\partial z}{\partial y}+I_z n_z\right) \tag{12.78}$$

假设知道入射角 θ(实际上只知道近似值)、反射率 r_0 和入射亮度 f，我们仍然有一个偏微分方程，我们必须求解它来确定表面函数 z。

那么我们怎么求解这个偏微分方程？如果有 p 和 q，我们就可以做到，但这本身就是一个具有挑战性的问题，有多种方法，(参见 Horn 的文章[12.18])其详细内容超出了本书的范围。基本上，数值微分方程求解器用于估计 $z(x, y)$，考虑被估计对象的边界条件，以及与阴影提供的局部梯度信息一致。

12.6.2　使用两个光源的着色形状

这里我们解释当两个光源可用时如何使用阴影形状。我们不会在这里讨论物理学，但扫描电子显微镜提供了一个很好的示例应用。在这样的显微镜中，产生了两幅图像：一幅来自二次发射(SE)电子，另一幅来自后向散射(BSE)电子。

我们可以通过在显微镜中放置球体并对其进行成像来简单地测量反射率函数 RSE 和 RBSE，而不是试图精确地对相机的几何形状进行建模。在球体上，p 和 q 很容易确定。例如，特定亮度值可能由图 12.16 中所示的点的轨迹表示。然后，假设反射率是已知的(这是一个重要的假设)，测得的亮度是 BSE 和 SE 图像中 p 和 q 的函数。尽管每幅图像中存在无数个可能的 p、q 值，但是只有两个可能的(p, q)对可以解释测量的亮度。因此，我们通过定义目标函数并找到最小化该函数的表面来求解 $z(x, y)$。

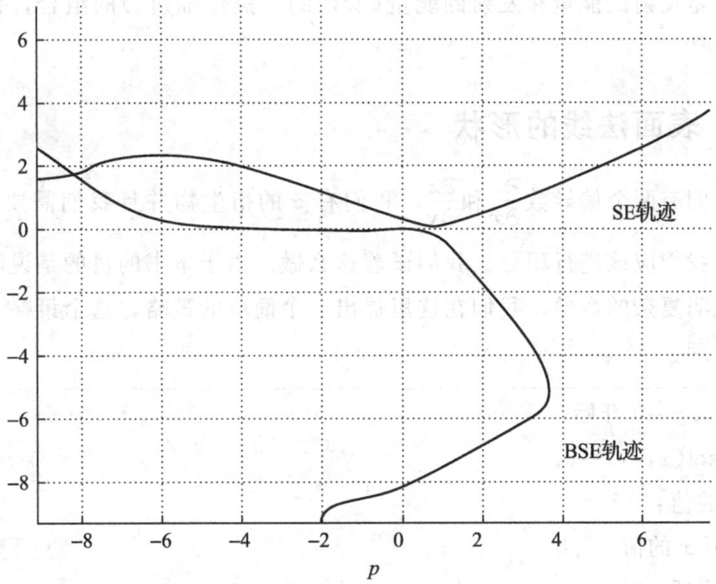

图 12.16　可以通过 SE 和 BSE 图像中的 p、q 值来创建给定的测量亮度(作者感谢 B. Karaçali 提供该图)　333

为了实现这一点，首先让 $\rho((p_1, q_1), (p_2. q_2))$定义一个函数，该函数表示由两个 p、q 有序对定义的表面法线的差异。举例来说，它可以像它们之间角度的余弦一样简单。然后，我们考虑由第 i 个(p, q)对定义的表面法线与垂直于平面 $z(x, y)$的向量之间的差异。并将该差值写作 $d_i(x, y)=\rho\left(\left(\frac{\partial z}{\partial x}, \frac{\partial z}{\partial y}\right), (p, q)\right)$。最后，假设图 12.16 的两条曲线在 m 个点处相交(并使 m 为 x，y 的一个函数，提醒读者所有这些都是针对单个 x，y 点完成的)，我们将目标函数定义为

$$E=\sum_{x,y}\left(\sum_{i}^{m(x,y)}(d_i(x,y))^{-1}\right)^{-1}+\lambda\Lambda \tag{12.79}$$

允许 Λ 作为正则化项，例如分段线性。

使用这种技术检查集成电路[12.21]如图 12.17 所示。当表面不是完全反射时，发生上面给出的简单模型的变化。例如，在红外波长(和其他波长，在较小程度上)，来自表面

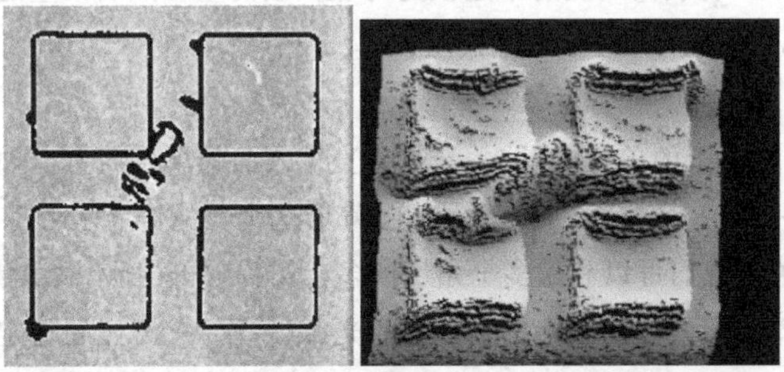

图 12.17　背面散射电子传感器左侧显示了带有四个焊盘的集成电路。结合二次发射传感器并使用本节技术，可以生成范围图像，如右图所示。利用该信息，可以很容易地确定焊盘的高度和缺陷(作者非常感谢 B. Karaçali 提供的这张图)

的测量功率是反射的能量和发射的能量(所谓的“黑体辐射”)的组合，作为表面温度测
334 量的结果[12.29]。

12.6.3 表面法线的形状

假设我们有两个偏导数$\frac{\partial z}{\partial x}$和$\frac{\partial z}{\partial y}$，我们有 z 的衍生物并且我们需要 z——一些微积分，教授说我们应该进行积分。我们试着这么做。由于本书的目的是说明简单的原理而不是深入说明复杂的数学，我们在这里提出一个简单的策略，这个策略不是最好的，但它能解释原理。

1) 从 $x=0$，$y=0$ 开始。
2) 设置 pixel(x，y)=0。
3) 遍历 y 的值：
   (a) 遍历 x 的值。
      - 设置 $z(x, y) \leftarrow z(x-1, y)+p(x-1, y)$。
   (b) 增加 y 并将 x 设置为 0。
   (c) 设置 $z(x, y) \leftarrow z(x, y-1)+q(x, y-1)$

观察到上面的算法以光栅的方式扫描图像，首先在每个点 p 处递增 z，然后每行增加一个 q。还有其他方法可以浏览图像，其他路径也可以。如果我们得到相同的图像 z，无论采用哪条路径，我们都说这是一个可积函数。为了可积，函数应该是连续的和可微分的。

许多论文和 Horn 的经典论文[12.18]提出了解决阴影形状问题的各种特殊情况的方法。Zhang 的一篇论文[12.61]调研了该领域从 Horn 的书到 1999 年间的情况。(记住，式(12.78)是它的一种特殊形式——它假设亮度不依赖于观测的角度。)接下来，我们会讨论另一种特殊形式——光度立体视觉法。

12.6.4 光度立体视觉法

在很多情况下，将表面的反射率建模为与表面法向量和照明向量之间的角度的余弦成比例是合理的，Lambertian 反射率模型：

$$R(x,y) = r_0 \boldsymbol{N}_i \boldsymbol{n} \tag{12.80}$$

其中 $\boldsymbol{N}_i$ 是光源 i 方向上的单位向量㊀，$\boldsymbol{n}$ 是垂直于表面的单位向量。如果我们足够幸运拥有一个物体、一个 Lambertian 反射器(它满足这个等式)，并且拥有相同的反射率(r_0)，与照明无关，我们可以利用多个角度的多幅图像(并非所有光源都在一条直线上)确定表面法线[12.19,12.57]。让我们用三个不同的光源(一次一个)照亮特定像素，并每次测量该像素的亮度。在给定的像素处，我们用三个观测值构造一个向量：

㊀ 咦？我们早些时候说过“余弦”，式(12.80)中没有余弦，怎么去解释？

$$\boldsymbol{R} = [R_1, R_2, R_3]^{\mathrm{T}} \tag{12.81}$$ 335

我们知道每个光源的方向⊖。那些方向使用从表面点到光源的单位向量 $\boldsymbol{N}_1$、$\boldsymbol{N}_2$、$\boldsymbol{N}_3$ 表示。通过使每个向量成为矩阵的一行，将这三个方向向量写在单个矩阵中。

$$\boldsymbol{N} = \begin{bmatrix} \boldsymbol{N}_1 \\ \boldsymbol{N}_2 \\ \boldsymbol{N}_3 \end{bmatrix} = \begin{bmatrix} n_{11} & n_{12} & n_{13} \\ n_{21} & n_{22} & n_{23} \\ n_{31} & n_{32} & n_{33} \end{bmatrix} \tag{12.82}$$

现在我们有了式(12.80)的矩阵版本。

$$\boldsymbol{R} = r_0 \boldsymbol{N}\boldsymbol{n} \tag{12.83}$$

我们可以通过使式(12.83)的两侧同乘 $\boldsymbol{N}^{-1}$得到标量反射率：

$$\boldsymbol{N}^{-1}\boldsymbol{R} = r_0 \boldsymbol{n} \tag{12.84}$$

$\boldsymbol{N}$ 是已知的，$\boldsymbol{n}$ 是单位向量，所以我们取绝对值

$$r_0 = |\boldsymbol{N}^{-1}R| \tag{12.85}$$

一旦我们知道 r_0，我们就可以使用下式得到 $\boldsymbol{n}$：

$$\boldsymbol{n} = \frac{1}{r_0}\boldsymbol{N}^{-1}\boldsymbol{R} \tag{12.86}$$

这种立体光度的推导假设反射率(有时称为表面反射率)对于每个照明角度都是相同的。在下一节中，我们并不做这种假设而且将说明一个将阴影形状与立体光度相结合的应用程序。例如，镜面反射器提供了一种特殊条件：观察角度恰好等于入射角。这允许使用特殊技术[12.34]。但是，我们首先考虑如果有三个以上的光源会发生什么。

12.6.5 超过三个光源的光度立体视觉法

如果我们使用超过三个以上的光源怎么办？这为我们提供了一个很好的背景，可以探讨一个重要的主题。超定系统与伪逆。如果我们实际上使用三个以上的光源，我们希望抵消一些噪声或测量误差的影响。假设我们有 k 个光源，即式(12.83)被重写为 $\boldsymbol{R}_{k+1} = \boldsymbol{N}_{k\times 3}\boldsymbol{n}_{3\times 1}$，其中下标用于强调矩阵维度，并且为了解释清晰明了，移除了 r_0。

现在，我们不能简单地乘以 $\boldsymbol{N}$ 的倒数，因为 $\boldsymbol{N}$ 不是方阵。只需要三个方程来确定表面法线。若超过三个方程，我们的问题是*超定的*。正如我们在之前多次做过的那样，设置一个最小化问题：找到表面法向量 $\boldsymbol{n}$，它最小化了测量 $\boldsymbol{R}$ 与 $\boldsymbol{N}$ 和 $\boldsymbol{n}$ 乘积之间的差的平方和。

当然，如果式(12.80)处处正确，那么我们没有必要去做最小化操作。如果式(12.80) 336
处处正确，那么也没有测量超过三次的意义。我们认为测量并不完美，并且采取额外的测量有一些优势。首先，定义向量 $\boldsymbol{R} = [R_1 R_2 \cdots R_n]^{\mathrm{T}}$。定义一个目标函数 E，它包含了寻找最佳解决方案的期望：

⊖ 嗯，差不多。由于像素不是全部在同一点，因此从像素到像素的方向存在一些变化，但是光源距离(通常)太远以至于方向上的差异可以忽略不计。

$$E=\sum_{i=1}^{k}(R_i-\boldsymbol{N}_i\boldsymbol{n})^2 \tag{12.87}$$

使用每个 R_i 作为列，构建矩阵表示为 $\boldsymbol{R}$，然后我们得到

$$E=(\boldsymbol{R}-\boldsymbol{N}\boldsymbol{n})^{\mathrm{T}}(\boldsymbol{R}-\boldsymbol{N}\boldsymbol{n}) \tag{12.88}$$

乘积展开

$$E=\boldsymbol{R}^{\mathrm{T}}\boldsymbol{R}-2\boldsymbol{n}^{\mathrm{T}}\boldsymbol{N}^{\mathrm{T}}\boldsymbol{R}+\boldsymbol{n}^{\mathrm{T}}\boldsymbol{N}^{\mathrm{T}}\boldsymbol{N}\boldsymbol{n} \tag{12.89}$$

我们希望找到最小化和的平方差 E 的表面法向量 $\boldsymbol{n}$，所以我们将 E 相对于 $\boldsymbol{n}^{\mathrm{T}}$ 区分开。

$$\nabla_n E=-2\boldsymbol{N}^{\mathrm{T}}\boldsymbol{R}+2\boldsymbol{N}^{\mathrm{T}}\boldsymbol{N}\boldsymbol{n} \tag{12.90}$$

并将梯度设置为 0

$$\boldsymbol{N}^{\mathrm{T}}\boldsymbol{N}\boldsymbol{n}=\boldsymbol{N}^{\mathrm{T}}\boldsymbol{R} \tag{12.91}$$

或者

$$\boldsymbol{n}=(\boldsymbol{N}^{\mathrm{T}}\boldsymbol{N})^{-1}\boldsymbol{N}^{\mathrm{T}}\boldsymbol{R} \tag{12.92}$$

(如果你还没有认出它，那么伪逆就出现了。)这工作量很大，让我们看看有没有更简单的办法：

回到式(12.83)，为清楚起见再次省略 r_0，并在两侧同乘 $\boldsymbol{N}^{\mathrm{T}}$。

$$\boldsymbol{N}^{\mathrm{T}}\boldsymbol{R}=\boldsymbol{N}^{\mathrm{T}}\boldsymbol{N}\boldsymbol{n} \tag{12.93}$$

将两侧同乘以 $(\boldsymbol{N}^{\mathrm{T}}\boldsymbol{N})^{-1}$，我们得到与式(12.92)相同的结果。

那为什么我们会遇到这么多麻烦——从式(12.87)到式(12.91)的所有等式的工作似乎是浪费。我们现在向你展示：乘以伪逆 $(\boldsymbol{N}^{\mathrm{T}}\boldsymbol{N})^{-1}\boldsymbol{N}^{\mathrm{T}}$ 会产生超定线性的最小平方误差估计系统。这是一个重要的结果，在立体光度的情况下很重要，并且在很多其他应用中也很重要。

12.6.6　从纹理中恢复形状

纹理或纹理的空间变化可以用于表征三维形状，如图 12.18 所示。一个很棒的图片集合用来展示纹理如何推导三维形状，详见文献[12.49]。当然，为了从纹理中恢复形状，必须能够稳健地提取纹理基元。但是，该主题对于本书的范围而言过于宽泛。

从纹理中恢复形状的思想也在恢复三维运动的工作中得到应用[12.46,12.44]。

337

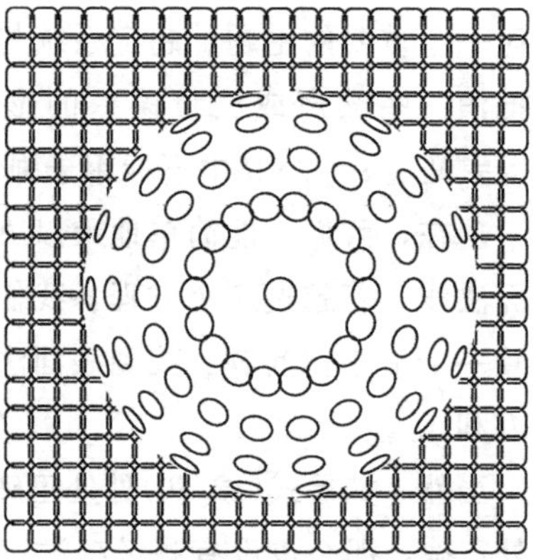

图 12.18　该图不包含阴影或颜色，仅包含纹理的变化。但仍然向观察者呈现平面上的三维球体的感觉。(作者非常感谢 John Franke 帮助开发软件以生成该图片)

12.6.7　从焦点中恢复形状

可以从焦点那里获取范围是显而易见的，然而，从焦点到固定形状的扩展是困难的。主要问题是精确确定每个像素何时聚焦[12.32,12.45]。令人难过的是，我们也无法在本书中介绍从焦点中恢复形状。

12.7　三维空间的曲面

我们在本章中花了很大一部分讨论如何获取有关曲面的范围信息。但是一旦我们拥有这些信息，要如何处理呢?

在本节中，将讨论曲面。曲面(如此处定义)是嵌入三维空间的双参数的流形。我们不能将曲面限制为可微分的，因为可能真的会出现不连续性。尽管如此，我们认为我们处理的曲面至少在局部可微分。我们从二阶曲面开始。

12.7.1　二阶曲面

由二阶代数方程定义的曲面被称为二阶曲面。二阶曲面的一般方程是

$$ax^2+by^2+cz^2+fyz+gzx+hxy+px+qy+rz+d=0 \tag{12.94}$$

这一个等式描述了所有二阶曲面。

二阶曲面：三个例子

图 12.19 展示了三个示例曲面。范围图像模拟软件使用式(12.104)的二次系数矩阵，但使用不同的方法指定正确的列(翻转)。矩阵的值为： 338

$$\textbf{抛物面}\begin{bmatrix}0 & 0.05 & 0.2\\ 0 & 0 & 0\\ -1 & 0 & 0\end{bmatrix}\quad(\text{图 } 12.19\text{a})$$

$$\textbf{椭球体}\begin{bmatrix}0.51 & 0.15 & 0.2\\ 0 & 0 & 0\\ 0 & 0 & 0\end{bmatrix}\quad(\text{图 } 12.19\text{b})$$

$$\textbf{双曲面}\begin{bmatrix}1.5 & -1 & 5\\ 0 & 0 & 0\\ 0 & 0 & 0\end{bmatrix}\quad(\text{图 } 12.19\text{c})$$

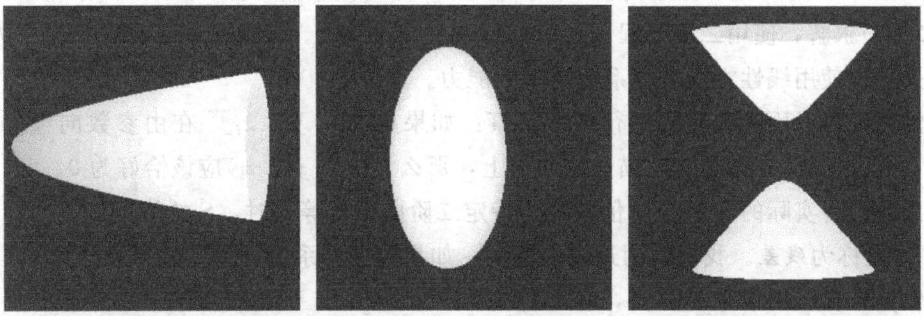

a）以平面为顶端合成的抛物面范围图像　b）椭球体合成范围图像　c）双片双曲面合成范围图像

图 12.19　二次函数示例，文中给出了系数矩阵

如果二阶曲面以原点为中心，并且其主轴恰好与坐标轴对齐，二阶曲面将采用特定形式。例如，与坐标轴对齐的椭球体具有特殊形式：

$$\frac{x^2}{a^2}+\frac{y^2}{b^2}+\frac{z^2}{c^2}=1 \tag{12.95}$$

等式中的 a、b、c 只是标量常数，且并不是式(12.94)中的 a、b、c。

但是，当二阶曲面的轴不与坐标轴对齐时，只有式(12.94)的一般形式出现。

12.7.2　将二阶曲面拟合到数据

在范围图像中，我们通常有许多曲面。人们可以简单地寻找不会弯得太快的曲面。遵循该原理产生的算法寻求平滑解决方案并沿着高曲面曲率线分割区域。在 6.5.2 节中讨论了这种原理的一个例子，其中我们描述了一种算法，该算法在寻求对数据点的最佳分段线拟合时去除噪声。这样的拟合等同于将曲面与一组平面拟合。飞机相遇的点产生
339 屋顶型边缘或阶跃型边缘，具体取决于视点(见图 5.9)。如果使用退火算法(比如 MFA)，可以简单地通过不将算法运行到真正平面的解决方案来生成更一般曲面的良好分割[12.3]。

范围图像分割的第二种原理性方法是假设曲面的一些方程，例如二阶曲面(二阶曲面的一般方程在 12.7.1 节中定义)。然后，满足该等式并且相邻的所有点属于同一曲面。这种哲学混合了分割和拟合的问题[12.6,12.39]。

下面，我们选择一个用于描述曲面的形式，对于描述类型，我们有两种选择：隐式类型和显式类型。隐式类型更具吸引力，但可能更难以适应。例如，考虑二阶形式。曲面的显式表示可能是

$$z=ax^2+by^2+cxy+dx+ey+g \tag{12.96}$$

其隐式表示为

$$S(x,y,z)=ax^2+by^2+cz^2+fyz+gzx+hxy+px+qy+rz+d=0 \tag{12.97}$$

如 12.7.1 节所述，式(12.97)被称为二阶曲面，是描述所有二阶曲面(圆锥、球体、平面、椭球体等)的一般形式。在第 5 章中，你学习了如何通过最小化方差来使显式函数拟合数据。不幸的是，显式表示难于表示 z 的更高阶形式。对于 z，你可以使用式(12.97)求解，使用二次方程，然后得到一个显式形式。但现在在右侧有一个平方根，并且失去了使用线性方法求解系数向量的能力。

然而，可以用隐式形式进行如下观察：如果点 $[x_i,\ y_i,\ z_i]^{\mathrm{T}}$ 在由参数向量 $[a,\ b,\ c,\ f,\ g,\ h,\ p,\ q,\ r,\ d]^{\mathrm{T}}$ 描述的曲面上，那么 $S(x_i,\ y_i,\ z_i)$ 应该恰好为 0。

当我们将实际的 x、y、z 值替换为特定二阶曲面的等式时，S 的值可能不会精确为 0。S 的值称为*残差*。我们使用这样的事实：如果数据和系数一致，残差应该为 0，为了更方便地开发找到系数的算法，有时称为*最小化平方残差*，并且有时称为*最小化代数距离*。

可以通过最小化 $E=\sum_i (S(x_i,y_i,z_i))^2$ 求系数。在某些情况下效果很好，但实际

上并不是我们想要的。我们确实应该最小化一些距离度量，例如从点到曲面的欧几里得距离(这被称为到曲面的几何距离[12.47])。这经常被证明在代数上是难以处理的。(为了实现这一点，请参阅文献[12.51]了解重要细节。)虽然基于代数距离的方法在大多数情况下表现得相对较好，但它们肯定会失败。我们使用的任何距离测量应该具有以下属性[12.27]：只要真实(欧几里得、几何)距离为0(使用代数距离完成)，该度量应为0；在样本点，关于参数的导数对于真实距离和度量是相同的。

下面，二阶曲面拟合一组数据。 340

1. 拟合二阶曲面

我们从二阶曲面的一个版本开始，通过除以常数项进行归一化：

$$ax^2+by^2+cz^2+fyz+gzx+hxy+px+qy+rz+1=0 \tag{12.98}$$

对于某些特定点(x_i，y_i，z_i)，定义向量：

$$\boldsymbol{x}_i=\begin{bmatrix}x_i^2\\y_i^2\\z_i^2\\y_iz_i\\z_ix_i\\x_iy_i\\x_i\\y_i\\z_i\end{bmatrix},\quad \boldsymbol{a}=\begin{bmatrix}a\\b\\c\\f\\g\\h\\p\\q\\r\end{bmatrix}$$

通过使每个 $\boldsymbol{x}_i$ 成为 $\boldsymbol{X}$ 的列，从点集 $\boldsymbol{x}_i$ 构造矩阵 $\boldsymbol{X}$，现在，$\boldsymbol{X}$ 是一个9行 n 列的矩阵，其中 n 是我们测量的点的数目。如果每个点($\boldsymbol{X}$ 的每一列)实际上位于由 $\boldsymbol{a}$ 定义的曲面上，那么

$$\boldsymbol{X}^{\mathrm{T}}\boldsymbol{a}+[\boldsymbol{1}]=[\boldsymbol{0}] \tag{12.99}$$

这里的[**1**]和[**0**]是0和1的 n 维向量。

或者

$$\boldsymbol{X}^{\mathrm{T}}\boldsymbol{a}=[-\boldsymbol{1}] \tag{12.100}$$

现在，我们可以使用伪逆来找到 $\boldsymbol{a}$ 的均方估计

$$\hat{\boldsymbol{a}}=(\boldsymbol{X}\boldsymbol{X}^{\mathrm{T}})^{-1}\boldsymbol{X}[-\boldsymbol{1}] \tag{12.101}$$

重写式(12.101)以显示维度信息，我们可以看到

$$\hat{\boldsymbol{a}}_{9\times1}=(\boldsymbol{X}_{9\times n}\boldsymbol{X}_{n\times9}^{\mathrm{T}})_{9\times9}^{-1}\boldsymbol{X}_{9\times n}[-\boldsymbol{1}]_{n\times1} \tag{12.102}$$

这只需要9×9逆的解来找到描述这个二阶曲面的系数。此外，该方法允许使用超定方程组和最小平方误差解法。

2. 确定几何形状

根据范围或其他曲面数据，二次系数可以通过诸如前一部分中的方法确定。给定系数，二阶曲面的类型可以通过以下方法确定。(注意，这里我们使用附加系数2。这仅

341 仅是为了使得式(12.104)中的矩阵更方便解出。否则，2 不会出现在这里⊖。)

1) 如果有一个常数项 d，除以这个常数，重新定义其他系数(例如，$a=\frac{a}{d}$)，得到一个二次方程的形式，其中常数项是集合：

$$ax^2+by^2+cz^2+2fyz+2gzx+2hxy+px+qy+rz+1=0 \quad (12.103)$$

然后可以用如下形式写出该等式

$$[x \quad y \quad z \quad 1]\begin{bmatrix} a & h & g & p \\ h & b & f & q \\ g & f & c & r \\ 0 & 0 & 0 & 1 \end{bmatrix}\begin{bmatrix} x \\ y \\ z \\ 1 \end{bmatrix}=0 \quad (12.104)$$

2) 考虑左上 3×3 子矩阵。获得其三个特征值 λ_1、λ_2 和 λ_3。然后求出非零的倒数 $r_1=\frac{1}{\lambda_1}$，$r_2=\frac{1}{\lambda_2}$，$r_3=\frac{1}{\lambda_3}$。

3) 至少有一个倒数必须是正的以具有真实曲面。

4) 如果只有一个倒数是整数，那么曲面是双片双曲面。

5) 如果恰好两个倒数是整数，则它是一个单张的双曲面。

6) 如果所有三个倒数都是正的，则它是椭球体，并且 r_1、r_2、r_3 的平方根是椭球的主轴。

7) 否则，双曲面的焦点之间的距离由 r 的大小决定。

12.7.3　拟合椭圆和椭球体

虽然本节讨论拟合曲面，但我们已经介绍了代数距离的概念，这是一个适当的地方，可以再次考虑将椭圆拟合到曲线数据的简单情况，以及拟合椭球体的三维扩展。椭圆由圆锥截面的一般方程描述：

$$ax^2+bxy+cy^2+\mathrm{d}x+ey+f=0 \quad (12.105)$$

这种隐式表示不仅描述了椭圆，还描述了线、双曲线、抛物线和圆。

为了保证得到的曲线是椭圆形的，我们还必须确保它满足

$$b^2-4ac<0 \quad (12.106)$$

满足此约束会产生非线性的优化问题。相反，我们可以使用残差来找到系数 $a-f$，就像前一节中所做的那样。

遵循这种方法提供了一种解决方案，它表现得相当好，但往往适合低曲率区域与双曲线弧而不是椭圆，当师徒将椭球体拟合到距离数据时会发生类似的困难。参见 Wang[12.54]、Rosin 和 West[12.36]以及 Fitzgibbon 等[12.9]了解更多详情。

有一种快速简便的方法可以找到椭圆，如果长轴的两端都没有遮挡，我们已经在

⊖ 作者感谢已故的 Dr. G. L. Bilbro 提出的这种方法。

9.4 节中讨论了这种方法，另一种方法是 Lei 和 Wong[12.58]提出的，它用一种很有效的方式使用累加器。 342

12.8 总结

已经有很多论文，从各种源中提取三维形状：从剪影[12.23,12.24,12.26,12.30,12.62]；从镜面反射的图像[12.37]；从三个正交投影(X 射线投影)[12.48]，利用物体倾向于具有正交性[12.12]或对称性[12.10]的假设。最终，在所有这些算法中，必须解决可见性问题[12.50]。也就是说，在任何特定图像中，并非每个曲面的每个部分对于相机都是可见的，因此可能发生遮挡。

如何使函数拟合数据还取决于噪声的性质或数据的损坏程度。如果噪声是加性的、零均值高斯分布(这是我们几乎总是假设的)，那么最小垂直距离(最小化和方差)或最小法线距离(我们称之为特征向量线性拟合)方法效果很好。

如果噪声不是高斯噪声，那么其他方法更合适。例如，核医学图像主要通过计数(泊松)噪声来破坏。这种噪声在两个重要方面与高斯噪声不同：它从不是负的，而且它依赖于信号。远离零，泊松噪声可以通过加性高斯模型合理地建模，其方差等于信号。其他传感器会产生其他类型的噪声。Stewart[12.43]考虑了内点和异常值的情况。但假设脏数据随机分布在传感器的动态范围内。也就是说，噪声不是累积的。

给定一个分段，你应该合并两个相邻的区域吗？如果它们相邻且满足相同的等式，则在测量某些噪声中，它们应该合并。存在这种原理的不同变种，详见文献[12.5，12.22，12.25，12.38]。关于拟合曲面的相关论文包括文献[12.2，12.55，12.59]。

人们还面临着使用什么曲面度量作为分割基础的问题。曲率看起来特别有吸引力。因为测量曲率对于视点是不变的。然而，“曲率估计”对量化噪声非常敏感[12.53]，因为它们基于二阶导数。

1. 广义圆柱体(GC)

圆柱体可以被描述为沿着空间中的直线平移的圆，其中圆的平面垂直于线。现在假设允许线在空间中弯曲，实际上成为任意空间曲线，由弧长 s 参数化。然后，该线变为 s 的向量函数$[x(s), y(s), z(s)]$。接下来。允许圆的半径随着曲线上的点而变化，$R=R(s)$，并且你已经知道了广义圆柱体是什么[12.4,12.11,12.13,12.40,12.41,12.60]。然而，GC 的概念甚至比上面描述的更宽泛。转换的对象不必是圆形的，它可以是任何二维形状。

如果可以将 GC 拟合到区域，那么我们可以使用线的向量函数和半径函数作为特征来描述区域的形状。然而，将 GC 与图像拟合存在着重大挑战。我们不会在本书中进一步深究 GC 这个想法。 343

2. 自遮挡

人们可能认为，范围图像已经包含了三维形状的完整描述，但是，你当然无法在一个图像中看到整个曲面[12.17]。一个棘手的问题是如何整合多个范围图像以形成三维物体的一种描述[12.42]。

即使你可能在分割曲面上取得了一些成功，但这些分割几乎从来都不是完全正确的。人们可能会认为描述空间曲线交点的等式很容易找到。毕竟，你有曲面的等式，其交点决定了边缘。只计算交点！⊖唉，它永远不会那么容易。当你有顶点、边的交点：三面体或多面交叉点时会出现问题。你刚刚推导出的那些等式从不在一个点精确地相交。Hoover 等人[12.17]解决了这个问题，并将解决方案扩展到了不可见的曲面。

12.9　作业

12.1：一个范围相机安装在原点，面向正 Z 轴。这是一种扫描飞行时间的激光扫描仪。激光器安装在可绕两个不同轴旋转的平台上。首先，它可以绕 Z 轴旋转角度 ϕ。然后它可以围绕 $\hat{y}$ 轴旋转角度 θ。$\hat{y}$ 是第一次旋转后的 y 轴。光束撞击曲面，探测器测量飞行时间，并由此确定到曲面的距离 ρ。

鉴于这两个角度值和距离度量，

(1) 三维空间的那一点在哪里？是的，这是从球面到笛卡儿坐标的转换。但是，不要只是寻找，要推导出来。

(2) 是否有可能在三维空间中存在我们无法准确确定笛卡儿值的点？如果是，请描述它们。

12.2：在本章中，你接触到以下符号：$[\boldsymbol{a}]_\times$ 被称为一个 3×3 的矩阵。估计乘积：$[\boldsymbol{a}]_\times \boldsymbol{b}$。这里的 $\boldsymbol{b}$ 是一个 3×1 的向量。比较这个运算和计算 $\boldsymbol{a}$ 和 $\boldsymbol{b}$ 叉积的结果。

12.3：前面问题中的相机是使用上升时间为 250ps 的电子设备构建的。也就是说，从光脉冲到达检测器的时间开始，在电子器件输出逻辑“1”之前经过 250ps。下降时间是一样的。

这款相机的分辨率是多少？也就是说，这台相机可以检测的最小范围差异是多少。你可能需要做出一些假设。

12.4：在 12.2.2 节中，根据参数集合描述了一款简单的相机。该集合中未提供的两个
344 参数是焦平面在 x 和 y 方向上的范围。要看到这两个参数的效果，假设你是在中央投影中使用相机，焦距为 10mm。假设相机的焦平面范围为 $-6\text{mm}<x<6\text{mm}$ 和 $-4\text{mm}<y<4\text{mm}$。

在 12.2.2 节中，我们假设焦平面是无限的，但现在我们已经对焦平面进行了约束。这是否限制了这款相机的视野范围？例如，这款相机能否在 $\boldsymbol{X}=[700\text{mm}, 300\text{mm}, 1.0\text{m}]^T$ 处看到一个物体？描述这款相机可见的空间区域。

12.5：有人给你一个焦距为 25mm 的投影相机，要求你把它放在 $\boldsymbol{X}=[100, 100, 10]^T$ 处，指向 Z 轴，然后问：“这台相机在没有被旋转的情况下能看到原点吗？”请给

⊖ 它们可能不相交，因为它们处于三维空间中。

出你的回答。

接着，他要求你去寻找一个可放置相机并不进行旋转就能看到原点的位置，你说呢？

12.6：上一个问题中的相机直指 Z 轴。用什么投影矩阵来描述这个相机？

12.7：在测试过程中，你左边的同学把考试纸放在地板上。在那，你“注意到”他已经导出了下面的矩阵 $\boldsymbol{M}$：

$$\begin{bmatrix} 0.25 & 0 & 0.75 & 0 \\ 0 & 1 & 0 & 0 \\ 0.75 & 0 & 0.25 & 0 \end{bmatrix}$$

你怎么看？

12.8：假设你已经成功找到了基础矩阵 $\boldsymbol{F}=\begin{bmatrix} 0.25 & 0 & 0.75 \\ 0 & 1 & 0 \\ 0.75 & 0 & 0.25 \end{bmatrix}$，它描述了一对相机。与右侧图像中点 $[8,\ 10\ 12]^{\mathrm{T}}$ 对应的左边图像中的极线等式是什么？

12.9：假设矩阵 $\boldsymbol{F}$ 是一个描述了朝向同一场景的两台相机的几何形状的基础矩阵。$\boldsymbol{x}_l$ 是相机 l 中的 x-y 坐标系的齐次坐标向量。类似地，$\boldsymbol{x}_r$ 是相机 r 中的 x-y 坐标系的齐次坐标向量。下面的条件表示什么？（“什么也不是”是一种可能的答案）。

(a) $\boldsymbol{x}_l^{\mathrm{T}}\boldsymbol{x}_r=0$ ______________________

(b) $\boldsymbol{x}_l\boldsymbol{F}\boldsymbol{x}_r=0$ ______________________

(c) $\boldsymbol{x}_l^{\mathrm{T}}\boldsymbol{x}_r=1$ ______________________

(d) $\boldsymbol{x}_l^{\mathrm{T}}\boldsymbol{x}_l=1$ ______________________

12.10：这是做立体视觉的另一种方法：考虑从左镜头的原点到点 $\boldsymbol{x}_l$，再到点 $\boldsymbol{X}$ 的线。这是一条空间线，形式为 $ax+by+cz=r$。给定相机原点的位置和点 $\boldsymbol{x}_l$，我们可以找到该等式的参数。类似地，我们可以找到点 $\boldsymbol{x}_r$ 的等式，这是通过将 $\boldsymbol{X}$ 投影到右边的相机而得到的。那是空间中的两条线，都通过 $\boldsymbol{X}$。为了找到 $\boldsymbol{X}$，我要做的所有事情就是去找到这两条线的交点。

这是一个好的方法吗？它能起作用吗？为什么可以或为什么不可以？ 345

12.11：一台焦距为 10 的相机被定位，因而它的投影矩阵是

$$\boldsymbol{P}_1=\begin{bmatrix} 10 & 0 & 0 & 0 \\ 0 & 10 & 0 & 0 \\ 0 & 0 & 1 & 0 \end{bmatrix}$$

如何移动这台相机，使其直接指向 $[30\quad 0\quad 30]^{\mathrm{T}}$？在这样的移动之后，投影矩阵是什么？选择所有正确的。

(a) $\boldsymbol{P}_{\mathrm{new}}=\begin{bmatrix} 10 & 0 & 0 & 0 \\ 0 & 10 & 0 & 0 \\ 0 & 0 & 1 & 0 \end{bmatrix}$

(b) $\boldsymbol{P}_{\text{new}}=\begin{bmatrix}10 & 0 & 0 & -300\\ 0 & 10 & 0 & 0\\ 0 & 0 & 1 & 0\end{bmatrix}$

(c) $\boldsymbol{P}_{\text{new}}=\begin{bmatrix}10\cos(45^\circ) & 0 & -\sin(45^\circ) & 0\\ 0 & 1 & 0 & 0\\ \sin(45^\circ) & 0 & 10\cos(45^\circ) & 0\end{bmatrix}$

(d) $\boldsymbol{P}_{\text{new}}=\begin{bmatrix}10\cos(45^\circ) & \sin(45^\circ) & 0 & -300\\ -\sin(45^\circ) & 10\cos(45^\circ) & 0 & 0\\ 0 & 1 & 0 & 0\end{bmatrix}$

12.12：在本章中，我们介绍了可用于“求解”的伪逆(即找到解的最小平方误差估计)形式的线性方程

$$\boldsymbol{C}=\boldsymbol{A}\boldsymbol{B}$$

其中 $\boldsymbol{A}$ 是非方矩阵，$\boldsymbol{B}$ 和 $\boldsymbol{C}$ 是不同长度的向量。如果逆矩阵实际上是方形的呢？人们想要相信，在这种情况下，伪逆与逆相同。这是真的吗？如果是这样，请证明。

12.13：使用光度立体视觉法的理念，如果用户坚持使用超定系统。所需的最小图像是多少？

12.14：详细讨论如何从式(12.84)得到式(12.85)。

12.15：下列等式描述了一个三维空间的曲面：

$$1.5x^2+1.5y^2+3z^2+xy+x+z+1=0$$

这个曲面是什么类型的(椭球体、圆柱体、双曲面等)？

参考文献

[12.1] M. Armstrong, A. Zisserman, and R. Hartley. Self-calibration from image triplets. *Computer Vision – ECCV'96*, pages 1–16, 1996.

346 [12.2] J. Berkmann and T. Caelli. Computation of surface geometry and segmentation using covariance techniques. *IEEE Trans. Pattern Anal. and Machine Intel.*, 16(11), 1994.

[12.3] G. Bilbro and W. Snyder. Range image restoration using mean field annealing. In *Advances in Neural Network Information Processing Systems*. Morgan-Kaufmann, 1989.

[12.4] T. Binford. Visual perception by computer. In *IEEE Conf. on Systems and Control*, December 1971.

[12.5] G. Blais and M. Levine. Registering multiview range data to create 3d computer objects. *IEEE Trans. Pattern Anal. and Machine Intel.*, 17(8), 1995.

[12.6] K. Boyer, M. Mirza, and G. Ganguly. The robust sequential estimator: A general approach and its application to surface organization in range data. *IEEE Trans. Pattern Anal. and Machine Intel.*, 16(10), 1994.

[12.7] D. Caspi, N. Kiryati, and J. Shamir. Range imaging with adaptive color structured light. *IEEE Trans. Pattern Anal. and Machine Intel.*, 20(5), May 1998.

[12.8] M. Fischler and R. Bolles. Random sample consensus: A paradigm for model fitting with application to image analysis and automated cartography. *Communications of the ACM*, 24(6), 1981.

[12.9] A. Fitzgibbon, M. Pilu, and R. Fisher. Direct least square fitting of ellipses. *IEEE Trans. Pattern Anal. and Machine Intel.*, 21(5), May 1999.

[12.10] P. Flynn. 3-d object recognition with symmetric models: Symmetry extraction and encoding. *IEEE Trans. Pattern Anal. and Machine Intel.*, 16(8), August 1994.

[12.11] R. Gonzalez and P. Wintz. *Digital Image Processing*. Pearson, 1977.

[12.12] A. Gross. Toward object-based heuristics. *IEEE Trans. Pattern Anal. and Machine Intel.*, 16(8), August 1994.

[12.13] A. Gross and T. Boult. Recovery of SHGCs from a single intensity view. *IEEE Trans. Pattern Anal. and Machine Intel.*, 18(2), February 1996.

[12.14] G. Gurevich. *Foundations of the Theory of Algebraic Invariants*. P. Nordcliff Ltd., The Netherlands, 1964.

[12.15] R. Hartley and A. Zisserman. *Multiple view geometry in computer vision, second edition*, volume 2. Cambridge University Press, 2004.

[12.16] G. Healey and R. Kondepudy. Radiometric CCD camera calibration and noise estimation. *IEEE Trans. Pattern Anal. and Machine Intel.*, 16(3), March 1994.

[12.17] A. Hoover, D. Goldgof, and K. Bowyer. Extracting a valid boundary representation from a segmented range image. *IEEE Trans. Pattern Anal. and Machine Intel.*, 17(9), September 1995.

[12.18] B. K. P. Horn. *Robot Vision*. MIT Press, 1986.

[12.19] Y. Iwahori, R. Woodham, and A. Bagheri. Principal components analysis and neural network implementation of photometric stereo. In *IEEE Conf. on Physics-Based Modeling in Computer Vision*, 1995.

[12.20] B. Julesz. *Foundations of Cyclopean Perception*. University of Chicago Press, 1971.

[12.21] B. Karaçali and W. Snyder. Noise reduction in surface reconstruction from a given gradient field. *International Journal of Computer Vision*, 60(1), October 2004.

[12.22] K. Koster and M. Spann. MIR: An approach to robust clustering – application to range image segmentation. *IEEE Trans. Pattern Anal. and Machine Intel.*, 22(5), 2000.

[12.23] A. Laurentini. The visual hull concept for silhouette-based image understanding. *IEEE Trans. Pattern Anal. and Machine Intel.*, 16(2), February 1994.

[12.24] A. Laurentini. How far 3d shapes can be understood from 2d silhouettes. *IEEE Trans. Pattern Anal. and Machine Intel.*, 17(2), February 1995.

[12.25] S. LaValle and S. Hutchinson. A Bayesian segmentation methodology for parametric image models. *IEEE Trans. Pattern Anal. and Machine Intel.*, 17(2), 1995.

[12.26] S. Lavallee and R. Szeliski. Recovering the position and orientation for free-form objects from image contours using 3d distance maps. *IEEE Trans. Pattern Anal. and Machine Intel.*, 17(4), April 1995.

[12.27] K. Lee, Y. Choy, and S. Cho. Geometric structure analysis of document images: A knowledge-based approach. *IEEE Trans. Pattern Anal. and Machine Intel.*, 22(11), 2000.

[12.28] H. C. Longuet-Higgins. A computer algorithm for reconstructing a scene from two projections. *Nature*, September 1981.

[12.29] J. Michel, N. Nandhakumar, and V. Velten. Thermophysical algebraic invariants from infrared imagery for object recognition. *IEEE Trans. Pattern Anal. and Machine Intel.*, 19(1), January 1997.

[12.30] F. Mokhtarian. Silhouette-based isolated object recognition through curvature scale space. *IEEE Trans. Pattern Anal. and Machine Intel.*, 17(5), May 1995.

[12.31] R. Morano, C. Ozturk, R. Conn, S. Dubin, S. Zietz, and J. Nissano. Structured light using pseudorandom codes. *IEEE Trans. Pattern Anal. and Machine Intel.*, 20(3), March 1998.

[12.32] S. Nayar and R. Bolle. Reflectance based object recognition. *Int. J. of Computer Vision*, 1996.

[12.33] S. Nayar and Y. Nakagawa. Shape from focus. *IEEE Trans. Pattern Anal. and Machine Intel.*,

16(8), August 1994.

[12.34] M. Oren and S. Nayar. A theory of specular surface geometry. *Int. J. of Computer Vision*, 1996.

[12.35] N. Page, W. Snyder, and S. Rajala. Turbine blade image processing system. In *Proc. SPIE 0397, Applications of Digital Image Processing*, volume 261, Oct 1983.

[12.36] P. Rosen and G. West. Nonparametric segmentation of curves into various representations. *IEEE Trans. Pattern Anal. and Machine Intel.*, 17(12), 1995.

[12.37] H. Schultz. Retrieving shape information from multiple image of a specular surface. *IEEE Trans. Pattern Anal. and Machine Intel.*, 16(2), February 1994.

[12.38] H. Shum, K. Ikeuchi, and R. Reddy. Principal component analysis with missing data and its application to polyhedral object modeling. *IEEE Trans. Pattern Anal. and Machine Intel.*, 17(9), 1995.

[12.39] W. Snyder and G. Bilbro. Segmentation of range images. In *Int. Conference on Robotics and Automation*, March 1985.

[12.40] B. Soroka. Generalized cylinders from parallel slices. In *Proceedings of the Conference on Pattern Recognition and Image Processing*, 1979.

[12.41] B. Soroka and R. Bajcsy. Generalized cylinders from serial sections. In *3rd Int. Joint Conf. on Pattern Recognition*, Nov 1976.

[12.42] M. Soucy and D. Laurendeau. A general surface approach to the integration of a set of range views. *IEEE Trans. Pattern Anal. and Machine Intel.*, 17(4), April 1995.

[12.43] C. Stewart. Minipran: A new robust estimator for computer vision. *IEEE Trans. Pattern Anal. and Machine Intel.*, 17(10), 1995.

[12.44] J. Stone and S. Isard. Adaptive scale filtering: A general method for obtaining shape from texture. *IEEE Trans. Pattern Anal. and Machine Intel.*, 17(7), July 1995.

[12.45] M. Subbarao and T. Choi. Accurate recovery of three-dimensional shape from image focus. *IEEE Trans. Pattern Anal. and Machine Intel.*, 17(3), March 1995.

[12.46] S. Sull and N. Ahuja. Integrated 3-d analysis and analysis-guided synthesis of flight image sequences. *IEEE Trans. Pattern Anal. and Machine Intel.*, 16(4), April 1994.

[12.47] S. Sullivan, L. Sandford, and J. Ponce. Using geometric distance fits for 3-d object modeling and recognition. *IEEE Trans. Pattern Anal. and Machine Intel.*, 16(12), 1994.

[12.48] Y. Sun, I. Liu, and J. Grady. Reconstruction of 3-d tree-like structures from three mutually orthogonal projections. *IEEE Trans. Pattern Anal. and Machine Intel.*, 16(3), March 1994.

[12.49] B. Super and A. Bovik. Shape from texture using local spectral moments. *IEEE Trans. Pattern Anal. and Machine Intel.*, 17(4), April 1995.

[12.50] K. Tarabanis, R. Tsai, and A. Kaul. Computing occlusion-free viewpoints. *IEEE Trans. Pattern Anal. and Machine Intel.*, 18(3), March 1996.

[12.51] G. Taubin. Nonplanar curve and surface estimation in 3-space. In *IEEE Robotics and Automation Conference*, May 1988.

[12.52] P. Torr and D. Murray. The development and comparison of robust methods for estimating the fundamental matrix. *International Journal of Computer Vision*, 24(3), 1997.

[12.53] E. Trucco and R. Fisher. Experiments in curvature-based segmentation of range data. *IEEE Trans. Pattern Anal. and Machine Intel.*, 17(2), 1995.

[12.54] R. Wang, A. Hanson, and E. Riseman. Fast extraction of ellipses. In *Ninth International Conference on Pattern Recognition*, 1988.

[12.55] M. Wani and B. Batchelor. Edge-region-based segmentation of range images. *IEEE Trans. Pattern Anal. and Machine Intel.*, 16(3), 1994.

[12.56] I. Weiss and M. Ray. Model-based recognition of 3d objects from single images. *IEEE Trans. Pattern Anal. and Machine Intel.*, 23(2), 2001.

[12.57] R. Woodham. Photometric method for determining surface orientation from multiple images.

Optical Engineering, 19, 1980.

[12.58] Y. Lei and K. Wong. Ellipse detection based on symmetry. *Pattern Recognition Letters*, 20, 1999.

[12.59] X. Yu, T. Bui, and A. Kryzak. Robust estimation for range image segmentation and reconstruction. *IEEE Trans. Pattern Anal. and Machine Intel.*, 16(5), 1994.

[12.60] M. Zerroug and R. Nevatia. Three dimensional descriptions based on the analysis of the invariant and quasi-invariant properties of some curved-axis generalized cylinders. *IEEE Trans. Pattern Anal. and Machine Intel.*, 18(3), March 1996.

[12.61] R. Zhang, P. Tsai, J. Cryer, and M. Shah. Shape-from-shading: A survey. *IEEE Trans. Pattern Anal. and Machine Intel.*, 21(8), Aug 1999.

[12.62] J. Zheng. Acquiring 3-d models from sequences of contours. *IEEE Trans. Pattern Anal. and Machine Intel.*, 16(2), February 1994. 347~349

第 13 章

Fundamentals of Computer Vision

开发计算机视觉算法

教育是当一个人把在学校学到的一切都忘得一干二净之后剩下的东西。

——阿尔伯特·爱因斯坦

在这个简短的章节中，我们总结了这本书，回顾如何开发出能够解决计算机视觉问题的优秀算法。尽可能参考本书中的材料和示例，按顺序列出这些步骤。

通过一个例子解释该方法：假设你需要开发一种算法来根据两幅重叠图像构建全景图。这要求你找到一种方法将一幅图像中的坐标转换为下一幅图像中的适当坐标，如第 12 章所述(见图 13.1)。

图 13.1　同一建筑的两幅图像，事实上，它们是同一相机简单旋转的结果

了解文献。如果你正在研究一个你认为重要的问题，那么其他人也有机会参与其中。自网络搜索出现以来，搜索变得更加容易，但不要把搜索限制在 Google。如果你花几天时间在图书馆浏览，也没关系。查看旧期刊论文的实际纸质副本并不一定是件坏事。毕竟，你计划在这个项目上花费数月或数年时间。一些论文是在网络搜索之前编写的[13.2]。通常情况下，你可以很幸运地发现其他人已经为你做了一个很好的文献调研。例如，在运动形状的主题中，文献[13.1，13.3]彻底教授了相关材料。

形成目标函数。在第 6 章中，我们看到了一个查找图像的示例，该图像是优化问题的解决方案。我们发现类似于输入图像，但也具有一些其他所需的属性。在第 5 章中，我们通过找到最适合数据的方法导出了卷积核。在第 12 章中，目标函数被明确使用了两次。

在极少数情况下，无法根据优化问题设置问题，但这是一个很好的开始形式。

正确完成数学运算。设置目标函数后，需要将其最小化。为此，你经常需要梯度。你是否可以像 6.5.1 节一样分析找到梯度，还是必须使用数值方法来估算梯度？在第 12 章中，我们通过使用两幅图像来解决单应性问题。但即使数学上是正确的，这是一种有效的方法吗？你是否可以使用这种方法来解决一般的立体问题？这些问题与下一个主题密切相关。

记住你的假设。我们每学期都会教授这门课程，我们遇到的学生认为所有的图像都是由亮度 0～255 范围内的像素组成的。假设没有任何事物能够比 255 更亮的推论可以得到有趣的结果，比如 255＋2＝1。还有更微妙的假设。例如，如果第二台相机是由第一台相机旋转而来的，那么关系是线性的，但如果是旋转和翻转组合的话就不是线性的。

还要注意，诸如逆问题之类的数值方法可能会对小错误产生惊人的敏感性。了解病态的意义。正如我们在第 6 章中讨论的，病态系统需要特殊对待。

选择性能指标。在下一步中，你需要在某些图像上测试算法。难道你不想说："我的算法在这些数据上的效果比其他任何算法都好！"但你怎么理解*表现更好*？你需要制定(甚至可能在开始工作之前)如何评估结果。什么是表现好？你怎么度量它？怎么去比较呢？

在合成图像上测试你的想法。如果你完成了第 5 章的项目作业，那么你已经模拟了理想的图像。然后，你用模糊和噪声破坏了那幅图像。这种模拟允许你在最有利的条件下测试算法。如果你的算法不适用于合成图像，那么它几乎肯定不能用于真实图像，这些图像具有未知和未测量的扭曲。

在幻影上测试你的想法。幻影是真实图像，但它包含了经过非常仔细测量的特征。你可能在第 9 章的作业中分析的引孔图像是在电路板中以高精度钻孔的。由于你非常精确地知道被成像对象的参数，因此这些图像代表了一种幻影，你的算法在确定这些孔的半径时应该返回精确的答案。

校准 X 光机的医学物理学家也使用一种模型，以塑料块或蜡块的形式，在蜡中嵌入非常细的线。只有当 X 光机表现最佳时，才能看见这些线。

确定"真相是什么"的答案。你可能无法找到这个古老问题的确定答案，但你可以而且必须在真实例子上测试你的算法。要做到这一点，你必须确定一些你对于你的算法表现得有多好的定义，并且这需要定义什么是好的表现。举例来说，在医学图像中，你可能要决定如果三个放射科专家同意，他们的集体判断根据你的定义是否是正确的。你需要去选择定义，但是为了发布你的结果，你需要为你的决定做辩解。 350～351

彻底地测试你的算法。你需要运行多次测试。将你的算法作为一个多种图像扭曲的函数评估，例如加性噪声的数量、测试用例的多样性等。当失败时，了解失败的原因。

上述主题列表并不完整。我们没有包括如何避免让失败使你沮丧的技巧。

在本书中，我们介绍了一些非常重要的原理。当你遇到真正的问题时，你就可以使用你在此掌握的原理来帮助你掌握问题的本质以及解决问题的难度。然后，你可以继续阅读更详细的文献，这些文献将提供更多但更窄的方向。例如，多相机图像分析的“圣经”是一本400页的书[13.1]，其中详细介绍了我们在12.2节～12.3节中介绍的主题。

我们希望当你进入这个令人兴奋的领域时，本书中的介绍会让你的生活更加轻松！

W. E. S和H. Q

参考文献

[13.1] R. Hartley and A. Zisserman. *Multiple view geometry in computer vision*, volume 2. Cambridge University Press, 2000.

[13.2] Sir Isaac Newton. *Mathematical Principles of Natural Philosophy*. The Royal Society, 1687.

352 [13.3] M. A. Sutton, J. J. Orteu, and H. Schreier. *Image Correlation for Shape, Motion and Deformation Measurements*. Springer, 2009.

支持向量机

在第 1 章中，我们区分了计算机视觉和模式识别。计算机视觉系统对图像进行测量，模式识别系统接受测量作为参数然后做出决策。

在这些定义中有一个问题，在这本书出版时，很多计算机视觉专家在解决目标识别问题，对每个混杂在其他物体和背景中的目标赋予一个标签(例如，自行车或者汽车)。做出这样的决定很显然是一个模式识别问题，但是在这个领域的很多研究被发表在计算机视觉论文上。

支持向量机(SVM)是接受来自两个类的测量值集合 $I_1=\{\boldsymbol{x}_{11}, \boldsymbol{x}_{12}, \cdots\}$ 和 $I_2=\{\boldsymbol{x}_{21}, \boldsymbol{x}_{22}, \cdots\}$ 的系统。从这两个集合中获取信息，然后给出一个未知的 $\boldsymbol{x}$，SVM 可以判断出 $\boldsymbol{x}$ 是属于类 1 还是类 2。这样的机器很明显是模式分类器，并且它们的操作也在模式识别书籍中教授过。

然而，SVM 通常被用作解决类似于目标识别的计算机视觉问题，并且这些输入通常是来自像 HoG 的图像特征检测系统的测量(见 11.6 节)。读这本书的学生很可能会遇到那些正在研究的最先进的系统(或至少读过它们)。你应该至少了解这些系统，我们将向你介绍基本概念。

支持向量机是基于最小化结构风险概念的模式分类器。这是 Vapnik[A.7]首先提出的。当分类问题是区分两个类时，SVM 提供的性能优于其他大多数模式分类方法。

A.1 支持向量机的推导

假设可以通过询问一个未知的向量属于两个类中的哪一个，并且假设两个训练集已经提供，各自包含两个类中的样例。继续假设这两个类可以通过线性超平面分离。

特征空间被超平面划分成两个区域，其中训练集中的样例是分开的。将类 1 中的最近点到超平面的距离定义为 d_1。同样，d_2 为从类 2 中的最近点到超平面的距离。边距定义为 d_1+d_2。我们不接受任何划分区域空间的超平面，而是寻求最大化边距的超平面。 353

给出一个未知的特征向量 $\boldsymbol{x}$，将这个样本映射到一些单位向量 $\boldsymbol{\phi}$，然后使用以下规则来做出决策：

$$\text{如果 } \boldsymbol{\phi}^{\mathrm{T}}\boldsymbol{x}-q>0, \text{则判断为类 1，} \quad \text{否则判断为类 2} \tag{A.1}$$

其中 q 是一个标量常数。令 $\boldsymbol{x}_1$ 和 $\boldsymbol{x}_2$ 分别表示属于类 1 和类 2 的点。因为我们要寻找最接近决策超平面的点，我们寻找将 $\boldsymbol{x}_1$ 和 $\boldsymbol{x}_2$ 投影到 $\boldsymbol{\phi}$ 的相互之间尽可能接近的点，且都在正确的一边。也就是说，我们寻找点 $\boldsymbol{x}_1$ 和 $\boldsymbol{x}_2$，使得正 ρ 最小。

$$\boldsymbol{\phi}^{\mathrm{T}}\boldsymbol{x}_1 = q+\rho$$
$$\boldsymbol{\phi}^{\mathrm{T}}\boldsymbol{x}_2 = q-\rho \tag{A.2}$$

定义 I_i 为类 i 的训练样本集合。对于在 I_i 中的任意点 $\boldsymbol{x}$，$\boldsymbol{\phi}^{\mathrm{T}}\boldsymbol{x}-q>\rho$。并且对于 I_2 中的这样的点，$\boldsymbol{\phi}^{\mathrm{T}}\boldsymbol{x}-q<\rho$。我们需要去找到两个条件：一对点，每类一个，尽可能接近，我们将这些点称为支持向量；一个映射支持向量使得它们的映射能够最大化分离的映射。我们按如下方式解决这个问题。

回忆一下，$\boldsymbol{\phi}$ 是一个单位向量。因此它等于某个其他向量在其相同方向除以其大小的结果，$\boldsymbol{\phi}=\frac{\boldsymbol{w}}{\|\boldsymbol{w}\|}$。我们将要寻找这样一个向量，有着将要简要描述的某些属性。现在，令 $\boldsymbol{x}_1$ 表示 I_1 中的任意点，不一定必须是支持向量，对于 $\boldsymbol{x}_2$ 也是相似的。则

$$\frac{\boldsymbol{w}}{\|\boldsymbol{w}\|}\boldsymbol{x}_1-q\geqslant\rho$$
$$\frac{\boldsymbol{w}}{\|\boldsymbol{w}\|}\boldsymbol{x}_2-q\leqslant\rho \tag{A.3}$$

由此得出

$$\boldsymbol{w}^{\mathrm{T}}\boldsymbol{x}_1-q\|\boldsymbol{w}\|\geqslant\rho\|\boldsymbol{w}\|$$
$$\boldsymbol{w}^{\mathrm{T}}\boldsymbol{x}_2-q\|\boldsymbol{w}\|\leqslant\rho\|\boldsymbol{w}\| \tag{A.4}$$

定义 $b=-q\|\boldsymbol{w}\|$，并通过要求其大小满足以下条件来限制：

$$\|\boldsymbol{w}\|=\frac{1}{\rho} \tag{A.5}$$

现在我们有两个等式描述了类 1 或类 2 中的任意点：

$$\boldsymbol{w}^{\mathrm{T}}\boldsymbol{x}_1+b\geqslant 1$$
$$\boldsymbol{w}^{\mathrm{T}}\boldsymbol{x}_2+b\leqslant 1 \tag{A.6}$$

我们寻找最大化边距 ρ 的线，如图 A.1 所示。式(A.5)表明这与找到最小的投影向量 $\boldsymbol{w}$ 相同，也就是说，我们寻找使 $\boldsymbol{w}^{\mathrm{T}}\boldsymbol{w}$ 最小化的 $\boldsymbol{w}$。我们之前已经看到了二次型的导数，并且我们知道空向量会使其最小化，从而提供一个简单而无用的解决方案。我们需要一些约束条件。

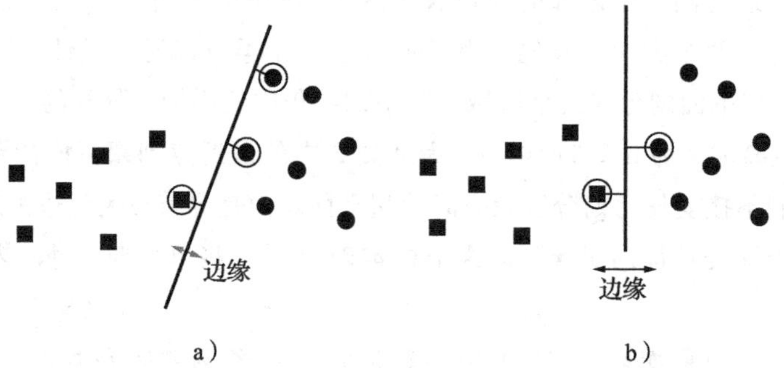

图 A.1　a) 说明了分界线的不良选择，正方形和圆形的集合是线性可分的，但是这条线非常接近每个类中的点。被圆圈起来的是支持向量。b) 说明了分界线的更好选择，这条线尽可能地从两个类中的任意一点传递，产生更大的边距

为点 $\boldsymbol{x}_i$ 定义一个标签 y_i

$$y_i=\begin{cases}1, & \boldsymbol{x}_i\in I_1\\ -1, & \boldsymbol{x}_i\in I_2\end{cases}\tag{A.7}$$

使用 y_i 的定义，考虑表达式 $y_i(\boldsymbol{w}^{\mathrm{T}}\boldsymbol{x}_i+b)$。它总是大于或等于 1，不考虑 $\boldsymbol{x}_i$。这可以用作一个约束，且我们的最小化问题变成：找到 $\boldsymbol{w}$，最小化 $\boldsymbol{w}^{\mathrm{T}}\boldsymbol{w}$ 使得 $y_i(\boldsymbol{w}^{\mathrm{T}}\boldsymbol{x}_i+b)\geqslant 1$。这可以通过设置以下约束优化问题来完成：

$$L=\boldsymbol{w}^{\mathrm{T}}\boldsymbol{w}-\sum_{i=1}^{l}\lambda_i(\boldsymbol{w}^{\mathrm{T}}\boldsymbol{x}_i+b)-1\tag{A.8}$$

这里 l 是训练集中的样本数量。

取 $\boldsymbol{w}$ 的偏导数，

$$\frac{\partial L}{\partial \boldsymbol{w}}=\boldsymbol{w}-\sum\lambda_i\boldsymbol{x}_i y_i\tag{A.9}$$

将其设置为 0，得到

$$\boldsymbol{w}=\sum\lambda_i\boldsymbol{x}_i y_i\tag{A.10}$$

取 b 的导数，

$$\frac{\partial L}{\partial b}=-\sum\lambda_i y_i\tag{A.11}$$

L 的方程变成

$$L=\frac{1}{2}\sum_i\sum_j\lambda_i y_i\lambda_j y_j\boldsymbol{x}_i^{\mathrm{T}}\boldsymbol{x}_j-\sum_i\sum_j\lambda_i y_i\lambda_j y_j\boldsymbol{x}_i^{\mathrm{T}}\boldsymbol{x}_j-b\sum_i\lambda_i y_i+\sum_i\lambda_i\tag{A.12}$$

第一项和第二项除了 $\frac{1}{2}$ 都一样。第三项是 0。定义一个矩阵 $\boldsymbol{A}$，$\boldsymbol{A}_{ij}=[y_i y_j\boldsymbol{x}_i^{\mathrm{T}}\boldsymbol{x}_j]^{\mathrm{T}}$ 使得 L 可以写成矩阵形式 354~355

$$L=-\frac{1}{2}\Lambda^{\mathrm{T}}\boldsymbol{A}\Lambda+\boldsymbol{1}^{\mathrm{T}}\Lambda\tag{A.13}$$

这里 $\boldsymbol{1}$ 表示一个全为 1 的向量。

找到最小化 L 的拉格朗日乘数(Λ)的向量是二次优化问题。有几个可用的数字包可以执行这类操作。一旦我们得到了拉格朗日乘数集，最佳投影向量就可以通过式(A.10)找到，我们观察到需要对训练集的所有元素求和。为了找到最小化的 b，我们需要使用 Kuhn-Tucker[A.3]条件：对于所有 i，

$$\lambda_i(y_i(\boldsymbol{w}^{\mathrm{T}}\boldsymbol{x}_i+b)-1)=0\tag{A.14}$$

原则上，式(A.14)可以使用任意 i 来解出 b，但在数值上使用平均值更好。同样，我们注意到 $\boldsymbol{A}$ 的维度与训练集中的样本数量相同。因此，除非在构建 SVM 之前对训练集进行过滤，否则计算复杂性可能很大。

A.2　非线性支持向量机

不考虑处理实际样本，而是考虑应用非线性变换产生更高维度的向量 $\boldsymbol{y}_i=\Theta(\boldsymbol{x}_i)$。

举例来说，如果 $\boldsymbol{x}=[x_1, x_2]^{\mathrm{T}}$ 维度为 2，$\boldsymbol{y}$ 可以通过下式定义：

$$\boldsymbol{y}=[x_1^2 \quad x_2^2 \quad x_1x_2 \quad x_1 \quad x_2 \quad 1]^{\mathrm{T}} \tag{A.15}$$

其维度为 6。在维度上的增加并没有破坏分类器的可靠性。确实，SVM 似乎能够很好地处理比训练集中的样本更多的未知数。

式(A.15)中描述的形式的一个扩展增加了维度空间，并且增加了类在更高维空间中线性可分的可能性(超出此简要说明的范围)。它还提供了一种简单的机制，用于合并来自测量的信息的非线性混合。式(A.15)的多项式表示只是扩展测量向量维度的一种方法。当人们看到式(A.13)时，会想到一个更有趣的方法集合。并且观察到，为了计算最佳分离超平面，人们不需要知道向量本身，而只需要知道计算所有可能的内积的结果。因此，我们不需要将每个向量映射到高维空间，我们如果能够提前弄清楚那些内积应该是什么，那么就取这些向量的内积。

A.3　核和内积

我们寻找在高维空间由 $\boldsymbol{y}_i=\Theta(\boldsymbol{x}_i)$，$\Theta:(\mathbb{R}^d\rightarrow\mathbb{R}^m)$ 且 $m>d$ 定义的最佳的分离超平面。那么，A 元素的等式成为这些新向量的内积的函数 $\boldsymbol{A}=[\boldsymbol{y}_i\boldsymbol{y}_j\Theta^{\mathrm{T}}(\boldsymbol{x}_i)\Theta(\boldsymbol{x}_j)]$。为了方便标记(并得到非常聪明的结果)，定义一个核运算符 $K(\boldsymbol{x}_i, \boldsymbol{x}_j)$，它既考虑了非线性变换 Θ，又考虑了内积。我们不该问“我该使用哪种非线性运算”，让我们来问一个不同的问题：“给出一个特定的核，是否有可能表示成非线性运算和内积的组合?”
356 令人惊讶地回答：“是，这在特定条件下是真的。”这些条件被称为 Mercer 条件：给定两个向量值参数 $K(\boldsymbol{a}, \boldsymbol{b})$的核函数，如果对于任意具有有限能量的 $g(\boldsymbol{x})$[⊖]，则 $\int K(\boldsymbol{a},\boldsymbol{b})g(\boldsymbol{a})g(\boldsymbol{b})\mathrm{d}\boldsymbol{a}\mathrm{d}\boldsymbol{b}\geqslant 0$，且此处存在一个映射 Φ 和分解形式的 K：

$$K(\boldsymbol{a},\boldsymbol{b})=\psi_i(\boldsymbol{a})\psi_i(\boldsymbol{b}) \tag{A.16}$$

在式(A.16)中，下标 i 表示值向量函数 ψ 的第 i 个元素。因此，表达式代表了内积。请注意，Mercer 的条件只是陈述如果 K 满足这些条件，则 K 可以分解成两个实例的内积。它并没说明 ψ 是什么，也没有说 ψ 的维度是多少。但没关系，我们不必知晓。事实上，向量 ψ 可能具有无限维度。那样也可行。

一个已知能够满足 Mercer 条件且其在 SVM 文献中非常流行的核是径向基

$$K(\boldsymbol{a},\boldsymbol{b})=\exp\left(-\frac{(\boldsymbol{a}-\boldsymbol{b})^{\mathrm{T}}(\boldsymbol{a}-\boldsymbol{b})}{2\sigma^2}\right) \tag{A.17}$$

文献中，SVM 已经应用于诸如人脸识别[A.6]、鸟类识别[A.10]、一般物体识别[A.2]、乳腺癌检测[A.1]等问题。在文献的比较分析中，经验证明它们优于经典分类工具，如神经网络和最近邻规则[A.5,A.8,A.9]。有趣的是，与基于高光谱数据的分类器的比较中，使用多光

⊖ $\int(g_2(\boldsymbol{x})\mathrm{d}\boldsymbol{x})$ 是有界的。

谱数据(通过滤波从原始高光谱数据中导出)的基于 SVM 的分类器比基于原始数据的分类器执行得更好[A.4]。

参考文献

[A.1] P. S. Bradley, U. M. Fayyad, and O. L. Mangasarian. Mathematical programming for data mining: Formulations and challenges. *INFORMS Journal on Computing*, 11(3), 1999.

[A.2] P. Felzenszwalb, R. Girshick, D. McAllester, and D. Ramanan. Object detection with discriminatively trained part based models. *IEEE Trans Pattern Anal Mach Intell.*, 32(9), 2010.

[A.3] R. Fletcher. *Practical Methods of Optimization*. Wiley, 1987.

[A.4] B. Karaçali and W. Snyder. On-the-fly multispectral automatic target recognition. In *Combat Identification Systems Conference*, Jun 2002.

[A.5] D. Li, S. M. R. Azimi, and D. J. Dobeck. Comparison of different neural network classification paradigms for underwater target discrimination. In *Proceedings of SPIE, Detection and Remediation Technologies for Mines and Minelike Targets V*, volume 4038, pages 334–345, 2000.

[A.6] E. Osuna, R. Freund, and F. Girosi. Training support vector machines: an application to face detection. In *Proceedings of CVPR'97*, Jun 1997.

[A.7] V. Vapnik. *The Nature of Statistical Learning Theory*. Springer, 1995. 357

[A.8] M. H. Yang and B. Moghaddam. Gender classification using support vector machines. In *Proceedings of IEEE International Conference on Image Processing*, volume 2, pages 471–474, 2000.

[A.9] Y. Yang and X. Liu. Re-examination of text categorization methods. In *Proceedings of the 1999 22nd International Conference on Research and Development in Information Retrieval (SIGIR'99)*, pages 42–49, 1999.

[A.10] N. Zhang, R. Farrell, F. Iandola, and T. Darrell. Deformable part descriptors for fine-grained recognition and attribute prediction. In *IEEE International Conference on Computer Vision*, 2013. 358

如何区分包含核运算符的函数

式(6.25)的方法是通过求所有元素的总和并使用卷积来进行复杂化，该卷积一次创建涉及多于一个像素的项。本附录讨论了这种表达的区别。放在附录中的原因是它不是理解噪声消除概念的必要条件，但对于那些必须完成软件的人来说却很重要。

在之前的讨论中，模糊的影响被排除在外，噪声被认为是失真的唯一来源。在该部分中，上面得出的结果被扩展并且包括测量图像 g 的形成中的模糊，使得噪声项可以写作式(B.1)。我们将说明先验和噪声项的区别，就好像两者都包含卷积一样。首先，我们将说明如何区分包含核运算符(或模糊运算符)的函数。

$$\sum_i((f\otimes h)_i-g_i)^2 \tag{B.1}$$

以一维为例，假设 f_i 是来自原始(未知)图像的像素，g_i 是来自测量图像的像素，h 是具有有限核大小(5)的水平模糊核，如下所示：

……	f_2	f_3	f_4	f_5	f_6	……
	h_{-2}	h_{-1}	h_0	h_1	h_2	

这里，噪声项的导数相对于方程中的 f。详细研究了使用梯度下降所需的式(B.1)。我们将利用我们正在对总和求偏导数这一事实。因此，总和中不涉及偏导数分母的任何项
359 都将为零。

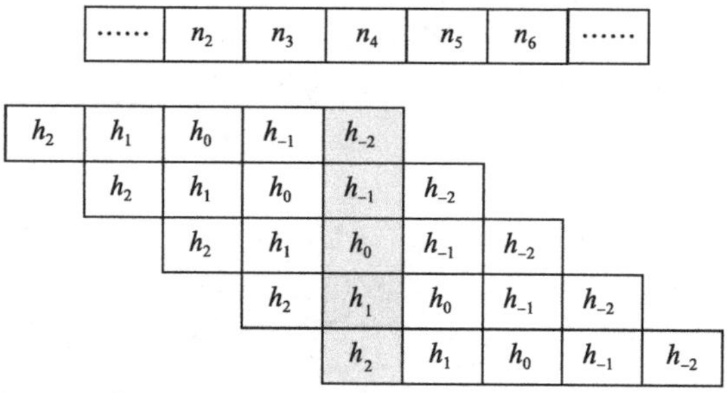

图 B.1 噪声项推导的反向核

首先写出所有涉及一个像素的项(让我们选择 f_4)，在上面的噪声项 H_n 中进行测量(g_4)

$$\begin{aligned}E_4=&((f\otimes h)_2-g_2)^2+((f\otimes h)_3-g_3)^2+((f\otimes h)_4-g_4)^2\\&+((f\otimes h)_5-g_5)^2+((f\otimes h)_6-g_6)^2\end{aligned} \tag{B.2}$$

$$
\begin{aligned}
&= (f_0h_{-2}+f_1h_{-1}+f_2h_0+f_3h_1+f_4h_2-g_2)^2\\
&\quad +(f_1h_{-2}+f_2h_{-1}+f_3h_0+f_4h_1+f_5h_2-g_3)^2\\
&\quad +(f_2h_{-2}+f_3h_{-1}+f_4h_0+f_5h_1+f_6h_2-g_4)^2\\
&\quad +(f_3h_{-2}+f_4h_{-1}+f_5h_0+f_6h_1+f_7h_2-g_5)^2\\
&\quad +(f_4h_{-2}+f_5h_{-1}+f_6h_0+f_7h_1+f_8h_2-g_6)^2
\end{aligned}
$$

其中$(f\otimes h)_i$表示在图像f上应用核h，其原点为h(本例中是中心)，位于像素f_i。

H_n相对于像素f_4的导数可以推导成：

$$
\begin{aligned}
\frac{\partial H_n}{\partial f_4} &= 2((f\otimes h)_2-g_2)h_2+2((f\otimes h)_3-g_3)h_1+2((f\otimes h)_4-g_4)h_0\\
&\quad +2((f\otimes h)_5-g_5)h_{-1}+2((f\otimes h)_6-g_6)h_{-2}
\end{aligned}
\tag{B.3}
$$

$$
\frac{\partial H_n}{\partial f_4} = (((f\otimes h)-g)\otimes h_{\text{rev}})\big|_{f_4}
\tag{B.4}
$$

其中，h的反转$h_{\text{rev}}=$ | h_2 | h_1 | h_0 | h_{-1} | h_{-2} |，并在所有点处计算$(f\otimes h-g)$。我们假设$n_i=((f\otimes h)-g)_i$，则h_{rev}的使用在图B.1中有更清晰的说明。在二维图像上的反向核的使用和在一维上的情况遵循同样的规则。式(B.5)表示一个3×3的核函数(h)和相对应的反向核h_{rev}。

$$
h=\begin{bmatrix} h_{-1,-1} & h_{-1,0} & h_{-1,1}\\ h_{0,-1} & h_{0,0} & h_{0,1}\\ h_{1,-1} & h_{1,0} & h_{1,1}\end{bmatrix},\quad h_{\text{rev}}=\begin{bmatrix} h_{1,1} & h_{1,0} & h_{1,-1}\\ h_{0,1} & h_{0,0} & h_{0,-1}\\ h_{-1,1} & h_{-1,0} & h_{-1,-1}\end{bmatrix}
\tag{B.5}
$$

360

因此，当涉及核函数时，一般的微分形式如下：令$\Lambda(f\otimes h)$为可微函数。则关于f的导数为

$$
\frac{\partial}{\partial f}\Lambda(f\otimes h)=(\Lambda'(f\otimes h))\otimes h_{\text{rev}}
\tag{B.6}
$$

其中$\Lambda'(\zeta)=\frac{\partial}{\partial\zeta}\Lambda(\zeta)$。

除噪声项外，前一项还可以包含核运算符。回想以下，先前的能量函数模拟了邻域运算，因此可以表示为核运算符，其中根据图像的属性选择核。我们使用以下内容来说明梯度：

$$
H_p=-\sum_i \exp(-(f\otimes r)^2)
\tag{B.7}
$$

$$
\frac{\partial H_p}{\partial f}=[2(f\otimes r)\exp(-(f\otimes r)^2)]\otimes r_{\text{rev}}
\tag{B.8}
$$

回想一下，前面的导数$\frac{\partial H_p}{\partial f}$本来就是一幅图像，并且该图像是通过将$r$应用于$f$，(逐个像素)与指数相乘以产生另一幅图像，并将$r$的反转应用于该图像而得到的。 361

图像文件系统软件

快速编写好的软件的目标可以通过使用图像文件系统(IFS)中的图像访问子程序来实现。IFS 是基于那些支持 C 和 C++中图像处理软件开发的子程序和应用程序的集合。

C.1 IFS 的优势

IFS 的优势包括：

- IFS 支持任意数据类型，包括 char、unsigend char、short、unsigned short、int、unsigned int、float、double、complex float、complex double、complex short 和 structure。
- IFS 支持任意大小任意维度的图像。可以通过简单地将信号视为一维图像来进行信号处理。
- IFS 适用于大多数当前的计算机系统，包括 PC 上的 Windows、PC 上的 Linux 和 Macintosh 上的 OS-X。可以在任何其他平台上读取一个平台上写入的文件。转换为平台本机格式由读程序完成，无需用户干预。
- 提供大量功能，包括二维傅里叶变换、滤波器、分段器等。

C.2 IFS 头结构

所有的 IFS 图像都包含一个头部，其中包含有关图像的各种信息，例如图像中的点数、图像的尺寸数值、数据格式、每个维度的单位和扫描方向等。与图像相关联的还有图像的实际数据。图像头部包括指向图像数据的指针。用户通过调用 IFS 库中的某个函数来操作图像，该函数的一个参数是头部的地址。根据头部中的信息，IFS 库函数自动确定数据的位置和访问方式。除了范围图像中的数据外，IFS 例程还负责自动在内存中分配空间以存储数据和头部。一切都是完全动态的，没有固定维数的数组。当数组不具有某种固定大小时，这使得用户免于获取数组中数据的困难。图像的头结构在文件 < ifs.h> 中定义，并且名称为 IFSHDR。要操作图像，用户只需要声明一个指向图像头结构的指针(如 IFSHDR* your_image; 或 IFSIMG your_image;)。然后，用户只需调用一些 IFS 函数来创建一幅新图像，并将指针设置为从该函数返回的值。

C.3 一些有用的 IFS 函数

你可以使用 ifspin(图像输入)从磁盘中读取图像。此子例程将计算图像的大小、内存需求，并确定计算机写入图像的类型。它将执行所有必要的数据转换(字节交换、浮点格式转换等[⊖])，并以你正在使用的机器的原生格式将其读入计算机。你不需要知道如何执行任何这些数据转换操作。同样，你可以使用 ifspot(图像输出)将图像写入磁盘。

你可以使用 ifsigp 或 ifsfgp 和 ifsipp 或 ifsfpp 访问图像。这些子例程名称代表 IFS Integer Get Pixel、IFS Floating Get Pixel、IFS Integer Put Pixel 和 IFS Floating Put Pixel。Integer 和 Floating 这两个词指的是**返回或正在写入**的数据类型。例如，

```
v = ifsfgp(img,x,y);
```

这表示不论图像的数据格式是什么，将返回一个浮点数。也就是说，子程序将为你进行数据转换。同样，无论内部数据类型是什么，ifsigp 都将返回一个整数。当然，这会让你陷入困境。假设内部数据类型为 float，并且你的图像由小于 1 的数字组成。然后，从 float 到 int 的过程会将所有值截断为零。当然，记住这是一个潜在的问题，将会提醒你使用像 vidscale 这样的函数来获取任何数据类型。并将最亮点映射到 255，将最暗点映射到 0.0。对于某些项目，你会有三维数据。这意味着你必须使用一组不同的子例程 ifsigp3d、ifsfgp3d、ifsipp3d 和 ifsfpp3d 来访问图像，例如，

```
y = ifsigp3d(img,frame,row,col);
```

C.4 常见问题

在学生第一次使用 IFS 软件时最常见的两个问题。

```
ifsipp(img,x,y,exp(-t*t));
```

363

会给你带来麻烦，因为 ifsipp 希望第 4 个参数是一个整数，而 exp 将返回一个double 类型的。你应该使用 ifsfpp。

```
ifsigp(img,z,y,x);
```

在这种情况下，这种形式是不正确，ifsigp 需要三个参数，并且不检查输入图像的维度来确定参数的数量。(但它听起来像是一个好的学生项目……)要访问三维图像，可以使用指针，也可以使用 ifsigp3d(img,z,y,x)，其中第 4 个参数是帧号。

⊖ 遗憾的是，IFS 在 OS-X 之前不支持 Macintosh 操作系统。

C.5 示例程序

看着 IFS 手册。它将帮助你跟进这些示例程序。另外，要注意这里使用的编程风格。注释可能过于详细，但出于教学目的将其包含在内。

图 C.1 给出了一个典型的程序，它很简单。图 C.2 列出了另一个实现与图 C.1 相
364 同功能的示例，但是以更灵活的方式编写，以便其能够处理不同大小的图像。

```
/* Example1.c
This program thresholds an image. It uses a fixed image size.
Written by Harry Putter, October, 2016
*/
#include <stdio.h>
#include <ifs.h>

void main( )
{
    /* Declare pointers to headers */
    IFSIMG img1, img2;
    int len[3]; /* len is an array of dimensions, used by ifscreate */
    int threshold; /* threshold is an int here */
    int row, col; /* counters */
    int v;

    /* read in image */
    img1 = ifspin("infile.ifs"); /* read in file by this name */

    /* create a new image to save the result */
    len[0] = 2; /* image to be created is two dimensional */
    len[1] = 128; /* image has 128 columns */
    len[2] = 128; /* image has 128 rows */
    img2 = ifscreate("u8bit", len, IFS_CR_ALL,0); /* image is unsigned
    8 bit */

    /* set some value to threshold */
    threshold = 100;

    /* image processing part - thresholding */
    for (row = 0; row < 128; row++)
        for (col = 0; col < 128; col++)
        {
            v = ifsigp(img1, row, col);
            if (v > threshold) /* read a pixel as an int */
                ifsipp(img2, row, col, 255);
            else
                ifsipp(img2, row, col, 0);
        }

    /* write the processed image to a file */
    ifspot(img2, "img2.ifs"); /* write image 2 to disk */
}
```

365 图 C.1 使用指定的维数和预定的数据类型对图像进行阈值处理的 IFS 程序示例

```
/* Example2.c
Thresholds an image based on its data type and the dimensionality.
Written by Sherlock Holmes, May 16, 1885
*/
#include <stdio.h>
#include <ifs.h>

void main( )
{
    IFSIMG img1, img2;
    int *len, frame, row, col; /* len declares pointers to headers */
    float threshold, v; /* threshold is a float here */

    img1 = ifspin("infile.ifs"); /*read in file by this name */
    len = ifssiz(img1); /* a pointer to an array of image dimensions */

    /* create a new image same size and same type as the input */
    img2 = ifscreate(img1->ifsdt, len, IFS_CR_ALL, 0);
    threshold = 55.0; /* set some value to threshold */

    switch (len[0]) /* check for one, two or three dimensions */
    {
        case 1: /* 1d signal */
            for (col = 0; col < len[1]; col++)
            {
                v = ifsfgp(img1, 0, col); /* read a pixel as a float */
                if (v > threshold)
                    ifsfpp(img2, 0, col, 255.0); /* write a float */
                else
                    ifsfpp(img2, 0, col, 0.0);
            }
            break;
        case 2:
            for (row = 0; row < len[2]; row++)
                for (col = 0; col < len[1]; col++)
                {
                    v = ifsfgp(img1, row, col);
                    if (v > threshold)
                        ifsfpp(img2, row, col, 255.0);
                    else
                        ifsfpp(img2, row, col, 0.0);
                }
            break;
        case 3: /* 3d volume */
            for (frame = 0; frame < len[3]; frame++)
                for (row = 0; row < len[2]; row++)
                    for (col = 0; col < len[1]; col++)
                    {
                        v = ifsfgp3d(img1, frame, row, col);
                        if (v > threshold)
                            ifsfpp3d(img2, frame, row, col, 255.0);
                        else
                            ifsfpp3d(img2, frame, row, col, 0.0);
                    }
            break;
        default:
            printf("Sorry I cannot do 4 or more dimensions\n");
    } /* end of switch */
    ifspot(img2, "img2.ifs"); /* write image 2 to disk */
}
```

图 C.2 使用维数、维度大小和输入图像确定的数据类型对图像进行阈值处理的 IFS 程序示例

366

这两个例子都利用子程序调用 ifsigp、ifsipp、ifsfgp 和 ifsfpp 来利用整数或浮点数据来访问图像。这些子程序的优点是方便：无论图像的存储类型是什么，ifsigp 都会返回一个整数，ifsfgp 都会返回一个浮点数。在内部，这些子程序精确地确定了数据的存储位置，访问数据并进行转换。然而，所有这些操作都需要计算时间。对于课堂项目，作者强烈建议使用这些子例程。但是，对于实际产品操作，IFS 支持使用指针直接访问数据的方法，使用额外的编程时间来换取更短的运行时间。

```
myprogram: myprogram.o
cc -o myprogram myprogram.o /CDROM/Solaris/ifslib/libifs.a
myprogram.o: myprogram.c
cc -c myprogram.c -I/CDROM/Solaris/hdr
```

367 图 C.3　将程序与 IFS 库链接并编译的示例 makefile

索　引

索引中的页码为英文原书页码，与书中页边标注的页码一致。

4-connected(4-连接)，44
8 point algorithm(8 点算法)，315
8-connected(8-连接)，44
8-point algorithm(8 点算法)，316

A

accumulator(累加器)，204
action potential(动作电位)，6
active contours(主动轮廓)，168
adaptive contour(自适应轮廓)，194
adjacency(邻接)，44
adjacency paradox(邻接悖论)，45
adjacent region(邻接域)，343
affine transformation(仿射变换)，220
albedo(反射率)，108，331，332
angiogram(血管造影)，96
angle of incidence(入射角)，331
angle of observation(观察角)，331
arc length(弧长)，237，240，244，252，256，293
aspect ratio(纵横比)，232
association graph(关联图)，287
associative(关联)，126
axis(轴)，237
axon(轴突)，6

B

backscatter(反向散射体)，333
basin(盆)，181
basis(基)，18，224
basis vector(基向量)，58
bimodal(双峰)，154
binary morphology(二值形态学)，120
binary relation(二元关系)，287
bins(容器)，153
biquadratic(四次幂)，40
black body radiation(黑体辐射)，334
block thresholding(块阈值)，152
blurring(模糊)，187
bounding box(包围盒)，232

C

cardinality(基数)，122
catchment basin(流域)，181
central moments(中心矩)，233
CG(计算机动画)，231
chain codes(链码)，235
chamfer map(斜面图)，137
circle(环)，342
city block distance(曼哈顿距离)，222
class(类)，239
classifier(分类器)，238
clique(团)，43，287
closed(闭合的)，19
closed region(闭合区域)，166
closest mean(最近均值)，240
closing(闭运算)，126
closure(闭包)，19，230
clustering(聚类)，159
combinatorial optimization(组合优化)，190
complement(补码)，126
composition(组合)，230
conductance(传导性)，100
conformable(服从的)，22
conic(圆锥曲线)，342
connected(连接的)，43，164
connected component(连通分量)，43，163

connected component labeling(连通区域标记), 140
Connected components(连通分量), 232, 166
consistency(一致性), 288, 289
consistency function(一致性函数), 286
consistent labeling(一致性标记), 286, 288, 294
convex discrepancy(凸差), 233
convex hull(凸包), 233
convolution(卷积), 53
correlation(关联), 53, 268
correspondence(对应), 314
correspondence problem(对应问题), 239, 314
covariance(协方差), 60, 223
cross product(叉积), 17, 309
cross term(交叉项), 64
CSS(层叠样式表), 245
curvature(曲率), 250
curvature scale space(曲率尺度空间), 244
cut(割), 188

D

dark current(暗流), 92
deep learning(深度学习), 4, 5
deformable contour(可变形轮廓), 194
deformable templates(可变形模板), 293
degree(度), 43
dendrite(树突), 6
dense(密集的), 304
depth image(深度图像), 304
derivative of Gaussian(高斯导数), 276
descriptor(描述符), 280
diameter(直径), 231
difference of Gaussians(高斯差), 70
differential geometry(微分几何), 241
diffusion equation(扩散方程), 100
dilation(膨胀), 120
Dirac(狄拉克), 178
directed graph(有向图), 42
directional derivative(方向导数), 47
disparity(视差), 325
distance transform(距离变换), 135, 174
distributive(可分配的), 126
divergence(散度), 25
dot product(点积), 17
downstream(下行流), 182
drain(排水), 181
drop outs(漏失信号), 140
DT-dilation(DT 膨胀), 140
DT-erosion(DT 腐蚀), 141
DT-guided dilation(DT-导向膨胀), 140
DT-guided erosion(DT-导向腐蚀), 141
duality(对偶性), 126
dynamic programming(动态编程), 194

E

Edge detection(边缘检测), 66, 68
edge linking(边缘链接), 139
edge-preserving smoothing(保边平滑), 94
eigendecomposition(特征分解), 26
eigenimage(特征图像), 269, 293
eigenvalue(特征值), 25
eigenvector(特征向量), 25
Einstein(爱因斯坦), 270
electron microscopy(电子显微镜), 333
ellipse(椭圆), 208, 342
ellipsoid(椭球), 342
EM(期望最大化), 156
epipolar(外极), 315
epipolar line distance(极线距离), 316
equivalence relation(等价关系), 166, 256
equivalency(等价), 166
Euclidian(欧几里得), 305
Euclidian distance(欧几里得距离), 222
Expectation Maximization(期望最大化), 156
explicit(显式), 340
extensive(广泛的), 126

F

feature selection(特征选择), 238
feature vector(特征向量), 238, 239, 250
finding ellipses(寻找椭圆), 208

finding minima(求极小值)，185
fitting(拟合)，228
flat(扁平)，128
flat structuring elements(扁平结构元素)，129
flDoG(扁平高斯差分)，84
flGabor(扁平加博尔算子)，74
focal plane(焦平面)，309
footprint(足印)，186
four connected(4-连接)，182
Fourier descriptor(傅里叶描述符)，235
Frenet frame(Frenet 框架)，252
function space(函数空间)，255
fundamental matrix(基础矩阵)，315

G

Gabor(加博尔)，73，74
Gauss map(高斯图)，212
Gauss sphere(高斯球面)，212
Gaussian(高斯函数)，60
Gaussian Mixture Models(高斯混合模型)，156
generalized cylinder(广义圆柱体)，343
generalized Hough transform(广义霍夫变换)，209
geodesic(测地线)，250，260
geometric invariants(几何不变量)，325
gestalt(格式塔)，5
GMM(高斯混合模型)，156
Gonzalez(冈萨雷斯)，234
gradient(梯度)，24，47，175，205
gradient descent(梯度下降)，30，113
graph(图)，42
graph cut(图割)，188
graph matching(图匹配)，285
grayscale(灰度图)，40
grayscale dilation(灰度膨胀)，129
grayscale erosion(灰度腐蚀)，130
grayscale morphology(灰度形态学)，128
Green's function(格林函数)，100
groups(群)，230

H

Harris operator(哈里斯算子)，274
heat equation(热方程)，100
Heaviside(海维赛德)，178
high-level image processing(高级图像处理)，4
histogram(直方图)，153，278
homogeneous(齐次的)，149
homogeneous coordinates(齐次坐标)，314
homogeneous transform(齐次变换)，220
homography(单应性)，321
Hough complexity(霍夫复杂性)，205
hyperbola(双曲线)，342

I

iconic(符号)，39
ill-conditioned(病态的)，111
ill-posed(不适定)，111
image derivative(图像导数)，55
image graph(图像)，43，188
image processing(图像处理)，3
image understanding(图像理解)，3，4
implicit(隐式)，340，342
increasing(递增)，126
independent events(独立事件)，34
infinite-dimensional(无限维)，21
injective(内射)，286
inner product(内积)，17
inspection of PC boards(PC 板检查)，127
integrable(可积)，335
intensity axis of symmetry(强度轴)，237
interest operator(兴趣运算)，272
interest points(兴趣点)，278
internal energy(内能)，169，172
intersection(交)，124
intrinsic parameters(内参数)，310
invariance(不变量)，218
invariant moments(不变矩)，234
invariants(不变性)，325
irradiance(辐照度)，332
isometry(等距)，220，326
isomorphic(同构)，286
isophote(等照度线)，47，175

isotropic(各向同性)，60
iterative(迭代)，166

J

Jacobian(雅可比行列式)，24，259
joint probability(联合概率)，34

K

kernel(核)，52
kernel operator(核操作符)，359
Kronecker(克罗内克)，130

L

label(标签)，286
label image(图像标签)，43，149
labeling(标记)，164，286，289，294
labels(标签)，289
Lagrange multiplier(拉格朗日乘数)，63，226，229
Lambertian(朗伯特)，332，335
Laplacian(拉普拉斯)，64，69
Laplacian of Gaussian(高斯-拉普拉斯运算)，72，275
Laplacian pyramid(拉普拉斯金字塔)，69
leaking(泄漏)，194
leapfrog(蛙跳)，261
learning rate(学习率)，30
least-squares(最小二乘法)，40
left null space(左零空间)，21
level set(水平集)，172，173
lexicographic(词典式)，42，54，269
line-definition(线定义)，66
linear algebra(线性代数)，16
linear assignment problem(线性规划问题)，244
linear combination(线性组合)，18
linear operator(线性运算)，52
linear transformation，(线性变换)，22，219
linearly independent(线性无关)，18，327
local-global(局部-全局)，5，247
LOG(拉普拉斯算子)，72
low-level image processing(低层图像处理)，4
lower complete(低完全)，183
luminance(亮度)，39

M

machine vision(机器视觉)，3，4
magnitude of a vector(向量大小)，17
Mahalanobis distance(马氏距离)，240
Manhattan distance(马氏距离)，164，222
manifold(流形)，251，256
MAP，194
matching：the shape contex(匹配：形状上下文)，244
Maximum A Posteriori(最大后验估计)，103
mean(均值)，60
Mean Field Annealing(均场退火)，109
Mean Shift(均值位移)，161
medial(中间)，237
medial axis(中轴)，237
merge(合并)，343
metric(度量)，222
metric function(度量函数)，174
MFA，109
minimization(最小化)，28
minimum(最小值)，185
minimum region(最小区域)，185
moment(矩)，233
moments(矩)，234
MonaLisa(蒙娜丽莎)，270
morphological filter(形态滤波器)，128
MRI(磁共振成像)，40
MSSD，343
multivariate Gaussian(多元高斯)，60

N

neighborhoods(邻近)，44
neurotransmitter(神经递质)，6
NMS，68
nonmaximum suppression(非极大抑制)，68
norm(范数)，222
normal(法线)，331

normalized correlation(归一化相关系数)，268
normalized cut(归一化割)，188
NP-complete(NP-完全)，188，286
null space(零空间)，20

O

objective function(目标函数)，92，177，188，273，350
one-to-one(一对一)，22
onto(面向)，22
opening(开运算)，126
operator(算子)，25
optimization(优化)，28，154
orbit(轨道)，256
origin(原点)，122
orthogonal(正交)，17
orthogonal transformations(正交变换)，219
orthographic(正交)，305
orthographic projections(正交投影)，305
orthonormal(标准正交)，17，220
orthonormal transformation(标准正交变换)，23，254
outer product(外积)，17
overdetermined(超定)，336
oversegmentation(过分割)，192

P

parabola(抛物线)，342
parametric transform(参数变换)，200
particles(粒子)，173
patch(块)，151
path(路径)，43，45，335
pattern classifier(模式分类器)，238
Pattern Recognition(模式识别)，3，4，240
perceptrons(感知器)，8
perimeter(周长)，231
photometric stereo(光度立体)，335
piecewise-constant(分段常数)，107
piecewise-planar(分段平面)，108
pixels(像素)，40
plateau(稳定期)，183
point matching(点匹配)，269
Poisson(泊松)，343
polarization(极化)，330
polyline(折线)，261
pop(弹出)，165
pose(姿态)，314
positive definite(正定的)，24
positive semidefinite(半正定)，24
potential(电位)，237
predicate(谓词)，287
predictor(预测器)，89
principal components(主成分)，224
probability(概率)，34
probability density(概率密度)，35
probability distribution(概率分布)，36
probability function(概率函数)，153
projection(投影)，19，270
projection matrix(投影矩阵)，309
projective space(投影空间)，305
pseudocolor(伪彩色)，40
pseudoinverse(伪逆)，336，337
push(推)，165
pyramid(金字塔)，69

Q

quadratic form(二次型)，24
quadratic variation(二次变分)，64
quadric(二次曲面)，338，340
quality(质量)，191
quotient set(商集)，256

R

R-table(R-表)，210
radius of a kernel(核半径)，58
random dot stereogram(随机点立体图)，314
Random Sample Consensus(随机样本一致性)，316
range image(范围图像)，40，193，304
RANSAC，316

receptive field(感受野)，73
recursive(递归)，164
reflection(反射)，124
reflectivity(反射率)，332
reflexive(自反的)，166
region growing(区域增长)，163，166
Region-based segmentation(基于区域的分割)，177
regularizer(正则)，178
regularizing(正则化)，177
relaxation(松弛)，289
relaxation labeling(松弛标记)，289
resample(重采样)，236，261
resampling(重采样)，241
residual(残差)，259，340
retinotopic(视网膜)，8
ridge(脊)，47
ridges(脊)，237
rigid body motion(刚体运动)，220
rotation(旋转)，219
rotation matrices(旋转矩阵)，23，309，311
row reduction(行减少)，20

S

s. e.(结构元素)，122
scalar(标量)，17
scale(尺度)，64，234，274
scale change(尺度变化)，234
Scale Invariant Feature Transform(尺度变化的不变性)，276
scale space(尺度空间)，69，276
scale-space causality(尺度空间的因果关系)，72
secondary emission(二次发射)，333
segmentation(分割)，149
sensor networks(传感器网络)，294
set of measure(一组度量)，107
shape context(形状上下文)，243
shape from focus(从焦点中恢复图像)，338
shape from motion(从运动中恢复图像)，314
shape from shading(从阴影中恢复图像)，331
shape from texture(从纹理中恢复图像)，337
shape from(从…中恢复图像)，331，335
shape matrix(形状矩阵)，42，241
SIFT，276，280
sigmoid，7
silhouette(轮廓)，239
similarity transform(相似变换)，233
simple features(简单特征)，231，238
simulated annealing(模拟退火)，109，194
singular value(奇异值)，27
singular value decomposition(奇异值分解)，27，318
skeleton(骨架)，237
skew-symmetric(斜对称)，18
SKS，247，250，281
smoothing(平滑)，93
snakes(蛇)，168，169
SO(2)(二维中的特殊正交群)，230
span(跨度)，224，327
sparse(稀疏)，304
spatial derivative(空间导数)，55
special orthogonal group(特殊正交群)，230
specular(镜面)，330，331，332
springs(弹簧)，290
squared error(平方差)，268
SSD(和方差)，268
SSE(和方差)，268
stereopsis(立体视觉)，213
stitching(缝合)，321
straight line(直线)，228
structuring element(结构元素)，122
subgraph isomorphism(子图同构)，286
sum-squared difference(和方差)，268
sum-squared error(和方差)，268
surface(曲面)，338
surface normal(表面法线)，335
SVD(奇异值分解)，27，318
symmetric(对称的)，166
symmetry(对称)，232
synapse(突触)，6

syntactic pattern recognition(语法模式识别), 235

T

tanks(坦克), 250
template(模板), 268
tensor product(张量积), 17
terminal node(终端节点), 190
thinning(细化), 139
threshold(阈值), 152
time-variant(时变), 97
tomography(断层扫描), 40
torsion(扭曲), 252
training set(训练集), 239
transitive(及物性), 166
translation(翻译), 124, 233
transpose(转置), 17
tree(树), 43
tree annealing(树状退火), 155
triangle similarity(三角相似性), 232

U

umbra(本影), 134
undersegmentation(欠分割), 192

V

variable conductance diffusion(变导扩散), 101
vector space(向量空间), 19, 254
vectors(向量), 17
vignetting(渐晕), 151
Voronoi diagram(维诺图), 137

W

watershed(分水岭), 181
weight(权重), 188
Wintz(温茨), 234

Z

zero level set(零水平集), 178
zero set(零集), 41
zoom(变焦), 234

推荐阅读

Microsoft
机器学习
开发实战
Introducing
Machine
Learning
机器学习开发实战

Python机器学习
基于PyTorch
和Scikit-Learn
Machine Learning with PyTorch and Scikit-Learn

机器视觉入门与实战
人脸识别与人体识别

基于NLP的
内容理解
Content Understanding
with NLP

Python
深度学习
基于PyTorch
第2版
Deep Learning
with Python and PyTorch
Second Edition

Python
深度学习
基于TensorFlow
第2版

O'REILLY
MLOps
实战
机器学习模型的开发、部署与应用
Introducing MLOps

O'REILLY
自然语言处理实战
预训练模型应用及其产品化
Applied Natural Language Processing
in the Enterprise

Machine Learning
with
TensorFlow
TensorFlow
机器学习
（原书第2版）